"十三五"国家重点出版物出版规划项目
卓越工程能力培养与工程教育专业认证系列规划教材
（电气工程及其自动化、自动化专业）

微机原理及应用

吴宁　闫相国　编著

机械工业出版社

本书包括计算机基础知识、微处理器原理、软件设计、接口技术等知识模块，以及微机在自动控制系统中的应用方法。全书共9章：第1章是基础知识，包括计算机硬件组成、计算机中数的表示与运算、字符编码等；第2章以Intel 80x86系列微处理器中的典型型号为例，介绍16位和32位微处理器的基本结构及其工作原理；第3章和第4章是软件设计内容，包括Intel基本指令集和汇编语言程序设计方法；第5章是半导体存储器，通过典型半导体存储器芯片介绍半导体存储器扩充技术以及Cache存储器的原理；第6章至第8章主要介绍输入/输出接口和基本输入/输出技术，以具体型号为例，详细介绍了数字接口和模拟接口的应用；在上述基础上，第9章以微机在自动控制系统中的部分应用为例，介绍微型计算机在工业自动控制系统中的应用方法。

本书可作为普通高等院校非计算机理工类专业本科生的"微机原理与接口技术"课程主教材，也可作为成人高等教育相关专业的学习教材及广大科技工作者的自学参考书。扫描书中嵌入的二维码，可以直接链接到作者主讲的首批国家级线上一流课程"微机原理与接口技术"线上课堂，实现线上线下交互式学习。

图书在版编目（CIP）数据

微机原理及应用/吴宁，闫相国编著. —北京：机械工业出版社，2020.11（2024.1重印）

"十三五"国家重点出版物出版规划项目　卓越工程能力培养与工程教育专业认证系列规划教材. 电气工程及其自动化、自动化专业

ISBN 978-7-111-66657-8

Ⅰ.①微… Ⅱ.①吴… ②闫… Ⅲ.①单片微型计算机-高等学校-教材 Ⅳ.①TP368.1

中国版本图书馆CIP数据核字（2020）第184011号

机械工业出版社（北京市百万庄大街22号 邮政编码100037）
策划编辑：刘琴琴　责任编辑：刘琴琴
责任校对：王　延　封面设计：严娅萍
责任印制：郜　敏
北京富资园科技发展有限公司印刷
2024年1月第1版第6次印刷
184mm×260mm·23印张·578千字
标准书号：ISBN 978-7-111-66657-8
定价：59.00元

电话服务　　　　　　　　　网络服务
客服电话：010-88361066　　机 工 官 网：www.cmpbook.com
　　　　　010-88379833　　机 工 官 博：weibo.com/cmp1952
　　　　　010-68326294　　金 　书 　网：www.golden-book.com
封底无防伪标均为盗版　　机工教育服务网：www.cmpedu.com

"十三五"国家重点出版物出版规划项目
卓越工程能力培养与工程教育专业认证系列规划教材
（电气工程及其自动化、自动化专业）
编审委员会

主任委员

郑南宁　中国工程院 院士，西安交通大学 教授，中国工程教育专业认证协会电子信息与电气工程类专业认证分委员会 主任委员

副主任委员

汪槱生　中国工程院 院士，浙江大学 教授
胡敏强　东南大学 教授，教育部高等学校电气类专业教学指导委员会 主任委员
周东华　清华大学 教授，教育部高等学校自动化类专业教学指导委员会 主任委员
赵光宙　浙江大学 教授，中国机械工业教育协会自动化学科教学委员会 主任委员
章　兢　湖南大学 教授，中国工程教育专业认证协会电子信息与电气工程类专业认证分委员会 副主任委员
刘进军　西安交通大学 教授，教育部高等学校电气类专业教学指导委员会 副主任委员
戈宝军　哈尔滨理工大学 教授，教育部高等学校电气类专业教学指导委员会 副主任委员
吴晓蓓　南京理工大学 教授，教育部高等学校自动化类专业教学指导委员会 副主任委员
刘　丁　西安理工大学 教授，教育部高等学校自动化类专业教学指导委员会 副主任委员
廖瑞金　重庆大学 教授，教育部高等学校电气类专业教学指导委员会 副主任委员
尹项根　华中科技大学 教授，教育部高等学校电气类专业教学指导委员会 副主任委员
李少远　上海交通大学 教授，教育部高等学校自动化类专业教学指导委员会 副主任委员
林　松　机械工业出版社 编审 副社长

委员（按姓氏笔画排序）

于海生	青岛大学 教授	王　平	重庆邮电大学 教授
王　超	天津大学 教授	王再英	西安科技大学 教授
王志华	中国电工技术学会 教授级高级工程师	王明彦	哈尔滨工业大学 教授
		王保家	机械工业出版社 编审
王美玲	北京理工大学 教授	韦　钢	上海电力大学 教授
艾　欣	华北电力大学 教授	李　炜	兰州理工大学 教授
吴在军	东南大学 教授	吴成东	东北大学 教授
吴美平	国防科技大学 教授	谷　宇	北京科技大学 教授
汪贵平	长安大学 教授	宋建成	太原理工大学 教授
张　涛	清华大学 教授	张卫平	北方工业大学 教授
张恒旭	山东大学 教授	张晓华	大连理工大学 教授
黄云志	合肥工业大学 教授	蔡述庭	广东工业大学 教授
穆　钢	东北电力大学 教授	鞠　平	河海大学 教授

序

工程教育在我国高等教育中占有重要地位，高素质工程科技人才是支撑产业转型升级、实施国家重大发展战略的重要保障。当前，世界范围内新一轮科技革命和产业变革加速进行，以新技术、新业态、新产业、新模式为特点的新经济蓬勃发展，迫切需要培养、造就一大批多样化、创新型卓越工程科技人才。目前，我国高等工程教育规模世界第一，工科本科在校生约占我国本科在校生总数的1/3，近年来我国每年工科本科毕业生占世界总数的1/3以上。如何保证和提高工程教育质量、如何适应国家战略需求和企业需要，一直受到教育界、工程界和社会各方面的关注。多年以来，我国一直致力于提高高等教育的质量，组织实施了多项重大工程，包括卓越工程师教育培养计划（以下简称卓越计划）、工程教育专业认证和新工科建设等。

卓越计划的主要任务是探索建立高校与行业企业联合培养人才的新机制，创新工程教育人才培养模式，建设高水平工程教育教师队伍，扩大工程教育的对外开放。计划实施以来，各相关部门建立了协同育人机制。卓越计划要求试点专业要大力改革课程体系和教学形式，依据卓越计划培养标准，遵循工程的集成与创新特征，以强化工程实践能力、工程设计能力与工程创新能力为核心，重构课程体系和教学内容；加强跨专业、跨学科的复合型人才培养；着力推动基于问题的学习、基于项目的学习、基于案例的学习等多种研究性学习方法，加强学生创新能力训练，"真刀真枪"做毕业设计。卓越计划实施以来，培养了一批获得行业认可、具备很好的国际视野和创新能力、适应经济社会发展需要的各类型高质量人才，教育培养模式改革创新取得突破，教师队伍建设初见成效，为卓越计划的后续实施和最终目标达成奠定了坚实基础。各高校以卓越计划为突破口，逐渐形成各具特色的人才培养模式。

2016年6月2日，我国正式成为工程教育"华盛顿协议"第18个成员，标志着我国工程教育真正融入世界工程教育，人才培养质量开始与其他成员达到了实质等效，同时，也为以后我国参加国际工程师认证奠定了基础，为我国工程师走向世界创造了条件。专业认证把以学生为中心、以产出为导向和持续改进作为三大基本理念，与传统的内容驱动、重视投入的教育形成了鲜明对比，是一种教育范式的革新。通过专业认证，把先进的教育理念引入我国工程教育，有力地推动了我国工程教育专业教学改革，逐步引导我国高等工程教育实现从以教师为中心向以学生为中心转变、从以课程为导向向以产出为导向转变、从质量监控向持续改进转变。

在实施卓越计划和开展工程教育专业认证的过程中，许多高校的电气工程及其自动化、自动化专业结合自身的办学特色，引入先进的教育理念，在专业建设、人才培养模式、教学内容、教学方法、课程建设等方面积极开展教学改革，取得了较好的效果，建设了一大批优质课程。为了将这些优秀的教学改革经验和教学内容推广给广大高校，中国工程教育专业认证协会电子信息与电气工程类专业认证分委员会、教育部高等学校电气类专业教学指导委员会、教育部高等学校自动化类专业教学指导委员会、中国机械工业教育协会自动化学科教学委员会、中国机械工业教育协会电气工程及其自动化学科教学委员会联合组织规划了"卓越工程能力培养与工程教育专业认证系列规划教材（电气工程及其自动化、自动化专业）"。本套教材通过原国家新闻出版广电总局的评审，入选了"十三五"国家重点图书。本套教材密切联系行业和市场需求，以学生工程能力培养为主线，以教育培养优秀工程师为目标，突出学生工程理念、工程思维和工程能力的培养。本套教材在广泛吸纳相关学校在"卓越工程师教育培养计划"实施和工程教育专业认证过程中的经验和成果的基础上，针对目前同类教材存在的内容滞后、与工程脱节等问题，紧密结合工程应用和行业企业需求，突出实际工程案例，强化学生工程能力的教育培养，积极进行教材内容、结构、体系和展现形式的改革。

经过全体教材编审委员会委员和编者的努力，本套教材陆续跟读者见面了。由于时间紧迫，各校相关专业教学改革推进的程度不同，本套教材还存在许多问题，希望各位老师对本套教材多提宝贵意见，以使教材内容不断完善提高。也希望通过本套教材在高校的推广使用，促进我国高等工程教育教学质量的提高，为实现高等教育的内涵式发展积极贡献一份力量。

卓越工程能力培养与工程教育专业认证系列规划教材
（电气工程及其自动化、自动化专业）
编审委员会

前　言

　　党的二十大报告指出，要加快建设网络强国、数字中国。数字中国建设是数字时代推进中国式现代化的重要引擎，是构筑国家竞争新优势的有力支撑。本书内容涉及计算机基础知识、微处理器原理、软件设计、接口技术以及微机在自动控制系统中的应用等知识模块，对数字化、信息化建设具有直接的促进作用。

1. 本书的内容组织和选材说明

　　1) 微处理器是微型计算机的核心，对微机底层硬件的学习需要首先理解微处理器的工作原理。但若仅做一般的概念性介绍，会使读者很难弄清楚微处理器到底如何工作。为此，需要通过一个具体的型号来进行介绍。鉴于目前最新型号的微处理器在资料获取上存在困难以及教材通常限于成熟知识的介绍，因此本书对具体型号 CPU 的选择，依然以 16 位微处理器为主。但为使读者对现代微处理器能有所了解，本书还是用一定篇幅描述了现代微处理器的部分新技术。

　　2) 在工业自动控制系统软件设计中，无论是以微机系统、嵌入式系统或是单片机为控制核心，通常会使用 C 语言，仅在部分特殊情况下会使用汇编语言。本书介绍汇编语言的目的除了用于特殊情况下的工业自动化控制程序设计之外，更重要的是通过学习汇编语言才能更具体地理解微型计算机的底层工作原理。

　　3) 虽然书中作为案例介绍的芯片型号都显得"古老"，但从应用的角度，其基本功能、核心原理和使用方法与今天的新型器件并无本质区别。掌握了基本知识，也就具备了从事相关系统设计的基础。

　　4) 随着集成电路技术的飞速发展，单片机、嵌入式系统及各种微控制器在工业自动控制领域中的应用已越来越普遍，特别是对一些相对较简单的过程控制，微机系统已显得成本过高。但由于人们日常接触最多的计算机是微型计算机，建立"微机系统"的整体概念，理解微型计算机的构成、工作原理、输入/输出控制方法等具有更普遍的意义。因此，书中所有工业自动控制系统设计案例都"奢侈"地以微型计算机为控制核心，但这并不妨碍读者将书中知识方便地迁移到单片机等其他控制系统设计中。

2. 本书将带给读者的收获

　　1) 能够知道微机系统的组成和计算机中的信息表示方法，包括二进制的表示、编码等，并能够清楚地知道计算机字长对运算结果的影响。

　　2) 能够清楚地描述微处理器执行指令的过程。

　　3) 对 Intel 系列 16 位、32 位、64 位微处理器的代表性型号有初步的了解，能够解释 16 位微处理器的结构、特点、工作过程等。

4) 能够利用汇编语言编写包括数值计算、输入/输出控制、数据串处理等功能的程序。

5) 能够设计内存储器、I/O 系统到微处理器的接口。

6) 具备从模拟量输入到模拟量输出的工业自动控制系统设计思路，能够完成简单控制系统中的接口软硬件设计。

3. 本书的内容概述

第 1 章介绍计算机的一些基础知识，主要包括计算机硬件组成、计算机中数的表示与运算、字符编码等，为后续内容学习奠定基础。

第 2 章以单核处理器原理介绍为主，以 Intel 80x86 系列微处理器中的三种典型 CPU（8088、80386 和 Pentium 4）为例，介绍微处理器的结构及其工作原理，并简要介绍了多核技术特点，以及多核和多处理器技术之间的区别。

第 3 章介绍了指令的基本格式、16 位和 32 位指令寻址方式，详细介绍了 Intel x86 的 16 位指令集中各类指令的功能，简要介绍了在 16 位指令集基础上新增和增强功能的 32 位指令。

第 4 章介绍了汇编语言源程序的基本结构、汇编语言的语法及程序设计的基本方法、指令集和汇编程序设计内容，奠定了底层软件设计的基础，并能够帮助读者深入理解计算机的工作过程。

第 5 章在对半导体存储器概念、类型等基本知识进行介绍的基础上，通过一些典型半导体存储器芯片介绍了内存储器的工作原理，以及如何利用已有存储器芯片构成所需要的内存空间。同时，简要介绍了 Cache 的工作原理和 Cache 存储系统的特点。

第 6 章介绍了输入/输出系统、I/O 接口、基本输入/输出方法和中断控制技术等，并详细介绍了简单三态门接口和锁存器接口芯片及其应用。

第 7 章在简要介绍串行通信和并行通信技术的基础上，重点介绍了三种可编程数字接口芯片的工作原理和应用方法，包括可编程定时器/计数器 8253、可编程并行接口 8255 以及可编程串行接口 8250。

第 8 章是模拟接口电路。围绕模拟量的输入/输出通道，介绍 D/A 转换和 A/D 转换的基本原理，并以具体型号的芯片为例，介绍 D/A 转换器和 A/D 转换器作为模拟接口的应用方法。

第 9 章以微机在自动控制系统中的部分应用为例，介绍微型计算机在工业自动控制系统中的应用方法。

本书由吴宁编写第 1~5 章、闫相国编写第 6~9 章，全书由吴宁负责统稿。本书的编写得到了西安交通大学多位教师的帮助和支持，借此表示衷心的感谢。

由于时间较紧，编者水平有限，书中难免有不妥之处，敬请读者批评指正。

编者

于西安交通大学

二维码清单

名称	二维码	页码	名称	二维码	页码
1-1 认识计算机		1	1-9 计算机中的编码		16
1-2 微机硬件组成（一）		3	1-10 数的表示与运算（一）		19
1-3 微机硬件组成（二）		5	1-11 基本逻辑运算与逻辑门		23
1-4 冯·诺依曼结构（一）		8	1-12 复合逻辑运算及其逻辑电路		26
1-5 冯·诺依曼结构（二）		9	1-13 数的表示与运算（二）		28
1-6 数字技术的世界（一）		12	1-14 数的表示与运算（三）		33
1-7 数制及其转换		13	2-1 8088微处理器（一）		43
1-8 数字技术的世界（二）		13	2-2 8088微处理器（二）		43

（续）

名称	二维码	页码	名称	二维码	页码
2-3 8088主要引脚功能		45	3-7 输入/输出指令		102
2-4 8088内部结构		48	3-8 加法运算指令		104
2-5 8088内部寄存器		49	3-9 减法运算指令		107
2-6 关于实模式内存寻址		51	3-10 乘除运算指令		109
2-7 8088系统总线		54	3-11 逻辑运算指令（一）		114
3-1 指令系统基本概念		82	3-12 逻辑运算指令（二）		115
3-2 指令的寻址方式		84	3-13 移位操作指令		117
3-3 一般数据传送指令		92	3-14 关于串操作指令的说明		121
3-4 堆栈操作指令		96	3-15 串传送与串比较指令		122
3-5 交换、查表与字位扩展指令		98	3-16 串扫描指令		124
3-6 地址传送指令		100	3-17 串装入与串存储指令		125

（续）

名称		二维码	页码	名称		二维码	页码
3-18	程序控制指令说明		126	4-5	汇编语言源程序结构示例		153
3-19	无条件转移指令		126	4-6	其他伪指令		154
3-20	条件转移指令		128	4-7	系统功能调用（一）		158
3-21	循环控制指令		130	4-8	系统功能调用（二）		159
3-22	过程调用指令		132	5-1	半导体存储器概述		178
3-23	中断指令		134	5-2	只读存储器（一）		180
3-24	处理器控制指令		135	5-3	随机存取存储器（一）		182
4-1	汇编语言源程序（一）		142	5-4	存储单元编址		187
4-2	汇编语言源程序（二）		143	5-5	随机存取存储器（二）		187
4-3	数据定义伪指令		148	5-6	只读存储器（二）		195
4-4	符号与段定义伪指令		150	5-7	存储器扩充技术（一）		201

二维码清单

（续）

名称	二维码	页码	名称	二维码	页码
5-8 存储器扩充技术（二）		202	7-2 可编程定时器/计数器8253（一）		261
5-9 存储器扩充技术（三）		203	7-3 可编程定时器/计数器8253（二）		264
5-10 高速缓冲存储器		205	7-4 可编程定时器/计数器8253（三）		267
5-11 微机中的存储器系统		207	7-5 可编程并行接口8255（一）		274
6-1 输入/输出技术概述（一）		217	7-6 可编程并行接口8255（二）		276
6-2 输入/输出技术概述（二）		219	7-7 可编程并行接口8255（三）		280
6-3 简单接口电路		220	8-1 模拟量的输入输出		303
6-4 基本输入/输出方法		226	8-2 D/A转换器（一）		305
6-5 中断技术（一）		232	8-3 D/A转换器（二）		310
6-6 中断技术（二）		233	8-4 A/D转换器（一）		314
7-1 并行通信与串行通信		256	8-5 A/D转换器（二）		318

目　　录

序
前言
二维码清单
第1章　微型计算机概论 ················· 1
　1.1　认识计算机 ······················· 1
　　1.1.1　从一段 C 程序开始 ············ 1
　　1.1.2　微机系统的硬件组成 ·········· 3
　　1.1.3　冯·诺依曼结构 ··············· 8
　　1.1.4　必要的补充 ··················· 10
　1.2　计算机中的数制和编码 ············ 12
　　1.2.1　数制 ·························· 13
　　1.2.2　不同数制间的转换 ············ 14
　　1.2.3　十进制数编码与字符编码 ······ 16
　1.3　计算机中数的表示 ················· 19
　　1.3.1　定点数 ························ 19
　　1.3.2　浮点数 ························ 20
　1.4　无符号数的算术运算和逻辑运算 ···· 21
　　1.4.1　二进制数的算术运算 ·········· 21
　　1.4.2　无符号数的表示范围 ·········· 23
　　1.4.3　基本逻辑运算与逻辑门 ········ 23
　　1.4.4　复合逻辑运算及其逻辑电路 ···· 26
　1.5　有符号二进制数的表示与运算 ······ 28
　　1.5.1　有符号数的表示 ··············· 29
　　1.5.2　补码数与十进制数之间的转换 ·· 31
　　1.5.3　补码的运算 ··················· 32
　　1.5.4　有符号数的表示范围 ·········· 33
　习题 ································· 34
第2章　微处理器及其体系结构 ········· 36
　2.1　微处理器结构与发展 ··············· 36
　　2.1.1　从 8 位到 32 位微处理器时代 ··· 36
　　2.1.2　现代微处理器 ················· 38
　　2.1.3　多核技术 ····················· 39
　　2.1.4　微处理器基本组成 ············ 41
　2.2　8088/8086 微处理器 ··············· 43
　　2.2.1　8088/8086 微处理器的特点 ···· 43
　　2.2.2　8088 微处理器的引脚功能 ····· 45
　　2.2.3　8088/8086 微处理器内部结构 ·· 48
　　2.2.4　8088/8086 CPU 的内部
　　　　　寄存器 ······················· 49
　　2.2.5　实模式存储器寻址 ············ 51
　　2.2.6　总线时序 ····················· 54
　　2.2.7　最大模式与最小模式 ·········· 56
　2.3　80386 微处理器 ··················· 58
　　2.3.1　80386 微处理器的主要特性 ···· 58
　　2.3.2　内部结构 ····················· 59
　　2.3.3　外部主要引脚功能 ············ 60
　　2.3.4　80386 CPU 的内部寄存器 ····· 61
　　2.3.5　实地址模式和保护虚地址模式 ·· 64
　2.4　Pentium 4 和 Core2 微处理器 ······ 67
　　2.4.1　主要新技术 ··················· 67
　　2.4.2　Pentium 4 CPU 的结构 ········ 72
　　2.4.3　存储器管理 ··················· 74
　　2.4.4　基本执行环境 ················· 75
　习题 ································· 77
第3章　指令系统 ······················· 79
　3.1　指令：计算机的语言 ··············· 79
　　3.1.1　常见指令集概述 ··············· 79
　　3.1.2　指令的基本构成 ··············· 82
　　3.1.3　指令中的操作数 ··············· 83
　3.2　寻址方式 ························· 84
　　3.2.1　针对立即数的寻址——
　　　　　立即寻址 ····················· 84
　　3.2.2　针对寄存器操作数的寻址——
　　　　　寄存器寻址 ··················· 85
　　3.2.3　针对存储器操作数的寻址 ······ 85
　　3.2.4　隐含寻址 ····················· 90

3.3 x86 处理器 16 位指令集 ·················· 91
　3.3.1 数据传送指令 ····················· 92
　3.3.2 算术运算指令 ···················· 104
　3.3.3 逻辑运算和移位指令 ·············· 114
　3.3.4 串操作类指令 ···················· 121
　3.3.5 程序控制指令 ···················· 126
　3.3.6 处理器控制指令 ·················· 135
3.4 32 位新增指令简介 ···················· 136
　3.4.1 80x86 虚地址下的寻址方式 ······· 136
　3.4.2 80x86 CPU 新增指令简述 ········ 137
习题 ··· 139

第 4 章　汇编语言程序设计 ············· 142
4.1 汇编语言基础 ························· 142
　4.1.1 汇编程序与汇编语言源程序 ······· 143
　4.1.2 汇编语言语句中的操作数 ········· 145
4.2 伪指令 ································· 147
　4.2.1 数据定义伪指令 ·················· 148
　4.2.2 符号定义伪指令 ·················· 150
　4.2.3 段定义伪指令 ···················· 150
　4.2.4 设定段寄存器伪指令 ············· 152
　4.2.5 源程序结束伪指令 ················ 153
　4.2.6 过程定义伪指令 ·················· 154
　4.2.7 宏命令伪指令 ···················· 155
　4.2.8 模块定义与连接伪指令 ··········· 156
4.3 系统功能调用 ························· 158
　4.3.1 键盘输入 ························· 159
　4.3.2 显示器输出 ······················· 161
4.4 汇编语言程序设计基础 ··············· 163
　4.4.1 汇编语言程序设计概述 ··········· 163
　4.4.2 汇编语言程序设计示例 ··········· 165
习题 ··· 175

第 5 章　半导体存储器 ·················· 178
5.1 概述 ···································· 178
　5.1.1 随机存取存储器 ·················· 178
　5.1.2 只读存储器 ······················· 180
　5.1.3 半导体存储器的主要技术指标 ··· 182
5.2 RAM 存储器设计 ····················· 182
　5.2.1 SRAM 存储器 ···················· 182
　5.2.2 DRAM 存储器 ···················· 185
　5.2.3 RAM 存储器与系统的连接 ······ 187
　5.2.4 RAM 存储器接口设计 ··········· 190
5.3 ROM 存储器设计 ···················· 192
　5.3.1 EPROM 存储器芯片 ············· 193
　5.3.2 EEPROM 存储器芯片 ············ 195

　5.3.3 闪速存储器芯片 ·················· 196
　5.3.4 ROM 存储器接口设计 ············ 199
5.4 半导体存储器扩充技术 ··············· 201
　5.4.1 位扩展 ···························· 201
　5.4.2 字扩展 ···························· 202
　5.4.3 字位扩展 ························· 204
5.5 高速缓冲存储器 ······················ 205
　5.5.1 Cache 的工作原理 ················ 205
　5.5.2 Cache 的读写操作 ················ 206
　5.5.3 Cache 存储器系统 ················ 207
5.6 半导体存储器设计示例 ··············· 210
习题 ··· 214

第 6 章　输入/输出技术 ················· 216
6.1 计算机中的输入/输出系统 ··········· 216
　6.1.1 输入/输出系统的特点 ············ 216
　6.1.2 输入/输出接口 ··················· 217
　6.1.3 输入/输出端口寻址 ··············· 219
6.2 基本 I/O 接口 ························· 220
　6.2.1 三态门接口 ······················· 221
　6.2.2 锁存器接口 ······················· 223
　6.2.3 简单接口电路应用示例 ··········· 225
6.3 基本输入/输出方法 ··················· 226
　6.3.1 无条件传送方式 ·················· 227
　6.3.2 查询工作方式 ···················· 227
　6.3.3 中断控制方式 ···················· 228
　6.3.4 直接存储器存取方式 ············· 229
6.4 中断技术 ······························ 231
　6.4.1 中断的基本概念 ·················· 231
　6.4.2 中断处理的一般过程 ············· 232
　6.4.3 8088/8086 中断系统 ·············· 234
　6.4.4 8088/8086 CPU 的中断响应
　　　　过程 ······························ 237
6.5 可编程中断控制器 8259A ············ 239
　6.5.1 8259A 的引脚及内部结构 ········ 239
　6.5.2 8259A 的工作过程 ················ 241
　6.5.3 8259A 的工作方式 ················ 241
　6.5.4 8259A 的初始化 ·················· 245
　6.5.5 8259A 编程举例 ·················· 250
6.6 中断程序设计概述 ···················· 252
习题 ··· 254

第 7 章　常用数字接口 ·················· 256
7.1 计算机与外设间的信息通信方式 ···· 256
　7.1.1 并行通信与串行通信 ············· 256
　7.1.2 全双工与半双工通信 ············· 258

7.1.3 同步通信与异步通信 259
7.1.4 串行通信的数据校验 261
7.2 可编程定时器/计数器 8253 261
7.2.1 8253 的引脚及结构 262
7.2.2 8253 的工作方式 264
7.2.3 8253 的控制字 267
7.2.4 8253 的应用 268
7.3 可编程并行接口 8255 273
7.3.1 8255 的引脚及结构 274
7.3.2 8255 的工作方式 276
7.3.3 方式控制字及状态字 280
7.3.4 8255 与系统的连接与初始化编程方法 282
7.3.5 8255 应用设计实例 283
7.4 可编程串行接口 8250 290
7.4.1 8250 的引脚及功能 290
7.4.2 8250 的结构及内部寄存器 292
7.4.3 8250 的工作过程 296
7.4.4 8250 的应用 297
习题 301

第 8 章 模拟接口电路 303
8.1 模拟量的输入/输出通道 303
8.1.1 模拟量输入通道 303
8.1.2 模拟量输出通道 305
8.2 D/A 转换器 305
8.2.1 D/A 转换器的基本原理 305
8.2.2 D/A 转换器的主要技术指标 307
8.2.3 DAC0832 308
8.2.4 D/A 转换器的应用 312
8.3 A/D 转换器 314
8.3.1 A/D 转换器的基本原理 314
8.3.2 A/D 转换器的主要技术指标 315
8.3.3 ADC0809 317

8.3.4 A/D 转换器的应用 319
习题 323

第 9 章 微型计算机在自动控制系统中的应用 325
9.1 计算机控制系统概述 325
9.1.1 关于计算机控制系统 325
9.1.2 计算机控制系统的基本组成 326
9.2 微机在开环控制系统中的应用 327
9.2.1 关于开环控制系统 328
9.2.2 开环控制系统设计示例 329
9.3 微机在闭环控制系统中的应用 332
9.3.1 关于闭环控制系统 332
9.3.2 闭环控制系统设计示例 333
9.4 微机在过程控制系统中的应用 335
9.4.1 关于过程控制系统 335
9.4.2 微机在直流调速控制系统中的应用 337
习题 339

附录 341
附录 A 可显示字符的 ASCII 码表 341
附录 B 8088 CPU 部分引脚信号功能 342
表 B.1 $\overline{SS_0}$、$IO/\overline{M}$、$DT/\overline{R}$ 的组合及对应的操作 342
表 B.2 $\overline{S_2}$、$\overline{S_1}$、$\overline{S_0}$ 的组合及对应的操作 342
表 B.3 QS_1、QS_0 的组合及对应的操作 342
附录 C 8088/8086 指令简表 343
附录 D 8088/8086 微机的中断 345
表 D.1 中断类型分配 345
表 D.2 DOS 软中断 347
表 D.3 DOS 系统功能调用 347
表 D.4 BIOS 软中断 351

参考文献 353

第 1 章

微型计算机概论

所有的计算机系统都包括硬件系统和软件系统。如今,多数读者对软件的了解可能远胜于对硬件的了解,特别是随着各种语言处理程序在功能上的不断增强,程序的设计和硬件的距离似乎越来越远。但所有的程序都运行在硬件之上,如果能够理解计算机底层的原理,将会有助于程序代码的优化,也会使程序设计水平走上新的台阶。本书正是希望通过对计算机硬件组成和原理的介绍,帮助读者奠定相关基础。

作为全书的第 1 章,本章介绍计算机的一些基础知识,主要包括计算机硬件组成、计算机中数的表示与运算、字符编码等,以保障后续内容的顺利学习。

在这些基础内容中,部分初学者可能会对符号数的表示与运算存在一些理解上的困难。随着后续内容的学习,这些难点会逐渐被消化。

1.1 认识计算机

计算机早已进入普通大众的视野,计算机系统包括硬件和软件这一常识性问题已基本为大众所知。但是,计算机的硬件具体包括哪些、它们如何工作、它们和软件怎么协同工作、软件又该怎样设计等,这些问题却不是那么容易回答。本书将从硬件的角度介绍计算机的工作原理。当然,由于人们最常接触的计算机都是微型计算机,因此本书所说的计算机也特指微型计算机。本节将从一段 C 语言程序开始,帮助读者逐步认识计算机。

1.1.1 从一段 C 程序开始

由于还未开始学习本书所要使用的汇编语言,这里就以多数读者都有初步了解的 C 语言的简单程序作为开端,来帮助读者走进计算机系统。

1-1 认识计算机

1. 计算机中的信息都是 bit

如今的程序员绝大多数情况下都会使用各种高级语言来表述自己的设计思想。由于工业自动控制系统的软件设计更广泛使用 C 语言,因此,下面以一个 C 语言程序作为示例,来描述计算机中的程序从编写到能够被执行所要经历的过程,同时也引出微机系统的硬件组成。这样的描述有助于读者从熟悉的地方入手。

一段 C 语言程序如图 1-1 所示,图中显示的是大多数 C 语言学习者编写的第一段程序:显示输出"Hello world!"。这段程序虽然只有一行关键语句(这

```
#include<stdio.h>
int main()
{
    printf("Hello world!\n");
}
```

图 1-1 一段 C 语言程序

里未显示 return 语句），但为了让这段程序能够被执行，系统的每个组成部件都需要协同工作。

图 1-1 所示的程序段称为源程序。无论用哪种语言编写程序，程序员都需要利用编辑器编写源程序并保存为源文件。图 1-1 所示的这段程序也不例外，在打开 C 语言编辑器（如 GCC）编写完源程序后将其保存，为描述方便，暂且起文件名为 Hello.c。由于计算机唯一能够直接识别和处理的只有二进制，因此源程序实际上就是一组由 0 和 1 组成的序列，每 8 位（bit）被组织成一组，称为 1 字节（Byte）。

源文件为文本文件，现代系统大都使用 ASCII 码来表示文本字符，即源程序中的每个字符都对应一个 ASCII 码[⊖]，用 1 字节表示。于是，Hello.c 程序就以字节序列的方式存储在计算机中，每个字节都是 1 个整数值，每个整数值都对应一个字符。图 1-2 给出了 Hello.c 程序中每个符号或字母对应的 ASCII 码表示（<sp>表示空格，\n 表示换行）。图中每个符号或字母下方的十进制数就是该符号或字母对应的 ASCII 码。例如，#的 ASCII 码是 35；换行符的 ASCII 码是 10（最好能记得这个数值，进行汇编程序设计时会用到）。

由 ASCII 码构成的文件称为文本文件，而所有其他文件都称为二进制文件。

#	i	n	c	l	u	d	e	<sp>	<	s	t	d	i	o	.	h	>	\n
35	105	110	99	108	117	100	101	32	60	115	116	100	105	111	46	104	62	10
i	n	t	<sp>	m	a	i	n	(	)	\n	{	\n	<sp>	<sp>	<sp>	<sp>		
105	110	116	32	109	97	105	110	40	41	10	123	10	32	32	32	32		
P	r	i	n	t	f	(	"	H	e	l	l	o	,	<sp>	w	o	r	l
112	114	105	110	116	102	40	34	72	101	108	108	111	44	32	119	111	114	108
d	!	\	n	"	)	;	\n	}										
100	33	92	110	34	41	59	10	125										

图 1-2 Hello.c 的 ASCII 码字符表示

Hello.c 的表示方法说明，系统中的所有信息，无论是程序还是程序运行的数据或磁盘文件等，都是用一串 0 和 1 来表示。区分不同的位串对象的唯一方法是读取这些数据对象时的上下文。一个同样的字节序列在不同的上下文中，可能表示一个整数、机器指令或字符串等。对此，随着本书内容的推进，读者将会逐步理解。

2. 从源程序到能够被计算机执行的程序

Hello.c 程序用高级语言编写，非常容易被人类理解，但计算机却无法直接识别。为了能使程序在计算机上运行，需要通过若干环节。下面以 Hello.c 程序为例来说明从源程序到可执行程序的过程。

预处理：预处理程序根据以字符#开头的命令（第 1 行的#include <stdio.h>命令），读取系统头文件 stdio.h 的内容[⊖]，并把它插入到原始的 C 程序文本（Hello.c）中，从而得到一个新的 C 程序文本（Hello.i）。

编译：计算机无法识别除了 0 和 1 之外的信息。程序中的每条 C 语句都需要被翻译成 0 和 1，编译器就负责完成这一工作。它将 C 程序文本（Hello.i）翻译成一个汇编语言程序

⊖ ASCII 码是美国国家标准信息交换码的缩写，本书将在 1.2.3 中予以介绍。

⊖ C 语言的头文件中包含的是需要调用的函数的有关信息，具体请参阅 C 语言相关书籍。

(Hello.s)，汇编语言程序中的每条语句都以一种标准的文本格式确切地描述了一条机器语言指令。汇编语言非常有用，它为不同高级语言的不同编译器提供了通用的输出语言。例如，C 编译器和 Fortran 编译器产生的输出文件用的都是一样的汇编语言。本书将在第 3 章和第 4 章具体介绍汇编语言指令和汇编语言程序设计方法。

汇编：在编译器将源程序翻译成汇编语言程序（Hello.s）之后，汇编程序将汇编语言指令翻译成机器语言指令，把这些指令打包成一种称为重定位目标程序（Relocatable Object Program）的格式，并将结果保存为目标文件（Hello.o）⊖。目标文件是一个二进制文件，它是机器语言指令而不是字符（若在文本编辑器中打开，看到的将是乱码）。

链接：为了简化编译器，C 语言对一些标准库函数都已进行了编译。图 1-1 所示的 C 程序中所调用的 printf 函数是 C 语言的标准库函数，它已被编译好并存放在名为 printf.o 的目标文件中。但由于需要用这个函数，所以要想办法将 printf.o 合并到 Hello.o 中。链接程序就负责完成这种合并。链接后，就得到了一个可以执行的、后缀为 .exe 的可执行文件，它可以被操作系统的装入程序装入到内存中，由 CPU 执行。

从源程序到可执行程序的过程如图 1-3 所示。实现这一过程的也是程序，完成这个过程的程序称为编译系统（Compilation System）。

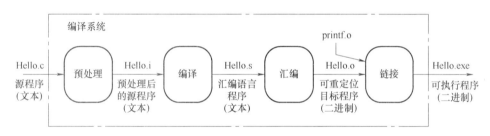

图 1-3　从源程序到可执行程序的过程

对本书所介绍的汇编语言，计算机当然也无法直接识别，也需要图 1-3 所示的翻译过程。与 C 语言等高级语言不同的是，它少了"编译"环节，而是从源程序直接进入"汇编"阶段。

1.1.2　微机系统的硬件组成

微型计算机系统由硬件系统和软件系统两大部分组成，它们相互协同运行应用程序。虽然系统的实现方法在随着时间不断变化，但系统的内在概念没有改变，所有计算机系统都具有相似的硬件和软件组件，它们执行着相似的功能。对希望能够从事工业检测与控制系统设计的读者，有必要理解底层计算机系统以及它们对应用程序的影响。

1-2　微机硬件组成（一）

在一般用户看来，Hello.c 程序运行在操作系统之上，但最终执行程序的是以处理器为核心的硬件系统。固然，本书的全部内容都是在介绍系统的硬件组成和原理，但为了能在正式开始之前先对 Hello.c 程序的运行平台有基本的了解，仍需要先给出硬件系统的整体概貌。

图 1-4 是 Intel Pentium 产品系列的模型，它表示了一个典型的微机硬件系统组成。下面

⊖　Hello.o 的后缀 o 是 obj 的缩写，表示 object，即目标程序。

先以该模型为基础简要介绍构成微机硬件系统的主要部件，这些部件的详细原理都会在本书的不同章节中予以介绍。

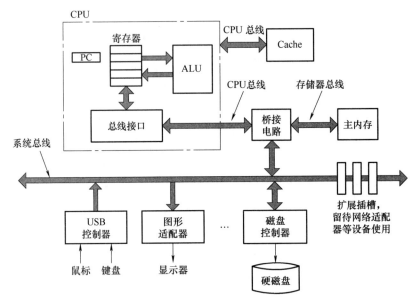

图 1-4　一个典型的微机硬件系统组成

1. 中央处理器（Central Processing Unit，CPU）

　　CPU 是执行（或解释）存储在主内存中指令的引擎，是整个系统的核心。其内部包括运算器、控制器和寄存器（Register）。

　　运算器的主要部件是算术逻辑单元（Arithmetic Logic Unit，ALU），它是运算器的主体。ALU 的主要功能就是在控制信号的作用下完成加、减、乘、除等算术运算、移位操作及各种逻辑运算（广义讲就是执行指令），现代新型 CPU 的运算器还可完成各种浮点运算。运算产生的中间结果可以存放在 CPU 的内部寄存器中。

　　内部寄存器组是 CPU 内部一个小的存储设备，由一些 1 字长的寄存器组成。每个寄存器都有唯一的名字，主要承担中间运算结果的暂时存储和辅助控制的角色。有一个很关键的寄存器称为程序计数器（Program Counter，PC），在任何时刻，PC 的内容都是主内存中某条机器语言指令在内存中的地址，或者说 PC 总是指向内存中某条机器语言指令。

　　虽然 Hello.c 程序从源程序到可执行程序都存放在外存中，但执行程序的是 CPU，在执行之前必须要先进入内存[⊖]。到达内存之后，程序第一条指令在内存中的存放地址会被送入到 PC 中，CPU 在执行的时候，会根据 PC 的值到内存中去读取指令到 CPU。因此，程序计数器（PC）也被称为"指令指针"，是非常重要的一个内部寄存器。

　　从系统通电开始直到系统断电，处理器一直在不断地执行程序计数器指向的指令。CPU 每取走一条指令，程序计数器（PC）就会自动更新，使其指向下一条指令。处理器正是按照 PC 的指向，去逐条读取并执行指令，直到程序执行结束。

　　CPU 的工作基准是时钟信号，这是一组周期恒定的脉冲信号。不同的时刻 CPU 做不同

　　⊖　有关程序如何进入到内存以及为什么要进入内存才能被执行，请参阅《操作系统》的相关书。

的工作，它们在时间上有着严格的关系，这就是时序。时序信号由控制器产生，控制 CPU 的各个部件按照一定的时间关系有条不紊地完成指令要求的操作。控制器是整个 CPU 的指挥控制中心。

本书将在第 2 章通过具体的型号详细介绍微处理器的结构和工作原理，包括多个内部寄存器。

2. 主存储器（Memory）

主存储器（主内存）是一个临时存储设备，在处理器执行程序时，用来存放程序和程序处理的数据。从物理上讲，主存储器由一组动态随机存取存储器（DRAM）芯片组成。从逻辑上来说，它是一个线性的字节数组，每个字节存放在一个单元里（即内存的每个单元都存放 1 字节数据），每个单元在内存中都有唯一的地址，并从零开始编址。主内存逻辑结构示意图如图 1-5 所示，从图中可以看出，内存为单元的线性结构，每个单元中的 1 字节数称为单元内容，单元的数量取决于系统的寻址能力。

1-3 微机硬件组成（二）

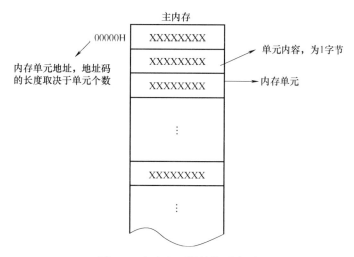

图 1-5 主内存逻辑结构示意图

说明：
1）内存单元的个数与系统寻址能力有关；
2）这里的每个 X 表示一个 0 或 1。

一般来说，组成程序的每条机器指令可以由不同数量的字节构成，即 1 条机器指令的字长不一定相等（Intel x86 系列指令的字长在 1~7 字节），同时数据也可以有不同的字长。在 C 程序中，变量相对应的数据项的大小会根据类型而变化。例如，char 类型的数据需要 1 个字节，int 类型需要 4 个字节，而 double 类型需要 8 个字节（本书第 4 章将介绍汇编语言中类似的数据类型）。在 1.1.3 节将会提到不同的指令字长对程序计数器（PC）的更新的影响。当然，更具体的原理需要学习完本书的大部分内容后才能真正理解。

3. 总线（Bus）

微机系统采用总线结构。总线是贯穿整个系统的一组电子管道，是计算机系统中各部件之间传输地址、数据和控制信息的公共通路。通常总线被设计成按字（Word）传送，1 个字中的字节数（即字长）是一个基本的系统参数，不同的系统并不完全一样。目前大多数计算机的字长是 64 位。本书描述的系统以 16 位为主，所以在本书中，1Word = 2Byte。

从物理结构来看，总线由一组导线和相关的控制、驱动电路组成。目前在微型计算机系统中常把总线作为一个独立部件来看待。

总线的特点在于其公用性，即它可同时挂接多个部件或设备（对于只连接两个部件或设备的信息通道，不称为总线）。总线上任何一个部件发送的信息，都可被连接到总线上的其他所有设备接收到，但某一个时刻只能有一个设备进行信息传送。所以，当总线上挂接的部件过多时，就容易引起总线争用，使对信号响应的实时性降低。

(1) 总线的分类　计算机系统中含有多种类型的总线，可以从不同的角度进行分类。从层次结构上，总线可以分为 CPU 总线、系统总线和外设总线⊖；从传送信息的类型上，总线可分为数据总线、地址总线和控制总线。

1) 数据总线（Data Bus，DB）。数据总线是计算机系统内各部件之间进行数据传送的路径。数据总线的传送方向是双向的，可以由处理器发向其他部件，也可由其他部件将信号送向处理器。

数据总线一般由 8 条、16 条、32 条或更多条数据线组成，这些数据线的条数称为数据总线的宽度。由于每一条数据线一次只能传送一位二进制码，因此，数据线的条数（即数据总线的宽度）就决定了每一次能同时传送的二进制位数。如果数据总线宽度为 8 位，指令的长度为 16 位，则取一条指令需要访问两次存储器。由此可以看出，数据总线的宽度是表现系统整体性能的关键因素之一。8088 CPU 的外部数据总线宽度为 8 位，而 Pentium CPU 的数据总线宽度为 64 位，大大加快了对存储器的存取速度。

2) 地址总线（Address Bus，AB）。地址总线用于传送地址信息，即这类总线上所传送的一组二进制 0 或 1，表示的是某一个内存单元地址或 I/O 端口地址。它规定了数据总线上的数据来自何处或被送往何处。例如，当 CPU 要从存储器中读取一个数据时，不论该数据是 8 位、16 位或 32 位，都需要先形成存放该数据的地址，并将地址放到地址总线上，然后才能从指定的存储器单元中取出数据。因地址信息均由系统产生，所以它的传送方向是单向的。

地址总线的宽度决定了能够产生的地址码的个数，从而也就决定了计算机系统能够管理的最大存储器容量。除此之外，在进行输入/输出操作时，地址总线还要传送 I/O 端口的地址。由于寻址 I/O 端口的容量要远低于内存的容量，所以一般在寻址端口时，只使用地址总线的低端几位，寻址内存时才使用地址总线的所有位。例如，在 8086 系统中，寻址端口时需要用到地址总线的低 16 位，高 4 位设定为 "0"；寻址内存时则用全部 20 位地址信号。

3) 控制总线（Control Bus，CB）。控制总线用于传送各种控制信号，以实现对数据总线、地址总线的访问及使用情况进行控制。控制信号的作用是在系统内各部件之间发送操作命令和定时信号，通常包括以下几种类型：

① 写存储器命令：在写存储器命令的控制下，数据总线上的数据被写入指定的存储器单元。

② 读存储器命令：在读存储器命令的控制下，将指定存储器单元中的数据放到数据总线上。

③ I/O 写命令：在 I/O 写命令的控制下，将数据总线上的数据写入指定的 I/O 端口。

⊖ 从描述硬件系统组成的图 1-4 中可以看出现代微机中不同层次的总线结构。

④ I/O 读命令：在 I/O 读命令的控制下，将指定 I/O 端口的数据放上数据总线。
⑤ 传送响应：用于表示数据已经被接收或已经将数据放上数据总线的应答信号。
⑥ 总线请求：用于表示系统内的某一部件欲获得对总线的控制权的信号。
⑦ 总线响应：表示获准系统内某部件控制总线。
⑧ 中断请求：表示系统内某中断源发出中断请求信号。
⑨ 中断响应：表示系统内某中断源发出的中断请求信号已获得响应。
⑩ 时钟和复位：时钟信号用于同步操作时的同步控制，在初始化操作时需要用复位命令。

控制信号从总体上讲，其传送方向是双向的，但就某一具体信号来讲，其信息的走向都是单向的。

（2）总线操作 微机系统中的各种操作包括处理器内部寄存器操作、处理器对存储器的读写操作、处理器对 I/O 端口的读写操作、中断操作、直接存储器存取操作等，都是通过总线进行信息交换的，它们在本质上都是总线操作。总线操作的特点是，任意时刻总线上只能允许一对设备（主控设备和从属设备）进行信息交换。当有多个设备要使用总线时，只能分时使用，即将总线时间分为若干段，每一个时间段完成设备间的一次信息交换，包括从主控设备申请使用总线到数据传送完毕。这个时间段称为一个数据传送周期或总线操作周期。一个总线周期分为五个步骤：总线请求、总线仲裁、寻址、数据传送和结束传送。

1) 总线请求：由使用总线的主控设备向总线仲裁机构提出使用总线的请求。
2) 总线仲裁：决定在下一个传送周期由哪个请求源使用总线。
3) 寻址：取得总线使用权的主控设备，通过地址总线发出本次要传送的数据的地址及相关命令，通过译码使本次数据传送的从属设备被选中。
4) 数据传送：实现从主控设备到从属设备的数据传送。
5) 结束传送：主控设备、从属设备的相关信息均从总线上撤除，让出总线，以使其他设备能继续使用总线。

对于只有一个主控设备的单处理器系统，不存在总线请求、仲裁和撤除问题，总线始终归它所有，此时的总线周期只有寻址和传送两个阶段。在包括中断控制器、DMA 控制器及多处理器系统中，则需要专门的仲裁机构来分配总线的控制权和使用权。

（3）总线的基本功能 总线的基本功能包括数据传送、仲裁控制、出错处理和总线驱动。

1) 数据传送：为使信息正确传送，防止丢失，需对总线通信进行定时，根据定时方式不同，可分为同步、异步及半同步三种数据传送方式。
2) 仲裁控制：在总线上某一时刻只能有一个总线主控部件控制总线，为避免多个部件同时发送信息到总线的矛盾，需要有总线仲裁机构。
3) 出错处理：数据传送过程中可能产生错误，有些接收部件有自动纠错能力，可以自动纠正错误；有些部件虽无自动纠错能力，但能发现错误，这时可发出"数据出错"信号，通知 CPU 来进行处理。
4) 总线驱动：在计算机系统中通常采用三态输出电路或集电极开路输出电路来驱动总线，后者速度较低，常用在 I/O 总线上。

4. 输入/输出设备和输入/输出接口

输入/输出设备（Input/Output Devices）是可以与计算机系统进行通信，但又必须通过输入/输出接口（Input/Output Interface）才能进行通信的设备。图 1-4 的示例系统中给出了四个输入/输出设备：键盘、鼠标、显示器以及用于长期存储数据和程序的磁盘。

这些只是微机系统的基本外部设备（I/O 设备）。事实上，I/O 设备的种类繁多，结构、原理各异，有机械式、电子式、电磁式等。与 CPU 相比，I/O 设备的工作速度较低，处理的信息从数据格式到逻辑时序一般都不可能与计算机直接兼容。因此，微机与 I/O 设备间的连接与信息交换不能直接进行，而必须通过一个中间部件作为两者之间的桥梁。

图 1-4 中给出的每个 I/O 设备都通过一个控制器或适配器与 I/O 总线相连。控制器和适配器之间的区别主要在于它们的封装方式。控制器是置于 I/O 设备本身的或者系统主板上的芯片组，而适配器则是一块插在主板插槽上的卡。无论哪种封装方式，它们都可以统称为输入/输出接口（I/O 接口），它们的功能就是在 I/O 总线和 I/O 设备之间传递信息。

本书将从第 6 章起介绍输入/输出相关技术。

1.1.3 冯·诺依曼结构

为了使读者能够理解下面将要描述的冯·诺依曼计算机基本原理，需要先说明执行一条指令应有的步骤。虽然这些内容都会在后续章节中详细描述，但先建立一些基本的概念，将会有助于对后续内容的理解。

1-4 冯·诺依曼结构（一）

1. 指令的执行过程

程序是指令序列的集合，因此计算机的工作也就是逐条执行指令序列的过程。一条指令的执行通常包含以下一系列的步骤：

1）首先，处理器从程序计数器（PC）指向的内存地址处读取指令到 CPU 中，同时根据指令的字长更新 PC 的值。

2）CPU 对读取的指令进行分析，解释指令的含义（做何种运算）。

3）如果需要，则根据指令中给出的地址，CPU 从内存中获取执行的数据（操作数）。例如，把两个运算的数据（1 字节或者 1 个字）从主存储器复制到寄存器，把两个寄存器的内容复制到 ALU 去进行运算。

4）在 ALU 中执行该指令。

5）将运行结果送入指令指定的内存地址。

这里有两点需要特别说明：

1）并非每一条指令的执行都需要经过这五个步骤。对部分针对处理器操作的指令，其执行的对象位于 CPU 内部（可以说是 CPU 本身），无法从内存中获取，运算结果当然也就不会再送入内存了。

2）处理器中，程序计数器（PC）中的地址会通过一个内部地址寄存器指向主存储器。在读取指令的时序启动后，PC 中的地址就会送入这个内部地址寄存器（该寄存器程序员不可见，该寄存器负责将内存地址保持到指令被读取到内存为止）。然后 PC 会自动更新，指向下一条待读取的指令。

需要注意的是：PC 所指向的下一条指令并不一定与存储器中刚读取的指令相邻。如，对顺序结构程序，若指令字长为 1 字节，则 PC+1；若指令字长为 5 字节，则 PC+5，此时指令会指向相邻的下一条指令。对分支和循环结构，PC 会更新到指令指向的地方，此时下一条指令就不一定与当前指令相邻。但无论怎样，PC 都永远指向下一条待读取的指令。

指令执行过程的逻辑示意如图 1-6 所示。图中的粗体虚线表示 PC 在指令被读取后会自动更新，细虚线表示更新后的 PC 不一定指向与刚读取的指令相邻的地方。

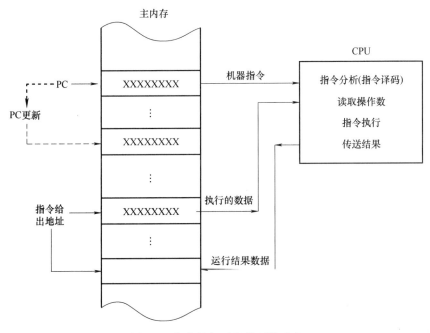

图 1-6 指令执行过程的逻辑示意

从以上的描述可以看出，指令的执行都围绕着主内存、寄存器和算术逻辑单元（ALU）进行。这里的描述看上去很简单，但实际上，现代处理器内部具有非常复杂的机制。本书第 2 章会进行进一步介绍。

2. 冯·诺依曼计算机的基本原理

计算机的工作过程就是执行程序的过程，程序是实现既定任务的指令序列，计算机按照程序安排的顺序执行指令，就可完成设定的任务。

不同类型的处理器拥有不同类型的机器指令，这些指令按照一定的规则存放在存储器中，在中央控制系统的统一控制下，按一定顺序依次取出执行，这就是冯·诺依曼计算机的核心原理，即存储程序的工作原理。存储程序的概念是指把程序和数据送到具有记忆功能的存储器中保存起来，计算机工作时只要给出程序中第一条指令的地址，控制器就可依据存储程序中的指令顺序地、周而复始地取出指令、分析指令、执行指令，直到执行完全部指令为止。

1-5 冯·诺依曼结构（二）

冯·诺依曼计算机的主要特点有：
1) 将计算过程描述为由许多条指令按一定顺序组成的程序，并放入存储器保存。
2) 程序中的指令和数据必须采用二进制编码，且能够被执行该程序的计算机所识别。
3) 指令按其在存储器中存放的顺序执行，存储器的字长固定并按顺序线性编址。
4) 由控制器控制整个程序和数据的存取以及程序的执行。
5) 以运算器为核心，所有的执行都经过运算器。

冯·诺依曼将计算机设计为由五个部分组成，经典冯·诺依曼计算机结构示意图如图 1-7 所示。多年来，尽管计算机体系结构已有了重大改良，性能也在不断提高，但从本质上讲，其体系结构依然是冯·诺依曼结构，而存储程序原理仍然是现代计算机的基本工作原理。

3. Hello.c 程序的运行过程

在了解了一条指令的执行过程和 CPU 的基本组成之后，现在再来看示例程序 Hello.c 运行时所经历的过程。

在经历了图 1-3 所示的过程之后，可执行的 Hello.exe 程序已经被存储在了硬磁盘上（指定的某个地方），当通过键盘或鼠标启动运行时，系统通过一系列指令将可执行的 Hello 程序从硬磁盘复制到主内存（加载），复制的内容包括指令和运行的数据（即将输出显示的字符串：Hello world!）。利用直接存储器存取（Direct Memory Access，DMA）技术，数据可以不通过处理器而直接从磁盘进入主内存。

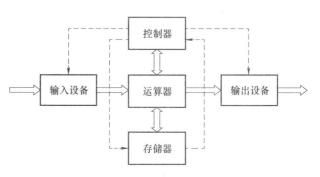

图 1-7 经典冯·诺依曼计算机结构示意图

当 Hello 程序进入主内存后，CPU 就开始执行其中的 main 程序的机器语言指令，这些指令将 "Hello world! \n" 字符串中的字节从主内存复制到处理器中的寄存器，再送入到显示设备，最终显示在屏幕上。

Hello 程序从磁盘到显示器的过程如图 1-8 所示。图中，细虚线表示将 Hello 可执行程序从磁盘加载到内存，粗虚线表示程序从内存最后输出字符串到显示器。图中略去了高速缓冲存储器（Cache）。

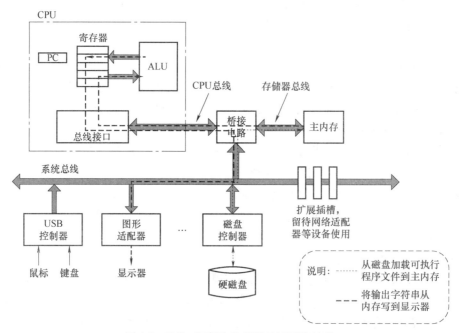

图 1-8 Hello 程序从磁盘到显示器的过程

1.1.4 必要的补充

从智能家电到个人移动设备（Personal Mobile Device，PMD）再到大型超级计算机，虽然因不同的应用目标而有不同的设计需求,但都有着一套通用的硬件技术。如都包含处理器、存储器、I/O 接口等核心部件和各种 I/O 设备,各部件之间通过总线连接(通常也将总线作为硬件系统的一个独立部件)。

除了硬件系统外,要求计算机完成的任何工作都需要编写如 Hello.c 这样的应用程序(当然,几乎所有的应用程序都比 Hello.c 复杂很多),而所有的应用程序几乎都运行在系统软件(如操作系统)上[⊖]。在结束本节内容介绍之前,先给出微机系统的概念结构,如图 1-9 所示。

计算机的主要应用方向之一是工业生产过程自动控制。过程控制是利用计算机对工业生产过程中的如温度、压力、流量等工艺参数进行检测,并将检测到的数据作为被控变量送入计算机,再根据需要对这些数据进行处理,并驱动执行机构。

工业生产中的被控变量通常是连续变化的物理量,而计算机只能处理离散电信号,对那类既非离散又非电信号的变量,如何进行控制呢?这需要一个"长长的处理过程"。要完成这样一个过程控制系统的设计,需要知道:

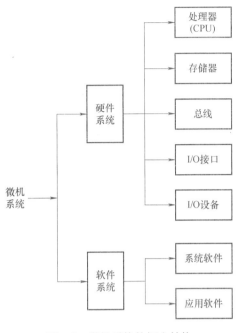

图 1-9 微机系统的概念结构

1) 对各种被控变量如何进行检测?
2) 需要设计何种电路才能将检测到的信息送入计算机并能够被计算机感知?
3) 检测到的信息在计算机中如何表示、如何存储?
4) 如何确定所接收到的来自监测设备的信息是正常还是异常?
5) 计算机对检测到的信息如何处理?如何发出报警信息?

要解决这些问题,涉及计算机的结构、原理、输入/输出技术以及软件编程方法等。因此,本书包括了基础知识、处理器原理、软件设计、接口技术等知识模块,并在最后用一章的篇幅介绍微机在自动控制系统中的应用,实现对全书内容的贯通。

在正式学习之前,有几点需要声明:

1) 微处理器是微型计算机的核心,所有程序的执行都是由微处理器完成的。要理解微机工作原理,主要就是要理解微处理器的原理。为此,本书需要利用一个具体的型号来介绍微处理器。鉴于目前最新型 CPU 在资料获取上存在的困难以及教材通常限于成熟知识的介绍,因此本书对具体型号 CPU 的选择依然仅为 16 位体系的微处理器。部分微处理器新技术只能进行简介式描述。

2) 关于软件设计。本书介绍汇编语言的目的并不是过程控制程序一定要使用汇编语言进行设计(目前更多情况下会使用 C 语言等高级语言),而是学习汇编语言更有助于对微型计算机工作原理的理解。

⊖ 对单片机和部分微控制器控制的系统,不含操作系统。

3）虽然书中作为案例介绍的芯片型号都显得"古老"，但从应用的角度，其基本功能和使用方法与今天的新型器件是类似的。掌握了基本知识，也就具备了从事相关系统设计的基础。

4）随着集成电路技术的飞速发展，使用单片机及各种嵌入式技术进行工业检测与控制已经越来越普遍，特别是对一些相对较简单的过程控制，微机系统已显得成本有点过高。什么是单片机呢？简单地说，单片机是计算机系统的"微缩版"，虽然它与计算机在体系结构、指令集等多个方面都存在较大差异，但它内部包括了计算机的主要功能部件，如CPU、内存、总线、存储器、接口等，只是这些部件的功能和性能相对人们常用的微型计算机要弱很多。

由于日常见到和使用最多的计算机是微型计算机，建立"微机系统"的整体概念以及理解微型计算机的构成、工作原理、输入/输出控制方法等具有更普适的意义。因此，本书所有工业自动控制系统的应用案例都"奢侈"地以微型计算机为控制核心进行设计。

总之，能够理解微型计算机的基本工作原理，具备微机控制系统的基本设计思路，并能够设计简单的工业生产过程自动控制系统接口电路，是本书希望带给读者的主要目标。

1.2 计算机中的数制和编码

在日常生活中，人们习惯于使用十进制数来进行计数和计算。但现代数字计算机主要都是由开关元件构成，故只能识别由"0"和"1"构成的二进制代码，也就是说计算机中的数是用二进制表示的。但用二进制数表示一个较大的数时，既冗长又难以记忆，为了便于阅读和书写，在计算机中还会采用其他的一些进制。

1-6 数字技术的世界（一）

由于任何一种用非机器语言编写的程序（如 Hello.c）都需要通过编译器"翻译"，因此，为方便起见，实际编程中的数据表示通常并不用二进制，而可以直接使用十进制。数据在内存中的地址则常用十六进制表示。为了帮助读者理解，图 1-10a 给出了含几行简单语句的 C 语言程序示例，程序中的变量值 x、y 和 z 都用十进制表示。编译系统对变量在内存中的地址则用十六进制表示，如图 1-10b 所示，图中最后一行字为数组 a 第一个元素的地址 0x001cf844[○]。

```
#include<stdio.h>
int  main()
{
    int x=122, y=100, z;
    int a[5]={1, 2, 3, 4, 5};
    printf ( "z=%d/n", x+y);
    return  0;
}
```

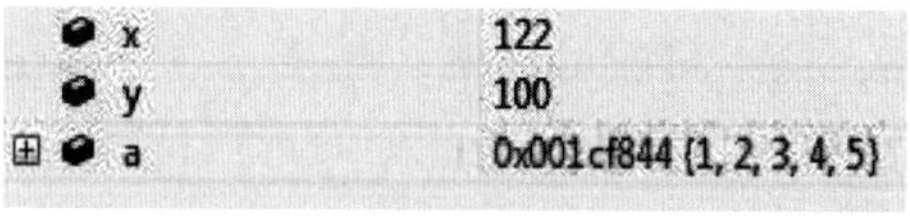 ● x		122
● y		100
⊞ ● a		0x001cf844 {1, 2, 3, 4, 5}

a)   b)

图 1-10 C 语言程序段示例

[○] C 语言中用 0x 表示十六进制，属于程序语言的语法。本书 1.2.1 节中介绍的各种进制数的标识方法是通用标识法。

编写完 Hello.c 程序后，首先需要利用编译器将其翻译成机器语言程序，才能被计算机识别。因此，编写有时也采用十六进制数和十进制数。所以，在学习计算机原理之前，首先需要了解和掌握这三种常用计数制及其相互间的转换。

1.2.1 数制

人们最习惯的数制是十进制（Decimal，用符号 D 标识），但表示一个十进制数至少需要十个符号，意味着需要有十种稳定状态与之对应。如果计算机采用十进制，则需要设计实现十种稳定状态的电子器件，这比较困难。相反，实现两种稳定状态的电子器件却非常容易，比如开关可以有"断开"和"闭合"，晶体管的"导通"和"截止"等。所以，计算机最终选择了二进制。

1-7 数制及其转换

1-8 数字技术的世界（二）

1. 二进制（Binary）

二进制只有 0 和 1 两个符号，用大写字母 B 来标识，遵循逢二进一的法则。和十进制数类似，一个二进制数 B 也可以用其权展开式表示为

$$(B)_2 = B_{n-1} \times 2^{n-1} + B_{n-2} \times 2^{n-2} + \cdots + B_0 \times 2^0 + B_{-1} \times 2^{-1} + \cdots + B_{-m} \times 2^{-m}$$
$$= \sum_{i=-m}^{n-1} B_i \times 2^i \tag{1-1}$$

其中，B_i 只能取 1 或 0，2 为基数，2^i 为二进制的权，n 和 m 为正整数，n 表示小数点左边的位数，m 表示小数点右边的位数，为与其他计数制相区别，一个二进制数可以用大写字母 B 标识，也可以用下标 2 表示。

例如，二进制数 1010.11B 可表示为 $(1010.11)_2 = 1 \times 2^3 + 0 \times 2^2 + 1 \times 2^1 + 0 \times 2^0 + 1 \times 2^{-1} + 1 \times 2^{-2}$

2. 十六进制数（Hexadecimal）

二进制数书写起来非常冗长，实际的程序编写中，除了十进制数之外，还会采用十六进制数。在 C 语言的编译器中，十六进制常常用于表示主内存的地址（见图 1-10）。

十六进制共有 16 个数字符号，用符号 H 标识（这是 Hexadecimal 的缩写，图 1-10 是 C 语言的表示），逢十六进一。

一位十六进制的最大数相当于十进制的 15，为了只用 1 个符号来表示 10~15 这六个数，需要借用字母。因此，十六进制就有 0~9 和 A~F 这 16 个符号。这里，A 相当于 10，F 则对应 15。

一个十六进制数 H 也可用权展开式表示为

$$(H)_{16} = H_{n-1} \times 16^{n-1} + H_{n-2} \times 16^{n-2} + \cdots + H_0 \times 16^0 + H_{-1} \times 16^{-1} + \cdots + H_{-m} \times 16^{-m}$$
$$= \sum_{i=-m}^{n-1} H_i \times 16^i \tag{1-2}$$

这里，H_i 的取值在 0~F 的范围内，16 为基数，16^i 为十六进制数的权；m、n 的含意与上相同。十六进制数也可用下标 16 表示。

例如，十六进制数 2AE.4H 可表示为：$(2AE.4)_{16} = 2 \times 16^2 + 10 \times 16^1 + 14 \times 16^0 + 4 \times 16^{-1}$。

3. 其他进制数

除以上介绍的二、十和十六进制三种常用的进位计数制外，计算机中还可能用到八进制数，有兴趣的读者可自行将其计数及表达方法进行归纳，这里不再详细介绍。下面给出任一进位制数的权展开式的一般形式。

一般地，对任意一个 K 进制数 S，都可用权展开式表示为

$$(S)_K = S_{n-1} \times K^{n-1} + S_{n-2} \times K^{n-2} + \cdots + S_0 \times K^0 + S_{-1} \times K^{-1} + \cdots + S_{-m} \times K^{-m}$$

$$= \sum_{i=-m}^{n-1} S_i \times K^i \tag{1-3}$$

这里，S_i 是 S 的第 i 位的数码，可以是所选定的 K 个符号中的任何一个；n 和 m 的含义同上，K 为基数，K^i 称为 K 进制数的权。

除了用基数作为下标来表示数的进制外，通常在不同进制数的后面加上其标识字母 B、H、D 来分别表示二进制数、十六进制数和十进制数，如 11000101B、2C0FH、1300D 等。在不至于混淆时，十进制数后面的 D 可以省略。

1.2.2 不同数制间的转换

人们习惯的是十进制数，计算机采用的是二进制数，编写程序时为方便起见又多采用十六进制数，因此必然会产生在不同计数制之间进行转换的问题。

1. 非十进制数到十进制数的转换

非十进制数转换为十进制数的方法比较简单，只要将它们按相应的权表达式展开，再按十进制运算规则求和，即可得到它们对应的十进制数。

【例 1-1】 将二进制数 1101.101 转换为十进制数。

题目解析：将一个二进制转换为十进制数，可以利用二进制的权展开式，将其展开式求和则可以得到对应的十进制。

计算如下：

$$1101.101B = 1 \times 2^3 + 1 \times 2^2 + 0 \times 2^1 + 1 \times 2^0 + 1 \times 2^{-1} + 0 \times 2^{-2} + 1 \times 2^{-3}$$
$$= 13.625$$

十进制数的标识 D 通常省略，因此，当任何一个数后的标识符缺省时，则默认为十进制数。

【例 1-2】 将十六进制数 64.CH 转换为十进制数。

题目解析：将一个十六进制转换为十进制数，可以利用十六进制的权展开式，将其展开式求和则可以得到对应的十进制。

计算如下：

$$64.CH = 6 \times 16^1 + 4 \times 16^0 + 12 \times 16^{-1} = 100.75$$

2. 十进制数转换为非十进制数

将十进制数转换为非十进制数相对要复杂一些，整数部分和小数部分有不同的转换原理。这里仅介绍十进制到二进制和十六进制的转换。

1) 十进制数转换为二进制数。十进制数的整数和小数部分应分别进行转换。整数部分转换为二进制数时采用"除 2 取余"的方法：即连续除 2 并取余数作为结果，直至商为 0，得到的余数从低位到高位依次排列即得到转换后二进制数的整数部分；对小数部分则用"乘 2 取整"的方法：即对小数部分连续用 2 乘，以最先得到的乘积的整数部分为最高位，直至达到所要求的精度或小数部分为零为止（可以看出，转换结果的整数和小数部分是从小数点开始分别向高位和向低位逐步扩展）。

例如，十进制数 112.25 转换为二进制数的过程为：

整数部分＿＿＿＿＿＿＿＿＿　　　　　　小数部分＿＿＿＿＿＿＿＿＿

112/2＝56……余数＝0（最低位）　　　0.25×2＝0.5……整数＝0（最高位）

56/2 = 28 ………… 余数 = 0   0.5×2 = 1.0 ……… 整数 = 1
28/2 = 14 ………… 余数 = 0
14/2 = 7 ………… 余数 = 0
7/2 = 3 ………… 余数 = 1
3/2 = 1 ………… 余数 = 1
1/2 = 0 ………… 余数 = 1

从而得到转换结果 112.25 = 1110000.01B。

2) 十进制数转换为十六进制数。与十进制数转换为二进制数的方法类似，整数部分按"除 16 取余"的方法进行，小数部分则"乘 16 取整"。

例如，十进制数 301.6875 转换为等值十六进制数的过程为：

整数部分_____   小数部分_____
301/16 = 18 ……… 余数 = D $0.6875×16 = 11.0000$ ……… 整数 = $(11)_{10} = (B)_{16}$
18/16 = 1 ……… 余数 = 2
1/16 = 0 ……… 余数 = 1

转换结果：301.6875 = 12D.BH。

也可将十进制数先转换为二进制数，再转换为十六进制数。下面将会看到，后者的转换是非常方便的。

3. 二进制数与十六进制数之间的转换

二进制数与十六进制数之间存在一种特殊关系，即 $2^4 = 16$，也就是说 1 位十六进制数恰好可用 4 位二进制数来表示，且它们之间的关系是唯一的。表 1-1 给出了计算机中常用的二进制数、十六进制数和十进制数之间的关系。

表 1-1 数制对照表

十进制数	二进制数	十六进制数
0	0000	0
1	0001	1
2	0010	2
3	0011	3
4	0100	4
5	0101	5
6	0110	6
7	0111	7
8	1000	8
9	1001	9
10	1010	A
11	1011	B
12	1100	C
13	1101	D
14	1110	E
15	1111	F

由于 1 位十六进制数能够直接对应 4 位二进制数，这就使十六进制数与二进制数之间的转换变得非常容易。

将二进制数转换为十六进制数的方法是：从小数点开始分别向左和向右把整数和小数部分每 4 位分为一组。若整数最高位的一组不足 4 位，则在其左边补 0；若小数最低位的一组不足 4 位，则在其右边补 0。然后将每组二进制数用对应的十六进制数代替，则得到转换结果。

【例 1-3】 将二进制数 1010100110. 101011B 转换为十六进制数。

题目解析：该数的整数部分有 10 位，按照从右向左每 4 位一组，可以分为三组，最高位不足 4 位，在左侧补 0；小数部分从左向右每 4 位一组，可以分为两组，最低位不足 4 位则在右侧补 0。

可以分解如下：

二进制数　　0010　1010　0110. 1010　1100
　　　　　　↓　　↓　　↓　　　↓　　↓
十六进制数　　2　　A　　6　.　A　　C

即 $(1010100110.101011)_2 = 2A6.ACH$。

十六进制数转换为二进制数的方法与上述过程相反，即用 4 位二进制代码取代对应的 1 位十六进制数。

【例 1-4】 将十六进制数 4B8F. 6AH 转换为二进制数。

题目解析：这是【例 1-3】的逆向过程，将每位十六进制数用 4 位二进制表示。

结果如下：

十六进制数　　4　　B　　8　　F　.　6　　A
　　　　　　　↓　　↓　　↓　　↓　　　↓　　↓
二进制数　　0100　1011　1000　1111. 0110　1010

即 4B8F. 6AH = 100101110001111. 01101010B

1.2.3　十进制数编码与字符编码

由于计算机能够直接识别和处理的只有二进制数，但人们在生活、学习和工作中更习惯于用十进制数，所以在某些情况下也希望计算机能直接处理十进制形式表示的数据。此外，现代计算机不仅要处理数值领域的问题，还需要处理大量非数值领域的问题如文字处理、信息发布、数据库系统等，这就要求计算机还应能够识别和处理文字、字符和各种符号，如：

数字——0，1，…，9；
字母——26 个大小写的英文字母：A，B，…，Z，a，b，…，z；
专用符号——+、-、*、/、↑、$、%、…；
控制字符——CR（回车），LF（换行），BEL（响铃），…。

1-9　计算机中的编码

所有这些字符、符号以及十进制数最终都必须转换为二进制格式的代码才能被计算机所处理，即字符和十进制数都必须用若干位二进制码来表示，这就是信息和数据的二进制编码。

1. 十进制的 BCD 编码

用二进制编码表示的十进制数，称为二-十进制（Binary Coded Decimal，BCD）码。它的特点是保留了十进制的权,而数字则用 0 和 1 的组合编码来表示。用二进制码表示十进制数,至少需要的二进制位数为 $\log_2 10$,取整数等于 4,即至少需要 4 位二进制码才能表示 1 位十进制数。4 位二进制码有 16 种组合,而十进制数只有 10 个符号,选择哪 10 个符号来表示十进制的 0~9 有多种可行方案,下面只介绍最常用的一种 BCD 码,即 8421 码。

1) 8421 码。8421 BCD 码(以下简称为 BCD 码)用 4 位二进制编码表示 1 位十进制数,其 4 位二进制编码的每一位都有特定的权值,从左至右分别为 $2^3=8$,$2^2=4$,$2^1=2$,$2^0=1$,故称其为 8421 码。

需要注意的是,BCD 码表示的是十进制数,只有 0~9 这 10 个有效数字,4 位二进制码的其余 6 种组合(1010~1111)是有效的十六进制数,但对 BCD 码是非法的。BCD 码与十进制数的对应关系见表 1-2。

表 1-2 BCD 码与十进制数的对应关系

十进制数	8421 码
0	0000
1	0001
2	0010
3	0011
4	0100
5	0101
6	0110
7	0111
8	1000
9	1001

BCD 码的计数规律与十进制数相同,即"逢十进一"。在书写上,每一个 4 位写在一起,以表示十进制的一位,结尾处加标记符 BCD。如 (0011 0100)$_{BCD}$,表示十进制数 34。

2) BCD 码与十进制数、二进制数的转换。一个十进制数用 BCD 码来表示是非常简单的,只要对十进制数的每一位按表 1-2 的对应关系单独进行转换即可。例如,对十进制数 234.15,可以很方便地将其写成 BCD 码 (0010 0011 0100.0001 0101)$_{BCD}$。

同样,也能够很容易地由 BCD 码得出其对应的十进制数。例如,BCD 码 (0110 0011 1001 1000.0101 0010)$_{BCD}$ 对应的十进制数为 6398.52。

请务必注意:BCD 码虽然是二进制形式,但它是十进制数,所以在书写上要每 4 位一组中间隔开。

BCD 是十进制数的一种编码方式,若要将其转换为二进制数,需要先转换为十进制数。

【例 1-5】 将 BCD 码 (0001 0001.0010 0101)$_{BCD}$ 转换为二进制数。

题目解析:BCD 码是十进制数,要将其转换为二进制数,通常需要先将 BCD 码转换为十进制,再按照十进制转换二进制的方法进行转换。

转换过程如下:
$$(0001\ 0001.0010\ 0101)_{BCD} = 11.25$$

对整数部分除 2 取余,小数部分乘 2 取整,则得到 11.25 = 1011.01B。

【例 1-6】 将二进制数 01000111B 转换为 BCD 码。

题目解析： 同样，将二进制转换为 BCD 码，通常也是先将二进制数通过权展开式将其转换为十进制数，再转换成 BCD 形式。

去除二进制数中的 0，二进制到十进制数的转换过程为

$$01000111B = 1\times 2^6 + 1\times 2^2 + 1\times 2^1 + 1\times 2^0 = 71$$

将 71 转换为 BCD 形式：$71 = (0111\ 0001)_{BCD}$

3）计算机中 BCD 码的存储方式。计算机的存储单元通常按字节组织，一个字节中存放 BCD 码有两种方式，即压缩的 BCD 码和非压缩的 BCD 码。在一个字节中存放 2 个 4 位的 BCD 码，这种方式称为压缩 BCD 码表示法。在采用压缩 BCD 码表示十进制数时，一个字节就表示两位十进制数。例如，10010010 表示十进制数 92。

非压缩的 BCD 码（又称扩展 BCD 码）表示法是每个字节只存放 1 个 BCD 码，即低 4 位为有效 BCD 数，高 4 位全为 0。例如，同样是十进制数 92，用非压缩 BCD 码就表示为 00001001 00000010。

2. 字符的 ASCII 编码

各种字符和符号也必须按特定的规则用二进制编码才能在机器中表示。微机系统中对西文字符的编码普遍采用 ASCII 码（American Standard Code for Information Interchange）——美国标准信息交换码。在 1.1.1 节中给出了 Hello.c 源程序文本在计算机中的 ASCII 编码形式，它们以字节序列形式将文本文件存储在计算机中。

一个标准 ASCII 码的有效位只有 7 位，但微型计算机均按字节来组织，故一般规定 ASCII 码的最高位 D_7 位恒为 0。这样，用一个字节来表示一个 ASCII 字符编码。本书附录 A 给出了可显示字符的 ASCII 码表，从表中可以很方便地查出每个数字（0~9）、每个英文字母（大写和小写字母）以及部分控制符所对应的 ASCII 码，包括它们的二进制、十六进制和十进制数。

例如，数字 9 的 ASCII 码为 39H（57），大写字母 A 的 ASCII 码为 41H（65）。

所有从键盘输入的数字均以字符形式存储，所有在屏幕上显示的数字也应先转换为其对应的字符。

例如，从键盘输入数字 9，计算机接收到的是 9 的字符 39H（或 57）；若希望在控制台界面显示数字 9，同样应输出 39H（或 57）。否则将出错。

对此，请读者在学习第 4 章的汇编语言程序设计时进一步体会。

数据在计算机内形成、存取和传送的过程中可能产生错误。为尽量减少和避免这类错误，除提高软硬件系统的可靠性外，也常在数据的编码上想办法，即采用带有一定特征的编码方法，在硬件线路的配合下，能够发现错误、确定错误的性质和位置，甚至实现自动改正错误。数据校验码就是这样一种能发现错误并具有自动改错能力的编码方法。

在 ASCII 码的传送中，最常用到的校验码是一种开销小、能发现一位数据出错的奇偶校验码。带有奇偶校验的 ASCII 码将最高位（D_7 位）用作奇偶校验位，以校验数据传送中是否有一位出现错误。

偶校验的含义是：包括校验位在内的 8 位二进制码中 1 的个数为偶数；而奇校验的含义是：包括校验位在内的 8 位二进制码中 1 的个数为奇数。

例如，大写字母 A 的 7 位 ASCII 码为 1000001B，若采用偶校验，具有偶校验的 A 的 ASCII 码是 01000001B；若采用奇校验，则具有奇校验的 A 的 ASCII 码是 11000001B。

1.3 计算机中数的表示

在计算机中,用于表示数量大小的数据称为数值数据。讨论数值数据时常涉及两个概念,即表数范围和表数精度。

1-10 数的表示与运算(一)

表数范围是指一种类型的数据所能表示的最大值和最小值。如在不考虑符号的情况下,8位二进制数的表数范围为0~255。

表数精度也称为表数误差,通常用实数值能给出的有效数字的位数表示。在计算机中,表数范围和表数精度的大小与用多少个二进制位表示某类数据及如何对某些位编码有关。

1.3.1 定点数

在计算机中,小数点位置固定不变的数称为定点数。为了运算方便,通常只采取两种简单的小数点位置约定,相应地有两种类型的定点数。

1. 定点小数的表示

定点小数,是指小数点准确固定在数据某个位置上的小数。为方便起见,通常都把小数点固定在最高数据位的左边,称为纯小数。如果考虑数的符号,小数点的前边可以再设符号位。据此,任意一个小数都可写成

$$N = N_s . N_{-1} N_{-2} \cdots N_{-(m-1)} N_{-m}$$

若用$m+1$个二进制位表示上述小数,则可以用最高(最左)位表示该数的符号(假设用0表示正,用1表示负),如上式中的N_s,后面的m位表示小数的数值部分。由于规定了小数点放在数值部分的最左边,所以小数点不需明确表示出来。

定点小数的表数范围很小,对于用$m+1$个二进制位表示的小数,其表数范围为

$$|N| \leq 1 - 2^{-m}$$

采用这种表示法,读者在算题时,需要先将参加运算的数通过一个合适的"比例因子"转化为绝对值小于1的纯小数,并保证运算的中间结果和最终结果的绝对值也都小于1,在输出真正结果时,再按相应比例将结果扩大。

定点小数表示法主要用在早期计算机中,它比较节省硬件。随着硬件成本的大幅降低,现代通用计算机中都能够处理包括定点小数在内的多种类型的数值了。

2. 整数的表示

整数所表示的数据的最小单位为1,可以认为它是小数点定在数据的最低位右边的一种数据。与定点小数类似,如果要考虑数的符号,整数的符号位也在最高位,任意一个带符号的整数都可表示为

$$N = N_s N_{n-1} \cdots N_1 N_0$$

式中,N_s表示符号,后面的n位表示数值部分。对于这种用$n+1$个二进制位表示的带符号的二进制数,其表数范围为

$$|N| \leq 2^n - 1$$

若不考虑数的符号,即所有的$n+1$个二进制位都是有效数据,此时最高位N_s的权值为2^n,则表数范围为

$$0 \leq N \leq 2^{n+1} - 1$$

在计算机系统中,通常可用几种不同的二进制位数表示一个整数,如8位、16位、32

位、64 位等，这些位数也称为字长。不同字长的整数所占用的存储器空间不同，其能够表达的数值的范围也不同（即上式中的 n 不同）。

早期的计算机中只有定点数据表示，其优点是硬件结构简单，但有三个比较明显的缺点：

1) 编程困难。程序员需要首先确定机器小数点的位置，并保证参加运算的所有数据的小数点对齐，然后计算机才能进行正确运算。即程序员需要先将所有运算的数据扩大或缩小某一倍数（如 $\times 10^n$，n 为正或负）后再送入机器运算，运算结束后再恢复到正确的数值。

2) 数的表示范围小。为了表示两个大小相差很大的数据，需要有很长的机器字长。例如，太阳的重量大约为 0.2×10^{34} g，一个电子的重量约为 0.9×10^{-27} g，两者相差 10^{61} 以上，如果要用定点数表示这两个差异巨大的数，需要计算机的字长大于 203 位（$2^x > 10^{61}$，则有 $x > 203$），如果再考虑精度要求，字长会更长。目前为止，计算机系统还完全无法满足如此字长的要求。

3) 存储单元（数据区）的利用率很低。如果采用定点小数表示，需要将所有参加运算的数都变换为纯小数，在运算数据差异较大时，会出现很多的前置零，从而浪费很多存储空间。

为了解决上述问题，现代计算机中都引入了浮点数表示法。

1.3.2 浮点数

定点数适合表示纯整数和纯小数，但实际应用中常会遇到既有整数也有小数的数，此时就很难用定点数格式直接表示。如十进制实数：$492.4759 = 0.4924759 \times 10^3$。

另外，还可能有如下格式的数：
$$0.000000003 = 0.3 \times 10^{-8}$$

该数的位数过长，可能超出了定点数的表示范围。

在以上等式右边采用了科学计数法来表示数，在计算机中也引入了类似于科学计数法的方式来表示实数，称为浮点数表示法，即小数点的位置可以变动，浮点数包括有符号整数和小数。

所谓浮点数，是指小数点的位置可以左右移动的数据，可用下式表示：
$$N = \pm R^E \times M$$

式中各符号的含义为：

M（Mantissa）：浮点数的尾数，或称有效数字，通常是纯小数。

R（Radix）：阶码的基数，表示阶码采用的数制。计算机中一般规定 R 为 2、8 或 16，是一个常数，与尾数的基数相同。例如尾数为二进制，则 R 也为 2。同一种机器的 R 值是固定不变的，所以不需在浮点数中明确表示出来，而是隐含约定的。因此，计算机中的浮点数只需表示出阶码和尾数部分。

E（Exponent）：阶码，即指数值，为带符号整数。

除此之外，浮点数的表示中还有 E_s 和 M_s 两个符号：

E_s：阶符，表示阶码的符号，即指数的符号，决定浮点数范围的大小。

M_s：尾符，尾数的符号位，安排在最高位。它也是整个浮点数的符号位，表示该浮点数的正负。

在计算机系统中，典型的浮点数格式如图 1-11 所示。

从浮点数的定义知，如果不做明确规定，同一个浮点数的表示将不是唯一的。例如，0.5 可以表示为 0.05×10^1，50×10^{-2} 等。为了便于浮点数之间的运算和比较，也为了提高数据的表示精度，规定计算机内浮点数的尾数部分用纯小数表示，即小

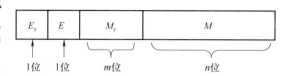

图 1-11 典型的浮点数格式

数点右边第 1 位不为 0，称为规格化浮点数。对不满足要求的数，可通过修改阶码并同时左右移动小数点位置的方法使其变为规格化浮点数，这个过程也称为浮点数的规格化。

浮点数的表数范围主要由阶码决定，精度则主要由尾数决定。阶码的字长越长，可以表示的数的范围越大；尾数的字长越长，精度越高。

例如，在 C 语言中，单精度浮点数（float）的尾数是 23 位，$2^{23} = 8388608$，有 7 位十进制数，即最多能有 7 位十进制有效数字。来看如下两个数：

$$x_1 = 2^{-23} = 0.0000001192$$
$$x_2 = 2^{-22} = 0.0000002384$$

观察 x_1 和 x_2 的结果可以发现，对单精度浮点数，0.0000001 和 0.0000002 之间的其他数无法精确表示，如果希望有更高的精确度，则需要采用有更长尾数的更高精度的表示法，如双精度浮点数（double）。

在 80x86/Pentium 为主体的 PC 中，浮点数采用 IEEE754 标准浮点格式。按 IEEE 标准，常用的浮点数的格式见表 1-3。

表 1-3 常用的浮点数的格式

	数符	阶码	尾数	总位数
短实数	1	8	23	32
长实数	1	11	52	64
高精度实数	1	15	64	80

1.4 无符号数的算术运算和逻辑运算

二进制数在表示上可分为无符号数和有符号数两种。所谓无符号数，就是不考虑数的符号，数中的每一位 0 或 1 都是有效的或有意义的数据。

1.4.1 二进制数的算术运算

由于二进制数中只有 0 和 1 两个数，故其运算规则比十进制数要简单得多。二进制算术运算的基本法则见表 1-4。

表 1-4 二进制算术运算的基本法则

运算类型	运算法则
加法	0+0=0　0+1=1　1+0=1　1+1=0（有进位）
减法	0-0=0　1-0=1　1-1=0　0-1=1（有借位）
乘法	0×0=0　0×1=0　1×0=0　1×1=1
除法	0÷1=0　1÷1=1（除数为 0 非法）

【例 1-7】 已知两个 8 位二进制数：10110110B 和 00001111B，分别计算这两个数的和、差、积。

题目解析：参照十进制计算方法，分别列竖式进行加、减、乘运算。

1）两数相加运算：

$$\begin{array}{r} 10110110 \\ +)\ 00001111 \\ \hline 11000101 \end{array}$$

即　　　　　　　　　　10110110B+00001111B=11000101B

2）两数相减运算：

$$\begin{array}{r} 10110110 \\ -)\ 00001111 \\ \hline 10100111 \end{array}$$

即　　　　　　　　　　10110110B-00001111B=10100111B

3）两数相乘运算：

由于与 0 乘结果恒为 0，与 1 乘结果不变。故两数相乘的竖式为：

$$\begin{array}{r} 10110110 \\ \times)\ 00001111 \\ \hline 10110110 \\ 10110110\ \ \\ 10110110\ \ \ \ \\ 10110110\ \ \ \ \ \ \\ \hline 101010101010 \end{array}$$

即　　　　　　　　　　10110110B×00001111B=101010101010B

可以看出，二进制数的乘法是非常简单的。若乘数位为 1，就将被乘数照抄加 1 于中间结果，若乘数位为 0，则加 0 于中间结果，只是在相加时要将每次中间结果的最后一位与相应的乘数位对齐。

> 对除法运算，读者可参照二进制除法运算法则，尝试计算上述两个数的商和余数。

【例 1-8】 对比计算两个二进制数 00101101B 与 00000100B 的乘积、商和余数，并分析结果的特点。

题目解析：设定两个已知二进制数的字长均为 8 位，且结果也用 8 位二进制表示。这里略去竖式运算过程，直接给出运算结果。

1）两数相乘：

00101101B×00000100B=10110100B

观察结果可以看出：在乘数等于 4 的情况下，乘积相当于将被乘数平行向左移动 2 位。

2）两数相除：

00101101B÷00000100B=商 00001011B，余数 00000001B

同样观察一下结果：在除数等于 4 的情况下，商正好相当于将被除数平行向右移动 2 位，被除数的低位被作为余数。

由上述两个示例可以得出，二进制的乘法运算可以转换为加法和左移运算（这正是计算机中乘法器的原理）。除法是乘法的逆运算，所以二进制数的除法运算也可转换为减法和右移运算。

如果乘（除）数是 2^n，则对乘法运算，相当于将被乘数左移 n 位；对除法运算，相当于将被除数右移 n 位。即：左移 n 位就相当于乘以 2^n，右移 n 位相当于除以 2^n。

需要说明的是：在计算机中，两个数的乘积的字长是被乘数和乘数字长的双倍。如：两个 8 位数相乘，结果一定是 16 位；两个 16 位数相乘，结果则为 32 位；依此类推。

1.4.2 无符号数的表示范围

无符号数的表示范围是非负数。一个 n 位无符号二进制数 X，其可表示数的范围为

$$0 \leq X \leq 2^n - 1$$

比如一个 8 位的二进制数，即 $n=8$，其表示范围为 $0 \sim 2^8 - 1$，即 00H~FFH（0~255）。若运算结果超出数的可表示范围，则会产生溢出，得到不正确的结果。

例如，两个 8 位二进制数求和：10110111B+01001101B，可以列出下列竖式：

```
      10110111
  +)  01001101
  ─────────────
  1 00000100
```

上面两个 8 位二进制数相加的结果为 9 位，超出了 8 位数的可表示范围。若仅取 8 位字长（00000100B），结果显然错误，这种情况称为溢出。事实上，10110111B = 183，01001101B = 77，结果：183+77=260，超出了 8 位二进制数所能表示的最大值 255，所以最高位的进位（代表了 256）就给丢失了。如果仅保留有效的 8 位数，则结果变成了 260-256=4，即 00000100B。

对两个无符号二进制数的加减运算，若最高有效位 D_i 向更高位有进位（或相减有借位），则产生溢出。上例的两个 8 位无符号数相加，最高有效位（即 D_7 位）向更高位（即 D_8 位）有进位，结果就出现了溢出。

> **请注意**：无符号加减运算的"溢出"并非一定意味着错误。如何区分错误溢出还是正常进位？如何获取向更高位的进位？在低级语言程序设计中是需要程序员考虑的。

对乘法运算，由于两个 8 位数相乘，乘积为 16 位；两个 16 位数相乘，乘积为 32 位，故乘法运算无溢出问题。对除法运算，当除数过小时会产生溢出，此时将使系统产生一次溢出中断[一]。

1.4.3 基本逻辑运算与逻辑门

算术运算是对数据整体进行的运算，低位的运算结果会影响到高位。

1-11 基本逻辑运算与逻辑门

[一] 有关中断的理论，本书将在第 6 章详细介绍。

逻辑运算则是按位操作的运算，数据的每一位都是独立进行操作，这意味着逻辑运算没有进位和借位。

基本逻辑运算包括"与""或""非"运算，实现基本逻辑运算的电路称为基本逻辑门。

1. 基本逻辑运算

（1）"与"运算 "与"运算的操作是实现两个数按位相"与"，用符号"∧"表示。其规则为：

$$1 \wedge 1=1,\ 1 \wedge 0=0,\ 0 \wedge 1=0,\ 0 \wedge 0=0 \tag{1-4}$$

式（1-4）的含义是：参加"与"操作的两位中只要有一位为 0，则相"与"的结果就为 0，仅当两位均为 1 时，其结果才为 1。

"与"运算相当于按位相乘（但不进位），所以又叫作逻辑乘，可以表示为：

$$Y = A \wedge B \quad 或者 \quad Y = A \cdot B \tag{1-5}$$

（2）"或"运算 "或"运算的操作是实现两个数按位相"或"，用符号"∨"表示。其规则为：

$$0 \vee 0=0,\ 0 \vee 1=1,\ 1 \vee 0=1,\ 1 \vee 1=1 \tag{1-6}$$

式（1-6）的含义是：参加"或"运算的两位二进制数中，仅当两位均为 0 时，其结果才为 0，只要有一位为 1，则"或"的结果就为 1。该规则还可以表述为：当且仅当输入全部为假时，输出结果才为假。

"或"运算相当于按位相加，又叫作逻辑加，可以表示为：

$$Y = A \vee B \quad 或者 \quad Y = A + B \tag{1-7}$$

式（1-7）的含义是：当且仅当逻辑变量 A 和 B 均为 0（假）时，Y 为 0。A 和 B 任意一个为 1（真），则 Y 为真。

【例 1-9】 设有两个二进制数：10110110B 和 11110000B，分别进行按位相"与"和按位相"或"运算，并分析运算后的结果。

题目解析：两个二进制数按位相"与"和按位相"或"的运算过程分别为：

```
      10110110              10110110
    ∧ 11110000            ∨ 11110000
    ──────────            ──────────
      10110000              11110110
```

对比"与"运算和"或"运算的结果可以发现：对二进制数 10110110，由于另外一个数的高 4 位全为 1，低 4 位全为 0，故"与"运算后，二进制数 10110110 的高 4 位保持不变，低 4 位变为 0；而"或"运算后，二进制数 10110110 的高 4 位全部变为 1，低 4 位保持不变。

"与""或"运算的这一特征，使其在实际的工业检控系统设计中发挥了独特的作用。

（3）"非"运算 "非"运算的含义是：当决定事件结果的条件满足时，事件不发生。"非"运算是按位取反的运算，属于单边运算，即只有一个运算对象，其运算符为一条上横线。"非"运算的逻辑代数表达式是

$$\overline{\overline{A}} = A \tag{1-8}$$

即输出是对输入的取反：若输入为 1，则输出为 0；输入为 1，则输出为 0。

【例 1-10】 对例 1-9 中的两个二进制数按位相"与"后的结果，再进行"非"运算。

题目解析：由例 1-9 知，两个二进制数 10110110B 和 11110000B 按位相"与"后的结果为 10110000B。再对其进行"非"运算，亦即对该数进行按位取反运算。

运算结果：
$$\overline{10110000} = 01001111$$

这三种逻辑关系及其电路表述见表1-5。

表1-5 逻辑关系及其电路表述

逻辑关系	运算符	逻辑关系描述	电路表示
逻辑"与"	∧	当且仅当输入全为1（真）时，输出才为1（真）	
逻辑"或"	∨	当且仅当输入全为0（假）时，输出才为0（假）	
逻辑"非"	上横线	输入为1（真），输出则为0（假），反之亦然	

2. 基本逻辑门

实现上述三种基本逻辑运算的电路称为逻辑门。

（1）与门（AND Gate） 与门是对多个逻辑变量进行"与"运算的门电路，即为多输入单输出逻辑门。

与门的逻辑真值表见表1-6。当输入 A 和 B 均为1时，输出 Y 才为1，A 和 B 中只要有一个为0，则 Y 就等于0。从电路的角度来说，若采用正逻辑，则仅当与门的输入 A 和 B 都是高电平时，输出 Y 才是高电平，否则 Y 就输出低电平。与门的逻辑符号如图1-12所示。

表1-6 与门的逻辑真值表

A	B	Y
0	0	0
0	1	0
1	0	0
1	1	1

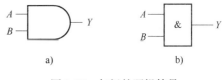

图1-12 与门的逻辑符号

需要说明的是：

1）图1-12中仅画出了2位输入（A 和 B），实际的与门电路可以有多位输入（以下"或门"类同）；

2）图1-12a为IEEE推荐符号，图1-12b为中国国家标准规定使用的符号，这两种图符目前均可以使用（以下类同）。为描述方便，本书后续内容的描述以中国国家标准规定图符为主。

(2) 或门（OR Gate） 或门是对多个逻辑变量进行"或"运算的门电路，和与门一样，也是多输入单输出逻辑门。

或门的逻辑真值表见表 1-7。由表可以看出，当输入变量 A 和 B 中任意一个为 1，输出 Y 就为 1；仅当 A 和 B 都为 0 时，Y 才为 0。从电路的角度来说，当或门的输入 A 和 B 只要有一个是高电平，输出 Y 就为高电平，否则 Y 就输出低电平。或门的逻辑符号如图 1-13 所示，对图的说明和与门图符相同。

表 1-7 或门的逻辑真值表

A	B	Y
0	0	0
0	1	1
1	0	1
1	1	1

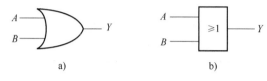

图 1-13 或门的逻辑符号

(3) 非门（NOT Gate） 非门又称为反相器，是对单一逻辑变量进行"非"运算的门电路，若设输入变量为 A，输出变量为 Y，则 A 和 Y 之间的关系可用下式表示：

$$Y=\overline{A}$$

"非"运算也称求反运算，变量 A 上的上画线"‾"在数字电路中表示反相之意。非门的逻辑符号如图 1-14 所示，非门的逻辑真值表见表 1-8。

表 1-8 非门的逻辑真值表

A	Y
0	1
1	0

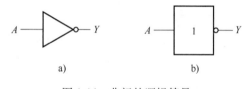

图 1-14 非门的逻辑符号

需要说明的是：对基本逻辑门以及 1.4.4 节将要介绍的复合逻辑电路，本书都仅从应用的角度出发，只关心它们的逻辑功能和外部引线连接，而不关心其内部的电路构成。

1.4.4 复合逻辑运算及其逻辑电路

通过对基本逻辑关系的变换，可以生成其他的一些逻辑关系。常见的有"与非""或非""异或"和"同或"运算等。

1-12 复合逻辑运算及其逻辑电路

1. "与非"运算和"与非门"

"与非"运算是"与"运算和"非"运算的组合，是对"与"运算结果再求"非"，可以用以下逻辑函数表示：

$$Y=\overline{A \wedge B} \tag{1-9}$$

事实上，例 1-10 对两数按位相"与"的结果再进行"非"运算，实现的就是"与非"逻辑运算。

因与非门是与门和非门的结合，故也为多输入单输出的逻辑门电路。与非门的逻辑符号如图 1-15 所示，图中的小圆圈表示"非"。与非门的逻辑真值表见表 1-9。

表 1-9　与非门的逻辑真值表

A	B	Y
0	0	1
0	1	1
1	0	1
1	1	0

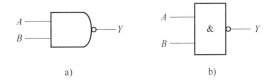

图 1-15　与非门的逻辑符号

2. "或非"运算和"或非门"

和"与非"运算类似,"或非"运算是"或"运算和"非"运算的组合,可用以下逻辑代数表达式来表示:

$$Y=\overline{A \vee B} \tag{1-10}$$

和与非门类似,或非门是或门与非门的结合,同样为多输入单输出逻辑门电路。或非门的逻辑符号如图 1-16 所示,或非门的逻辑真值表见表 1-10。

表 1-10　或非门的逻辑真值表

A	B	Y
0	0	1
0	1	0
1	0	0
1	1	0

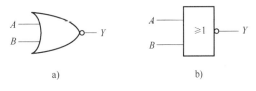

图 1-16　或非门的逻辑符号

【例 1-11】 设:$A=11011001B$,$B=10010110B$,求 $Y=\overline{A \vee B}$。

题目解析: 根据式(1-10)给出的逻辑运算式,可先对两个数按位相"或",再对结果按位取反。计算 $A \vee B$:

$$\begin{array}{r} 11011001 \\ \vee\ 10010110 \\ \hline 11011111 \end{array}$$

再对结果按位取反,得:$Y=\overline{A \vee B}=\overline{11011111}=00100000$

3. "异或"运算和"异或门"

"异或"逻辑关系是"与""或""非"三种基本逻辑运算基础上的变换,其逻辑代数表达式为:

$$Y=\overline{A} \cdot B+A \cdot \overline{B} \tag{1-11}$$

"异或"运算是对两个变量的逻辑运算,用符号 ⊕ 表示:

$$Y=A \oplus B \tag{1-12}$$

异或门是对两个逻辑变量(请注意这里的表述)进行"异或"运算的门电路。由式(1-11)的异或逻辑关系可以得出,异或门可由 2 个与门、2 个非门和 1 个或门组合而成,异或逻辑电路如图 1-17a 所示。若将图中虚线框内的电路封装在一起,抽象为一个独立的图符,就形成如图 1-17b 所示的异或门的逻辑符号,表示异或门是 2 位输入、1 位输出的逻辑门电路。异或逻辑关系真值表见表 1-11。

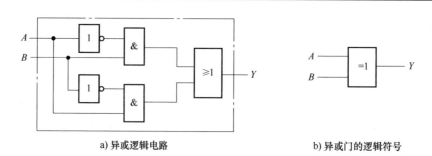

a) 异或逻辑电路　　　　　　　　b) 异或门的逻辑符号

图 1-17　异或逻辑电路及其逻辑图符

表 1-11　异或逻辑关系真值表

A	B	Y
0	0	0
0	1	1
1	0	1
1	1	0

异或门输出对输入的关系可以简单地表述为：输入相同则为 0，输入相异则为 1。

【例 1-12】　计算 10110110B⊕11110000B。

题目解析：按照表 1-10 给出的输入与输出的逻辑关系，可以很方便地得出两个数按位相"异或"的结果。

计算过程为：

$$\begin{array}{r} 10110110 \\ \oplus\ 11110000 \\ \hline 01000110 \end{array}$$

即　　　　　　　　　10110110B⊕11110000B = 01000110B

> 可以看出【例 1-12】的运算结果有什么特点吗？

二进制数的"异或"运算可以看作不进位的"按位加"，或者不借位的"按位减"。读者可尝试比较一下二进制数的"异或"运算规则和减法运算规则，思考一下二者之间的异同。

1.5　有符号二进制数的表示与运算

前面讨论了不涉及数据符号的无符号数。但在数值运算中，常常需要考虑数值数据的正负性质。对带有正负性质的数称之为有符号数，或简称符号数。由于计算机硬件系统不能直接识别"+"和"-"这样的符号，所以必须用 0 和 1 来表示。

1-13　数的表示与运算（二）

在计算机中，规定一个符号数的最高位为符号位，"0"表示正，"1"表示负。例如：
+0010101B 在计算机中可表示为 00010101B，相当于十进制数的+21；
-0010101B 在计算机中可表示为 10010101B，相当于十进制数的-21。
这种将正、负符号数值化了的数称为机器数。机器数也可以描述为数值数据在计算机内的编码，它所代表的实际值称为机器数的真值。如：这里的 00010101B（+21）和 10010101B（-21）就是机器数，而将原来的数值+0010101B 和-0010101B 称为机器数的真值。

因此，机器数总体上与人们通常对数的描述没有什么区别，都是由"符号位+数值"构成。只是，计算机的字长是有限的，在字长确定的情况下，必须要从确定的字长中抽取出 1 位作为符号位，这样相对于无符号数，有符号数的有效数值就变小了。

以 8 位字长为例，D_7 位是符号位，只有 $D_6 \sim D_0$ 是数值位。例如：10101101B，若作为无符号数，其对应的十进制数是 173；但如果将其视为有符号数，则对应的十进制数为-45，其最高位代表符号，而不再是有效的数据。

1.5.1 有符号数的表示

符号数在计算机中有三种不同的编码表示方法，分别称为原码、反码和补码。它们均由符号位和数值部分组成，符号位的表示方法相同，都是用"0"表示正，用"1"表示负⊖。

1. 原码

真值 X 的原码记为 $[X]_原$。在原码表示法中，不论数的正负，数值部分均保持原真值不变。

【例 1-13】 已知真值 $X=+42$，$Y=-42$，求 $[X]_原$ 和 $[Y]_原$。

题目解析：首先将十进制数转换为二进制数，再按照原码的定义表示。

+42=+0101010B，-42=-0101010B，根据原码表示法，有

$$[X]_原 = \underline{0 0101010}B, \quad [Y]_原 = \underline{1 0101010}\ B$$
$\qquad\qquad\quad\ \uparrow\ \ \ \ \ \uparrow \qquad\qquad\qquad\ \ \uparrow\ \ \ \ \ \uparrow$
$\qquad\qquad$符号位 数值部分$\qquad$符号位 数值部分

原码的性质有以下几点：

1）在原码表示法中，机器数的最高位是符号位，0 表示正号，1 表示负号，其余部分是数的绝对值，即 $[X]_原 =$ 符号位$+|X|$。

2）原码表示中的 0 有两种不同的表示形式，即+0 和-0。
$$[+0]_原 = 00000000$$
$$[-0]_原 = 10000000$$

3）原码表示法的优点是简单易于理解，与真值间的转换较为方便，用原码实现乘除运算的规则比较简单；缺点是进行加减运算时比较麻烦，要比较进行加减运算的两个数的符号、两个数的绝对值的大小，还要确定运算结果的正确的符号等。

若二进制数 $X=X_{n-1}X_{n-2}\cdots X_1X_0$，则原码表示的严格定义是

$$[X]_原 = \begin{cases} X & 2^{n-1} > X \geq 0 \\ 2^{n-1}-X = 2^{n-1}+|X| & 0 \geq X > -2^{n-1} \end{cases} \quad (1\text{-}13)$$

2. 反码

真值 X 的反码记为 $[X]_反$。若二进制数 $X=X_{n-1}X_{n-2}\cdots X_1X_0$，则反码表示的严格定义是

⊖ 本节对符号数表示的所有示例都仅限于整数，有关小数的符号数表示，基本概念与整数相同，但存在细微区别。有兴趣的读者请参阅"计算机组成原理"相关书籍。

$$[X]_{\text{反}} = \begin{cases} X & 2^{n-1} > X \geq 0 \\ (2^n - 1) + X & 0 \geq X > -2^{n-1} \end{cases} \tag{1-14}$$

反码的定义可以简单描述为：正数的反码与原码相同，负数的反码是在原码基础上符号位不变，数值部分按位取反（或者说，负数的反码等于其对应正数的原码按位取反）。

【例 1-14】 对例 1-13 中的 $[X]_{\text{原}}$ 和 $[Y]_{\text{原}}$，求 $[X]_{\text{反}}$ 和 $[Y]_{\text{反}}$。

题目解析：按照反码的定义，正数的反码等于其原码，负数的反码则是原码数值部分按位取反。

因此有

$X = +42 = +0101010B$，$[X]_{\text{原}} = 00101010B$，$[X]_{\text{反}} = [X]_{\text{原}} = 00101010B$

$Y = -42 = -0101010B$，$[Y]_{\text{原}} = 10101010B$，$[Y]_{\text{反}} = 11010101B$

反码的性质有以下几点：

1) 在反码表示法中，机器数的最高位是符号位，0 表示正号，1 表示负号。

2) 同原码一样，数 0 也有两种表示形式：

$$[+0]_{\text{反}} = 00000000$$
$$[-0]_{\text{反}} = 11111111$$

3) 反码运算很不方便，数值 0 的表示也不唯一，目前在微处理器中已很少使用。

3. 补码

真值 X 的补码记为 $[X]_{\text{补}}$。补码是根据同余的概念得出的。由同余的概念可知，对一个数 X，有

$$X + nK = X \pmod{K} \tag{1-15}$$

式中，K 为模数，n 为任意整数。即在模的意义下，数 X 就等于其本身加上它的模的任意整数倍之和。若设 n 为 1，$K = 2^n$，则有

$$X = X + 2^n \pmod{2^n}$$

即

$$X = \begin{cases} X & 2^{n-1} > X \geq 0 \\ 2^n + X = 2^n - |X| & 0 > X \geq -2^{n-1} \end{cases} \pmod{2^n} \tag{1-16}$$

实际上，式（1-16）就是补码的定义。如：设机器字长 $n = 8$，则

$[+1]_{\text{补}} = 00000001B$ $[-1]_{\text{补}} = 2^8 - |-1| = 11111111B$

$[+127]_{\text{补}} = 01111111B$ $[-127]_{\text{补}} = 2^8 - |-127| = 10000001B$

补码的性质有以下几点：

1) 与原码和反码表示法相同，机器数的最高位是符号位，0 表示正号，1 表示负号。

2) 正数的补码与它的原码和反码相同，即当 $X \geq 0$ 时，$[X]_{\text{补}} = [X]_{\text{反}} = [X]_{\text{原}}$。而负数的补码等于其符号位不变，数值部分的按位取反再加 1，即当 $X < 0$ 时，$[X]_{\text{补}} = [X]_{\text{反}} + 1$（也可以说，负数的补码等于其对应正数的补码包括符号位一起按位取反再加 1）。

如：$[-127]_{\text{补}} = \overline{[+127]_{\text{补}}} + 1 = \overline{01111111} + 1 = 10000001B$

3) 数 0 的补码表示是唯一的。这点可由补码的定义得出：

$$[+0]_{\text{补}} = [+0]_{\text{反}} = [+0]_{\text{原}} = 00000000$$
$$[-0]_{\text{补}} = [-0]_{\text{反}} + 1 = 11111111 + 1 = 00000000 \pmod{2^8}$$

即对 8 位字长来讲，最高位的进位（2^8）按模 256 运算被舍掉，所以 $[+0]_{\text{补}} = [-0]_{\text{补}} =$

00000000。

4) 对 8 位二进制数 10000000（16 位二进制数为 1000000000000000，依此类推），在补码中它定义为 -128（16 位二进制数 1000000000000000 定义为 -32768），而在原码中它表示 -0，在反码中表示 -127。

【例 1-15】 已知真值 $X = +0110100$，$Y = -0110100$，求 $[X]_{补}$ 和 $[Y]_{补}$。

题目解析：按 8 位字长表示，先写出 X 和 Y 的原码，再根据补码的定义求 $[X]_{补}$ 和 $[Y]_{补}$。

由原码的定义可以很方便得出：
$$[X]_{原} = 00110100B，[Y]_{原} = 10110100B$$

因为 $X>0$，所以 $[X]_{补} = [X]_{原} = 00110100B$

因为 $Y<0$，所以 $[Y]_{补} = [Y]_{反} + 1 = 11001011 + 1 = 11001100B$

1.5.2 补码数与十进制数之间的转换

从 1.5.1 节的描述可以得出如下规律：

1) 原码 = 符号位 + 真值。

2) 反码和补码 ≠ 符号位 + 真值。即反码和补码的数值部分不是真值。但是，因为正数的反码 = 补码 = 原码，所以，正数的补码和反码"碰巧" = 符号位 + 真值。而对负数，该式不成立。亦即对一个负数，补码和反码的数值部分不是真值。

因此，要把一个补码数转换为十进制数，首先应求出它的真值，然后进行二-十转换即可。

1. 正数补码的转换

由于正数的补码就等于它的原码，即真值就是它的数值部分，也就是说，除符号位之外的其余数值位就是该数的真值。

【例 1-16】 已知 $[X]_{补} = 00101110$，求 X 的十进制真值。

题目解析：由于 $[X]_{补}$ 的最高位是 0，为正数，所以 $[X]_{补} = [X]_{原}$。

所以它的数值部分就是它的真值，可以直接写出
$$X = +0101110 = 46$$

2. 负数补码的转换

负数的补码与其对应的正数补码之间存在如下关系：

$$[X]_{补} \xrightarrow{按位取反加1} [-X]_{补} \xrightarrow{按位取反加1} [X]_{补}$$

例如，若设 $X = +1$，则有 $-X = -1$。

那么 $[X]_{补} = [+1]_{补} = 00000001$，对其按位取反加 1，有 $\overline{00000001} + 1 = 11111111 = [-1]_{补}$

反之，对 $[-1]_{补}$ 按位取反也有 $\overline{[-1]_{补}} + 1 = \overline{11111111} + 1 = 00000001 = [+1]_{补}$

由此得：当 X 为正数时，对其补码按位取反，结果是 $-X$ 的补码；当 X 为负数时，对其补码按位取反，结果就是 $+X$ 的补码。

所以，对负数补码再求补的结果就是该负数的绝对值。这样，负数补码转换为真值的方法就是：将此负数的补码数再求一次补（即将该负数补码的数值部分按位取反加 1），所得结果即是它的真值。对一个补码数再求补码，也称为求变补。

【例 1-17】 已知 $[X]_{补} = 11010010$，求 X 的十进制真值。

题目解析：由于 $[X]_{补}$ 的最高位是 1，为负数，故 $[X]_{补} \neq [X]_{原}$，需要对它求变补，才能得到十进制真值。

$$X = [[X]_{补}]_{补} = [11010010]_{补} = -0101110 = -46$$

为什么要引进补码的概念呢？这是因为在计算机中，对于二进制的算术运算，可以将乘法运算转换为加法和左移运算，而除法则可转换为减法和右移运算，故加、减、乘、除运算最终可归结为加、减和移位三种操作来完成。但在计算机中为了节省设备，一般只设置加法器而无减法器，这就需要将减法运算转化为加法运算，从而使在计算机中的二进制四则运算最终变成加法和移位两种操作。引进补码运算就是用来解决将减法运算转化为加法运算的。

1.5.3 补码的运算

两个 n 位二进制数补码的运算具有如下规则：

1）和的补码等于补码之和，即

$$[X+Y]_{补} = [X]_{补} + [Y]_{补}$$

2）差的补码等于补码之差，即

$$[X-Y]_{补} = [X]_{补} - [Y]_{补}$$

3）差的补码也等于第一个数的补码与第二个数负数的补码之和，即

$$[X-Y]_{补} = [X]_{补} + [-Y]_{补}$$

这里，$[-Y]_{补}$ 称为对补码数 $[Y]_{补}$ 变补，变补的规则为：对 $[Y]_{补}$ 的每一位（包括符号位）按位取反加 1，则结果就是 $[-Y]_{补}$。当然也可以直接对 $-Y$ 求补码，结果也是一样的。

【例 1-18】 设 $X=+66$，$Y=-51$，求 $[X+Y]_{补} = ?$

题目解析：先写出 X 和 Y 的原码、补码，再进行计算。

由补码的加法运算规则知 $[X+Y]_{补} = [X]_{补} + [Y]_{补}$。

先分别求出 X 和 Y 的补码：

$$X = +66 = (+1000010)_2, \quad [X]_{补} = 01000010B$$

$$Y = -51 = (-0110011)_2, \quad [Y]_{补} = 11001101B$$

再求 $[X]_{补} + [Y]_{补}$：

```
       01000010
      +11001101
      ─────────
     1 00001111
       ↑
      自然丢失
```

所以 $[X+Y]_{补} = 00001111 = (+15)_{10}$

在字长为 8 位的机器中，从第 7 位向上的进位是自然丢失的，故本例中做加法运算的结果与用补码做减法运算的结果相同，都是十进制数 15。

【例 1-19】 设 $X=+51$，$Y=+66$，求 $[X-Y]_{补} = ?$

题目解析：与例 1-18 相同，先写出 X 和 Y 的原码和补码，再进行计算。

因为 $[X-Y]_{补} = [X]_{补} + [-Y]_{补}$，

而

$$X = +51 = (+0110011)_2, \quad [X]_{补} = 00110011B$$

$$-Y = -66 = (-1000010)_2, \quad [-Y]_{补} = 10111110B$$

可以列出计算竖式：

$$\begin{array}{r}00110011\\+10111110\\\hline 11110001\end{array}$$

计算结果得 $[X-Y]_{\text{补}} = 11110001B$

结果的符号位为 1，表示和为负数。由补码运算规则知，两补码相加的结果为和的补码，而负数的补码的数值部分不是真值。按照负数补码转换真值的原则，其符号位用"-"表示，数值部分应按位取反加 1，得到真值。

所以 $X-Y = [[X-Y]_{\text{补}}]_{\text{补}} = -0001111 = -15$

由此说明，当两个带符号数用补码表示时，减法运算可转换为加法运算。

还可通过钟表来说明补码的概念。假如有一只钟表的时针指在 9 点，若要拨到 4 点，有两种拨法：①逆时针拨，倒拨 5 小时，即 9-5=4；②顺时针拨，正拨 7 小时，即 9+7=12+4=4（mod 12）。

此处的 12 就是时钟系统中的模（计数系统最大的数），它是自然丢失的，故顺时针拨 7 个字相当于逆时针拨 5 个字，结果都是 4。

对模 12 而言，9-5=9+7，这时就称 7 为-5 的以 12 为模的补数。即

$$[-5]_{\text{补}} = 12-5 = 7$$

这与上面的表达式是一致的。这样就有

9-5=9+(-5)= 9+(12-5)= 9+7=$\underline{12}$+4=4
　　　　　　　　　　　　　　　　　↓
　　　　　　　　　　　　　　　模自然丢失

在二进制数系统中，模为 2^n（n 为字长）。若字长为 8 位，则模为 $2^8 = 256$。

当一个负数用补码表示时，就可以将减法运算转换为加法运算。如在例 1-18 中，(66-51) 可写成：66-51=66+(-51)=66+(256-51)=66+205=256+15=15（mod 256）。

可见在模为 2^8 的情况下，(66-51) 与 (66+205) 的结果是相同的。也就是说，对模为 256 来说，-51 与 205 互为补数，这里-51 的补码二进制数为 11001101，即是十进制数的 205（把 11001101 看成无符号数时为 205，若看成有符号数为-51）。正是利用了负数的补码概念，把减法运算转换为加法运算。但要注意，这里负数（-X）的补码是利用 2^8-X 来得到的，仍没有避免减法运算，实际上，根据负数补码的定义 $[X]_{\text{补}} = [X]_{\text{反}}+1$，就可避免求补过程中的减法运算，使补码运算具有实用价值。

在微机中，凡是有符号数都一定是用补码表示的，所以运算的结果也是用补码表示的。

1.5.4 有符号数的表示范围

计算机中数的表示范围受机器字长的限制。当运算结果超出表数范围时，将会出现溢出。

1-14 数的表示与运算（三）

1. 有符号数的表示范围

计算机中 n 位二进制的表示范围可以用式（1-17）表示：

$$\begin{aligned}&\text{原码}: -2^{n-1}+1 \sim 2^{n-1}-1\\&\text{反码}: -2^{n-1}+1 \sim 2^{n-1}-1\\&\text{补码}: -2^{n-1} \sim 2^{n-1}-1\end{aligned}$$

(1-17)

对 8 位二进制数，原码、反码和补码所能表示的范围为：

原码：11111111B～01111111B（-127～+127）

反码：10000000B～01111111B（-127～+127）

补码：10000000B～01111111B（-128～+127）

对 16 位二进制数，原码、反码和补码所能表示的范围为：

原码：FFFFH～7FFFH（-32767～+32767）

反码：8000H～7FFFH（-32767～+32767）

补码：8000H～7FFFH（-32768～+32767）

2. 有符号数运算时的溢出判断

在两个有符号数进行加减运算时，如果运算结果超出上述可表示的有效范围，就会发生溢出，使计算结果出错。显然，溢出只能出现在两个同符号数相加或两个异符号数相减的情况下。判断有符号数运算是否溢出，有下述规则：

1）如果次高位向最高位有进位（或借位），而最高位向上无进位（或借位），则结果发生溢出。

2）反过来，如果次高位向最高位无进位（或借位），而最高位向上有进位（或借位），则结果也发生溢出。

对于 8 位二进制数，若 D_6 位产生的进位（或借位）记为 C_6，D_7 位产生的进位（或借位）记为 C_7，那么上述两种情况也可表述为：

在两个带符号二进制数相加或相减时，若 $C_7 \oplus C_6 = 1$，则结果产生溢出。

例如，两个二进制数求和：

$$\begin{array}{r} 01001000 \\ +)\ 01100010 \\ \hline 10101010 \end{array}$$

- 如果这两个数是无符号数，因为最高位（D_7）向更高位没有进位，说明没有溢出（两数之和<256）；

- 如果这两个数是有符号数，则运算结果溢出。因为次高位（D_6）向最高位（D_7）有进位，而最高位（D_7）向更高位无进位，两个进位状态不同。所以，该两个有符号数运算溢出。

事实上，如果该两个数是有符号数，则两个正数相加，结果（补码）变成了负值，显然是错误的。

由以上讨论可知，无符号数与有符号数产生溢出的条件因各自可表示数的范围不同而不同。无符号数的溢出判断仅看最高位向上是否有进（借）位，而有符号数有无溢出产生，需要看次高位与最高位两位的进（借）位情况。两位都产生进（借）位或都没有产生进（借）位，则结果无溢出；否则结果产生溢出。运算时产生溢出，其结果肯定不正确。计算机对溢出的处理，一般是产生一个陷阱中断，通知用户采取某种措施。

习　　题

一、填空题

1. 微机硬件系统主要由 CPU、（　　）、（　　）、（　　）和输入/输出设备组成。

2. 冯·诺依曼计算机的核心原理是（　　）。

3. 完成下列数制的转换：
1) 10100110B=(　　)D=(　　)H；
2) 223.25=(　　)B=(　　)H；
3) 1011011.101B=(　　)H=(　　)BCD。
4. 已知 $[X]_\text{补}=86H$，则 X 的十进制表示形式为（　　）。
5. 已知 $A=10101111$，$B=01010000$，则 $A \wedge B$ 的结果为（　　）。
6. $-29H$ 的 8 位二进制反码是（　　）B。
7. 字符 4 的 ASCII 码=（　　）。

二、简答题

1. 冯·诺依曼计算机的结构是怎样的？主要特点有哪些？
2. 已知 $X=-1101001B$，$Y=-1010110B$，用补码方法求 $X-Y$。
3. 写出下列真值对应的原码和补码的形式：
1) $X=-1110011B$；
2) $X=-71$；
3) $X=+1001001B$。
4. 已知 X 和 Y 的真值，求 $[X+Y]_\text{补}$。
1) $X=-1110111B$，$Y=+1011010B$；
2) $X=56$，$Y=-21$。
5. 若与门的输入端 A、B、C 的状态分别为 1、0、1，则该与门的输出端是什么状态？若将这 3 位信号连接到或门，那么或门的输出又是什么状态？
6. 要使与非门输出"0"，则与非门输入端各位的状态应该是什么？如果使与非门输出"1"，其输入端各位的状态又是什么？
7. 对比说明定点数和浮点数的优势和不足。

第 2 章 微处理器及其体系结构

Intel 微处理器系列经历了长期、不断进化的过程，已在电子、通信、控制系统特别是在个人计算机等方面都得到了广泛且的应用。如今的主流微处理器均为多核处理器，即在一块处理器中集成了多个功能相同的计算内核。它们虽然在架构上与单核处理器有较大不同，但核心的基本工作原理是类似的。本章以介绍单核处理器原理为主，以 Intel 80x86 系列微处理器中的三种典型 CPU（8088、80386 和 Pentium 4）为例，介绍微处理器的结构及其工作原理。对多核技术，仅简要介绍其基本概念以及多核和多处理器技术之间的区别。希望通过本章的学习，读者能够对微处理器的基本构成及工作原理有一定的了解。

2.1 微处理器结构与发展

微处理器（CPU）是计算机系统的核心部件，控制和协调着整个计算机系统的工作。评价 CPU 性能的指标很多，包括工作频率、指令系统功能、内部缓存容量以及字长等。这里仅介绍一下字长：所谓字长，是指 CPU 在单位时间内（同一时间）能够一次处理的二进制数的位数，通常是 CPU 内部寄存器的位数及内部数据总线位数。常说的 16 位机、32 位机，其实是表示该计算机中微处理器可同时操作的二进制码的位数。对微型机来讲，有 8 位、16 位、32 位 CPU 等，其含义是同时可操作 8 位、16 位或 32 位二进制码。目前的主流 CPU 都是 64 位的，即一次可处理 64 位二进制数。

2.1.1 从 8 位到 32 位微处理器时代

随着集成电路技术的发展，现在微处理器芯片的功能已远非早期处理器可比。虽然芯片的性能、功能都已有质的提升，但其核心组成和基本功能是类似的。在正式开始学习处理器原理之前，有必要回顾一它的发展历程，也便于理解 2.2 节中为何要选择一个早期的 16 位芯片作为学习模型。

1. 8 位微处理器时代

世界上的第一块微处理器是 Intel 4004。4004 是一个 4 位微处理器（可以进行 4 位二进制的并行运算），拥有 45 条指令，允许以 0.05MIPS（Million Instructions Per Second，每秒百万条指令）的速度执行指令，它只能寻址 4096 个 4 位（4 bit）存储单元，主要用于早期的视频游戏和小型控制系统中。很快，这种 4 位微处理的时代就结束了。

1971 年底，Intel 公司推出了 8 位微处理器 8008，它是世界上第一种 8 位微处理器。与

4004 相比，可一次处理 8 位二进制数据，其寻址空间扩大为 16KB⊖，并扩充了指令系统（共 48 条）。

随着应用需求越来越高，8008 的存储器容量、运算速度、指令集功能等都难以满足要求。于是 Intel 公司在 1973 年推出了 8080 微处理器，这是第一个现代的 8 位微处理器。几个月后，Motorola 公司和 Zilog 公司也先后推出了微处理器 MC6800 和 Z8。从此正式进入了微处理器时代⊖。

8080 不仅扩充了可寻址的存储器容量和指令系统，指令执行速度是 8008 的 10 倍，可达 0.5MIPS，可寻址的地址范围是 64KB，由此进入了 8080 时代。以 8080 作为处理器的第一台个人计算机——MITS Altair 8800 于 1974 年问世，比尔·盖茨（Bill Gates）为该机写了 BASIC 语言解释程序。与 8080 同时代的微处理器还有 Zilog 公司的 Z80。

1977 年，Intel 公司推出了 8080 的更新版本——8085。这是 Intel 公司开发的最后一个 8 位通用微处理器，相比 8080，它执行程序的速度更快，每秒执行 769230 条指令，主要优点是有了内部时钟发生器、内部系统控制器和更高的时钟频率。作为 8 位处理器，8085 在如今一些电器设备中依然在使用。

2. 从 16 位到 32 位微处理器

1978 年，Intel 公司推出了 8086 微处理器，并在一年多以后推出了 8088。这两种都是 16 位微处理器，执行速度可达 2.5MIPS，可以寻找 1MB 内存。8086/8088 的另一个显著特点是使用了小型的 4 字节或 6 字节的指令高速缓冲存储器，或者说指令队列，在指令执行前就可预先取出几条指令排队，为现代微处理器中更大的指令高速缓冲存储器、指令流水技术奠定了基础。8086/8088 CPU 因有较完整的技术资料，且与现代处理器有诸多类似的结构和功能等而成为本章介绍微处理器的主要样本。

8086 和 8088 属于同时代的 16 位微处理器，有着基本相同的内部结构和外部引脚功能。主要的区别是 8086 的数据出口是 16 位，而 8088 的数据出口为 8 位。本书在介绍半导体存储器、I/O 接口时选择的样本芯片均选择了 8 位芯片，为便于读者理解，本书将在 2.2 节详细介绍 8088 的结构和原理，并说明 8088 和 8086 的主要不同点。

1983 年，Intel 公司推出了 8086 的更新换代产品——80286 微处理器。80286 除了寻址内存的能力提高到 16MB 之外，其他与 8086/8088 几乎没有区别，直到 1986 年 80386 微处理器的诞生。

80386 是一种与 8086/8088 向上兼容的 32 位超级微处理器，具有 32 位数据线和 32 位地址线，存储器直接寻址能力可达 4GB，执行速度达到 3~4MIPS。同一时期推出的 32 位微处理器中，还有 Motorola 公司的 MC68020、贝尔实验室的 Bellmac-32A、National Semiconductor 公司的 16032 和 NEC 公司的 V70 等。32 位微处理器的出现，使微处理器开始进入一个崭新的时代。32 位微处理器无论从结构、功能、应用范围等方面看，可以说是小型机的微型化。这时 32 位微处理器组成的微型机已接近 20 世纪 80 年代小型机的水平。

随着集成电路工艺水平的进一步提高，1989 年，Intel 公司又推出性能更高的 32 位微处

⊖ 寻址能力是指能够管理的地址数，这里特指可以管理的内存单元个数。

⊖ 如今，Zilog 公司集中于研制微控制器和嵌入式控制器，基本退出了通用微处理器市场。Motorola 公司已出售了它的半导体部门。只有 Intel 公司一直坚持在通用微处理器领域，并在台式计算机和笔记本计算机市场占有绝大部分份额。

理器 80486，它在芯片上集成约 120 万个晶体管，是 80386 的 4 倍。80486 由三个部件组成：一个 80386 体系结构的主处理器、64 位的内部数据总线、一个与 80387 兼容的数字协处理器和一个 8KB 容量的高速缓冲存储器，并采用了精简指令系统计算机（Reduction Instruction Set Computer，RISC）技术、与 RAM 进行高速数据交换的突发总线等先进技术。这些新技术的采用，使 80486 在同等时钟频率下的处理速度要比 80386 快 2~4 倍。同期推出的产品还有 Motorola 公司 MC68030 的后继换代产品 MC68040、NEC 公司 V70 的后继换代产品 V80。这是三种典型的复杂指令集计算机（Complex Instruction Set Computer，CISC）体系结构的 32 位高档微处理器。

2.1.2 现代微处理器

1. Pentium（奔腾）微处理器

1993 年，Intel 公司推出了 32 位微处理器 Pentium（以 P5 代称，中文名称为奔腾）。它集成了 330 万个晶体管，数据总线从 80486 的 32 位扩展到 64 位，处理速度达 110MIPS，支持双精度浮点数运算。Pentium 最有创意的特性是内部设置了两个执行部件，在不发生冲突时能并行执行两条指令。

1996 年，Intel 公司将它的第六代微处理器正式命名为 Pentium Pro，该处理器的运算速度达 200MIPS，其内部集成了 16KB 的一级（L1）高速缓存（8KB 用于存储数据，8KB 用于存储指令）以外，还有 256KB 的二级（L2）高速缓冲存储器。另一个显著变化是处理器使用三个执行部件，可同时执行三条指令，即使它们有冲突仍然可并行执行。

之后，Intel 公司又进一步推出了一系列 Pentium Pro 的改进型微处理器 Pentium Ⅱ、Pentium Ⅲ。1997 年推出的 Pentium Ⅱ 代表了 Intel 公司的新方向，它被安装在一块小型电路板上，而不是之前微处理器那样的集成电路。如此改变的主要原因是因为把二级高速缓冲存储器放在 Pentium 的主电路板上满足不了这种新型微处理器的快速要求。在这种 Pentium 系统中，二级高速缓冲存储器以 60MHz 或 66MHz 系统总线速度操作。二级高速缓冲存储器和微处理器都放在称为 Pentium Ⅱ Module 的电路板上。

Pentium Ⅲ 微处理器采用了比 Pentium Ⅱ 微处理器更快的内核，仍属于 Pentium Pro 范畴。2000 年底，Intel 公司推出了 Pentium 4 处理器。Pentium 4 采用 Intel 公司的 P-6 体系结构，集成度达 2500 万个晶体管，工作频率达 3.2GHz 以上。本书将在 2.4 节对 Pentium 4 处理器进行简要介绍。

2. 微处理器的现在及未来

2006 年，Intel 公司在使用了长达十二年之久的 Pentium 系列微处理器之后，推出了 Core（酷睿）系列处理器。从 Core 2 开始，进入了 64 位多运算核时代。64 位处理器可以并行处理 64 位数，允许通过 64 位地址去寻找比 4GB 更多的内存空间，但最大的技术进步是有了多核（详见 2.1.3 节）。

2019 年 5 月，Intel 公司正式宣布了第十代酷睿处理器，即采用 10nm 工艺的 Ice Lake 处理器，它使用全新的 CPU、GPU 及 AI 架构，相对于上一代酷睿处理器，Ice Lake 处理器的 IPC（Instruction Per Clock）⊖性能提高了 18%。

⊖ 表示 CPU 每一时钟周期内所执行的指令条数，是影响 CPU 性能的主要指标之一。CPU 性能=IPC×频率（MHz）

没有人能真正准确地预见处理器未来的发展，但无论如何，对 Intel 处理器来讲，都会内嵌 80x86 系列微处理器的 CISC 指令集，以便用于能够继续支持运行在这种系统的软件。不同时代的 Intel 代表性微处理器的概念视图如图 2-1 所示。虽然是概念视图，但每个视图都展示了这些微处理器的内部结构：包括 CPU、算术协处理器和高速缓冲存储器（Cache），也在一定程度上说明了每种微处理器的复杂性和集成度。

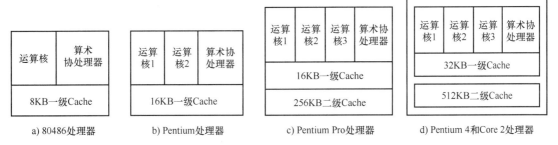

图 2-1　不同时代的 Intel 代表性微处理器的概念视图

2.1.3　多核技术

根据测算，CPU 主频每增加 1GHz，功耗将上升 25W，而当芯片功耗超过 150W 后，现有的风冷散热系统将无法满足散热的需要。当芯片上晶体管数量的增加导致功耗增长超过性能增长速度后，处理器的可靠性就会受到致命性的影响。由此，"主频为王"的道路走到了尽头。1996 年，美国斯坦福大学（Stanford University）首次提出了片上多处理器（Chip Multi Processors，CMP）思想和多核结构原型。经历十几年发展，如今多核处理器已全面应用于微型计算机、嵌入式设备等几乎所有计算机领域。

1. 多核技术的定义

多核处理器是指在一枚处理器上集成两个或多个完整的计算引擎（运算核），每个运算核执行程序中一个单独的任务，从而使整个处理器可同时执行的任务数是单处理器的数倍，极大地提升了处理器的并行性能。如果程序利用多核设计，就可以提高执行速度，这样的程序称为多线程应用程序。

目前多核处理器的核心结构主要有同构和异构两种。同构多核处理器是指处理器芯片内部的所有核心其结构是完全相同的，各个核心的地位也是等同的。目前的同构多核处理器大多数由通用处理器核心组成，每个处理器核心可以独立地执行任务，与通用单核处理器结构相近。异构多核则是将结构、功能、功耗、运算性能各不相同的多个核心集成在芯片上，并通过任务分工和划分将不同的任务分配给不同的核心，让每个核心处理自己擅长的任务。

多核处理器并不是简单地将多个运算核集成在一片芯片上，它涉及多项关键技术。例如，多核芯片上的核间通信技术、为解决 CMP 架构下处理器和主存间出现的巨大速度差异而设计的多级高速缓存及其一致性问题⊖、CPU 内部的总线接口单元（Bus Interface Unit，BIU）对多个访问请求的仲裁机制和效率、操作系统的任务调动算法、低功耗设计等。

⊖　有关高速缓冲存储器（Cache）将在本书第 5 章介绍。

由于功耗所带来的发热问题，处理器的时钟速度无法提高到很高，而多核成为目前提高微处理器运算速度的主要解决方法。随着技术的发展，一片处理器芯片上集成的核的数目可能会越来越多。

2. 多核技术的应用场景

越来越多的用户在使用过程中都会涉及多任务应用环境，日常应用中有两种非常典型的应用模式：

1) 一种应用模式是一个程序采用了线程级并行编程，那么这个程序在运行时可以把并行的线程同时交付给两个核心分别处理，因而程序运行速度得到极大提高。这类程序有的是为多路工作站或服务器设计的专业程序，如专业图像处理程序、非线性视频编辑程序、动画制作程序或科学计算程序等。对这类程序，两个物理核心和两个处理器基本上是等价的，因此这类程序往往可以不进行任何改动就直接运行在双核计算机上。

还有一些更常见的日常应用程序，如 Office、IE 等同样也是采用线程级并行编程，可以在运行时同时调用多个线程协同工作，所以在多核处理器上的运行速度也会得到较大提升。例如，打开 IE 浏览器上网，看似简单的一个操作，实际上浏览器进程会调用代码解析、Flash 播放、多媒体播放、Java、脚本解析等一系列线程，这些线程可以并行地被多核处理器处理，因而运行速度大大加快。由此可见，对于已经采用并行编程的软件，不管是专业软件，还是日常应用软件，在多核处理器上的运行速度都会大大提高。

2) 日常应用中的另一种模式是同时运行多个程序。许多程序没有采用并行编程，如一些文件压缩软件、部分游戏软件等。对于这些单线程的程序，单独运行在多核处理器上与单独运行在同样参数的单核处理器上没有明显的差别。但由于日常开机就需要用到的操作系统支持并行处理，所以当在多核处理器上同时运行多个单线程程序时，操作系统会把多个程序的指令分别发送给多个核心，从而使得同时完成多个程序的速度大大加快。

3. 多核与多处理器

多核技术能够使计算机在只有一个处理器的情况下实现任务的并行处理，而在多核技术蓬勃发展以前，并行计算任务必须使用多个独立的处理器进行协同计算。

多核与多处理器架构的主要区别在于以下几个方面：

1) 核心间通信速度。多核是指一个处理器芯片有多个处理器核心，它们之间通过 CPU 内部总线进行通信；而多处理器架构是由多个相同或者不同的独立完整的 CPU 通过通信通道连接，可共享也可独立拥有存储器、外设，多个处理器之间的通信是通过主板上的总线甚至百兆、千兆网线或光纤进行的。两者核心间的通信速度有着数量级的差别。

2) 开发难度。多核处理器采用与单 CPU 相同的硬件架构，用户在提升计算能力的同时无需进行任何硬件上的改变；而多处理器系统目前常见于分布式系统中，必然要面临大量的数据一致性、主从关系控制、可靠性保障问题，开发难度较大。

3) 使用场合。多核相对较适合普通桌面应用，单位成本较高，核心数目较少，为了控制成本，目前普通消费级产品多为 16 核左右。多处理器架构一般不用于普通的消费级市场，多用于服务器集群、云计算平台等场合。这些场合一般计算量需求很大、对速度不过于敏感；而且多处理器架构更简单清晰，可以用消费级产品简单做数量堆叠，处理器数量动辄以万为单位，单位成本较低。

2.1.4 微处理器基本组成

微处理器（CPU）是计算机系统的核心部件，控制和协调着整个计算机系统的工作，所有程序的执行都在 CPU 中进行。其完成的三项主要任务是：①实现处理器和主存或 I/O 接口之间的数据传送；②算术和逻辑运算；③简单地判定控制程序的走向。正是通过这些看上去似乎是简单的工作，处理器才能完成复杂的任务。

无论哪种型号的处理器，其内部总体上都包含运算器、控制器和寄存器组[⊖]三个部分。微处理器典型结构示意图如图 2-2 所示。

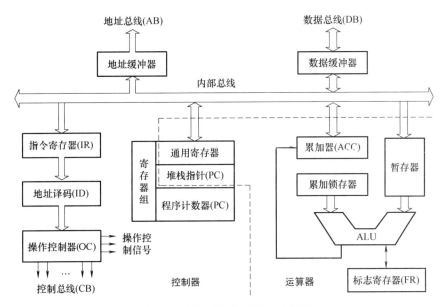

图 2-2 微处理器典型结构示意图

1. 运算器

运算器由算术逻辑单元（Arithmetic Logical Unit，ALU）、通用或专用寄存器组及内部总线三个部分组成。其核心功能是实现数据的算术运算和逻辑运算，所以有时也将运算器就称为算术逻辑运算单元。

ALU 的内部包括负责加、减、乘、除运算的加法器和乘法器，以及实现"与""或""非""异或"等逻辑运算的逻辑运算功能部件。

除了作为核心部件的 ALU 外，运算器中还有暂存中间运算结果的通用寄存器、存放运算结果特征的标志寄存器以及数据传送通道。在 CPU 内部用于传送数据和指令的传送通道称为 CPU 内部总线。

2. 控制器

控制器的作用是控制程序的执行，是整个系统的指挥中心，必须具备以下几项基本功能：

⊖ 由于寄存器组是由各种寄存器组成的，一部分属于运算器，一部分属于控制器，下面不再专门介绍。在介绍具体型号的芯片时会具体介绍每个寄存器。

（1）指令控制　计算机的工作过程就是连续执行指令的过程。指令在存储器中是连续存放的，一般情况下，指令被按照顺序一条条地取出执行，只有在碰到转移类指令时才会改变顺序。控制器要能根据指令所在的地址按顺序或在遇到转移指令时按照转移地址取出指令、分析指令（指令译码）、传送必要的操作数，并在指令执行结束后存放运算结果。总之，要保证计算机中的指令流的正常工作。

（2）时序控制　指令的执行是在时钟信号的严格控制下进行的，一条指令的执行时间称为指令周期，不同指令的指令周期中所包含的机器周期数是不相同的，而一个机器周期中包含多少节拍（时钟周期）也不一定相同。这些时序信号用于计算机的工作基准，它们由控制器产生，使系统按一定的时序关系进行工作。

（3）操作控制　根据指令流程，确定在指令周期的各个节拍中要产生的微操作控制信号，以有效完成各条指令的操作过程。

除此之外，控制器还要具有对异常情况及某些外部请求的处理能力，如出现运算溢出、中断请求等。

控制器的内部主要由以下几个部分组成：

（1）程序计数器（Programming Counter，PC）　用来存放下一条要执行指令在存储器中的地址。在程序执行之前，应将程序的首地址（程序中第一条指令地址）置入程序计数器。

（2）指令寄存器（Instruction Register，IR）　用于存放从存储器中取出的待执行的指令。

（3）指令译码器（Instruction Decoder，ID）　指令寄存器中待执行的指令须经过"翻译"才能明白要进行何种操作，即指令译码，这是指令译码器的主要功能。

（4）时序控制部件　产生计算机工作中所需的各种时序信号。

（5）微操作控制部件　这部分是控制器的主体，用于产生与各条指令相对应的微操作。它根据当前正在执行的指令，在指令的各机器周期的各个节拍内产生相应的微操作控制信号，从而控制整个系统各部件的工作。在计算机中，一条指令的功能是通过按一定顺序执行一系列基本操作完成的。这些基本操作称为微操作，同时执行的一组微操作叫作微指令。例如，一条加法指令就是由四条微指令解释执行的：取指微指令（包括的微操作有指令送地址总线、从存储器取指令送数据总线、指令送指令寄存器、程序计数器加1）、计算地址微指令、取操作数微指令及加法运算并送结果微指令。

控制器结构示意图如图2-3所示。从图中可以看出，其中的核心部件是微操作控制部件。

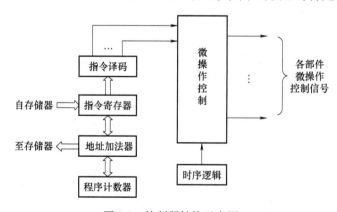

图2-3　控制器结构示意图

2.2 8088/8086 微处理器

8088 与 8086 具有完全相同的指令系统和内部体系结构,在硬件结构上的主要区别是:8088 的外部数据总线宽度为 8 位,而 8086 的数据总线宽度为 16 位。因此,数据总线宽度就是二者最主要的区别。本节以 8088 为主进行介绍,在没有特别指出时,所介绍的内容对两者均适用。

2.2.1 8088/8086 微处理器的特点

1. 8088/8086 的指令流水线

程序是指令的集合,CPU 执行程序就是一条条执行指令。在指令的执行过程中,CPU 总是有规律地重复执行以下步骤:

2-1 8088 微处理器(一)

2-2 8088 微处理器(二)

① 从存储器取出下一条指令。
② 指令译码(或指令分析)。
③ 如果指令需要,从存储器读取操作数。
④ 执行指令(包括算术逻辑运算、I/O 操作、数据传送、控制转移等)。
⑤ 如果需要,将结果写入存储器。

在 8088/8086 未出现以前,微处理器是按顺序串行完成以上各操作的。而从 8088/8086 开始,CPU 采用了一种新的结构来并行地来完成这些工作。8088/8086 将上述步骤分配给 CPU 内两个独立的部件:执行单元(Execution Unit,EU)和总线接口单元(Bus Interface Unit,BIU)。EU 负责分析指令(也称指令译码)和执行指令,BIU 负责取指令、取操作数和写结果。这两个单元都能够独立地完成各自相应的工作。所以,当这两个单元并行工作时,在大多数情况下,取指令操作与执行指令操作都可重叠进行。因为 EU 要执行的指令总是被 BIU 从存储器中已经"预取"出来,所以大多数情况下取指令的时间被"省掉"了,从而加快了程序的运行速度。

指令的串行执行和并行执行过程(流水线)如图 2-4 所示,该图示意性描述了含取指令、分析指令和执行指令三个步骤的指令串行执行和并行执行方式及其对总线的影响(部分指令不需要从内存读取数据和存放结果,这里暂时略去这两个步骤)。可以看出,当串行执行时,每条指令的三个步骤顺序进行。由于读取指令需要通过总线,而分析指令和执行指令都是在 CPU 内部进行。因此总线在指令分析和执行时处于空闲状态,利用率较低。当并行执行时,除了第一条指令之外,其他指令的三个步骤都可以同时进行,总线始终处于忙碌状态。不仅提高了总线的利用率,也提高了指令的执行效率。可以用下面的简单公式来说明这一点。

CPU	取指令1	分析指令1	执行指令1	取指令2	分析指令2	执行指令2	取指令3
BUS	忙碌	空闲		忙碌	空闲		忙碌	…

a) 指令的串行执行过程示意

图 2-4 指令的串行执行和并行执行过程(流水线)

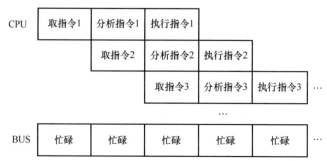

b) 指令的并行执行过程示意

图 2-4 指令的串行执行和并行执行过程（流水线）（续）

假设三个步骤所需时间完全相等（实际并不可能），都为 Δt，则由图 2-4 知，采用串行执行方式，执行 n 条指令所需的时间 T_0 为

$$T_0 = 3n\Delta t \tag{2-1}$$

采用并行执行方式，执行 n 条指令所需要的时间 T_1 为

$$T_1 = 3\Delta t + (n-1)\Delta t = (2+n)\Delta t \tag{2-2}$$

比较式（2-1）和式（2-2）可知，当 n 足够大时，T_0/T_1 的值会越来越大。即相比于串行执行，并行执行所花费的时间会随着指令条数 n 的增加而显著减小。

由此可见，采用并行执行方式所花费的时间及对总线的利用率都较串行执行方式有较大的提高。这是 8088/8086CPU 与其上代微处理器相比，所具有的一大进步。这种并行操作的实现，是因为在 8088/8086CPU 内部（BIU 部分）设有一个指令预取队列，BIU 从内存中取出指令存放到指令预取队列，EU 再从指令队列中取出指令并执行。当 EU 从指令队列中取走指令，指令队列出现空字节时，BIU 就自动执行一次取指令周期，从内存中取出后续的指令代码放入队列中；如果遇到跳转指令，BIU 会使指令队列复位，从新地址重新取出指令，并立即传给 EU 去执行。

指令队列的存在，使 8088/8086 的 EU 和 BIU 能够并行工作，从而减少了 CPU 为取指令而等待的时间，提高了 CPU 的执行效率和运行速度，同时也降低了对存储器存取速度的要求。

当然，这种并行流水线结构不能与现在新型 CPU 的指令流水线相提并论，但它为现代流水线技术奠定了基础，也使 8088/8086 成为 CPU 发展史上的一个里程碑。

2. 内存的分段管理技术

8088/8086CPU 的内部结构都是 16 位的，即内部的寄存器只能存放 16 位二进制码，内部的总线同时也只能传送 16 位二进制码。16 位二进制码最多只具有 $2^{16}B = 64KB$ 组合。如果用二进制码表示地址（计算机中只能识别二进制），则 8088/8086 就只能产生 64KB 地址，亦即最多能够管理 64K 个内存单元。

由于内存容量的大小对计算机的性能有直接的影响，为了提高系统的执行速度，希望尽可能地提高管理（寻址）内存的能力。为此，8088/8086 采用了分段管理的方法，将内存地址空间分为多个逻辑段，每个逻辑段最大为 64KB 单元，段内每个单元的地址码（称为偏移地址或相对地址）长度为 16 位，满足其 16 位内部结构的要求；再为每个段设置段地址（也称段基地址），以区分不同的逻辑段。

所以，8088/8086 系统中，内存每个单元的地址都由两部分组成，即段地址和段内偏移地址。这就相当于一栋大楼中的每一个房间的编号都是由楼层号和所在层的位置号（相对于起始房间的位置）组成的一样。比如：512 房间，通常表示 5 楼第 12 号房间。

8088/8086CPU 内部具有专门存放段地址的段寄存器和存放偏移地址的地址寄存器，将两类不同寄存器的内容送入地址加法器合成，就形成了指向内存某一具体单元的物理地址（详见 2.2.5 节）。

3. 支持多处理器系统

8088/8086 具有最小和最大两种工作模式以及内置的多任务处理能力。最小模式也称为单处理器模式，此时 CPU 仅支持由少量设备组成的单处理器系统而不支持多处理器结构，系统控制总线的信号由 8088CPU 直接产生，且构成的系统不能进行直接存储器存取（Direct Memory Access，DMA）传送。

最大模式也称为多处理器模式，此时 CPU 可以与外部协处理器一起工作，由总线控制器提供所有总线控制信号和命令信号。

本章 2.2.7 节将进一步介绍有关 8088CPU 工作于最大模式和最小模式时的系统结构。

2.2.2 8088 微处理器的引脚功能

8088 和 8086 CPU 都是具有 40 条引出线的集成电路芯片，采用双列直插式封装，8088 处理器芯片引脚图如图 2-5 所示○。为了减少芯片的引线，8088 的许多引脚具有双重功能，采用分时复用方式工作，即在不同时刻，这些引线上信号的含义不同。

2-3 8088 主要引脚功能

8088 的最大和最小两种工作模式可以通过在输入引脚 $\overline{MN/MX}$ 加上不同的电平来进行选择。当将 $MN/\overline{MX}$ 引线直接连接到 +5.0V 时，8088 工作在最小模式。此时，微型机中只包括一个处理器 8088，且系统总线由 8088 的引线直接引出形成。当将 $MN/\overline{MX}$ 引线接地时，8088 工作在最大模式。此时 8088 可以和外部协处理器一起工作。在最大模式下，微机的系统总线要由 8088 和总线控制器（8288）共同形成。图 2-5 中括号内的引脚信号用于最大模式。

> 注：带有上横线的引脚信号表示低电平有效。

1. 最小模式下的引脚

在最小模式下，8088 的引脚定义为：

① $A_{19}/S_6 \sim A_{16}/S_3$：地址、状态复用的引脚，三态输出。在 8088 执行指令过程中，某一

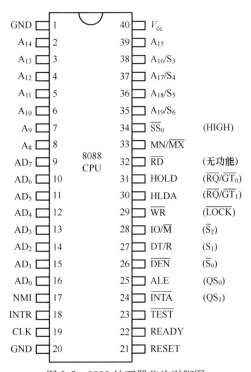

图 2-5 8088 处理器芯片引脚图

○ 有兴趣的读者可以查阅一下 8086 处理器的引脚图，可以发现其与 8088 基本没有差别。

时刻从这 4 个引脚上送出地址的最高 4 位 $A_{16} \sim A_{19}$。而在另外时刻，这 4 个引脚送出状态信号 $S_3 \sim S_6$。这些状态信息里，S_6 恒等于 0，S_5 指示中断允许标志位（IF）的状态，S_4、S_3 的组合指示 CPU 当前正在使用的段寄存器，段寄存器状态见表 2-1。

表 2-1 段寄存器状态

S_4	S_3	当前正在使用的段寄存器
0	0	ES
0	1	SS
1	0	CS 或未使用任何段寄存器
1	1	DS

② $A_8 \sim A_{15}$：中间 8 位地址信号，三态输出。CPU 寻址内存或接口时，从这些引脚送出地址 $A_8 \sim A_{15}$。

③ $AD_0 \sim AD_7$：地址、数据分时复用的双向信号线，三态。当 ALE=1 时，这些引脚上传输的是地址信号。当 $\overline{DEN}=0$ 时，这些引脚上传输的是数据信号。

④ IO/$\overline{M}$：输入输出/存储器控制信号，三态，用来区分当前操作是访问存储器还是访问 I/O 端口。若此引脚输出为低电平，访问存储器；若输出为高电平，则访问 I/O 端口。

⑤ $\overline{WR}$：写信号，三态输出。此引脚输出为低电平时，表示 CPU 正在对存储器或 I/O 端口进行写操作。

⑥ DT/$\overline{R}$：数据传送方向控制信号，三态，用于确定数据传送的方向。高电平时，CPU 向存储器或 I/O 端口发送数据；低电平时，CPU 从存储器或 I/O 接口接收数据。此信号用于控制总线收发器 8286/8287 的传送方向。

⑦ $\overline{DEN}$：数据允许信号，三态。该信号有效时，表示数据总线上具有有效数据。它在每次访问内存或 I/O 接口以及在中断响应期间有效，常用作数据总线驱动器的片选信号。

⑧ ALE：地址锁存信号，三态输出，高电平有效。当它为高电平时，表明 CPU 地址线上有有效地址。因此，它常作为锁存控制信号将 $A_0 \sim A_{19}$ 锁存到地址锁存器。

⑨ $\overline{RD}$：读信号，三态输出，低电平有效。当其有效时，表示 CPU 正在对存储器或 I/O 接口进行读操作。

⑩ READY：外部同步控制输入信号，高电平有效。它是由被访问的内存或 I/O 设备发出的响应信号，当其有效时，表示存储器或 I/O 设备已准备好，CPU 可以进行数据传送。若存储器或 I/O 设备没有准备好，则使 READY 信号为低电平。CPU 在 T_3 周期采样 READY 信号，若其为低，CPU 自动插入等待周期 T_w（1 个或多个），直到 READY 变为高电平后，CPU 才脱离等待状态，完成数据传送过程。

⑪ INTR：可屏蔽中断请求输入信号，高电平有效。CPU 在每条指令的最后一个周期采样该信号，以决定是否进入中断响应周期。这个引脚上的中断请求信号，可用软件屏蔽。

⑫ $\overline{TEST}$：测试信号输入引脚，低电平有效。当 CPU 执行 WAIT 指令时，每隔 5 个时钟周期对此引脚进行一次测试。若为高电平，CPU 处于空转状态进行等待；当该引脚变为低电平时，CPU 结束等待状态，继续执行下一条指令。

⑬ NMI：非屏蔽中断请求输入信号，上升沿触发。这个引脚上的中断请求信号不能用软件屏蔽，CPU 在当前指令执行结束后就进入中断过程。

⑭ RESET：系统复位输入信号，高电平有效。为使 CPU 完成内部复位过程，该信号至少要在 4 个时钟周期内保持有效。复位后的内部寄存器状态见表 2-2。当 RESET 返回低电平时，CPU 将重新启动。

表 2-2　复位后的内部寄存器状态

内部寄存器	内　容	内部寄存器	内　容
CS	FFFFH	IP	0000H
DS	0000H	FLAGS	0000H
SS	0000H	其余寄存器	0000H
ES	0000H	指令队列	空

⑮ $\overline{INTA}$：中断响应信号输出，低电平有效，是 CPU 对中断请求信号的响应。在响应过程中，CPU 在 $\overline{INTA}$ 引脚连续送出两个负脉冲，用作外部中断源的中断向量码的读选通信号。

⑯ HOLD：总线保持请求信号输入，高电平有效。当某一总线主控设备要占用系统总线时，通过此引脚向 CPU 提出请求。

⑰ HLDA：总线保持响应信号输出，高电平有效。这是 CPU 对 HOLD 请求的响应信号，当 CPU 收到有效的 HOLD 信号后，就会对其做出响应：一方面使 CPU 的所有三态输出的地址信号、数据信号和相应的控制信号变为高阻状态（浮动状态）；同时输出一个有效的 HLDA，表示处理器现在已放弃对总线的控制。当 CPU 检测到 HOLD 信号变低后，就立即使 HLDA 变低，同时恢复对总线的控制。

⑱ $\overline{SS_0}$：系统状态信号输出。它与 $IO/\overline{M}$ 和 $DT/\overline{R}$ 信号决定了最小模式下当前总线周期的状态。三者组合及对应的操作见附录 B.1。

⑲ CLK：时钟信号输入引脚。8088 的标准时钟频率为 4.77MHz。

⑳ V_{cc}：5V 电源输入引脚。

㉑ GND：地线。

2. 最大模式下的引脚

当 $MN/\overline{MX}$ 为低电平时，8088CPU 工作在最大模式下。此时，除引脚 24 到 32 及 34 外，其他引线与最小模式完全相同（见图 2-5 中括号内的管脚信号）。

① $\overline{S_2}$、$\overline{S_1}$、$\overline{S_0}$：总线周期状态信号，低电平有效，三态输出。它们连接到总线控制器 8288 的输入端，8288 对它们译码后可以产生系统总线所需要的各种控制信号。$\overline{S_2}$、$\overline{S_1}$、$\overline{S_0}$ 的组合以对应的操作见附录 B.2。

② $\overline{RQ}/\overline{GT_1}$、$\overline{RQ}/\overline{GT_0}$：总线请求/总线响应信号引脚。每一个引脚都具有双向功能，既是总线请求输入也是总线响应输出。但是 $\overline{RQ}/\overline{GT_0}$ 比 $\overline{RQ}/\overline{GT_1}$ 优先级高。这些引脚内部都有上拉电阻，所以在不使用时可以悬空。两个引脚的功能如下：

当其他的总线控制设备要使用系统总线时，会产生一个总线请求信号（一个时钟周期宽的负脉冲），并把它送到 $\overline{RQ}/\overline{GT}$ 引脚，类似于最小模式下的 HOLD 信号。CPU 检测到总线请求信号后，在下一个 T_4 或 T_1 期间，在 $\overline{RQ}/\overline{GT}$ 引脚送出总线响应信号（一个时钟周期宽的负脉冲）给请求总线的设备，它类似于最小模式下的 HLDA 信号。然后从下一个时钟周期开始，CPU 释放总线。总线请求设备使用完总线后，再产生一个信号 $\overline{RQ}/\overline{GT}$。CPU 检测到该信号后，从下一个时钟周期开始重新控制总线。

③ $\overline{LOCK}$：总线封锁信号输出，低电平有效。该信号有效时，CPU 锁定总线，不允许其他的总线控制设备申请使用系统总线。$\overline{LOCK}$ 信号由前缀指令"LOCK"产生，LOCK 指令后面的一条指令执行完后，该信号失效。

④ QS_1、QS_0：指令队列状态输出。根据该状态信号，从外部可以跟踪 CPU 内部的指令队列。QS_1、QS_0 的组合及对应的操作见附录 B.3。

⑤ HIGH：在最大模式下始终为高电平输出。

此外，在最大模式下，$\overline{RD}$ 引脚不再使用。

2.2.3　8088/8086 微处理器内部结构

8086 与 8088 内部结构极为相似，在逻辑上均划分为执行单元（EU）和总线接口单元（BIU）两大部分。8088 处理器内部结构框图如图 2-6 所示。

2-4　8088 内部结构

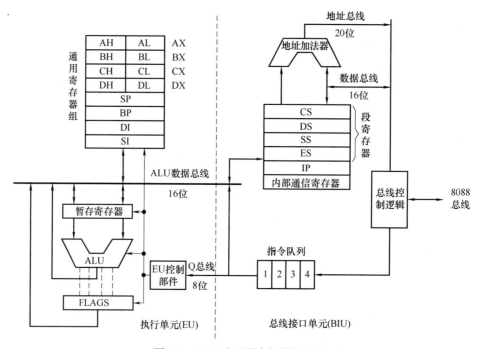

图 2-6　8088 处理器内部结构框图

执行单元（EU）由算术逻辑单元（ALU）、通用寄存器、标志寄存器和 EU 控制电路组成，其主要功能是执行指令、分析指令、暂存中间运算结果并保留运算结果的特征。EU 在工作时不断地从指令队列取出指令代码，对其译码后产生完成指令所需要的控制信息。数据在 ALU 中进行运算，运算结果的特征保留在标志寄存器 FLAGS 中。

总线接口单元（BIU）负责 CPU 与存储器、I/O 接口之间的信息传送，它由段寄存器、指令指针寄存器、指令队列、地址加法器以及总线控制逻辑组成。8088 的指令队列长度为 4 字节，8086 的指令队列长度为 6 字节。

当 EU 从指令队列中取走指令，指令队列出现空字节时，BIU 就自动执行一次取指令周期,从内存中读取后续指令代码放入队列中。如果指令队列为空,EU 就等待,直到有指令为止。若 BIU 正在取指令,EU 发出访问总线的请求,则必须等 BIU 取指令完毕后,该请求才能得到响应。一般情况下,程序顺序执行,当遇到跳转指令时,BIU 就使指令队列复位,从新地址取出指令,并立即传给 EU 去执行。

当 EU 需要数据时,BIU 根据 EU 给出的地址,从指定的内存单元或外设中取出数据供 EU 使用。在运算结束时,BIU 将运算结果送入指定的内存单元或外设。BIU 读取指令、读取数据、存放结果,都需要首先确定要访问的内存地址。8088/8086 微处理器能够寻址的内存空间为 1MB。要使 1MB 内存的每个单元都有唯一地址,地址码的长度需要 20 位二进制。由于 8088/8086CPU 为 16 位体系结构处理器,内部寄存器均为 16 位,无法装载 20 位地址,如何将 16 位地址变换为 20 位地址?这个任务就由 BIU 中的地址加法器来完成(详见 2.2.5 节)。

指令队列的存在使 8088/8086 的 EU 和 BIU 并行工作,从而减少了 CPU 为取指令而等待的时间,提高了 CPU 的利用率,加快了整机的运行速度,同时也降低了对存储器存取速度的要求。但指令队列仅实现了对指令的预取,并没有实现数据的预取。因此,8088/8086 微处理器与现代微处理器中的流水线技术完全不能同日而语。

2.2.4 8088/8086 CPU 的内部寄存器

8088/8086CPU 内部共有 14 个 16 位寄存器,按功能可分为三大类:通用寄存器(8 个)、段寄存器(4 个)、控制寄存器(2 个),8088/8086 的内部寄存器如图 2-7 所示。

2-5 8088 内部寄存器

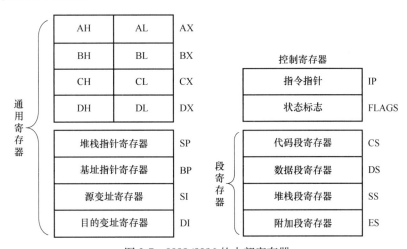

图 2-7 8088/8086 的内部寄存器

1. 通用寄存器

通用寄存器包括数据寄存器、地址指针寄存器和变址寄存器。

(1) 数据寄存器 AX、BX、CX、DX 数据寄存器一般用于存放参与运算的数据或运算的结果。每一个数据寄存器都是 16 位寄存器,但又可将高、低 8 位分别作为两个独立的 8 位寄存器使用。它们的高 8 位记作 AH、BH、CH、DH,低 8 位记作 AL、BL、CL、DL。这种灵活的使用方法给编程带来极大的方便,既可以处理 16 位数据,也能处理 8 位数据。数据寄存器除了作为通用寄存器使用外,它们还有各自的习惯用法。

1) AX (Accumulator):累加器,常用于存放算术逻辑运算中的操作数,另外所有的

I/O 指令都使用累加器与外设接口传送信息。

2）BX（Base）：基址寄存器，常用来存放访问内存时的基地址。

3）CX（Count）：计数寄存器，在循环和串操作指令中用作计数器。

4）DX（Data）：数据寄存器，在寄存器间接寻址的 I/O 指令中存放 I/O 端口的地址。

另外，在做双字长乘除法运算时，DX 与 AX 合起来存放一个双字长数（32 位），其中 DX 存放高 16 位，AX 存放低 16 位。

（2）地址指针寄存器 SP、BP

1）SP（Stack Pointer）：堆栈指针寄存器，它在堆栈操作中存放栈顶偏移地址，永远指向堆栈的栈顶。

2）BP（Base Pointer）：基址指针寄存器，一般也常用来存放访问内存时的基地址。但它通常是与 SS 寄存器配对使用（比较：BX 通常是与 DS 寄存器配对使用）。

作为通用寄存器，SP 和 BP 也可以存放数据。但实际上，它们更经常、更重要的用途是存放内存单元的偏移地址，特别是 SP，在访问堆栈时作为指向堆栈栈顶的指针。

（3）变址寄存器 SI、DI　SI（Source Index）称为源变址寄存器，DI（Destination Index）称为目的变址寄存器，它们常常在变址寻址方式中作为索引指针。

2. 段寄存器

8088/8086 CPU 内部包含 4 个段寄存器，用于存储 16 位的逻辑段的段基地址。其中：

（1）CS（Code Segment）　代码段寄存器，其内容为代码段的段基地址。

（2）DS（Data Segment）　数据段寄存器，用于存储数据段的段基地址。

（3）ES（Extra Segment）　附加数据段寄存器，用于存储附加段的段基地址。

（4）SS（Stack Segment）　堆栈段寄存器，用于存储堆栈段的段基地址。

有关逻辑段的含义将在 2.2.5 节中介绍。

3. 控制寄存器

IP（Instruction Pointer）称为指令指针寄存器，用以存放预取指令的偏移地址。CPU 取指令时总是以 CS 为段基址，以 IP 为段内偏移地址。当 CPU 从 CS 段中偏移地址为 IP 的内存单元中取出指令代码的一个字节后，IP 自动加 1，指向指令代码的下一个字节。用户程序不能直接访问 IP。

FLAGS 称为标志寄存器或程序状态字（PSW），它是 16 位寄存器，但只使用其中的 9 位，这 9 位包括 6 个状态标志和 3 个控制标志，8088/8086 的标志寄存器如图 2-8 所示。

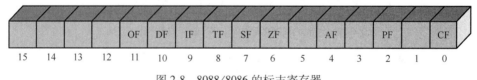

图 2-8　8088/8086 的标志寄存器

（1）状态标志位　状态标志位记录了算术和逻辑运算结果的一些特征。如：结果是否为 0，是否有进位、借位，结果是否溢出等。不同指令对标志位具有不同的影响。

1）CF：进位标志位。当进行加（减）法运算时，若最高位向前有进（借）位，则 CF=1，否则 CF=0。

2）PF：奇偶标志位。当运算结果的低 8 位中 "1" 的个数为偶数时 PF=1，为奇数时 PF=0。

3) AF：辅助进位位。在加（减）法操作中，Bit3 向 Bit4 有进位（借位）发生时 AF = 1，否则 AF = 0。DAA 和 DAS 指令测试这个标志位，以便在 BCD 加法或减法之后调整 AF 中的值。

4) ZF：零标志位。当运算结果为零时 ZF = 1，否则 ZF = 0。

5) SF：符号标志位。当运算结果的最高位为 1 时 SF = 1，否则 SF = 0。

6) OF：溢出标志位。当算术运算的结果超出了带符号数的范围，即溢出时 OF = 1，否则 OF = 0。

（2）控制标志位　控制标志位用于设置控制条件。控制标志被设置后便对其后的操作产生控制作用。

1) TF：陷阱标志位。当 TF = 1 时，激活处理器的调试特性，使 CPU 处于单步执行指令的工作方式。每执行一条指令后，自动产生一次单步中断，从而使用户能逐条指令地检查程序。

2) IF：中断允许标志位。IF = 1 使 CPU 可以响应可屏蔽中断请求。IF = 0 使 CPU 禁止响应可屏蔽中断请求。IF 的状态对不可屏蔽中断及内部中断没有影响。

3) DF：方向标志位。在执行串操作指令时控制操作的方向。DF = 1 按减地址方式进行，即从高地址开始，每进行一次操作，地址指针自动减 1（或减 2）。DF = 0 则按增地址方式进行。

2.2.5　实模式存储器寻址

80286 及更高型号的微处理器可以工作于实模式或者保护模式⊖，但 8088/8086 只能工作于实模式。本节介绍实模式下微处理器的操作方式。

2-6　关于实模式内存寻址

实模式操作方式（Real Mode Operation）只允许微处理器寻址内存起始的 1MB 存储空间，即使如 Pentium 4、Core2 这样的现代处理器，在 32 位操作模式下也是如此。因此，这 1MB 存储器称为实模式存储器（Real Memory）、常规存储器（Conventional Memory）或磁盘操作系统（Disk Operating System，DOS）。实模式操作时允许在 8088/8086 上设计的程序可以不经修改就在 Intel 更高型号的微处理器上运行，这种软件的向上兼容性也是 Intel 系列微处理器不断成功的重要原因之一。在 32 位系统中，每次加电或复位后都默认以实模式开始工作。

1. 段地址和偏移地址

实模式下，内存中每个单元的地址都由段地址（Segment Address）和偏移地址（Offset Address）组成。由于 8088/8086 微处理器有 20 位地址线，可以寻址 1MB（2^{20}B）的物理内存空间。为确保每个内存单元都能有唯一地址，地址码的长度必须为 20 位。这个 20 位的地址称为内存单元的物理地址（Physical Address）。

由于 8088/8086 为 16 位体系结构处理器，内部寄存器均为 16 位，只能直接寻址 64KB（2^{16}B）存储空间。为了达到寻址 1MB 内存的目标，8088/8086 采用了将地址空间分段的方法，即将 2^{20}B（1MB）的地址空间分为若干个 64KB 的段，然后用段地址和偏移地址的组合来访问存储单元。组合的过程由 BIU 的地址加法器完成。

⊖ 在 Pentium 4 之后的 64 位操作模式中，不存在实模式操作。

每个段的第一个单元称为段首。8088/8086 规定，分段总是从 16 字节的边界处开始，因此段的起始地址（段首地址）的最低 4 位总是 0。如果用十六进制表示，则段首地址均为 XXXX0H⊖。可以看出，这个地址的高 16 位（XXXXH）就是段地址，即段地址是段首地址的高 16 位。这样，每个段的段地址只需用 16 位便可表示。

由于每个段的长度为 64KB，因此段内每个单元与段首之间的距离都不会超过 64KB。将一个段内某存储单元到段首的距离称为偏移地址，也用 16 位二进制表示。它用于在 64KB 段中选择一个单元。

根据上述特点，BIU 计算内存物理地址的方法就是将段地址左移 4 位（相当于段地址×16），以形成 XXXX0H 的 20 位段首地址，然后与偏移地址相加获得。物理地址的生成方法如图 2-9 所示。

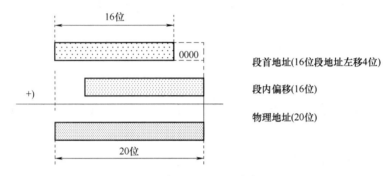

图 2-9 物理地址的生成方法

可以看出，段首地址的特点是 20 位字长，最低 4 位是 0（请注意：这里的"位"都是指二进制位）。因此，这 20 位的段首地址是段首的物理地址。

偏移地址的含义是段内某个单元到段首之间的距离。因此，内存中任意单元的物理地址就可以由下式得到：

$$\text{物理地址} = \text{段首地址} + \text{偏移地址} = \text{段基址} \times 16 + \text{段内偏移} \tag{2-3}$$

段地址和偏移地址又称为逻辑地址，若用十六进制表示，通常写成 xxxxH：yyyyH 的形式，其中 xxxxH 是段基址，yyyyH 是段内偏移地址（也称为相对地址）。

【例 2-1】 已知内存某单元的逻辑地址为 3A00H：12FBH。计算该单元的物理地址。

题目解析：由已知逻辑地址可知，该内存单元所在的段地址 = 3A00H，该单元的段内偏移地址 = 12FBH。根据式（2-3），可以直接由逻辑地址得出对应的物理地址。

该内存单元的物理地址 = 3A000H + 12FBH = 3B2FBH。

由上述描述和示例可以得出：

1) 已知段地址，也就知道了该段的段首地址。因此，段地址就指向了内存一个确定的区域。实模式存储器寻址机制示意图如图 2-10 所示，图中表示了 1MB 实模式内存的使用段地址和偏移地址来合成物理地址的寻址机制。

段地址存放在段寄存器中。程序载入到内存时由操作系统负责指定段寄存器的内容，以实现程序的重定位。因此，实模式中的 64KB 段也称为"逻辑段"，它是逻辑上的存在。每

⊖ 这里的每个 X，都表示任意一个 0~F 的十六进制数。

个逻辑段的段地址都由操作系统将程序装入内存时动态("临时")确定。每个逻辑段在程序执行时占用相应的空间,当程序执行结束后,该空间可以被释放。段与段之间可以重合、重叠、紧密连接或间隔分开。

2) 每个逻辑地址,都唯一对应一个物理地址。事实上,源程序中使用的所有地址都是符号地址,如变量、数组、函数等均用一个字符串名表示。在编译器将源程序翻译成目标程序后,符号地址被转换为逻辑地址;操作系统在将程序装入内存时根据"重定位"原则生成物理地址。因此,逻辑地址会唯一对应一个物理地址。反之,同样的内存区域会在不同的时刻被不同的程序使用,故一个物理地址会对应多个逻辑地址。

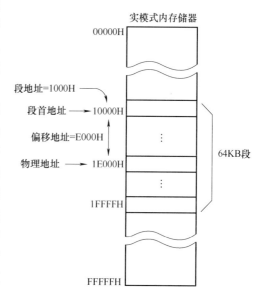

图 2-10 实模式存储器寻址机制示意图

图 2-10 中,物理地址为 1E000H 的单元的逻辑地址可以是 1000H:E000H,此时它属于段地址为 1000H 所在的逻辑段;这个物理地址也可以对应 1E00H:0000H 的逻辑地址,此时它是段地址为 1E00H 的逻辑段的段首,依此类推。形成此现象的原因就是内存区域的复用。

分段(段加偏移)寻址所带来的好处是允许程序在存储器内重定位(浮动),允许实模式下编写的程序在保护模式下运行。可重定位程序是一个不加修改就可以在任何存储区域中运行的程序。只要在程序中不使用绝对地址访问存储器,就可以把整个程序作为一个整体移到一个新的区域。在 DOS 中,程序载入到内存时是由操作系统来指定段寄存器的内容,以实现程序的重定位。

2. 段寄存器的使用

8088/8086 CPU 中有 4 个段寄存器,所以可同时访问 4 个逻辑段,即每个程序模块最多可以有 4 个逻辑段。

段寄存器的设立不仅使 8088 的存储空间扩大到 1MB,而且为信息按特征分段存储带来了方便。在存储器中,信息按特征可分为程序代码、数据、堆栈等。为了操作方便,存储器可以相应地划分为:

1) 代码段:用来存放程序的指令代码。代码段的段地址存放在 CS 寄存器中。

2) 数据段及附加数据段:用来存放数据和运算结果。多数情况下数据多存放在数据段,某些指令则要求必须存放在附加段。数据段和附加段的段地址分别存放在 DS 和 ES 寄存器中。

3) 堆栈段:用来传递参数、保存数据和状态信息。堆栈段的段地址由 SS 寄存器给出。

在多模块程序中,有时一种类型的段可能还会有多个。通过修改段寄存器的内容,就可将这些段设置在存储器的任何位置上。各逻辑段可以通过段寄存器的设置使之相互独立,也可将它们部分或完全重叠。

8088/8086 对访问不同内存段所使用的段寄存器和相应的偏移地址的来源有一些具体约定,见表 2-3。

表2-3　8088/8086对段寄存器使用的约定

序号	内存访问类型	默认段寄存器	可重设的段寄存器	段内偏移地址来源
1	取指令	CS	无	IP
2	堆栈操作	SS	无	SP
3	串操作之源串	DS	ES、SS	SI
4	串操作之目标串	ES	无	DI
5	BP用作基址寻址	SS	ES、DS	按寻址方式计算得有效地址
6	一般数据存取	DS	ES、SS	按寻址方式计算得有效地址

根据表2-3，访问存储器时，其段地址可以由"默认"的段寄存器提供，也可以由"指定"的段寄存器提供。当指令中没有显式地"指定"使用某一个段寄存器时，就由"默认"段寄存器来提供访问内存的段地址。在实际进行程序设计时，大多数情况都用默认段寄存器来寻址内存。在第3、5、6这三种访问存储器操作中，允许在指令中指定使用另外的段寄存器，这样可很灵活地访问不同的内存段。这种指定通常是靠在指令码中增加一个字节的前缀来实现，称为段重设（Segment Reset）。第1、2、4这三种类型的内存访问只能用默认的段寄存器，即：取指令一定要使用CS；堆栈操作一定要使用SS；串操作指令的目标段地址一定要用ES。

上述这些约定，涉及不同的指令，需要在学习完第3章的指令系统后才能真正理解，这里不再赘述。

2.2.6　总线时序

工作时序表征微处理器各引脚在时间上的工作关系。时序可分为两种不同的粒度：时钟周期和总线周期。一条指令的执行需要若干个总线周期才能完成，而一个总线周期又由若干个时钟周期构成。

2-7　8088系统总线

8088/8086按周期访问存储器和I/O接口。将CPU访问一次存储器或I/O接口需要的时间称为总线周期（Bus Cycle），每一个总线周期等于4个系统时钟周期（T状态）$^{\ominus}$。8088/8086微处理器的时钟频率约为5MHz，则一个总线周期约为800ns。这表示8088/8086 CPU在它自己和存储器或I/O接口之间，可以最大每秒1.25×10^6次的速率读/写数据。由于8088/8086处理器内部有指令队列，突发状态下它能够每秒执行2.5×10^6条指令（Million Instructions Per Second，MIPS）。典型的总线周期如图2-11所示。

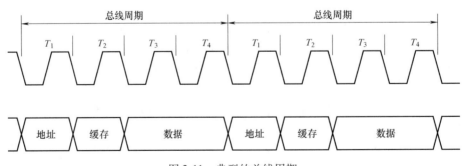

图2-11　典型的总线周期

$\ominus$　部分新型微处理器把总线周期分为2个时钟周期。

下面简要介绍一下 8088 CPU 在最小模式下的时序信号过程。最大模式下的时序除有些信号是由总线控制器（8288）产生的以外，其基本时间关系与最小模式大致相同。

图 2-12 和图 2-13 分别给出了 8088 读总线周期和 8088 写总线周期。在总线周期的第一个时钟周期（T_1）期间，内存或 I/O 端口的地址通过地址总线（地址/数据复用总线 $AD_7 \sim AD_0$，信号线 $A_{15} \sim A_8$、地址/状态复用信号线 $A_{19}/S_6 \sim A_{16}/S_3$）送出，同时送出地址锁存允许信号 ALE，将地址信号锁存到地址锁存器中。同时，T_1 期间还输出控制信号 $DT/\overline{R}$ 和 $IO/\overline{M}$（对 8086 为 $\overline{IO}/M$）。$IO/\overline{M}$（或 $\overline{IO}/M$）信号用于指示地址总线上的信号是指向内存的地址还是指向 I/O 端口的地址。

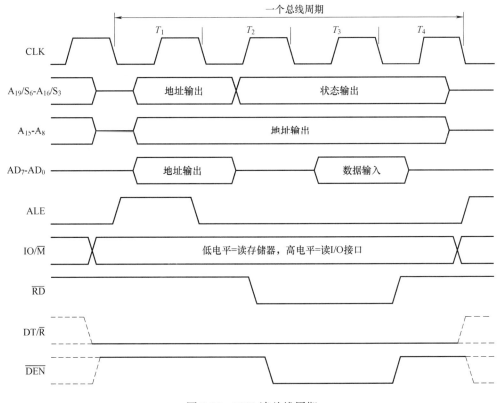

图 2-12　8088 读总线周期

之后的 T_2 期间，微处理器发送 $\overline{RD}$ 或 $\overline{WR}$ 和 $\overline{DEN}$ 信号。如果是写操作，则要写入的数据出现在数据总线上，存储器或 I/O 设备开始执行一次写操作。$\overline{DEN}$ 信号用于选通数据缓冲器，这样存储器或 I/O 设备就可以接收写入的数据了。如果是读操作，则此时 CPU 就可以从存储器或 I/O 设备读取数据。

在 T_3 结束时，CPU 采用 READY 引脚信号，若此时 READY 为高电平，则继续完成数据的读或写；若此时 READY 呈现逻辑 0 状态，则 T_3 之后会插入一个等待周期 T_w 周期，T_3 被延迟，以确保存储器或 I/O 设备完成正常的读/写。同时，在 T_w 期间会继续采用 READY，直到它呈现逻辑 1，则结束插入。可见，利用 READY 信号，CPU 可以插入若干个 T_w，使总线周期延长，达到可靠读写内存和 I/O 接口的目的。

在 T_4 期间，所有总线信号都变为无效，为下一个总线周期做准备。

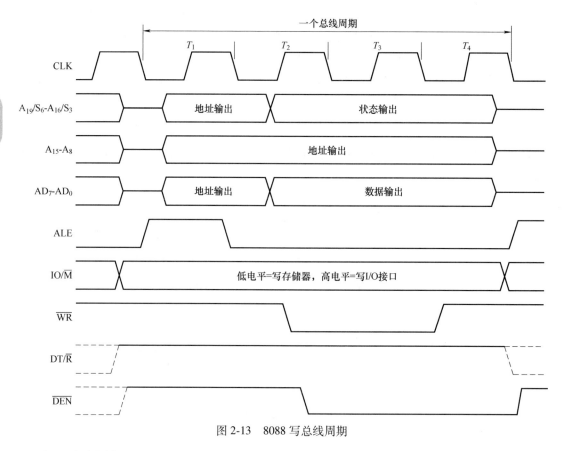

图 2-13 8088 写总线周期

在写总线周期中,CPU 从 T_2 开始把数据送到总线上并维持到 T_4。在读总线周期中,CPU 在 T_4 开始时刻读入总线上的数据。

2.2.7 最大模式与最小模式

8088/8086 微处理器有两种工作模式:最小模式和最大模式。当模式选择引脚 $\mathrm{MN}/\overline{\mathrm{MX}}$ 连接到+5V时,选择最小模式;当该引脚接地时,选择最大模式。两种工作模式运行 8088/8086 有不同的控制结构⊖。以下以 8088 微处理器为例来说明两种模式下不同的控制结构。

1. 最小模式操作

在最小模式下,CPU 仅支持由少量设备组成的单处理机系统而不支持多处理器结构。最小模式的 8088 系统示意图如图 2-14 所示。图中,20 位地址信号通过 3 片 8282(或 74LS373)锁存器连接到外部地址总线。8 条双向的数据总线通过 1 片 8286(或 74LS245)双向总线驱动器连接到外部数据总线。CPU 本身产生全部总线控制信号 (ALE、IO/$\overline{\mathrm{M}}$、DT/$\overline{\mathrm{R}}$、$\overline{\mathrm{DEN}}$) 和命令输出信号 ($\overline{\mathrm{WR}}$、$\overline{\mathrm{RD}}$ 或 $\overline{\mathrm{INTA}}$),并提供请求访问总线的控制信号 (HOLD/HLDA),该信号与总线主设备控制器 (如 Intel 8237 和 8257DMA 控制器) 兼容。这样就实现了最小模式下的系统总线。在实际系统中,还应考虑以下两

⊖ 从 80286 开始,Intel 系列微处理器不再采用最大模式。

个问题:

1) 系统总线的控制信号是 8088 CPU 直接产生的。若 8088 CPU 驱动能力不够,可以加上总线驱动器 74LS244 进行驱动。

2) 按此构成的系统总线尚不能进行 DMA 传送,因为未对系统总线形成器件(8282、8286)做进一步控制。

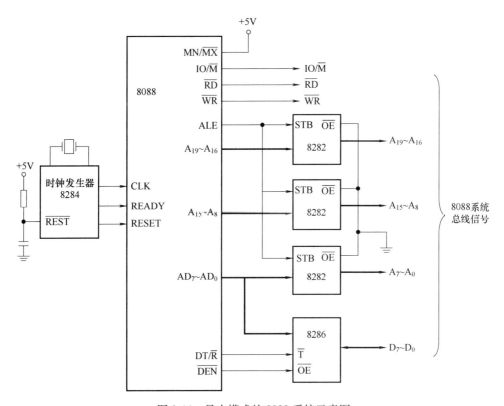

图 2-14 最小模式的 8088 系统示意图

2. 最大模式操作

最大模式是多处理器工作模式,用于系统保护外部协处理器的情况。与最小模式不同,最大模式操作时的某些控制信号必须要由外部产生,因此就需要增添一个总线控制器(8288 总线控制器)。

最大模式的 8088 系统示意图如图 2-15 所示。在最大模式下,由总线控制器提供所有总线控制信号和命令信号。CPU 的部分引脚进行了重新定义以支持多处理机工作方式。8288 总线控制器利用 CPU 输出的 $\overline{S_2}$、$\overline{S_1}$、$\overline{S_0}$ 状态信号来产生总线周期所需的全部控制和命令信号。S_2、S_1、S_0 状态信号的定义可参见附录 B。

在图 2-15 中,8282 和 8286 也可以分别用三态锁存器 74LS373 和三态总线转换器 74LS245 代替。在此图中同样没有考虑在系统总线上实现 DMA 传送的问题。在进行 DMA 传送时,一定要保证总线形成电路所有输出信号都呈现高阻状态,即放弃对系统总线的控制○。

○ DMA 是直接存储器存取(Direct Memory Access)的缩写,本书将在第 6 章 6.3.4 节中介绍。

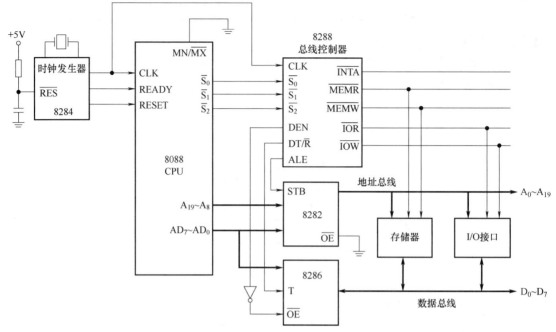

图 2-15 最大模式的 8088 系统示意图

当系统总线形成之后,内存及各种接口就可以直接与系统总线相连接,从而构成所需微型机系统。鉴于在后面章节中要经常用到 8088 最大模式下的总线信号,希望读者能够掌握以下系统总线信号的作用及它们互相之间的定时关系:

地址信号线:$A_0 \sim A_{19}$;

数据信号线:$D_0 \sim D_7$;

控制信号线:$\overline{\text{MEMR}}$、$\overline{\text{MEMW}}$(访问存储器时的读、写控制信号),$\overline{\text{IOR}}$、$\overline{\text{IOW}}$(访问 I/O 端口时的读、写控制信号)。

在后面的章节中将直接采用系统总线信号来叙述问题,不再做出说明。

2.3 80386 微处理器

80386 微处理器是 Intel 公司为满足高性能应用领域与多用户、多任务操作系统的需要而设计的且与 8088/8086/80286 相兼容的 32 位微处理器,它标志着微处理器从 16 位迈入了 32 位时代。

2.3.1 80386 微处理器的主要特性

与上一代微处理器相比,80386 主要具有以下几个特性:

1)采用全 32 位结构,其内部寄存器、ALU 和操作是 32 位,数据线和地址线均为 32 位。故能寻址的物理空间为 $2^{32}\text{B} = 4\text{GB}$。

2)提供 32 位外部总线接口,最大数据传输率为 32MB/s,具有自动切换数据总线宽度的功能。CPU 读写数据的宽度可以在 32 位到 16 位之间自由进行切换。

3)具有片内集成的存储器管理部件 MMU,可支持虚拟存储和特权保护,虚拟存储空间可达 64TB（2^{46}B）。存储器按段组织，每段最长 4GB，因此 64TB 虚拟存储空间允许每个任务可拥有多达 16384 个段。存储保护机构采用四级特权层，可选择片内分页单元。内部具有多任务机构，能快速完成任务的切换。

4）具有三种工作方式：实地址方式、保护方式和虚拟 8086 方式。实地址方式和虚拟 8086 方式与 8086 相同，已有的 8088/8086 软件不加修改就能在 80386 的这两种方式下运行；保护方式可支持虚拟存储、保护和多任务，包括了 80286 的保护方式功能。

5）采用了比 8086 更先进的流水线结构，使其能高效、并行地完成取指、译码、执行和存储管理功能。它具有增强的指令预取队列，能预取指令并进行内部指令排队。取指和译码操作均由流水线承担，处理器执行指令不需等待。其指令队列从 8086 的 6 字节增加到 16 字节。

2.3.2 内部结构

80386 微处理器内部结构如图 2-16 所示。它由三大部分组成：总线接口部件（BIU）、中央处理部件（CPU）和存储器管理部件（MMU）。

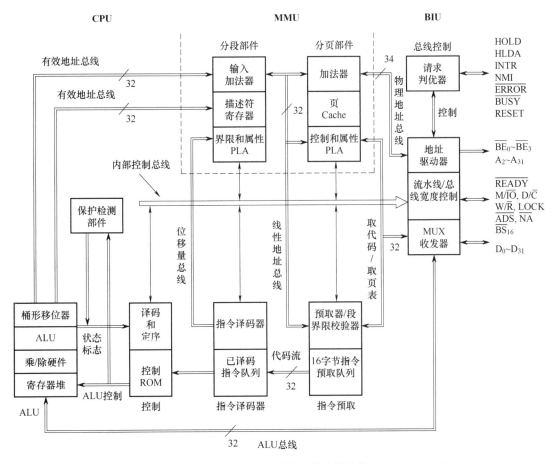

图 2-16 80386 微处理器内部结构

1. 总线接口部件（Bus Interface Unit，BIU）

总线接口部件负责与存储器和 I/O 接口进行数据传送，其功能是产生访问存储器和 I/O

端口所必需的地址、数据和命令信号，与8088/8086中的BIU作用相当。由于总线数据传送与总线地址形成可同时进行，所以80386的总线周期只用2个时钟。平常没有其他总线请求时，BIU将下条指令自动送到指令预取队列。

2. 中央处理部件（Central Processing Unit，CPU[⊖]）

中央处理部件包括指令预取单元、指令译码单元和执行单元三部分。

1）指令预取单元（Instruction Prefetch Unit，IPU）。IPU负责从存储器取出指令，放入16字节的指令队列中。它管理一个线性地址指针和一个段预取界限，负责段预取界限的检验，并将预取总线周期通过分页部件发给总线接口。每当预取队列不满或发生控制转移时，就向BIU发一个取指请求。指令预取的优先级别低于数据传送等总线操作。因此，绝大部分情况下是利用总线空闲时间预取指令。指令预取队列存放着从存储器取出的未经译码的指令。

2）指令译码单元（Instruction Decode Unit，IDU）。IDU负责从IPU中取出指令进行译码，形成可执行指令，然后放入已译码指令队列，以备执行部件执行。每当已译码指令队列中有空间时，就从预取队列中取出指令并译码。

3）执行单元（Execution Unit，EU）。执行单元包括8个32位的寄存器组、1个32位的算术逻辑单元（ALU）、一个64位桶形移位寄存器和一个乘法/除法器。桶形移位器用来有效地实现移位、循环移位和位操作，被广泛地用于乘法及其他操作中。它可以在一个时钟周期内实现64位同时移位，也可对任何一种数据类型移任意位数。桶形移位器与ALU并行操作，可加速乘法、除法、位操作以及移位和循环移位操作。

3. 存储器管理部件（Memory Management Unit，MMU）

存储器管理部件由分段部件和分页部件组成。

1）分段部件。分段部件的作用是根据执行部件的请求，把逻辑地址转换成线性地址。在完成地址转换的同时还要执行总线周期的分段合法性检验。该部件可以实现任务之间的隔离，也可以实现指令和数据区的再定位。

2）分页部件。分页部件的作用是把由分段部件或代码预取单元产生的线性地址转换成物理地址，并且要检验访问是否与页属性相符合。为了加快线性地址到物理地址的转换速度，80386内设有一个页描述符高速缓冲存储器（TLB），其中可以存储32项页描述符，使得在地址转换期间，大多数情况下不需要到内存中查页目录表和页表。试验证明，TLB的命中率可达98%。对于在TLB内没有命中的地址转换，80386设有硬件查表功能，从而缓解了因查表引起的速度下降问题。

2.3.3 外部主要引脚功能

80386共有132条引脚，使用PGA封装技术（80386微处理器有多种细分的型号，这里略去它的引脚图），它对外直接提供了独立的32位地址总线和32位数据总线，能够寻址4GB的存储空间。其主要引脚信号如下：

① CLK2：两倍时钟输入信号。该信号与80384时钟信号同步输入，在80386内部二分频后产生指令执行时钟CLK。每个CLK由两个CLK2时钟周期组成，分别称其为相1

[⊖] 请注意：这里的CPU是Intel微处理器中的一个部件。

和相 2。

② $D_0 \sim D_{31}$：数据总线信号，双向三态。一次可传送 8、16、32 位数据。

③ $A_2 \sim A_{31}$：地址总线信号输出，三态。与 $\overline{BE_0} \sim \overline{BE_3}$ 相结合可起到 32 位地址作用。

④ $\overline{BE_0} \sim \overline{BE_3}$：字节选通输出信号，每条线控制选通一个字节；其状态根据内部地址信号 A_0、A_1 产生。$\overline{BE_0} \sim \overline{BE_3}$ 分别对应选通 $D_0 \sim D_7$、$D_8 \sim D_{15}$、$D_{16} \sim D_{23}$ 与 $D_{24} \sim D_{31}$，相当于存储器分为 4 个存储体，与 $A_2 \sim A_{31}$ 结合可寻址 $2^{30} \times 2^2 = 4G$ 个内存单元。

⑤ $W/\overline{R}$：读/写控制，输出信号。

⑥ $D/\overline{C}$：数据/控制输出信号，表示是数据传送周期还是控制周期。

⑦ $M/\overline{IO}$：存储器与 I/O 选择信号，输出。

⑧ $\overline{LOCK}$：总线锁定输出信号。

⑨ $\overline{ADS}$：地址状态，三态输出信号，表示总线周期中地址信号有效。

⑩ $\overline{NA}$：下一地址请求，输入信号，允许地址流水线操作，即当前周期发下一总线周期地址的状态信号。

⑪ $\overline{BS16}$：总线宽度为 16 的输入信号。该引脚用于选择 32 位（$\overline{BS16}=1$）或 16 位（$\overline{BS16}=0$）数据总线。

⑫ $\overline{READY}$：准备就绪，输入信号，表示当前总线周期已完成。

⑬ HOLD：总线请求保持，输入。

⑭ HLDA：总线响应保持，输出。

⑮ PEREQ：处理器扩展请求，输入，表示 80387 要求 80386 控制它们与存储器之间的信息传送。

⑯ $\overline{BUSY}$：协处理器忙输入信号。

⑰ $\overline{ERROR}$：协处理器出错，输入。

⑱ NMI：不可屏蔽中断请求信号，输入。

⑲ INTR：可屏蔽中断请求信号，输入。

⑳ RESET：复位信号。

2.3.4 80386 CPU 的内部寄存器

80386 共有 34 个寄存器，可分为七类，80386 微处理器的寄存器结构如图 2 17 所示。它们分别是通用寄存器、指令指针和标志寄存器、段寄存器、系统地址寄存器、控制寄存器、调试和测试寄存器。

1. 通用寄存器

80386 有 8 个 32 位的通用寄存器，都是由 8088/8086 相应的 16 位通用寄存器扩展而成的，分别是 EAX、EBX、ECX、EDX、ESI、EDI、EBP、ESP。每个寄存器的低 16 位可单独使用，与 8088/8086 相应的 16 位通用寄存器作用相同。同时，AX、BX、CX、DX 寄存器的高、低 8 位也可分别当作 8 位寄存器使用。

2. 指令指针和标志寄存器

指令指针 EIP 是一个 32 位寄存器，是从 8086 的 IP 扩充而来的。

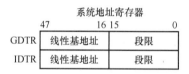
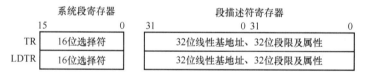
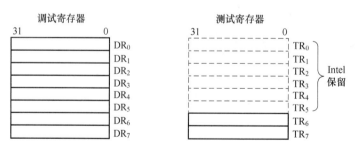

图 2-17　80386 微处理器的寄存器结构

80386 的标志寄存器 EFLAGS 也是一个 32 位寄存器，其中只使用了 14 位，如图 2-18 所示。32 位标志寄存器中，除保留 8088/8086 CPU 的 9 个标志外，另新增加了 4 个标志，其含义分别为：

IOPL：I/O 特权级（I/O Privilege Level，位 13、12），用以指定 I/O 操作处于 0~3 特权层中的哪一层。

NT：嵌套任务（Nested Task，位 14）。若 NT=1，表示当前执行的任务嵌套于另一任务中，执行完该任务后，要返回到原来的任务中去；否则 NT=0。

VM：虚拟 8086 方式（Virtual 8086 Mode，位 17）。若 VM=1，处理器工作于虚拟 8086 方式；若 VM=0，处理器工作于一般的保护方式。

RF：恢复标志（Resume Flag，位 16）。RF 标志用于 DEBUG 调试。若 RF=0，调试故障被接受；RF=1，则遇到断点或调试故障时不产生异常中断。每执行完一条指令，RF 自动置 0。

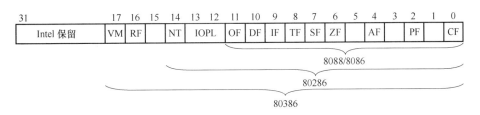

图 2-18　80386 的标志寄存器 EFLAGS

3. 段寄存器

80386 有 6 个段寄存器，分别是 CS、DS、SS、ES、FS 和 GS。前 4 个段寄存器的名称与 8088/8086 相同，在实地址模式下其使用方式也和 8088/8086 相同。增加 FS 与 GS 主要是为了减轻对 DS 段和 ES 段的压力。

80386 内存单元的地址仍由段基地址和段内偏移地址组成。段内偏移地址为 32 位，由各种寻址方式确定。段基址也是 32 位，但除了在实地址方式外，不能像 8088/8086 那样直接由 16 位段寄存器左移 4 位而得，而是根据段寄存器的内容，通过一定的转换得出。因此，为了描述每个段的性质，80386 内部的每一个段寄存器都对应着一个与之相联系的段描述符寄存器，用来描述一个段的段基地址、段界限和段的属性。每个段描述符寄存器有 64 位，其中 32 位为段基地址，另外 32 位为段界限（本段的实际长度）和必要的属性。段描述符寄存器对程序员是不可见的，程序员通过 6 个段寄存器间接地对段描述符寄存器进行控制。在保护方式（多任务方式）下，6 个 16 位的段寄存器也称为段选择符，即段寄存器中存放的是某一个段的选择符。当用户将某一选择符装入一个段寄存器时，80386 中的硬件会自动用段寄存器中的值作为索引从段描述符表中取出一个 8 字节的描述符，装入到与该段寄存器相应的 64 位描述符寄存器中。这个过程由 80386CPU 硬件自动完成。

一旦段描述符被装入段描述符寄存器中，在以后访问存储器时，就可使用与所指定的段寄存器相应的段描述符寄存器中的段基地址来计算线性地址，而不必每次访问时都去查找段描述符表。

4. 控制寄存器

80386 有 4 个 32 位控制寄存器 CR_0、CR_1、CR_2 和 CR_3，作用是保存全局性的机器状态。控制寄存器 CR_0 的结构如图 2-19 所示。

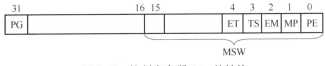

图 2-19　控制寄存器 CR_0 的结构

CR_0 的低 16 位称为机器状态字 MSW，其中：

PE：保护允许位。进入保护方式时 PE=1，除复位外，不能被清除。实方式时 PE=0。

MP：监视协处理器位。当协处理器工作时 MP=1，否则 MP=0。

EM：仿真协处理器位。当 MP=0 且 EM=1 时，表示要用软件来仿真协处理器功能。

TS：任务转换位。当两任务切换时，TS=1，此时不允许协处理器工作；当两任务之间切换完成后，TS=0。

ET：协处理器类型位。系统配接 80387 时 ET=1，配接 80287 时 ET=0。

PG：页式管理允许位。PG=1 表示启用芯片内部的页式管理系统，否则 PG=0。

CR_1 由 Intel 公司保留；CR_2 存放引起页故障的线性地址，只有当 CR_0 的 PG=1 时，才使用 CR_2；CR_3 存放当前任务的页目录基地址，同样，仅当 CR_0 的 PG=1 时，才使用 CR_3。

5. 系统地址寄存器

系统地址寄存器有 4 个，用来存储操作系统需要的保护信息和地址转换表信息、定义目前正在执行任务的环境、地址空间和中断向量空间。

GDTR：48 位全局描述符表寄存器，用于保存全局描述符表的 32 位基地址和全局描述符表的 16 位界限（全局描述符表最大为 2^{16} 字节，共 $2^{16}/8=8K$ 个全局描述符）。

IDTR：48 位中断描述符表寄存器，用于保存中断描述符表的 32 位基地址和中断描述符表的 16 位界限（中断描述符表最大为 2^{16} 字节，共 $2^{16}/8=8K$ 个中断描述符）。

LDTR：16 位局部描述符表寄存器，用于保存局部描述符表的选择符。一旦 16 位的选择符放入 LDTR，CPU 会自动将选择符所指定的局部描述符装入 64 位的局部描述符寄存器中。

TR：16 位任务状态寄存器，用于保存任务状态段（TSS）的 16 位选择符。与 LDTR 相同，一旦 16 位的选择符放入 TR，CPU 会自动将该选择符所指定的任务描述符装入 64 位的任务描述符寄存器中。

LDTR 和 TR 寄存器是由 16 位选择字段和 64 位描述符寄存器组成，用来指定局部描述符表和任务状态段 TSS 在物理存储器中的位置和大小。64 位描述符寄存器是自动装入的，程序员不可见。LDTR 与 TR 只能在保护方式下使用，程序只能访问 16 位选择符寄存器。

6. 调试寄存器

80386 设有 8 个 32 位调试寄存器 $DR_0 \sim DR_7$，它们为调试提供了硬件支持。其中，$DR_0 \sim DR_3$ 是 4 个保存线性断点地址的寄存器；DR_4、DR_5 为备用寄存器；DR_6 为调试状态寄存器，通过该寄存器的内容可以检测异常，并进入异常处理程序或禁止进入异常处理程序；DR_7 为调试控制寄存器，用来规定断点字段的长度、断点访问类型、"允许"断点和"允许"所选择的调试条件。

7. 测试寄存器

80386 有 8 个 32 位的测试寄存器 $TR_0 \sim TR_7$，其中 $TR_0 \sim TR_5$ 由 Intel 公司保留，用户只能访问 TR_6、TR_7。它们用于控制对 TLB 中的 RAM 和 CAM 相联存储器的测试，TR_6 是测试控制寄存器，TR_7 是测试状态寄存器，保存测试结果的状态。

2.3.5 实地址模式和保护虚地址模式

80386 可工作于实地址模式或保护虚地址模式。

1. 实地址模式

当 80386 加电或复位后，就进入实地址工作模式。80386 所有指令在实地址模式下都是有效的，不过操作数默认长度是 16 位，物理地址形成与 8088/8086 一样，将段寄存器内容左移 4 位与偏移地址相加而得到，寻址空间为 1MB，只有地址线 $A_2 \sim A_{19}$、$\overline{BE_0} \sim \overline{BE_3}$ 有效，$A_{20} \sim A_{31}$ 总是低电平。唯一的例外是在复位后，在执行第一条段间转移或调用指令前，所有访问代码段的总线周期的地址 $A_{20} \sim A_{31}$ 输出总是高电平，以保证执行高端内存引导 ROM 中的指令。实地址模式下段的大小为 64KB，因此 32 位的有效地址必须小于 0000FFFFH。此模式下保留了两个固定的存储区域，它们是专用的：

（1）中断向量表区　00000H~003FFH，在 1KB 存储空间保留 256 个中断服务程序的入口地址，每个入口地址占用 4B，与 8088/8086 一样。

（2）系统初始化区　FFFFFFF0H~FFFFFFFFH，存放 ROM 引导程序。

实地址模式下的地址变换如图 2-20 所示。

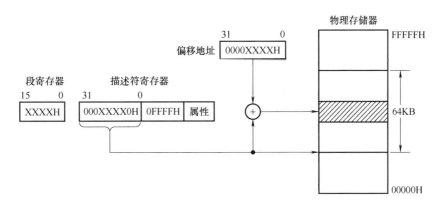

图 2-20　实地址模式下的地址变换

2. 保护虚地址模式

当 80386 工作在保护方式时，其能够访问的线性地址空间可达 4GB（2^{32}B），而且允许运行几乎不受存储空间限制的虚拟存储器程序。用户逻辑地址空间（即虚拟地址空间）可达 64TB（2^{46}B）。在此模式下，80386 提供了复杂的存储管理和硬件辅助的保护机构，并可运行现有 8088/8086/80286 的所有软件。另外，它还增加了支持多任务操作系统的特别优化指令。

实际上，64TB 的虚拟地址空间是由磁盘等外部存储器的支持下实现的，它与 CPU 的存储器管理部件、48 位和 16 位的描述符表寄存器等有直接关系。编写程序时，程序可以放在磁盘存储器上，但在执行时，必须把程序加载到物理内存储器中。存储器管理就是要解决这个问题，要将 46 位虚拟地址变换成 32 位物理地址。

（1）保护模式的地址变换　在保护模式下，段寄存器中的内容不再是段的基地址，32 位的段基地址是存放在一个段描述符表中，而段寄存器的内容作为选择符，即作为段描述符表的索引，用它来从表中取出相应的段描述符（包括 32 位段基地址、段界限和访问权等）。地址转换的过程是：由选择符的高 13 位作为偏移量，以 CPU 内部预先初始化好的 GDTR 的内容作为描述符表基地址，从表中获得相应的描述符，再将该描述符存入描述符寄存器。描述符中的段基地址（32 位），同指令给出的 32 位偏移地址相加得到线性地址，再通过分页机构进行变换，最后得到物理地址。如果不分页，线性地址就等于物理地址。保护模式下的地址变换如图 2-21 所示。

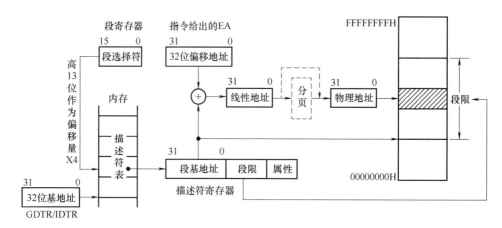

图 2-21　保护模式下的地址变换

（2）描述符表

1）段选择符。在保护虚地址模式下，段寄存器就成为一个选择符，由 3 个字段组成。放在段寄存器中的选择符的格式如图 2-22 所示。

15　　　　　　　　　　　　　　　　3	2	1　0
INDEX(表示描述符在描述符表中的位置)	TI	RPL

图 2-22　放在段寄存器中的选择符的格式

INDEX：13 位索引值，表示要选择的描述符在描述符表中的位置或描述符在表中的序号。INDEX 加上 32 位的描述符表基地址（在 GDTR/LDTR 中）就得到所选择描述符的物理地址。最大可选择 8K 个全局描述符和 8K 个局部描述符，共 16K 个描述符。

TI：描述符表指示器。TI = 0，表示指向全局描述符表 GDT。TI = 1，表示指向局部描述符表 LDT。

RPL：选择器特权级。定义当前请求的特权层级别，特权级为 0 ~ 3 级，0 级最高，3 级最低。

2）段描述符。用段选择器从描述符表中选择的对象称为段描述符。段描述符包含了一个存储分段的所有信息，其中包括段的线性基地址和此段的界限（大小）及一些属性。如：此段的保护等级；读、写、执行特权和保护特权级别；操作数的默认长度（16 或 32 位）；段的类型和段的粒度（即段的长度单位）等。

每个段描述符有 8 个字节，其中段基地址 32 位（4 个字节），段界限 20 位，还有 12 位定义了段的属性信息，段描述符的格式如图 2-23 所示。

<table>
<tr><td colspan="6">31　　　　　　　　　　　　　　　　16</td><td colspan="6">15</td></tr>
<tr><td colspan="6">段基地址(15~0)</td><td colspan="6">段界限(15~0)</td></tr>
<tr><td>段基地址(31~24)</td><td>G</td><td>D</td><td>0</td><td>AVL</td><td>段界限(19~16)</td><td>P</td><td>DPL</td><td>S</td><td>TYPE</td><td>A</td><td>段基地址(23~16)</td></tr>
</table>

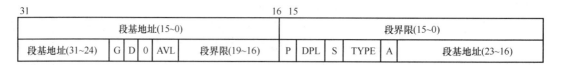

图 2-23　段描述符的格式

段描述符的 32 位基地址规定了存储分段在线性地址空间中的基地址。段界限指定了该存储分段的长度。粒度位 G = 0 时，段长以字节为单位，此时该段的最大地址空间是 1MB；

G=1 时，段长以页为单位，此时该段的最大地址空间是 4GB。D 位指示了操作数和有效地址的默认长度：D=1，使用 32 位操作数和 32 位寻址方式；D=0，使用 16 位操作数和 16 位寻址方式。P 位表示该存储分段是否在内存：P=1，表示该分段已在内存；P=0，表示该分段在外存硬盘交换区。在装入段寄存器时，若由段选择符寻址的段描述符的 P=0，则产生类型 11 异常中断；若装入堆栈段寄存器，则产生类型 12 异常中断。系统响应异常事件后，操作系统将该分段从外存调入内存，置 P=1，并且重新执行引起不存在异常事件的指令。

80386 把段分成两类：系统段和非系统段。系统段描述操作系统的系统表、任务和门的信息；非系统段就是代码和数据段。段描述符中的 S、TYPE 和 A 字段有三种组合方式：数据段或堆栈段（S=1，TYPE 字段的 E=0）、代码段（S=1 且 TYPE 字段的 E=1）、系统段（S=0）。

2.4 Pentium 4 和 Core2 微处理器

Intel 公司从 1993 年起，逐步推出了不同型号的 Pentium 系列微处理器（Pentium、Pentium Pro、Pentium Ⅱ、Pentium Ⅲ、Pentium 4 等），对 80386 和 80486 的体系结构进行了改进。如增加了多媒体处理部件、优化了高速缓存结构、有了更快的算术协处理器、采用了多级多流水线的超标量结构等，并将内部高速缓存分为数据缓存和指令缓存，数据总线宽度从 32 位增加到 64 位。Pentium 4 微处理器于 2000 年底推出，Core2 是 Pentium 4 的新版本。

从 Pentium Pro 到 Pentium 4 均采用了 32 位处理器结构（简称 IA-32）。2002 年，Intel 推出了 64 位体系结构的 Itanium 系列微处理器。由此，标志着 32 位体系结构微处理器发展的结束。

2.4.1 主要新技术

1. 主要技术指标

Pentium 4 采用 Intel NetBurst 微体系结构，相比之前的 IA-32 结构具有更高的性能。主要体现在：

① 快速执行引擎使处理器的算术逻辑单元执行速度达到了内核频率的两倍，从而实现了更高的执行吞吐量。

② 超长流水线技术使流水线深度比 Pentium Ⅲ增加了一倍，达到 20 级，显著提高了处理器的性能和执行速度。

③ 创新的新型高速缓存子系统使指令执行更加有效。

④ 增强的动态执行结构可以对更多的指令进行转移预测处理（比 Pentium Ⅲ处理器多三倍），有效地避免因发生程序转移使流水线停顿的现象（因为一旦预测不正确，CPU 将不得不重新填充指令队列）。

⑤ 扩展了多媒体增强指令集（Multi Media Extension，MMX）和单指令多数据流式扩展（Streaming SIMD Extension，SSE）技术。新增加了 144 条多媒体处理指令。

⑥ 提供了 3.2GB/s 的吞吐率，比 Pentium Ⅲ快三倍；4 倍速的 100MHz 可升级的总线时钟使有效速度达到 400MHz；深度流水线操作，每次可存取 64 字节。

Pentium 4 与已有的为 IA-32 体系结构而编写的应用和操作系统完全兼容。Pentium 4 的大小为 217mm^2，内含 3400 万（新版本为 4200 万）个晶体管，采用 0.18μm 工艺制造，外部引脚数为 423 个。Pentium 4 微处理器的正面和背面如图 2-24 所示。

2. 流式 SIMD 扩展技术——SSE2

从 Pentium Ⅱ 和带有英特尔 MMX 技术的处理器家族开始，6 个扩展被引入到 IA-32 架构中，完成单指令多数据（Single Instruction Multiple Data，SIMD）操作。这些扩展包括 MMX 技术、SSE 扩展、SSE2 扩展、SSE3 扩展、补充流式 SIMD 扩展 3 和 SSE4。这里简要介绍一下 SSE2 扩展。

图 2-24　Pentium 4 微处理器的正面和背面

SSE2 扩展对 MMX 技术和 SSE 扩展进行了增强，其中包括对紧缩型数据进行操作，使用 128 位宽的寄存器进行整数 SIMD 运算而增强了 SIMD 计算能力。新增加了对紧缩的双精度浮点数据类型和几种紧缩的 128 位整数类型的支持。这些新的数据类型允许紧缩的双精度、单精度浮点以及紧缩的整型数运算在 XMM 寄存器中进行。

新增加的 144 条 SIMD 指令包括浮点 SIMD 指令、整型 SIMD 指令、SIMD 浮点数和 SIMD 整型数互相转换的指令、在 XMM 和 MMX 寄存器之间的紧缩数据转换指令。新的浮点 SIMD 指令允许以紧缩的双精度浮点值进行运算（每个 XMM 寄存器存放 2 个双精度值）。SIMD 浮点的运算指令、单精度和双精度浮点格式均与二进制浮点算术运算的 IEEE754 标准兼容。新的整型 SIMD 指令通过支持双字和四字的算术操作以及支持对紧缩的字节、字、双字、四字以及双四字的其他操作提供了灵活的极大动态范围的计算能力。SSE2 可同时使用以下类型的数据：

① 4 个单精确浮点数。

② 2 个双精确浮点数。

③ 16 个字节整数。

④ 8 个字整数。

⑤ 4 个双字整数。

⑥ 2 个四倍字整数。

⑦ 1 个 128 位长的整数。

丰富的数据类型和新增加的 SSE2 指令集大大提高了 Pentium 4 微处理器在多媒体应用领域的性能。

除了新的 128 位 SIMD 指令外，Pentium 4 也允许在 Pentium Ⅱ 和 Pentium Ⅲ 中的旧有的 68 条 SIMD 指令在 128 位的 XMM 寄存器中进行 128 位运算。这些增强的整数 SIMD 指令允许软件开发者开发具有更高性能的浮点和整数算法，以及可以灵活地选用 XMM 寄存器或 MMX 寄存器编写 SIMD 代码。

为了加快处理速度以及增加高速缓存的利用率，SSE2 扩展提供了几条新的指令，以允许程序员来控制数据的可缓存能力。这些指令提供了使数据流入和流出寄存器而不破坏缓存的能力，还提供了在数据实际被使用前就预取的能力。

3. P6 系列的微体系结构

微体系结构从 Pentium Pro 处理器开始被引入到 IA-32 处理器，故通常将这种结构称为 P6 处理器微体系结构。P6 处理器微体系结构通过加入集成的 L2 缓存而使功能增强，这个 L2 缓存称为高级传输缓冲存储器（Advanced Transfer Cache，ATC）。这种微体系结构是一种 3 路超标量的流水线体系结构，3 路超标量是指使用并行处理技术的处理器平均每个时钟周期可执行三条指令的译码、分发和执行动作。为了控制这个指令流，P6 系列的处理器使用了一个非连接的 12 级超流水线来支持乱序（out-of-order）指令执行。具有高级传输缓存的 P6 微体系结构的概念框图如图 2-25 所示。

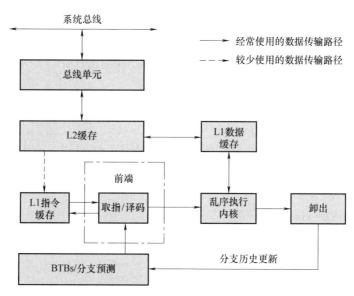

图 2-25　具有高级传输缓存的 P6 微体系结构的概念框图

微体系结构的流水线分为四个部分：L1 和 L2 缓存、前端、乱序执行内核以及卸出。指令和数据通过总线单元馈送到这些部件。

为了保证稳定地为执行指令流水线供应指令和数据，P6 微体系结构配置了两级缓存：第一级缓存提供 8KB 的指令缓存和 8KB 的数据缓存，它们都与流水线紧密地结合在一起；第二级缓存为 256KB、512KB 或 1MB 的静态 RAM，它通过一个全速的 64 位缓存总线与处理器内核相连。

P6 微体系结构的核心就是创新的乱序执行机制，称为动态执行（Dynamic execution）。动态执行包括了三个数据处理的概念：深度分支预测（Deep branch prediction）、动态数据流分析（Dynamic data flow analysis）和推测执行（Speculative execution）。

① 深度分支预测是一种能够提供高性能流水线微结构的现代技术，它允许处理器在分支之前对可能要执行的指令译码以保持指令流水线满负荷运行。P6 处理器系列实现了高度优化的分支预测算法，通过多级分支、过程调用和返回来预测指令流的方向。

② 动态数据流分析通过处理器对数据流的实时分析来决定数据与寄存器的依赖关系并检测乱序指令执行的时机。乱序执行内核能够同时监视许多指令并以使处理器多个执行单元的使用达到最优化的顺序来执行这些指令。乱序执行使处理器的执行单元保持忙碌，甚至当缓存未命中或指令之间出现了数据依赖关系也是如此。

③ 推测执行是指处理器在条件转移的目标未知时就提前执行那些仅在条件转移发生后才能够确定执行的指令的能力，并且最终能够以原始指令流相同的顺序提交结果。为使推测执行成为可能，P6 处理器的微体系结构把指令的调度和执行与最终结果的提交分离开来。处理器的乱序执行内核利用数据流分析技术预先执行指令池中所有可能要被执行的指令，并把不同的执行结果存在临时寄存器中。接着，卸出单元顺序地搜索指令池，查找那些已正式

被执行完的、与其他指令或尚无结果的转移预测不再有数据依赖关系的指令。若找到这样的指令,卸出单元就把这些指令的执行结果按原来指令的顺序提交到存储器或寄存器,然后把这些指令从指令池中卸出。

通过深度分支预测、动态数据流分析和推测执行三者的有机结合,P6 微体系结构的动态执行能力消除了指令执行时在传统的取指和执行阶段之间其指令序列必须是线性顺序的限制。这样就能使处理器不间断地进行指令译码(甚至当指令流中有多级分支跳转时也是如此);分支预测和先进的译码器能保证指令流水线始终处于满的状态。乱序推测执行引擎能够利用处理器的六个执行单元来并行地执行指令。最后,指令的结果能够按照原来程序中指令的顺序被提交以保证数据的完整性和程序的一致性。

4. Intel NetBurst 微体系结构

Intel NetBurst 微体系结构的概念框图如图 2-26 所示。它包括三个主要组成部分:有序执行的前端(Front End)流水线、乱序推测执行的内核、有序的指令流卸出部件。

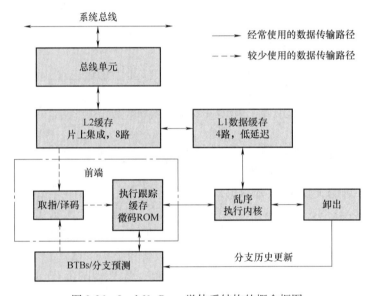

图 2-26 Intel NetBurst 微体系结构的概念框图

(1)前端流水线 前端的作用是按照程序原来的顺序为具有极高运行速度并能以 1/2 个时钟周期的延迟执行基本整型运算的乱序执行内核提供指令。前端执行取指操作并对指令译码,然后把它们分解为简单的微操作。前端能在一个时钟周期内以程序原来的顺序向乱序执行内核发出多个微操作。

前端完成以下几个基本的功能:
① 预取那些可能要被执行的指令。
② 取出未被预取的指令。
③ 把指令译码成微操作。
④ 为复杂指令和特殊指令生成微码。
⑤ 从执行跟踪缓存送出译码后的指令。
⑥ 使用先进的预测算法来预测可能的程序分支。

Intel NetBurst 微体系结构的前端在设计时就考虑了一些在高速流水线微处理器中常见的

问题。其中两个对延迟影响最大的问题是：指令译码时间及由于分支或分支目标位于缓存流水线的中间而造成的译码时间的浪费。

为了解决这两个问题，Pentium 4 中取消了 L1 指令缓存，而代之以执行跟踪缓存，把已译码的指令保存在执行跟踪缓存中。Intel 公司的设计人员认为，在原来的 P6 微体系结构中，L1 指令高速缓存中的指令直到真正要被处理单元执行时才会取出进行译码，这样对某些复杂的 x86 指令需耗费太多的时间进行指令译码，以至于将拖延整个流水线执行的运作。另外在循环程序中，一段 x86 指令会被循环地多次执行，这样就使得每当这些指令进入执行路径一次就不得不再进行一次译码。此外，程序中的分支跳转预测错误时，L1 缓存也必须重新填充，这是 L1 指令高速缓存难以处理的问题。使用了执行跟踪缓存后，当重复执行某些指令时，就可从执行跟踪缓存取出译码后的指令直接执行，从而节省了这些指令的译码时间，避免了流水线的延迟。最重要的是，当超长流水线执行中出现分支预测错误时，流水线能及时从执行追踪缓存中快速地重新取得发生错误前已经过译码的指令，从而加速流水线填充过程。执行追踪缓存每两个时钟周期为流水线提供 6 个微指令，也就是每时钟周期提供 3 个微指令。追踪高速缓存大小为 96KB，一条 Pentium 4 的微指令长度约为 64 位左右，所以追踪高速缓存可容纳约 12000 条微指令。

前端的执行过程是：首先由译码引擎取出指令并将其译码，然后经由微指令排序器（Micro Instruction Sequencer，MIS）将其序列化成一系列的微操作——称为轨迹（Traces）。这些微操作轨迹被存放在跟踪缓存中。一个分支指令所要转移到的可能性最大的目标轨迹紧跟在分支指令的轨迹后面，而不管实际的分支指令下面的一条指令是什么。一旦轨迹被建立，就在跟踪缓存中查找跟在这个轨迹后面的那条指令。如果该指令是已存在轨迹中的第一条指令，从存储器中取指并进行译码的操作就会停止，跟踪缓存就成为下一条指令的来源地。Intel NetBurst 微体系结构中关键的执行循环如图 2-26 所示，它比图 2-25 所示的 P6 微体系结构中的关键执行循环要简单。

（2）乱序执行内核 乱序执行能力是并行处理的关键所在。乱序执行使得处理器能够重新对指令排序，这样当一个微操作由于等待数据或竞争执行资源而被延迟时，后面的其他微操作也仍然可以绕过它继续执行。处理器拥有若干个缓冲区来平滑微操作流。这意味着当流水线的一个部分产生了延迟，该延迟也能够通过其他并行的操作予以克服，或通过执行已进入缓冲区中排队的微操作来克服。

乱序执行内核按并行执行的要求来进行设计。它能在一个周期中发出 6 个微操作，这大大超过跟踪缓存和卸出部件执行微操作的速率。大多数流水线能够在每一个周期启动执行一个新的微操作，所以每条流水线能够允许   次穿越过多条指令。

（3）指令卸出 卸出部分接收执行核心的微操作执行结果并处理它们，以便根据原始的程序顺序来更新相应的程序执行状态。为了保证执行在语义上正确，指令的执行结果在卸出前必须按照原始程序的顺序进行提交。

当一个微操作执行完成，并把结果写入目标后，它就被卸出。每一周期被卸出的微操作多达三个。处理器中的重排序缓冲（Re-order Buffer，ROB）就是实现此功能的部件。它缓冲执行结束的微操作，按原始顺序更新执行状态并管理异常的排序。

卸出部分还跟踪分支的执行并把更新了的转移目标送到分支目标缓冲区以更新分支历史。这样，不再需要的轨迹被清除出跟踪缓存，并根据更新过的分支历史信息来取出新的分支路径。

2.4.2 Pentium 4 CPU 的结构

1. Pentium 4 的功能结构

Pentium 4 微处理器的功能框图如图 2-27 所示。在图中：

分支目标缓冲区（Branch Target Buffer，BTB）：用于存放所预测分支的所有可能的目的地址。

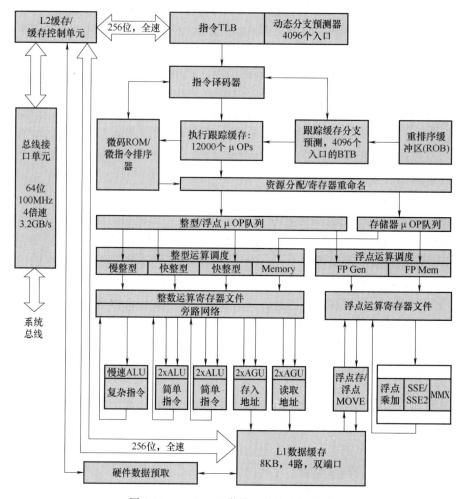

图 2-27　Pentium 4 微处理器的功能框图

微操作（Micro-Operation，μOP）：微处理器的执行部件能直接执行的指令称为微指令（或微命令），执行部件接受微指令后所进行的操作称为微操作。一条指令可分解为一系列微指令的执行。与 x86 的变长指令集不同，微指令的长度是固定的，因此很容易在流水线中进行处理。指令译码部件会将 x86 指令转成一条或多条微指令，对于复杂的 x86 指令则会生成更多条微指令。例如，大多数 x86 指令会被编译成 1~2 条微指令，一些很简单的指令如 AND、OR、XOR、ADD 等仅被编译成一条微指令，而 DIV、MUL 以及间接寻址运算则会生成较多的微指令，极为复杂的指令如三角函数等则可能会生成上百条微指令。在现代超标量微处理器中，微指令存放在内部的一个微码存储器（Micro Code ROM）中。

算术逻辑单元（Arithmetic Logical Unit，ALU）：即整数运算单元。数学运算，如加、减、乘、除以及逻辑和移位运算，如"AND""OR""ASL""ROL"等指令都在算术逻辑单元中执行。在程序中,这些运算占了绝大多数,所以 ALU 的性能在很大程度上决定了系统的性能。

地址产生单元(Address Generation Unit,AGU):AGU 负责在信息取出或存入时,决定正确的地址。一般程序很少用绝对寻址的方式,程序中进行数组操作时,通常用的是间接寻址,这会使 AGU 单元持续处于忙碌状态。

2. Pentium 4 的系统结构

从 80386 到 Pentium 4,Intel 公司的 CPU 体系结构基本没有大的变化,Intel 公司将这一类 CPU 的体系结构通称为 IA-32 结构。IA-32 结构中的系统寄存器和数据结构如图 2-28 所示。

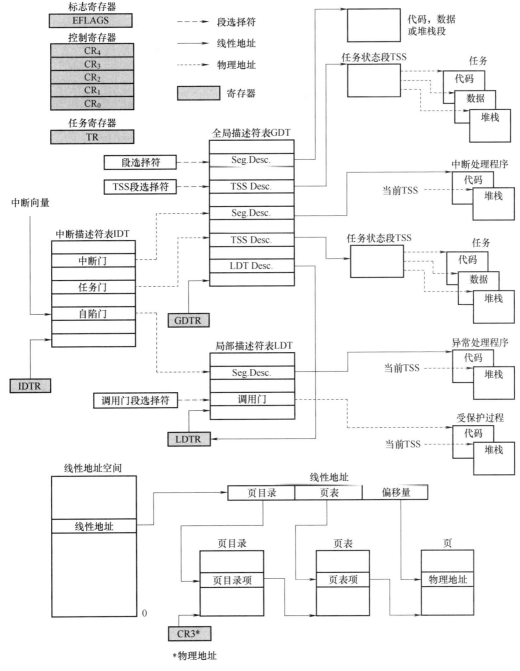

图 2-28 IA-32 结构中的系统寄存器和数据结构

2.4.3 存储器管理

Pentium 4 继承了 IA-32 结构,所以它的存储器管理与 80386 基本相同,也包括了分段管理和分页管理。分段提供了隔离代码、数据和堆栈的机制,使多个程序(或任务)能够运行在同一个 CPU 上,而不会互相干扰。分页提供了实现传统的基于页请求的虚存系统,这种系统当需要时能把程序执行环境的片段映射到物理存储器中,分页也能用于多个任务的隔离。当运行在保护方式时,必须使用某种形式的分段机制。分段机制不能通过状态位被禁止掉,而分页则是可选的。

保护方式下存储器管理中的分段与分页如图 2-29 所示,由图中看出,分段把处理器的可寻址存储空间(线性地址空间)分成较小的、受保护的地址空间(称为段)。段可用来存放代码、数据、用作堆栈,或存放系统数据结构。当多个程序运行在同一个处理器上时,每一个程序都能够指定自己的段集合。处理器将限制这些段的界限,以保证一个程序不会把数据写到其他程序的段中,干扰其他程序的运行。分段机制也允许指定段类型,以限制对某些特殊段的操作。

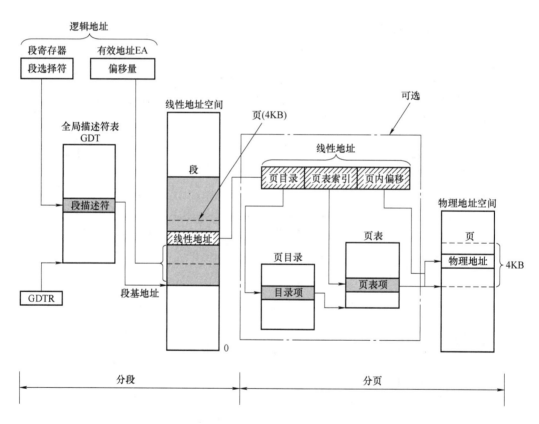

图 2-29 保护方式下存储器管理中的分段与分页

所有段都包含在处理器的线性地址空间中。为了定位某个段中的一个字节,则必须提供该字节的逻辑地址(又称远指针)。逻辑地址是由段选择符和偏移量两部分构成。段选择符是段的唯一标识,它提供了访问段描述符表(如 GDT)的偏移地址(或索引)。段描述符表中存放的是称为段描述符的数据结构。每一个段都有一个段描述符,段描述符定义了段的大小、访问权限和特权级、段的类型以及该段第一个字节在线性地址空间中的位置（称为段的基地址）。逻辑地址中的偏移量与段基地址相加就可以定位段中的任意字节。段基址加偏移量得到的值称为线性地址。若未使用分页，处理器的线性地址空间直接映射为物理地址空间。物理地址空间定义为处理器在它的地址总线上所能产生的地址范围。

由于多任务系统通常定义了一个比其拥有的物理存储器大得多的地址空间，这就需要有一个将线性地址空间虚拟化的方法。线性地址空间虚拟化是通过分页来实现的。

分页支持虚拟存储器环境，在这种环境中，用一个小容量的物理存储器（RAM 和 ROM）和一些磁盘空间来模拟一个非常大的线性地址空间。当使用分页时，每一个段都分为多个页（页面大小通常为 4KB），页可被存储在内存中或磁盘中。操作系统负责维护页目录和一个页表集合，以跟踪页的使用。当一个程序（或任务）要访问线性地址空间中的一个地址位置时，处理器使用页目录和页表把线性地址转换为存储器的物理地址，然后即可执行所请求的动作（读或写）。如果所访问的页不在物理存储器中，处理器就会暂时中断该程序的执行（通过产生一个页错误异常），由操作系统把所需的页从磁盘读入物理内存中，然后接着执行由于页错误而被中断的程序。在物理内存和磁盘之间的页交换对应用程序来说是透明的。当处理器运行在虚拟 8086 模式时，为 16 位 CPU 编写的程序也可以被分页。

2.4.4 基本执行环境

Pentium 4 和 Core2 在 32 位操作模式下仍然继续支持保护模式、实模式和系统管理模式。Pentium 4 的基本执行环境对这三种模式来说都是相同的，环境包括以下可使用的资源（见图 2-30，其中带 * 的资源未在图中画出）：

① 地址空间。任何程序或任务都可以访问最大为 4GB（2^{32} 字节）的线性地址空间和最大为 64GB（2^{36} 字节）的物理地址空间。

② 基本程序执行寄存器。包括 8 个通用寄存器、6 个段寄存器、标志寄存器和指令指针寄存器。这些寄存器能够以字节、字和双字来执行基本的整型算术逻辑运算、进行程序流控制、进行位和字符串的操作以及访问存储器等。

③ x87 FPU 寄存器。包括 8 个 x87 FPU 数据寄存器、x87 FPU 控制寄存器、状态寄存器、x87 FPU 指令指针寄存器、x87 FPU 操作数指针寄存器、x87 FPU 标签寄存器和 x87 FPU 操作码寄存器。这些寄存器用于单精度浮点数、双精度浮点数、扩充的双精度浮点数、字、双字、四字整型、BCD 数的运算。

④ MMX 寄存器。8 个 MMX 寄存器用于执行单指令多数据（SIMD）操作，支持 64 位紧缩的字节、字和双字整数类型。

⑤ XMM 寄存器。8 个 XMM 寄存器和 1 个 MXCSR 寄存器支持 128 位紧缩的单精度浮点数、双精度浮点数以及 128 位紧缩的字节、字、双字、四字整型数的 SIMD 操作。

⑥ *堆栈。用于支持过程（子程序）调用和向过程传递参数。

⑦ *I/O 端口。

⑧ *控制寄存器。5 个控制寄存器（$CR_0 \sim CR_4$）决定了处理器的操作模式和当前任务的特征。

⑨ *存储管理寄存器。GDTR、IDTR、任务寄存器和 LDTR 指出了保护模式下存储器管理所使用的数据结构在内存中的位置。

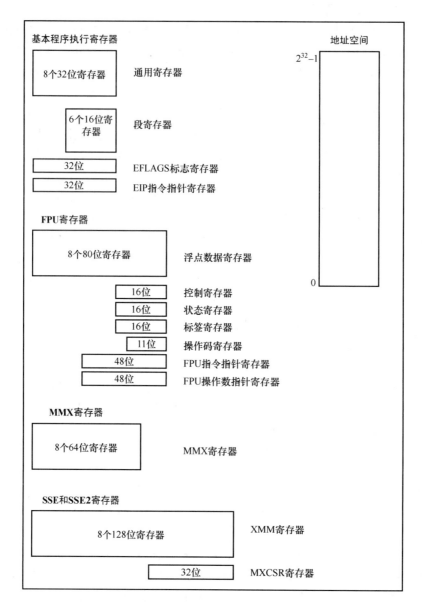

图 2-30 Pentium 4 的基本程序执行环境

⑩ *调试寄存器。$DR_0 \sim DR_7$ 用来控制和监视处理器的调试操作。

⑪ *机器检测寄存器。这些寄存器用于检测和报告硬件错误。

⑫ *存储器类型范围寄存器（MTRRs）。MTRRs 用于为物理存储器的范围指定存储器类型。

⑬ *机器相关寄存器（MSRs）。这些寄存器用来控制和报告处理器的性能，它们不能被应用程序所访问（除了时间戳计数器外）。

⑭ *性能监视寄存器。用于监视处理器性能事件。

在 Pentium 4 的内部寄存器中，通用寄存器、段寄存器、指令指针寄存器与 80386 完全相同，标志寄存器也只是增加了几个状态位。Pentium 4 的标志寄存器 EFLAGS 如图 2-31 所示。可以看出，Pentium 4 的标志位仅比 80386 增加了 4 位：AC、VIF、VIP 和 ID。

AC：对齐检查标志。当 AC=1 并且 CR_0 寄存器的 AM=1 时，允许存储器对齐检查。

VIF：虚拟中断标志。IF 标志位的虚拟映象，与 VIP 联合使用。

VIP：未决虚拟中断标志。VIP=1 时表示有未决的中断，VIP=0 表示没有未决的中断。

ID：鉴别标志。如果程序能设置或清除这一位，表示可以使用 CPUID 指令。

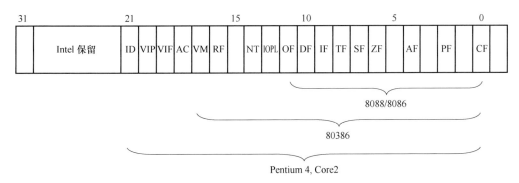

图 2-31　Pentium 4 的标志寄存器 EFLAGS

由于采用了 0.13μm 和 45nm 技术，Pentium 4 和 Core2 微处理器相对于它们之前的 Pentium Ⅲ 有更高的工作时钟频率。事实上，随着集成电路技术的发展，处理器在不断更新换代，但其内核结构和基本原理并没有太大的变化。

习　题

一、填空题

1. 某微处理器的地址总线宽度为 36 位，则它能访问的物理地址空间为（　　）字节。
2. 在 8088/8086 系统中，一个逻辑分段最大为（　　）字节。
3. 在 80x86 实地址方式下，若已知 DS=8200H，则当前数据段的最小地址是（　　）H，最大地址是（　　）H。
4. 已知存储单元的逻辑地址为 1FB0H：1200H，其对应的物理地址是（　　）H。
5. 若 CS=8000H，则当前代码段可寻址的存储空间的范围是（　　）。
6. 在 8088/8086 系统中，一个基本的总线周期包含（　　）个时钟周期。

二、简答题

1. 什么是多核技术？多核和多处理器的主要区别是什么？
2. 说明 8088CPU 中 EU 和 BIU 的主要功能。在执行指令时，EU 能直接访问存储器吗？
3. 总线周期中，何时需要插入 T_w 等待周期？插入 T_w 周期的个数取决于什么因素？
4. 若已知物理地址，其逻辑地址唯一吗？
5. 8088/8086CPU 在最小模式下的系统构成至少应包括哪些基本部分（器件）？
6. 什么是实地址模式？什么是保护模式？它们的特点是什么？
7. 80386 访问存储器有哪两种方式？各提供多大的地址空间？
8. 如果 GDT 寄存器值为 0013000000FFH，装入 LDTR 的选择符为 0040H，试问装入缓存 LDT 描述符的起始地址是多少？
9. 页转换产生的线性地址的三部分各是什么？
10. 选择符 022416H 装入了数据段寄存器，该值指向局部描述符表中从地址 00100220H 开始的段描述符。如果该描述符的内容如下，段基址和段界限各为多少？

$$(00100220H) = 10H，(00100221H) = 22H$$
$$(00100222H) = 00H，(00100223H) = 10H$$
$$(00100224H) = 1CH，(00100225H) = 80H$$
$$(00100226H) = 01H，(00100227H) = 01H$$

11. 试对比描述 8088、80386 和 Pentium4 微处理器的主要特点。

第 3 章 指令系统

指令系统（或指令集）是计算机系统中软件和硬件的主要分界面之一，也是软件设计人员与硬件设计人员之间相互沟通的桥梁。任何软件，无论功能有多么强大、复杂，无论用哪一种语言编写，只要最终能够在计算机上直接运行，都需要被"翻译"和组织成一条条由 0 和 1 构成的机器语言指令。计算机的硬件设计人员利用各种手段实现指令系统，软件人员则用指令编制各种程序，来填补硬件指令集与人类习惯的使用方式直接的语义差异。

虽然不同的计算机有不同的指令集，但它们在功能上特别是基本指令集的功能上都比较相似，更多的只是表现形式上的差异，就如同人类语言中的"方言"，虽然发音不同，但意思是一样的。本章以 Intel x86 基本指令集为例，介绍了指令的基本格式、寻址方式以及不同类型指令的功能。

3.1 指令：计算机的语言

为了帮助初次接触计算机硬件系统的读者能够更好地理解本章内容，在正式开始讲述指令之前，需要再次声明：本章所描述的"指令"本质上是指与高低电平对应的、用 0 和 1 表示的机器语言指令，尽管这些指令都会用便于人类记忆的字母符号（称为助记符）表示，但它们绝非各种高级语言中的语句[⊖]。

要使计算机能够按照人的指挥，就必须要使用计算机的语言。计算机语言中的基本单词称为指令（Instruction），它是指控制计算机完成指定操作并能够被计算机所识别的命令。这句话中隐含着两层意思，一是"控制计算机完成指定操作"，谁控制呢？显然主体是人。所以，指令的第一层含义是要能够被人识别。由于执行指令的工作是由计算机中的处理器（CPU）实现的，"能够被计算机所识别"就是能够被 CPU 识别。因此，指令的第二层含义意味着不同的 CPU 能够识别的指令可能不同。

一台计算机能够识别的全部指令称为该计算机的指令集（Instruction Set）。不同的计算机（或者说不同的处理器）具有各自不同的指令集。指令集定义了计算机硬件所能完成的基本操作，其功能的强弱在一定程度上决定了硬件系统性能的高低。

3.1.1 常见指令集概述

无论是早期的计算机还是现代计算机，都是基于基本原理相似的硬件技术所构建。同

⊖ 高级语言中的 1 条语句通常会对应 1 条或数条机器语言指令。

时，所有的计算机都必须要能够提供如算术运算等这样一些基本的操作，这使得不同计算机的机器语言之间都非常类似。因此，只要理解了一种机器语言，其他类似的机器语言也就很容易理解了。

自 20 世纪 70 年代以来，比较流行的指令集主要有三种：

（1）MIPS 指令集　MIPS（Million Instructions Per Second）是 CPU 每秒执行的百万条机器语言指令数的缩写，也是衡量 CPU 速度的一个重要指标。MIPS 架构最早由斯坦福大学（Stanford University）研制，采用精简指令系统计算机（Reduced Instruction Set Computer，RISC）设计，其核心思想是通过简化指令来使计算机的结构更加简单、合理，从而提高 CPU 的运算速度。MIPS 指令集的主要特点是所有指令的格式和周期一致，并且采用流水线技术。这类指令集主要应用于中高端服务器和各类嵌入式系统开发中。2018 年，MIPS 技术公司宣布将 MIPS 指令集开源。

（2）ARM 指令集　ARM（Advanced RISC Machines）既是对一类微处理器的通称，还可以认为是一种技术的名字。ARM 体系结构目前被公认为是业界最领先的 32 位和 64 位嵌入式微处理器结构，2011 年有超过 90 亿部各类设备使用 ARM 处理器，并以每年 20 亿的数量在增长。ARM 指令集也成了嵌入式领域中最流行的指令集。

无论是 MIPS 还是 ARM 指令集，其设计理念都以简化单条指令功能、提高单条指令执行速度为主要目标。但设计者有时会趋向于设计单条指令功能更强大的指令集，目的是减少程序需要执行的指令条数，虽然这有可能会增加程序执行的时间⊖。Intel x86 指令集就属于后者。

（3）Intel x86 指令集　一个指令系统在设计时通常要考虑的主要问题有：指令种类的丰富性（试想如果仅仅只有加法指令的计算机会有多大意义）、指令的执行速度（指令执行所需要的时钟周期数和每个周期的时间）、指令的兼容性（这是计算机系统的生命力所在）以及在格式上的规整性等。

与 MIPS 和 ARM 指令集不同的是，x86 指令集属于复杂指令系统计算机（Complex Instruction Set Computer，CISC），其设计目标是尽可能增强每一条指令的功能，将一些原来用软件实现的、常用的功能，变成用硬件指令实现。Intel x86 指令集历经 40 余年的不断发展和完善，成为今天在个人计算机领域和云计算领域占有重要地位的指令系统。以下是 x86 指令集发展的主要里程碑：

① 1978 年：Intel 公司在上一代 8 位 CPU（如 8080）基础上，发布了 16 位微处理器 8088/8086。

② 1980 年：Intel 8087 浮点协处理器发布。这个体系结构在 8088/8086 的基础上增加了 60 条浮点指令。

③ 1982 年：Intel 公司在 8086 的基础上把地址空间扩展到 24 位，并设计了内存映射和内存保护模式。

④ 1985 年：80386 微处理器在 80286 体系结构的基础上将地址空间扩展到 32 位。除了 32 位的寄存器和 32 位的地址空间、加强了 8086 部分指令的功能之外，80386 还增加了对 32

⊖ 以增强指令功能为主要设计目标的称为复杂指令系统计算机（Complex Instruction Set Computer，CISC），以简化指令功能为主要设计目标的称为精简指令系统计算机（Reduced Instruction Set Computer，RISC）。CISC 和 RISC 是指令系统设计的两个不同方向。

位数的操作及一些新的寻址模式。

⑤ 1989—1995 年：Intel 公司在 1989 年发布了 80486，1992 年发布 Pentium 处理器，1995 年发布了 Pentium Pro 处理器。这些处理器均以获得更高性能为目的，在用户可见的指令集中增加了 4 条指令，分别用于支持多处理技术和条件传送。

⑥ 1997 年：Intel 公司推出了多媒体指令增强技术，新增了 57 条指令。使用浮点栈来加速多媒体和通信应用程序，通过传统的单指令多数据流（Single Instruction Multiple Data，SIMD）的方式来一次处理多个短数据元素。

⑦ 1999 年：Intel 添加了另外 70 条指令，将单指令多数据流式扩展（Streaming SIMD Extension，SSE）作为 Pentium 的一部分。主要的变化是添加了 8 个独立的寄存器，把它们的长度增加到 128 位且增加了一个单精度浮点数据类型。这样，就可以并行进行 4 个 32 位浮点操作。为了改进内存性能，SSE 还增加了包括 Cache 的预取指令，以及可以绕过缓冲器直接写内存的流存储指令。

⑧ 2001 年：Intel 公司增加了另外 144 条指令，命名为 SSE2，可实现 64 位双精度浮点型数据的并行运算。这种改进不仅允许更多的多媒体操作，更大大增强了 Pentium 4 微处理器的浮点运算性能。

⑨ 2003 年：AMD[⊖] 公司对 x86 体系结构进行了改进，把地址空间从 32 位增加到 64 位，即将所有寄存器都拓宽到 64 位，且寄存器的数目增加到了 16 个。指令集体系结构（Instruction Set Architecture，ISA）的主要变化是用 64 位的地址和数据来重新定义所有 x86 指令的执行（Long Mode，长模式）。

⑩ 2004 年：Intel 公司增加了 128 位的原子比较和交换指令，同时发布了新一代谜题扩展指令，添加了 13 条支持复杂算术运算的指令。

⑪ 2006—2007 年：Intel 先后发布了总计 224 条新指令，用于支持绝对差求和、数组结构点积计算、序列中非零数目统计等，以及对虚拟机的支持。新指令中还包括了为 46 条基本指令集中的指令增加了如 MIPS 指令那样的三操作数格式。

⑫ 2011 年：Intel 公司发布了高级向量扩展，重新定义了 250 条指令并新增了 128 条指令。

上述这段发展历程说明了"兼容"的重要性，微处理器的发展、体系结构的改变都不允许对已有软件产生危害，这样才能保证在低版本下编写的程序在更高级的版本上依然能够正常运行。

虽然目前 x86 芯片的年产量相对于 ARM 芯片要少很多，但 x86 指令集在个人计算机系统中占据着绝对垄断的地位，也一直对个人计算机的更新换代起着很大的推动作用。<u>本章将主要关注 x86 的 16 位指令子集，而不是整个 16 位、32 位和 64 位指令集</u>。由于 x86 处理器的 16 位指令子集就是 8088/8086 CPU 的指令集，因此，以下如无特殊说明，所讨论的指令集均特指 x86 的 16 位指令子集，即 8086 指令集[⊖]。下面将从指令的基本构成入手，然后介绍指令操作数的寻址方式，最后介绍不同功能的指令及其应用。

⊖ 美国超威半导体公司，主要生产各种芯片。如 CPU、GPU（Graphics Processing Unit）、APU（Accelerated Processing Unit）、控制芯片组、电视卡芯片等。

⊖ 8086 与 8088 微处理器有完全一样的指令集，为简单起见，以下将 x86CPU16 位指令子集均称为 8086 指令集。

3.1.2 指令的基本构成

一条指令通常由两个部分组成,指令基本格式如图 3-1 所示:第一部分为操作码(Operation Code,OPC),用便于记忆的助记符表示(英文单词缩写);另一部分是指令操作的对象,称为操作数(Operand)○。

3-1 指令系统基本概念

操作码也称为指令码,表示指令要进行的操作类别,如加法、乘法等,是指令中必须给出的内容。指令中的操作数是指令执行操作所需要的数据的来源,其本质的含义就是指令执行对象的实际存放地址,所以也称为地址码(考虑一下,

| 操作码(OPC) | 操作数(Operand)/地址码(Adr) |

图 3-1 指令基本格式

计算机中哪些地方可以存放指令执行的数据?)。但在形式上,操作数有时能够以常数的形式出现(请见 3.1.3 节),这也是本书没有使用地址码而是用操作数这个名词的原因。

在 x86 的 16 位指令集中,指令的操作数通常有两个,两个操作数分别称为源操作数和目标操作数,双操作数指令格式如图 3-2 所示。其中:

图 3-2 双操作数指令格式

1)源操作数(OPs)表示指令执行对象中某一个对象的存放地址,或是执行对象本身(直接给出运算的数据)。简单地说,源操作数表示了指令运算数据的来源(数据本身或存放数据的地址)。源操作数的一大特点是:<u>指令执行后不会对源操作数造成破坏</u>。

2)目标操作数(OPd)总体上可以有两层含义。在不同的指令中,目标操作数可以是指令执行的另一个对象的存放地址(即另一个运算数据),但在所有指令中,目标操作数都一定表示了指令执行结果的存放处。所以,目标操作数一定是以地址的形式出现,并且<u>指令执行后会对目标操作数产生影响</u>,即用运算结果覆盖其原来的值。

在 x86 指令集中,一条指令的操作数可以有 3 个、2 个、1 个以及没有操作数四种形式○。由此,指令在形式上就有了以下四种格式:

1)零操作数指令:指令在形式上只有操作码,操作数为隐含存在。这类指令操作的对象通常为处理器本身。不管操作数是否全部显式给出还是全部隐含存在,都不显式呈现。

2)单操作数指令:指令中仅给出一个操作数。事实上,这类指令常常隐含存在另一个操作数。

3)双操作数指令:x86 指令集中多数指令为图 3-2 所示的双操作数指令,即指令的两个操作数都显示给出。

4)三操作数指令:从 2007 年起,Intel 公司的基本指令集中开始支持具有三个操作数的指令,三个操作数中包括两个源操作数和一个目标操作数,三操作数指令格式如图 3-3 所示。由于这里的目标操作数仅用于存放执行的结果,所以称为目标地址。两个源操作数则表示运算的对象。这种格式指令的执行不会破坏任何一个操作数。

○ 部分教材中也将操作数称为地址码(Address Code)。
○ 事实上,每一条指令都一定有操作对象。所谓没有操作数,只是表示没有将操作对象显式给出,而是隐含了而已。

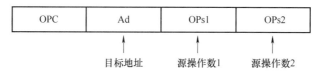

图 3-3 三操作数指令格式

鉴于本章仅讨论 x86 处理器的 16 位指令子集，因此，以下所介绍的指令中仅有零操作数、单操作数和双操作数三种格式，不涉及三操作数格式的指令。

3.1.3 指令中的操作数

8086 指令中的操作数主要有三种类型：立即数操作数、寄存器操作数和存储器操作数。以下利用将在 3.3.1 节中介绍的数据传送指令 MOV 为例，说明三种主要操作数的表现方式，对它们更深入的理解需要学习完 3.2 节的寻址方式后才能实现。

1. 立即数操作数

立即数是指令中直接给出的运算数据，具有固定的数值（常数），它不因指令的执行而发生变化。在 8086 指令集中，立即数的字长可以是 8 位或 16 位无符号数或有符号数。如果数的取值超出了字长规定的范围，就会发生错误。

特别需要注意的是：由于目标操作数是指令执行结果的存放处，而立即数是一个常数，因此立即数操作数在指令中只能用作源操作数，而不能作为目标操作数。

例如：MOV　AX，100

这条指令中，源操作数是常数 100。这条指令的执行结果，是将常数（立即数）100 写入到累加器 AX 中。

2. 寄存器操作数

寄存器操作数主要指通用寄存器，它们既可以作为源操作数，也可以用作目标操作数。有时候，段寄存器也可以作为指令中的寄存器操作数。但由于段寄存器中存放的是逻辑段的段地址，随意修改段地址容易引起执行错误，特别是代码段的段地址更不允许指令随意修改。因此，段寄存器在指令中出现的频率通常比较低。

指令指针（IP）指向的是 CPU 下一条要读取的指令在内存中的地址，因此其与 CS 一样不允许随意修改。FLAGS 寄存器中保存着当前程序执行的"现场"，除个别指令外，一般也不作为操作数出现在指令中。

例如：MOV　AX，BX

这条指令中，源操作数和目标操作数都是通用寄存器。这条指令的执行结果，是将 BX 的值写入到累加器 AX 中，执行后 AX 中原来的值将被修改，而 BX 的值不变。即该指令执行后，AX=BX。

3. 存储器操作数

存储器操作数的含义是：参加运算的数据存放在内存中，用 [ ] 表示。其基本格式为

$$段寄存器：[偏移地址] \tag{3-1}$$

其中，"段寄存器："表示数据所在逻辑段的段地址，在默认情况下（详见 3.2 节寻址方式）可以不显式给出。[ ] 中给出的是操作数所在内存单元的偏移地址。不同的寻址方式，其偏移地址的表现形式不同。但无论怎样的形式，[ ] 内都一定是存放操作数的内存单元的偏移

地址。此是理解 3.2 节中各种针对存储器操作数的寻址方式的关键点。

由于这里仅讨论 16 位的 8086 指令集，因此，指令操作数一般为 8 位或 16 位字长。虽然内存空间很大，但作为指令中的操作数，8086 指令集中的存储器操作数的字长原则上也只能是 8 位或 16 位，只有在极个别的指令中会出现 32 位字长的操作数（具体参见 3.3 节的描述）。如何确定存储器操作数在不同指令中的字长，也是学习具体指令时需要注意的一点。

例如，MOV AH，[100]

这条指令中，目标操作数是通用寄存器，源操作数是存储器操作数（请注意存储器操作数的表现形式）。这条指令的执行结果，是将偏移地址为 100 的内存单元中的值写入到累加器 AH 中，执行后 AH 中原来的值将被修改，而地址为 100 的内存单元中的值不改变。

看到这里读者可能会问：偏移地址为 100 的内存单元在哪个逻辑段？段地址是多少？这些疑问将在下一节的"寻址方式"中找到答案。

存储器操作数的偏移地址也称有效地址（Efficient Address，EA），可以通过不同的寻址方式由指令给出。事实上，下一节中介绍的几种较复杂的寻址方式，都针对的是存储器操作数。

3.2 寻址方式

所谓寻址方式，顾名思义是指获得操作数所在地址的方法。根据冯·诺依曼原理，程序执行前需要进入内存，故指令操作数通常会来自于存储器或寄存器，在某些特殊情况下，也可以由指令直接给出，或采用默认方式（隐含）给出○。因此，将指令操作数的寻址方式分为四种类型。这四类寻址方式中，除了针对立即数的寻址，其他寻址方式既适用于源操作数也适用于目标操作数。但为了描述上的方便，以下示例中，均以源操作数为例进行解释。

3-2 指令的寻址方式

深入理解寻址方式对深入理解指令执行原理以及正确、合理使用指令非常重要。

3.2.1 针对立即数的寻址——立即寻址

立即寻址（Immediate Addressing）方式只针对源操作数。此时，源操作数是由指令直接指定的立即数，它作为指令的一部分，紧跟在指令的操作码之后，存放于内存的代码段中。在 CPU 取指令时随指令码一起取出并直接参加运算。这里的立即数可以是 8 位或 16 位的整数。若为 16 位，则存放时低 8 位在低地址单元存放，高 8 位在高地址单元存放。立即寻址方式示意图如图 3-4 所示。

【例 3-1】 执行指令：MOV AX，1234H。

题目解析：该指令将 16 位的立即数 1234H 送入累加器 AX。指令执行后，AH = 12H，AL = 34H。

这是一条三字节指令，其执行情况示意图如图 3-4 所示。立即寻址方式主要用于给寄存器或存储单元赋初值。

○ 这里暂时没有考虑对 I/O 接口的访问。

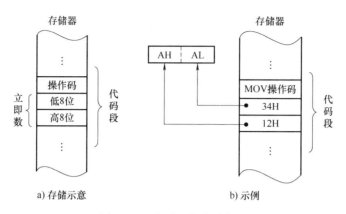

图 3-4 立即寻址方式示意图

3.2.2 针对寄存器操作数的寻址——寄存器寻址

在寄存器寻址（Register Addressing）方式下，指令操作数通常为 CPU 的通用寄存器，可以是 8 位数据寄存器，也可以是其他的 16 位通用寄存器或段寄存器，但段寄存器一般不作为目标操作数。寄存器寻址示意图如图 3-5 所示。

【例 3-2】 执行指令：MOV DI, AX。

图 3-5 寄存器寻址示意图

题目解析：该指令将 AX 的内容送到寄存器 DI 中。

若指令执行前 AX=1122H，DI=3344H，则指令执行后 DI=1122H，而 AX 中的内容保持不变。

采用寄存器寻址方式，虽然指令操作码在代码段中，但操作数在内部寄存器中，指令执行时不必通过访问内存就可取得操作数，故执行速度较快。

3.2.3 针对存储器操作数的寻址

由 3.1.3 节已知，存储器操作数表示指令操作的对象存放在内存中，表现形式如式（3-1）所示。通常情况下，指令设置操作数在默认的逻辑段中（即段寄存器不显示给出），因此对存储器操作数的寻址主要是确定操作数所在内存单元的偏移地址，即 [ ] 中的值。事实上，以下几种针对存储器操作数的不同的寻址方式，主要就体现在 [ ] 中的不同的表现形式。

以下结合具体示例，介绍针对存储器操作数的五种寻址方式。学习中需要重点关注的是数据所在单元的偏移地址的表现形式和存储器操作数的字长。

1. 直接寻址（Direct Addressing）

直接寻址的含义是操作数在内存中的地址由指令**直接给出**，即 [ ] 中是用 16 位常数表示的存放数据的偏移地址。这也正是称为直接寻址的主要原因。

直接寻址方式下，数据默认在数据段，段地址由 DS 寄存器给出，但允许段重设，可以将数据重设到附加段甚至堆栈段中（参见例 3-4）。

【例 3-3】 执行指令：MOV AX, [1000H]。

题目解析：该指令的源操作数为直接寻址，执行结果是将数据段中偏移地址为 1000H

和 1001H 两单元的内容送到 AX 中。之所以传送 2 字节，是因为指令中的目标操作数是 16 位操作数 AX。

假设 DS=3200H，则所寻找的操作数的物理地址为：32000H+1000H=33000H。指令的执行情况如图 3-6 所示。

请注意直接寻址与立即寻址指令二者的不同。立即寻址中的常数是数据本身，直接寻址中的数值是操作数的 16 位偏移地址。如在本例中，指令的执行不是将立即数 1000H 送到累加器 AX，而是将偏移地址为 1000H 的内存字单元⊖中的内容送入 AX（请注意：传送时高地址单元的内容送到 AX 的高 8 位，低地址单元内容送到 AX 的低 8 位）。

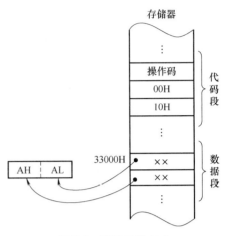

图 3-6　直接寻址方式

若操作数不是存放在数据段，则需要段重设。段重设符为："段寄存器："（见式（3-1））。

【例 3-4】　执行指令"MOV　AX,ES：[1000H]"。

题目解析：该指令中，虽然偏移地址与例 3-3 中源操作数的偏移地址相同，但不在同一个逻辑段。

指令的执行表示将附加段中偏移地址为 1000H 字单元的内容送到 AX 寄存器中。

在汇编语言中，有时也用一个符号来代替数值以表示操作数的偏移地址，通常把这个符号称为符号地址。例 3-4 中，若用 buffer 代替偏移地址 1000H，则指令可写成：

```
    MOV AX,ES:[buffer]
 或 MOV AX,ES:buffer
```

这两者是等效的。这里，buffer 称为变量，必须在程序的开始处予以定义，这点将在第 4 章中介绍。

2. 寄存器间接寻址（Register Indirect Addressing）

相对于直接寻址方式下由指令直接指定数据的偏移地址，寄存器间接寻址则是用寄存器的内容来"间接"表示操作数的偏移地址，即 [ ] 中是某个寄存器，而该寄存器的值是操作数的偏移地址。

需要特别注意的是：x86 指令集只允许用 SI、DI、BX 和 BP 这四个寄存器来存放数据的偏移地址，它们可简称为间址寄存器，或称为地址指针。

选择不同的间址寄存器，数据默认在不同的逻辑段。其中 SI、DI、BX 作间址寄存器时，操作数在数据段，段基地址由 DS 决定；选择 BP 作间址寄存器，则操作数在堆栈段，段基地址由 SS 决定。但无论选择哪一个间址寄存器，都允许段重设。

因为间址寄存器中存放的是操作数的偏移地址，所以指令中的间址寄存器必须加上方括弧，以避免与寄存器寻址指令混淆。

【例 3-5】　已知 DS=3200H，SI=1000H，指令 MOV　AX,[SI] 执行后，AX=？

题目解析：该指令源操作数采用寄存器间接寻址，没有设置段重设，故数据在数据段。

⊖　在 x86 的 16 位指令子集中，1 个字等于 2 字节。所以，字单元就相当于 2 个字节单元。

由已知条件可计算出操作数的物理地址 = 32000H + 1000H = 33000H。若假设物理地址为 33000H 字单元的内容为 1122H，则指令的执行过程如图 3-7 所示。

执行结果：AX = 1122H。

若操作数存放在附加段，则本例中的指令应表示成以下形式：

```
MOV AX,ES:[SI]
```

例 3-5 中，若间址寄存器采用 BP，则操作数默认存放在堆栈段。

假设已知 SS = 8000H，BP = 0200H，BP 所指向的内存字单元的内容为 1234H，如图 3-8 所示，则执行指令 MOV BX,[BP] 后：BL = 34H，BH = 12H。

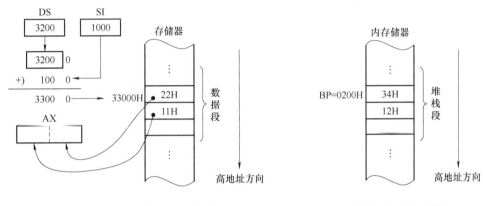

图 3-7　寄存器间接寻址示意图　　　　　图 3-8　例 3-5 图

用寄存器表示偏移地址，该寄存器就相当于地址指针，可以通过指令进行修改（对比一下 C 语言中修改指针的方法）。这也正是引入寄存器间接寻址的主要目的⊖。

3. 寄存器相对寻址（Register Relative Addressing）

采用寄存器间接寻址，可以通过不断修改间址寄存器的值（相当于不断修改地址指针），实现对内存的访问。但对一维数组（或一维表格）中元素的操作，通常涉及表头地址和表内相对地址两个元素，由此就引入了寄存器相对寻址方式。

寄存器相对寻址指令规定操作数在内存中的偏移地址为间址寄存器的内容加上指令中给出的一个 8 位或 16 位的位移量，操作数所在逻辑段由所选间址寄存器决定（规则与寄存器间接寻址方式相同）。因位移量可看作相对值，故将这种带位移量的寄存器间接寻址方式称为寄存器相对寻址。

【例 3-6】　若设 DS = 3200H，BX = 1000H，则执行指令 MOV AX,[BX+5] 后，AX = ?

题目解析：该指令的源操作数采用寄存器间接寻址，偏移地址 = BX+5 = 1005H。由于间址寄存器选用了 BX，故源操作数默认在数据段，段地址为 DS 的值。数据所在单元的物理地址 = 33005H。

若设 33005H 字单元的内容如图 3-9 所示，则按图中所示寻址过程，该指令执行后，AX = 1122H。

在针对一维数组或一维表操作时，可用位移量作为数组首地址，将数组元素的下标存放

⊖　直接寻址方式下，偏移地址是常数形式，无法用指令实现对地址的修改。

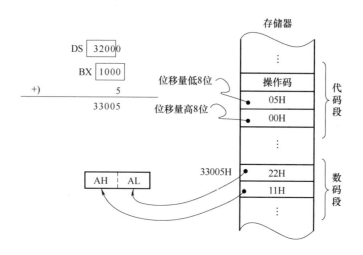

图 3-9 寄存器相对寻址示意图

在间址寄存器中(反过来也可以)。这样,就可存取表格中的任意一个元素。

【例 3-7】 设某数据表首地址(偏移地址)为 Table,要取出该表中的第 10 个字节,并存放到 AL 中。

题目解析: 待读取元素的地址是表首地址和该元素相对表首的位移量构成。因此,可以采用寄存器相对寻址方式获取。

可用如下指令段实现(由于数组第一个元素的下标是 0,故位移量也从 0 开始):

```
MOV  SI,9              ;第 10 个数的位移量为 9
MOV  AL,[Table+SI]     ;第 10 个数的偏移地址为 TABLE+9
```

请考虑: 这里的 Table = ?

在汇编语言中,寄存器相对寻址指令的书写格式允许有以下几种完全等价的书写形式[⊖]:

```
MOV  AL,DATA[SI]
MOV  AL,[SI]DATA
MOV  AL,DATA+[SI]
MOV  AL,[SI]+DATA
MOV  AL,[DATA+SI]
MOV  AL,[SI+DATA]
```

4. 基址-变址寻址(Based Indexed Addressing)

与直接寻址类似,用位移量(某个常数)表示一维数组的首地址难以用指令实现对地址的修改,由此就引入了基址-变址寻址方式。这种寻址方式由一个基址寄存器(BX 或 BP)的内容和一个变址寄存器(SI 或 DI)的内容相加而形成操作数的偏移地址,数据所在的逻

⊖ 为表示一定的通用性,这里以及本节后续内容中,常用如 DATA 或 Table 这样的字符串来表示任意 8 位或 16 位常数。在实际指令中,通常用某一具体常数取代。如例 3-6 中的 5。

辑段由基址寄存器决定。即：默认情况下，指令中若用 BX 作基址寄存器，则数据在数据段；用 BP 作基址寄存器，则数据在堆栈段。但均允许段重设。

【例 3-8】 若设 DS＝6800H，BX＝1200H，SI＝1000H，则指令 MOV　AX，[BX][SI] 执行后，AX＝？

题目解析：该指令源操作数为基址-变址寻址，因基址寄存器使用 BX 且没有段重设，故数据默认在数据段。

源操作数的寻址过程如图 3-10 所示。

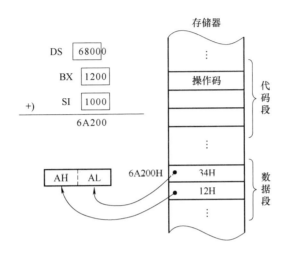

图 3-10　基址-变址寻址

按图 3-10 中的数据，指令执行后：AL＝34H，AH＝12H。

请注意：使用基址-变址方式时，<u>不允许将两个基址寄存器或两个变址寄存器组合在一起寻址</u>，即指令中不允许同时出现两个基址寄存器或两个变址寄存器。例如，以下指令是非法的：

```
MOV  AX,[BX][BP]    ;错误！同时出现两个基址寄存器
MOV  AX,[SI][DI]    ;错误！同时出现两个变址寄存器
```

5. 基址-变址-相对寻址（Based Indexed Relative Addressing）

这种寻址方式是基址-变址寻址方式的扩充。指令中指定一个基址寄存器、一个变址寄存器和一个 8 位或 16 位的位移量，将三者相加就得到操作数的偏移地址。至于默认的段寄存器，仍由所用的基址寄存器决定。指令允许使用段重设。

使用基址-变址-相对寻址方式可以很方便地访问二维数组。例如，用位移量指定数组的首地址（偏移地址），用基址寄存器和变址寄存器分别存放数组元素的行地址和列地址，通过不断修改行、列地址，就可以直接访问二维数组中的各个元素。

【例 3-9】 若设 DS＝6＝6800H，BX＝1200H，DI＝1000H，则指令 MOV　AX，[BX+SI+5] 执行后，AX＝？

题目解析：该指令中的源操作数采用基址-变址-相对寻址方式，基址寄存器为 BX，且未使用段重设，故操作数默认在数据段。

寻址过程如图 3-11 所示。

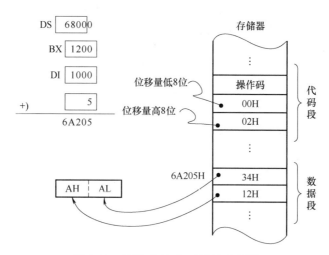

图 3-11 基址-变址-相对寻址示意图

与基址-变址寻址方式类似，基址-变址-相对寻址指令同样也可以表示成多种形式，例如：

```
MOV  AX,DATA[SI][BX]
MOV  AX,[BX+DATA][SI]
MOV  AX,[BX+SI+DATA]
MOV  AX,[BX]DATA[SI]
MOV  AX,[BX+SI]DATA
```

同样地，基址-变址-相对寻址也不允许在指令中同时出现两个基址寄存器或两个变址寄存器。即下列指令也是非法的：

```
MOV  AX,DATA[SI][DI]    ;错误！同时出现两个变址寄存器
MOV  AX,[BX][BP]DATA    ;错误！同时出现两个基址寄存器
```

3.2.4 隐含寻址

在上述各类寻址方式中，针对的都是指令中显式呈现的操作数，所给出的示例都是双操作数格式指令。在 x86 的 16 位指令集中，有一部分指令为单操作数或零操作数格式。由 3.1.2 节知，这类指令的操作数为隐含存在，指令的操作码中不仅包含了操作的性质，还隐含了部分操作数的地址。这种将一个操作数隐含在指令码中或全部操作对象都隐含在操作码中的寻址方式就称为**隐含寻址**。

既然操作对象隐含在了操作码中，就意味着操作对象是确定、不可改变的。以下用乘法指令为例对隐含寻址进行解释。乘法指令的一般格式为：

```
MUL 操作数
```

这条指令在形式上为单操作数指令。但乘法一定需要两个操作数：乘数和被乘数，而指令中只给出了一个操作数，显然隐含了另一个操作数。事实上，该指令显式给出的操作数是乘数的存放地址，被乘数以及乘积的地址为隐含给出（也就是固定的地址）。有关 MUL 指令的详细解释请见 3.3.2 节，这里先用一个简单示例说明隐含寻址的概念。

【例 3-10】 指令 MUL BL 中操作数的寻址过程。

题目解析： 按照 MUL 指令的基本格式，操作数 BL 中存放的是乘数，指令隐含的被乘数存放在 AL 寄存器中，乘积则存放在 AX 中。

因此，该指令的执行过程为：AL×BL→AX。指令隐含了被乘数 AL 及乘积 AX。

3.3　x86 处理器 16 位指令集

x86 处理器的 16 位指令子集即 8088/8086 CPU 指令集，具有 20000 余条不同格式指令[○]，但常用指令仅 92 条以及 3 种重复前缀，92 条指令按照功能可分为六大类：

① 数据传送指令。
② 算术运算指令。
③ 逻辑运算和移位指令。
④ 串操作类指令。
⑤ 程序控制指令。
⑥ 处理器控制指令。

对指令集的使用，实际编程中都会采用汇编指令而非机器语言指令，因此本节对指令的介绍也采用汇编指令助记符的形式进行描述。在具体介绍各种指令的特点、功能和用途之前，先将 8088/8086 指令集的所有指令及其助记符按类列在表 3-1 中，这样可能有助于对 8088/8086 指令集建立起一个初步而较全面的概念。

表 3-1　8088/8086 指令及其助记符一览表

指令类型		助记符
数据传送	一般数据传送	MOV, PUSH, POP, XCHG, XLAT
	地址传送指令	LEA, LDS, LES
	输入/输出指令	IN, OUT
	转换指令	CBW, CWD
	标志传送指令	LAHF, SAHF, PUSHF, POPF
算术运算	加法指令	ADD, ADC, INC
	减法指令	SUB, SBB, DEC, NEG, CMP
	乘法指令	MUL, IMUL
	除法指令	DIV, IDIV
	十进制调整指令	DAA, AAA, DAS, AAS, AAM, AAD
逻辑运算和移位	逻辑运算	AND, OR, NOT, XOR, TEST
	线性移位	SHL, SAL, SHR, SAR
	循环移位	ROL, ROR, RCL, RCR
串操作	串操作指令	MOVS, CMPS, SCAS, LODS, STOS
	重复前缀	REP, REPE/REPZ, REPNE/REPNZ

○ 参阅（美）Barry B. Brey 著，金惠华等译的《Intel 微处理器》一书。

(续)

指令类型		助 记 符
控制转移	转移指令 — 无条件转移	JMP
	转移指令 — 条件转移	JCXZ，JG/JNLE，JGE/JNL，JL/JNGE，JLE/JNG，JA/JNBE，JAE/JNB，JB/JNAE，JBE/JNA，JO，JNO，JS，JNS，JC，JNC，JE/JZ，JNE/JNZ，JP/JPE，JNP/JPO
	循环控制	LOOP，LOOPE/LOOPZ，LOOPNE/LOOPNZ
	过程调用	CALL，RET
	中断指令	INT，INTO，IRET
处理器控制指令		CLC，STC，CMC，CLD，STD，CLI，STI，NOP，HLT，WAIT，ESC，LOCK

x86 指令集属于 CISC 指令系统计算结构。20 世纪 70 年代，美国加州大学伯克利分校（University of California，Berkeley）通过对大量程序研究，归纳出了 CISC 指令系统的计算机中存在的"8020 规律"：20%的指令在各种应用程序中的出现频率占整个指令系统的 80%。基于此规律，本节主要对表 3-1 中最常用的部分指令做详解介绍，其他指令的功能可参阅附录 B。

本章常用符号说明见表 3-2。

表 3-2 本章常用符号说明

常用符号	符号含义
OPRD	泛指各种类型的操作数
mem	存储器操作数
acc	累加器操作数
src	源操作数
dest	目标操作数
reg16	16 位寄存器
port	输入/输出端口，可用数字或表达式表示
DATA	8 位或 16 位立即数
disp	8 位或 16 位偏移量，可用符号地址表示

3.3.1 数据传送指令

数据传送指令是实际程序中使用最为频繁的一类指令，无论何种程序，都涉及原始数据、中间运算结果、最终结果及其他信息在 CPU 的寄存器、内存储器、I/O 接口之间的传送。按照功能的不同，数据传送指令可分为五组：通用数据传送指令、地址传送指令、输入/输出指令、转换指令和标志传送指令。

数据传送指令中的绝大多数都不会对状态寄存器 FLAGS 产生影响。

1. 通用数据传送指令

通用数据传送指令包括 MOV（一般传送）、PUSH 和 POP（堆栈操作）、XCHG（交换）和 XLAT（查表转换）指令。

3-3 一般数据传送指令

（1）一般传送指令 MOV 指令格式及操作：

```
MOV  dest,src    ;(dest)←(src)
```

这里，dest 表示目标操作数，src 表示源操作数。指令的功能是将源操作数（或源地址中的数据）传送到目标地址，而源操作数保持不变。也就是说，MOV 指令实际上是完成了一次数据的复制。

在汇编语言中，规定具有双操作数的指令必须将目标操作数写在前面，源操作数写在后面，二者之间用一个逗号隔开。

1) MOV 指令的特点。MOV 指令是最普遍、最常用的传送指令，主要有如下特点：

① 既可传送字节操作数（8 位），也可传送字操作数（16 位），一次传送的数据到底是 8 位还是 16 位，决定于指令中涉及的寄存器的字长。

② 可以使用本章 3.2 节讨论过的各种寻址方式。

2) MOV 指令实现的操作。MOV 指令可实现以下各种传送：

① 寄存器与寄存器/段寄存器之间的传送。如：

```
MOV  BX,SI      ;变址寄存器 SI 中的内容送到基址寄存器 BX
MOV  DS,AX      ;累加器 AX 的内容送到段寄存器 DS
MOV  AL,CL      ;通用寄存器 CL 中的内容送到 AL
```

② 寄存器与存储器之间的传送。MOV 指令可以在寄存器与存储器之间进行数据传送，所传送数据的字长取决于寄存器的字长。若一次传送 16 位数据，则对连续两个存储器单元进行存取，且寄存器的高 8 位对应存储器的高地址单元，寄存器的低 8 位对应存储器的低地址单元。对存储器操作数，指令中给出的是数据低 8 位在内存中的地址。例如：

设 DS=6000H，SS=8000H，AX=1234H，BX=1200H，DI=0383H，BP=1020H。则有：

```
MOV  [BX],AX         ;将 AX 的值送至 BX 所指向的内存单元
                     ;其中[61200H]=34H,[61201H]=12H
MOV  CL,[BP][DI]     ;将堆栈段中偏移地址为 BP+DI=13A3H 单元的内容送至 CL
                     ;即物理地址为 813A8H 单元的内容送至 CL
MOV  AX,[6000H]      ;将数据段、偏移地址为 6000H 和 6001H 两个单元的内容送至 AX
```

③ 立即数到寄存器的传送。如：

```
MOV  AL,5         ;将立即数 5 送至累加器 AL
MOV  BX,78H       ;将立即数 0078H 送至寄存器 BX,执行后,BH=0,BL=78H
```

> **请注意**：指令中立即数的字长由另一个操作数确定。

④ 立即数到存储器的传送。如：

```
MOV  BYTE  PTR[BP+SI],5    ;将 5 送至堆栈段中偏移地址为 BP+SI 所指向的单元中
MOV  WORD  PTR[BX],1005H   ;将 1005H 送至数据段中偏移地址为 BX 和 BX+1 的两单
                           ;元中
```

> **请注意**：由于指令中的立即数和存储器操作数都属于字长不确定操作数（考虑一下原因是什么）。当指令的两个操作数字长都不确定时，x86 指令系统要求必须明确指定其中一个操作数的字长，指定的方法是使用属性运算符 PTR（详见第 4 章 4.1.2 节）。

⑤ 存储器与段寄存器之间的传送。如：

```
MOV  [BX],ES   ;将附加段寄存器 ES 内容送至数据段中 BX 所指向的字单元
```

3) 指令对操作数的要求。MOV 指令对操作数有一些特点的要求，这也是大多数双操作数指令对存在操作数的共同要求。要求如下：

① 指令中两个操作数字长必须相同，两个操作数可以同时为 8 位或 16 位操作数。

② 两个操作数不能同时为存储器操作数，若要实现从内存到内存的数据传送，需用两条 MOV 指令实现。

③ 不能用立即数直接给段寄存器赋值，当需要以立即数形式对段寄存器赋值时，需要先将立即数赋值给某个通用寄存器，再用寄存器寻址方式赋值给段寄存器，即需要两条 MOV 指令实现。

④ 两个操作数不能同时为段寄存器，同样，要实现段寄存器到段寄存器的数据传送，也需要两条 MOV 指令。

⑤ 指令指针 IP 和代码段寄存器 CS 的内容不能通过 MOV 指令修改，即它们不能作为目标操作数，但可以作为源操作数。

⑥ 通常情况下，FLAGS 不作为 MOV 指令的操作数，虽然许多指令的执行都会影响标志位，但状态寄存器 FLAGS 通常不作为指令的操作数出现（仅在极少数指令中作为的操作数）。

【例 3-11】 判断以下指令的正确性，并说明理由。

① MOV AL, BX
② MOV [SI], [BX]
③ MOV DS, 2000
④ MOV CX, 5
⑤ MOV DS, ES
⑥ MOV BX, [BX]

题目解析：

- 指令①错误，两个操作数字长不等；
- 指令②错误，两个操作数不能同时为存储器操作数；
- 指令③错误，不能用立即数直接给段寄存器赋值；
- 指令④正确，源操作数为立即数，其字长由目标操作数的字长确定。该指令执行结果：CX=5（CL=5，CH=0）。
- 指令⑤错误，两个操作数不能同时为段寄存器；
- 指令⑥正确，该指令将内存 BX 所指向的两字节数送至 BX 寄存器。

实际编写程序中，有时需要将内存一个区域中若干单元的数据（称为数据块）传送到另外一个区域，或是向若干单元赋同样的值（比如清零）。对于这种重复性的工作，计算机是最乐意做的。下面通过一个例子来说明如何利用 MOV 指令完成数据块的传送。

【例 3-12】 把内存中首地址为 M1 的 300 个字节送到首地址为 M2 的区域中。

题目解析：两个内存单元间的数据传送需要用两条 MOV 指令实现。在这里，当然不希望用 600 条 MOV 指令来完成这 300 个 8 位数据的传送。较好的实现方式是通过循环程序来实现这个数据块的传送。

设计程序段如下（程序中某些指令还没有学到，这里先拿来借用）：

```
        MOV   SI,OFFSET M1      ;源数据块首地址(偏移地址)送至 SI
        MOV   DI,OFFSET M2      ;目标首地址(偏移地址)送至 DI
        MOV   CX,300            ;数据块长度送至 CX,即循环次数=CX
NEXT:   MOV   AL,[SI]           ;源数据块中第一个字节送至 AL
        MOV   [DI],AL           ;AL 内容送至目标地址,完成一个字节数据的传送
        INC   SI                ;SI 加 1,修改源地址指针
        INC   DI                ;DI 加 1,修改目标地址指针
        DEC   CX                ;CX 减 1,修改循环次数
        JNZ   NEXT              ;若循环次数(CX)不为零,则转移到 NEXT 标号处
        HLT                     ;停止
```

（2）堆栈操作指令 PUSH 和 POP

1）堆栈的概念。堆栈是内存中一个大小可由指令指定的临时存储区域,用以存放寄存器或存储器中暂时不用又必须保存的数据[○],因此它也是内存中一个特定的区域。从逻辑段性质的角度,内存中的堆栈区域属于堆栈段,段地址存放在堆栈段寄存器 SS 中。

与数据段等其他逻辑段更关注段首地址不同,除了段地址,堆栈段更注重栈顶和栈底,堆栈区示意图如图 3-12 所示。栈顶（偏移）地址由指令指针 SP 给出,表示目前堆栈段中已存储数据的容量。栈底是指堆栈段中的最高地址单元,从栈底到栈顶之间表示已存储的数据,而栈顶到段首之间是预留的存储空间,可以继续存放数据。所以:

若栈顶=栈底→表示空栈

若栈顶=段首→表示满栈

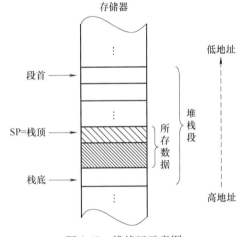

图 3-12 堆栈区示意图

对堆栈的操作必须遵循以下原则:

① 对堆栈的存取必须以字（16 位）为单位,即堆栈指令中的操作数必须是 16 位,而且只能是寄存器或存储器操作数,不能是立即数。

② 向堆栈中存放数据时总是从高地址向低地址方向增长,而从堆栈取数据时则方向正好相反。

③ 堆栈段在内存中的位置由 SS 决定,堆栈指针 SP 总是指向栈顶,即 SP 的内容等于当前栈顶的偏移地址。所谓栈顶,是指当前可用堆栈操作指令进行数据交换的存储单元,如图 3-12 所示。在压入操作数之前,SP 先减 2,每弹出一个字,SP 加 2。

④ 对堆栈的操作遵循"后进先出（LIFO）"的原则。

在程序中,堆栈主要应用于子程序调用、中断响应等操作时的参数保护,也可用于实现参数传递。

2）堆栈操作指令。堆栈操作指令共有两条,压入堆栈（压栈）指令 PUSH 和弹出堆栈

○ 堆和栈都属于一种数据结构,在 C 语言中属于动态数据存储区。这里说的堆栈是从内存物理区域的角度,表示内存中实际存在的、大小可变的存储区域。

（出栈）指令 POP。其格式为：

```
PUSH  src
POP   dest
```

指令中的操作数 src 和 dest 必须为字操作数（16 位），它们可以是：

① 16 位的通用寄存器或段寄存器（CS 除外：PUSH CS 指令是合法的，而 POP CS 指令是非法的）。

② 地址连续的两个存储单元。

3-4 堆栈操作指令

> 注：对存储器操作数，需要用属性运算符说明操作数的字长。

例如：

```
PUSH  AX                    ;通用寄存器内容压入堆栈
PUSH  WORD  PTR[DATA+SI]    ;数据段中两个连续存储单元内容压入堆栈
POP   DS                    ;从栈顶弹出一个字到段寄存器
POP   WORD  PTR[BX]         ;从栈顶弹出一个字到数据段两个连续存储单元中
```

3) 堆栈指令的执行过程。

① 压栈指令 PUSH OPRD。PUSH 指令是将指令中指定的字操作数压入堆栈。指令的执行过程为：

```
SP-2→SP        ;栈顶指针-2,留出2字节单元
OPRD→[SP]      ;16位操作数压入当前栈顶地址中。其中:高8位压入高地址单元,低8位压入低
               地址单元
```

执行 PUSH AX 指令前后堆栈区的变化情况如图 3-13 所示。这里假设 AX = 1122H。由图可见，PUSH 指令是将 16 位的源操作数送到栈顶地址所指向的字单元中。

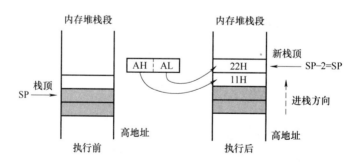

图 3-13 PUSH AX 指令执行示意图

② 出栈指令 POP OPRD。POP 指令是将当前栈顶的一个字送到指定的目标地址，并紧接着修改堆栈指针，以使 SP 指向新的栈顶位置。指令的执行过程为：

```
[SP]→OPRD      ;将栈顶地址中的16位操作数弹出到目标地址 OPRD 中。其中:高8位弹出到高地址
               单元,低8位弹出到低地址单元
SP+2→SP        ;栈顶指针+2,指向新的栈顶
```

执行 POP AX 指令前后堆栈区的变化情况如图 3-14 所示。这里依然设 AX = 1122H。

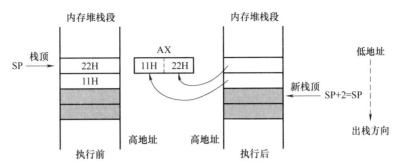

图 3-14 POP AX 指令执行示意图

在程序中，PUSH 和 POP 指令一般成对出现，且执行顺序相反，以保持堆栈原有状态。当然，在必要时也可通过修改 SP 的值来恢复堆栈原有状态。

【例 3-13】 用图表示如下程序段执行过程。

```
MOV  AX,8000H
MOV  SS,AX
MOV  SP,0E200H
MOV  DX,38FFH
PUSH DX
PUSH AX
⋮
POP  DX
POP  AX
```

题目解析：该程序的前三行语句设置堆栈段的段地址为 8000H，栈顶指针为 E200H[○]。执行 2 条 PUSH 指令后，寄存器 DX 和 AX 的值被分别压入堆栈保存，如图 3-15a 所示。之后，在执行完相关代码后（程序中省略部分），再执行 2 条 POP 指令，分别将栈顶地址中的内容弹出到 DX 和 AX 中。弹出过程如图 3-15b 所示。

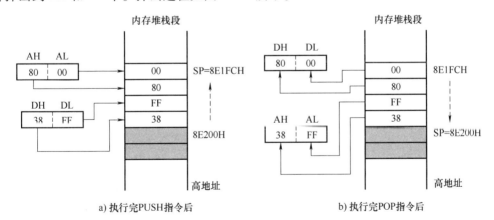

a) 执行完PUSH指令后   b) 执行完POP指令后

图 3-15 按先进先出方式的堆栈操作示意图

由图可见，执行后 AX 和 DX 的内容实现了互换，并没有实现对原寄存器中内容的保存

[○] 汇编指令要求如果立即数操作数的首位是字母（如 E200H），则该操作数前边要加 0，以便于编译器识别。

（数据保存是堆栈的主要作用）。形成这样结果的主要原因是没有按照"先进后出"的栈操作原则，而是按"先进先出"原则进行了堆栈操作，从而实现了 AX 和 DX 内容的互换（有时可利用堆栈的这一特点，实现两操作数内容互换）。

堆栈除在子程序调用和响应中断时用于保护断点地址外，还可在需要时对某些寄存器内容进行保存。例如，用 CX 寄存器同时作为两重循环嵌套的计数器。可先将外循环计数值送至 CX，当内循环开始时将 CX 中的外循环计数值压入堆栈保存，然后把内循环计数值写入 CX，内循环完成后再将外循环计数值从堆栈中弹出到 CX（有关循环指令详见 3.3.5 节）。

（3）交换指令 XCHG　XCHG 指令用于实现两个操作数（源地址与目标地址中的内容）互换。指令格式为：

```
XCHG  OPRD1,OPRD2  ;(OPRD1)⟷(OPRD2)
```

指令的执行将源操作数送到目标操作数，同时将目标操作数送到源操作数。故该指令中的操作数虽然在形式上有源操作数和目标操作数，但从实际性质上两个操作数都既是运算数据的来源又是运算结果的存放处（目标）。

基于上述特点，交换指令对操作数有如下要求：

1) 源操作数和目标操作数可以是寄存器或存储器，但都不能是立即数，且不能同时为存储器操作数。

2) 两个操作数都不能是段寄存器操作数，即段寄存器的内容不能参加交换。

3-5　交换、查表与字位扩展指令

3) 两个操作数字长必须相同，可以是字节交换，也可以是字交换。如：

```
XCHG  AX,BX    ;AX→BX,BX→AX
XCHG  CL,DL    ;CL→DL,DL→CL
```

【例 3-14】　设 DS=2000H，SI=0230H，DL=88H，[20230H]=44H。编程实现将 SI 所指向的内存单元内容与 DL 内容互换。

题目解析：实现该功能，可以使用 MOV 指令、堆栈操作指令，也可以使用交换指令。利用 MOV 指令实现两数交换需要用 3 条指令，利用堆栈操作则需要 4 条指令（见例 3-13），而使用 1 条交换指令就可以完成。

使用交换指令完成两个数交换：

```
XCHG [SI],DL
```

执行结果：[20230H]=88H，DL=44H。DL 的内容与 [20230H] 的内容进行了交换。

（4）查表转换指令 XLAT　XLAT 是一条字节查表转换指令，可以根据表中元素的序号查找一维表中相应元素的内容。指令的一般格式为：

```
XLAT  src_table    ;(src_table 表示待查找表的表首地址,以隐含形式给出)
```

这里，查找表默认在数据段，表首地址 src_table 规定由 BX 寄存器给出，待查元素在表中相对于表首的位移量默认由 AL 寄存器给出，查询结果送到 AL。因此，使用指令前，要求先将表首地址（偏移地址）送到 BX，待查找元素的序号（即元素下标，请注意表中第一个元素的下标为 0）送到 AL。XLAT 指令的执行过程如图 3-16 所示。

由于 XLAT 指令的操作对象默认是 BX 和 AL，因此该指令采用隐含寻址方式，呈现为零操作数格式指令。指令的实际格式为：

```
XLAT
```

XLAT 指令又称为换码（Translate）指令，利用该指令可以很方便地实现查表转换操作。

【例 3-15】 在内存的数据段中存放有一张数值 0~9 的 ASCII 码转换表，首地址为 Hex_table，如图 3-17 所示。现要把数值 8 转换成对应的 ASCII 码，并存放到累加器 AL 中。

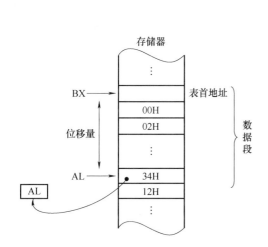
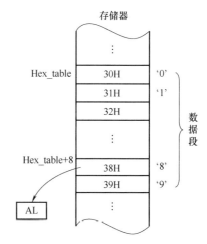

图 3-16 XLAT 指令的执行过程　　　　　　图 3-17 0~9 的 ASCII 码转换表

题目解析：对表中元素的操作可以使用 MOV 指令（见例 3-7）实现，也可以使用查表指令实现。

利用查表指令实现上述功能的程序如下：

```
LEA  BX,Hex_table      ;BX←表首偏移地址
MOV  AL,8              ;AL←8
XLAT                   ;查表转换
```

结果 AL=38H，为 8 所对应的 ASCII 码。

由于待查找元素的序号放在 AL 中，所以表格的最大长度不能超过 256 个字节。

（5）字位扩展指令　字位扩展指令用于将存放在累加器中的符号数的字长扩展 1 倍，扩展原则是将符号位扩展到整个高位。该类指令共有 2 条，均为零操作数格式指令。字位扩展指令的格式及指令的操作见表 3-3。

表 3-3 字位扩展指令

汇编格式	指令的操作
CBW	将 AL 中的 8 位数扩展为 16 位，并存放在 AX 中 若扩展前 AL 的 D_7=1，则扩展后，AH=FFH，AL 不变 若扩展前 AL 的 D_7=0，则扩展后，AH=0，AL 不变
CWD	将 AX 中的 16 位数扩展为 32 位，扩展后的高 16 位存放在 DX 中，低 16 位存放在 AX 中 若扩展前 AX 的 D_{15}=1，则扩展后，DX=FFFFH，AX 不变 若扩展前 AX 的 D_{15}=0，则扩展后，DX=0，AX 不变

【例 3-16】 对以下指令序列，当执行完指令①后，AX=？DX=？若继续执行完指令②，则 AX=？DX=？

```
MOV    DX,1235H
MOV    AL,8EH
CBW            ①
CWD            ②
```

题目解析：由于 8EH 的最高位（符号位）= 1，CBW 指令的执行不影响 DX。故：执行完指令①后，AX = FF8EH，DX = 1234H；而 CWD 是将 AX 的最高位扩展到 DX，故执行完②后，AX = FF8EH，DX = FFFFH。

需要特别注意的是：字位扩展指令仅用于有符号数字长的扩展。对无符号数，若要扩展字长，仅需要在高位补 0 即可。

2. 地址传送指令

顾名思义，地址传送指令的功能就是传送地址。在主机系统中，数据可以存储在寄存器、内存单元和 I/O 端口中。寄存器位于 CPU 内部，其符号名就代表它的地址；端口位于 I/O 接口中，对它的访问需要借助专门的指令（参见本节"输入/输出指令"部分）。故此处的地址传送指令所传送的地址就特指内存单元地址。因此，这类指令的源操作数一定是存储器操作数。

3-6 地址传送指令

8088/8086 指令系统提供了 3 条用于传送地址的指令：LEA、LDS 和 LES。

（1）取偏移地址 LEA 指令　指令格式：

```
LEA    reg16,mem
```

指令中的 reg16 表示 16 位寄存器，mem 表示存储器操作数。LEA 指令将源操作数 mem 的 16 位偏移地址送到指定的 16 位寄存器。这里，源操作数必须是存储器操作数，目标操作数必须是 16 位通用寄存器。因该寄存器常用来作为地址指针，故在此最好选用 4 个间址寄存器之一。

如：

```
LEA    BX,BUFFER       ;将内存中符号地址为 BUFFER 的单元的偏移地址送至 BX
MOV    AL,[BX]         ;取出 BUFFER 中的第一个数据送至 AL
MOV    AH,[BX+1]       ;取出 BUFFER 中的第二个数据送至 AH
```

【例 3-17】 设段地址为 6000H 的内存数据段如图 3-18 所示。试比较以下 LEA 指令和 MOV 指令的执行结果。

```
MOV    BX,1000H
LEA    BX,[BX+50H]
MOV    BX,[BX+50H]
```

题目解析：该程序段的第 1 条 MOV 指令将立即数 1000H 送至 BX；第 2 条指令中，源操作数为存储器操作数，偏移地址 = BX+50H = 1050H。LEA 指令是将源操作数在内存中的偏移地址送至目标操作数，这里源操作数的偏移地址就是 [ ] 中的值，也就是 1050H；第 2 条 MOV 指令是读取了偏移地址为 1050H 的字单元的内容。

执行 LEA 指令和 MOV 指令的执行过程如图 3-18 所示⊖。结果为：

⊖ 简单地说，LEA 指令读取数据在内存中的偏移地址，而 MOV 指令读取数据本身。

第 1 条 MOV 指令执行后，BX = 1000H；LEA 指令执行后，BX = 1050H；第 2 条 MOV 指令执行后，BX = 3231H。

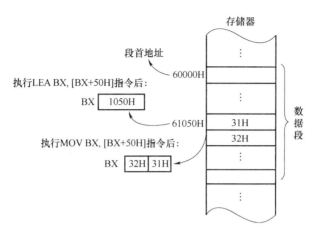

图 3-18 LEA 指令应用举例

LEA 指令在程序中通常用于将变量的偏移地址传送给某个间址寄存器，以便于通过间接寻址或除直接寻址之外的其他存储器操作数寻址方式实现对数据的操作。

如，对例 3-12 的程序，就可以改写为：

```
        LEA    SI,M1        ;源数据块首地址(偏移地址)送至 SI
        MOV    DI,M2        ;目标首地址(偏移地址)送至 DI
        MOV    CX,300       ;数据块长度送至 CX,即循环次数=CX
NEXT:   MOV    AL,[SI]      ;源数据块中第一个字节送至 AL
        MOV    [DI],AL      ;AL 内容送至目标地址,完成一个字节数据的传送
        INC    SI           ;SI 加 1,修改源地址指针
        INC    DI           ;DI 加 1,修改目标地址指针
        DEC    CX           ;CX 减 1,修改循环次数
        JNZ    NEXT         ;若循环次数(CX)不为零,则转移到 NEXT 标号处
        HLT                 ;停止
```

（2）LDS 指令　LEA 指令仅读取了源操作数在内存中的偏移地址，默认源操作数在当前程序模式所定义的数据段中。但 LDS 指令则表示源操作数不在当前数据段，传送的是远地址指针。指令格式及操作：

```
LDS    reg16,mem32
```

其中，源操作数 mem32 是存储器操作数，给出的是内存中 4 个连续存储单元的首地址。目标操作数 reg16 可以是任意的通用寄存器，但与 LEA 指令类似，这里也建议目标操作数选择 BX、BP、SI 或 DI 这 4 个间址寄存器之一。

该指令用于把存储器 mem32 中存放的一个 32 位的远地址指针（包括偏移地址和段地址）送到 reg16 和 DS。4 个存储单元中，低地址字单元的内容是偏移地址，送至 reg16；高地址字单元的内容作为段地址装入段寄存器 DS。

【例 3-18】　根据图 3-19，说明以下指令执行的结果。

```
MOV  BX,1200H
LDS  SI,[BX]
```

题目解析：对 LDS 指令，源操作数所指向的 4 个字节单元中的内容即为指针的段地址和偏移地址。

由图 3-19 知，指令执行后：SI = 8202H，DS = 5764H。

（3）LES 指令　这条指令的格式及功能与 LDS 指令非常相似，不同的是，两个高地址单元中给出的段地址不是送到 DS，而是送到 ES。例如，将例 3-18 中的 LDS 指令改为 LES，则指令执行后：SI = 8202H，ES = 5764H，对 DS 没有影响。

3. 输入/输出（I/O）指令

I/O 指令是专门面向输入/输出端口进行读写的指令，共有两条：IN 和 OUT。输入指令 IN 用于从 I/O 端口读数据到累加器 AL（或 AX）中，而输出指令 OUT 用于把累加器 AL（或 AX）的内容写到 I/O 端口。即从 CPU 方面看，只有累加器 AL（或 AX）才能与 I/O 端口进行数据传送，所以这两条指令也称为累加器专用传送指令。

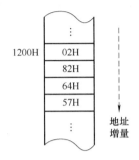

3-7 输入/输出指令

图 3-19　LDS 指令执行示意图

x86 系统可连接多个 I/O 端口，每个端口都可以像内存单元一样用不同的地址来区分。在 IN 和 OUT 指令中，I/O 端口地址允许以两种表现形式，也称为两种寻址方式：

- 直接寻址：指令中的 I/O 端口地址为 8 位，此时允许寻址 256 个端口，端口地址范围为 0~FFH，可以在指令中直接给出（即以常数的形式直接给出）；
- 寄存器间接寻址：指令中的 I/O 端口地址为 16 位，此时可寻址 64K 个端口，端口地址范围为 0~FFFFH。此时，指令中的端口地址必须由 DX 寄存器指定。间接寻址方式的适用范围较大，在编制程序时要尽量采用这种方式。

若用 PORT 表示 8 位端口地址，acc 表示累加器 AL 或 AX，则 IN 和 OUT 指令的格式如下：

（1）输入指令 IN　指令格式：

```
    IN  acc,PORT    ;直接寻址,PORT 为用 8 位立即数表示的端口地址
或   IN  acc,DX      ;间接寻址,16 位端口地址由 DX 给出
```

该指令从端口输入一个字节到 AL 或输入一个字到 AX 中。

（2）输出指令 OUT　指令格式：

```
    OUT PORT,acc    ;直接寻址,PORT 为 8 位立即数表示的端口地址
或   OUT DX,acc      ;间接寻址,16 位端口地址由 DX 给出
```

该指令将 AL（或 AX）的内容输出到指定的端口。

在 x86 的 16 位指令集中，IN 和 OUT 指令可以实现从端口中一次读入（或输出）1 字节或 2 字节数据。端口地址码的长度（8 位或 16 位）取决于系统所管理的端口数量。以下是部分输入/输出指令示例：

○　端口是指输入/输出接口中用于存储信息的功能区，可以简单理解为是 I/O 接口中的寄存器。

```
① MOV  DX,13FBH
  IN   AL,DX         ;从地址为13FBH的端口输入一个字节到AL
② OUT  43H,AX        ;将AX的值输出到地址为43H的端口

③ IN   AX,0F8H       ;从地址为F8H的端口输入一个字到AX㊀
  MOV  DX,033FH
  OUT  DX,AX         ;将读入AX的内容输出到地址为033FH的端口
```

请注意，采用间接寻址的 IN/OUT 指令只能用 DX 寄存器作为间址寄存器。

4. 标志位传送指令

标志位传送指令的操作对象是标志寄存器 FLAGS，共有 4 条：LAHF、SAHF、PUSHF 和 POPF。

（1）LAHF 指令　LAHF 指令将标志寄存器 FLAGS 低 8 位中的 5 个标志位 SF、ZF、AF、PF 和 CF 分别传送到累加器 AH 的对应位，如图 3-20 所示。指令的执行对标志位没有影响。

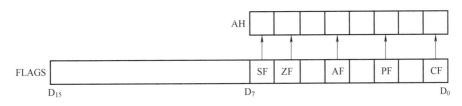

图 3-20　LAHF 指令操作示意图

（2）SAHF 指令　SAHF 指令与 LAHF 指令执行完全相反的操作，即将累加器 AH 中的第 7、6、4、2、0 位分别传送到标志寄存器 FLAGS 的对应位。该指令的执行显然会影响标志位 SF、ZF、AF、PF 和 CF，它们将分别被 AH 中对应位的状态修改，但其他标志位不受影响。

LAHF 与 SAHF 指令一般是配对使用，用于在需要时暂存 5 个标志位的状态。

（3）PUSHF 和 POPF 指令　PUSHF 和 POPF 指令属于堆栈操作指令，它们与 PUSH 和 POP 的执行原理完全一样，唯一不同的是它们的操作数是标志寄存器 FLAGS。PUSHF 指令是将标志寄存器 FLAGS 压入堆栈，指令本身不影响标志位。POPF 则是将堆栈中当前栈顶的两个单元的内容弹出到标志寄存器 FLAGS，指令的执行显然会影响标志位，它用栈顶字单元的内容替代了原标志寄存器的值。

PUSHF 指令和 POPF 指令都可用于在过程调用时保护标志位的状态，并在调用结束后恢复这些状态。PUSHF 和 POPF 指令一般是配对使用。

【例 3-19】　设 SF=1，ZF=0，AF=1，PF=1，CF=0。则执行指令 LAHF 后，AH=？

题目解析：FLAGS 的低 8 位中包含了 SF、ZF、AF、PF 和 CF 5 个标志位（见图 3-21）。

故：执行 LAHF 指令后，AH 各位的状态分别为：10×1×1×0

这里，×表示任意状态，即该指令操作对其不影响。

㊀ 这里的端口地址是 F8H，写成 0F8H，是因为汇编程序（汇编语言源程序的编译程序）的要求。

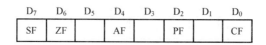

图 3-21 例 3-19 图

3.3.2 算术运算指令

8086 提供了加、减、乘、除四组基本的算术运算指令，可实现字节或字、无符号数和有符号数的运算。指令对操作数的要求类似于数据传送类指令，即单操作数指令中的操作数不允许使用立即数；在双操作数指令中，立即数只能作为源操作数；不允许源操作数和目的操作数都是存储器等。

算术运算涉及运算结果是否可能溢出。由第 1 章可知，无符号数和有符号数的表示方法、数的可表示范围及溢出标志都不一样。有符号数的溢出是一种出错，而无符号数的溢出不能简单地认为是出错，也可看作是向更高位的进位。它们的判断标志分别为 CF 和 OF。

除四组二进制的算术运算指令外，8086 还提供了与之对应的四类十进制调整指令，可将运算结果调整为以 BCD 码表示的十进制数。

算术运算指令大多会对标志位产生影响，下面分别介绍这四组指令。

1. 加法运算指令

加法运算指令有 3 条：普通加法指令 ADD、带进位加法指令 ADC 及加 1 指令 INC。其中，双操作数指令对操作数的要求与 MOV 指令基本相同，但有一点需要注意：段寄存器不能作为加法指令的操作数。

3-8 加法运算指令

（1）普通加法指令 ADD　指令格式：

```
ADD OPRD1,OPRD2        ;OPRD1←OPRD1+OPRD2
```

指令的执行是将源操作数和目标操作数相加，结果送回目标地址中。

这里，源操作数 OPRD1 和目标操作数 OPRD2 均可以是 8 位或 16 位的寄存器或存储器操作数，源操作数还可以是立即数；可以是无符号数，也可以是带符号数。例如：

以下指令是合法的：

```
ADD  CL,20          ;CL←CL+20
ADD  BX,[BX+SI]     ;内存数据段偏移地址为 BX+SI 所指向的字单元内容与 BX 寄存器的值相
                     加,结果送 BX
```

以下两条指令则是非法的：

```
ADD  [SI],[BX]      ;不允许两个操作数都是存储器操作数
ADD  DS,AX          ;不允许把段寄存器作为操作数
```

ADD 指令的执行对全部 6 个状态标志位都会产生影响。

【例 3-20】 请说明以下指令执行后 6 个状态标志位的状态。

```
MOV  AL,20          ;AL←20
ADD  AL,30          ;AL←20+30
```

题目解析：这里的 20 和 30 均为十进制数。两条指令执行后，AL=50，相当于执行了 14H+1EH。即：

```
        00010100
    +)  00011110
        ────────
        00110010
```

因此，执行后 6 个状态标志位的状态分别为：

```
AF=1    表示 bit3 向 bit4 有进位。
CF=0    表示最高位向前无进位。
OF=0    表示无论是有符号数或无符号数加法，其运算结果都不产生溢出。
PF=0    表示 8 位的运算结果中，"1"的个数为奇数。
SF=0    表示运算结果的最高位为"0"。
ZF=0    表示运算结果不为"0"。
```

（2）带进位加法指令 ADC　指令格式：

```
ADC  OPRD1,OPRD2    ;OPRD1←OPRD1+OPRD2+CF
```

ADC 指令与 ADD 指令一样，都是完成两个数相加运算。不同的只是 CF 也要参加求和运算，结果依然送目标操作数。即：ADC 和 ADD 指令的格式及对标志位的影响完全相同，唯一的不同就是目标操作数和源操作数相加后还要加上 CF 的值。

【例 3-21】 设 CF=1，写出以下指令执行后的结果。

```
MOV  AL,7EH
ADC  AL,0ABH
```

题目解析：ADC 指令和 ADD 指令一样，也是求两个数的和，唯一的区别是，ADC 指令需要再加上 CF 的值。

因此，指令执行后：AL=7EH+ABH+1=2AH，且 CF=1。

ADC 指令主要用于多字节加法运算。计算机在一个周期中实现的运算受到字长的限制。对 64 位处理器来说，可以直接进行两个 64 位整数运算。但对 16 位指令集，一次最多只能实现两个 16 位数的运算。但无论如何，计算机运算的字长都是有限的，亦即 1 条加法指令无法实现两个多字节数相加，只能先进行低位相加，再加高位。如同所有用笔进行加法运算一样，高位相加时必须要考虑低位向上的进位。计算机也一样，因此在两个多字节数求和时，不能随便使用 ADD 指令，而需使用 ADC 指令。

（3）加 1 指令 INC　指令格式：

```
INC  OPRD    ;OPRD←OPRD+1
```

INC 指令是将指定操作数的内容加 1，再送回该操作数。其操作类似于 C 语言中的"++"运算符。这里，操作数 OPRD 可以是寄存器或存储器操作数；可以是 8 位，也可以是 16 位。但不能是段寄存器，也不能是立即数。例如：

```
INC  AX              ;AX←AX+1
INC  BYTE PTR[SI]    ;将 SI 内容为偏移地址的存储单元的内容+1,结果送回该单元
```

INC 指令不影响 CF 标志位，但对其他 5 个状态标志 AF、OF、PF、SF 及 ZF 会产生影响。它通常用于在循环程序中修改地址指针及循环次数等。

【例 3-22】 设在内存数据段中存放有两个 10 字节无符号数，数的首地址分别为 MEM1 和 MEM2 中，如图 3-22 所示。试求两数之和并将和存放在 MEM3 为首的区域中。

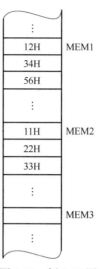

图 3-22 例 3-22 图

题目解析：对 16 位指令集，一次最多只能进行 2 字节数相加。对两个 10 字节数，需要从低位到高位分别求和。可编写循环结构实现。

以下是按字求和的参考代码：

```
        LEA   SI,MEM1    ;SI←被加数首地址
        LEA   DI,MEM2    ;DI←加数首地址
        LEA   BX,MEM3    ;BX←和的首地址
        XOR   DX,DX      ;DX 寄存器清零
        MOV   CX,5       ;CX←循环次数
        CLC              ;CF 标志位清零
NEXT:   MOV   AX,[SI]    ;AX←被加数
        ADC   AX,[DI]    ;AX←相加和
        MOV   [BX],AX    ;16 位数相加和送至 MEM3
        PUSHF            ;保存标志位
        ADD   SI,2       ;修改地址指针
        ADD   DI,2
        ADD   BX,2
        POPF             ;恢复标志位
        DEC   CX         ;修改循环次数
        JNZ   NEXT       ;若 CX≠0 则转向 NEXT,继续求和
        HLT              ;若 CX=0,则程序结束
```

思考：
1) 请分析该程序段中，PUSHF 和 POPF 的作用？若去掉这两条指令，结果会如何？
2) 该程序执行到 HLT 指令时，SI、DI、BX 分别指向内存何处？

2. 减法指令

8086 共有 5 条减法指令：不考虑借位的减法指令 SUB、考虑借位的减法指令 SBB、减 1

指令 DEC、求补指令 NEG 以及比较指令 CMP。

（1）不考虑借位的减法指令 SUB　指令格式：

```
SUB  OPRD1,OPRD2  ;OPRD1←OPRD1-OPRD2
```

SUB 指令是一条双操作数指令，其功能是用目标操作数减去源操作数，并将结果送目标操作数所在地址中。该指令对操作数的要求以及对状态标志位的影响与 ADD 指令完成相同。例如：

```
SUB  BL,80H      ;BL←BL-80H
SUB  AL,[BP+SI]  ;AL-SS:[BP+SI]单元内容,结果送 AL
```

3-9　减法运算指令

（2）考虑借位的减法指令 SBB　指令格式：

```
SBB  OPRD1,OPRD2  ;OPRD1←OPRD1-OPRD2-CF
```

SBB 指令的功能是用目标操作数减去源操作数以及标志位 CF 的值，并将结果送目标操作数所在的地址中。其对操作数的要求以及对状态标志位的影响与 SUB 指令完全相同。SBB 指令主要用于多字节的减法运算，例如：

```
SBB  BL,80H  ;BL←BL-80H-CF
```

（3）减 1 指令 DEC　指令格式：

```
DEC  OPRD  ;OPRD←OPRD-1
```

DEC 指令与 INC 指令一样，是一条单字节指令，其功能是将操作数的值减 1，结果再送回该操作数所在地址。该指令对操作数的要求及对标志位的影响与 INC 指令相同。例如：

```
DEC  AX            ;AX←AX-1
DEC  BYTE PTR[DI]  ;将数据段中 DI 所指单元的内容减1,结果送回该单元中
```

DEC 指令常用于在循环程序中修改循环次数。

【例 3-23】　编写一个延时程序。

题目解析：延时程序，顾名思义就是等一段时间。利用程序语言实现，就是循环执行一段指令代码。

程度段如下：

```
      MOV  CX,0FFFFH  ;送计数初值到 CX
NEXT: DEC  CX         ;计数值 CX 减 1
      JNZ  NEXT       ;若 CX≠0 则转 NEXT
      HLT             ;停止
```

（4）求补指令 NEG　NEG 指令的操作是用 0 减去操作数 OPRD，结果送回该操作数所在地址。指令格式为：

```
NEG  OPRD  ;OPRD←0-OPRD
```

操作数 OPRD 可以是寄存器或存储器操作数，利用该指令可以得到负数的绝对值。之所以把 NEG 指令称为求补指令，是因为对一个负数取补码就相当于用零减去此数。

例如：设 AL=FFH，执行指令 NEG AL 后，AL=0-FFH=01H，即实现了对 FFH（-1 的补码）求补，或者说得到了 AL 中负数的绝对值。

NEG 指令对 6 个状态标志位均有影响,应用该指令时有以下两点需要注意:

1)执行 NEG 指令后,一般情况下都会使 CF 为 1。因为用零减去某个操作数,自然会产生借位,而减法的 CF 值正是反映无符号数运算中的借位情况。除非给定的操作数为零才会使 CF 为 0。

2)当指定的操作数的值为 80H(-128)或为 8000H(-32768)时,则执行 NEG 指令后,结果不变,即仍为 80H 或 8000H,但 OF 置 1,其他情况下 OF 均置 0。

(5)比较指令 CMP 指令格式及操作:

```
CMP  OPRD1,OPRD2  ;OPRD1-OPRD2,结果不送回 OPRD1
```

CMP 指令是用目标操作数减源操作数,但相减的结果不送回目标操作数。即指令执行后两操作数内容不变,而只是影响 6 个状态标志位。指令对操作数的要求及对标志位的影响与 SUB 指令完全相同。

比较指令主要是用来比较两个数的大小关系。我们可以在比较指令执行后,根据标志位的状态判断两个操作数谁大谁小或是否相等。判断方法如下:

1)相等关系。如果 ZF=1,则两个操作数相等;否则不相等。

2)大小关系。分无符号数和有符号数两种情况考虑:

① 对两个无符号数,根据 CF 标志位的状态确定。

若 CF=0,则被减数大于减数(因为若被减数大于减数,则无需借位,即 CF=0)。

② 对两个有符号数,情况要稍微复杂一些,须考虑两个数是同符号还是异符号。因为有符号数用最高位来表示符号,可用 SF 来判断谁大谁小。

• 对两个同符号数,因相减不会产生溢出,即 OF=0。有:

SF=0,被减数大于减数;

SF=1,减数大于被减数。

• 如果比较的两个数符号不相同,此时就有可能出现溢出。

a. 若 OF=0(无溢出),则有:

如果被减数大于减数,SF=0;

如果被减数小于减数,SF=1;

如果被减数等于减数,SF=0,同时 ZF=1。

b. 若 OF=1(有溢出),则有:

如果被减数大于减数,SF=1;

如果被减数小于减数,SF=0。

归纳以上结果,可得出判断两个有符号数大小关系的方法:

当 OF⊕SF=0 时,被减数大于减数;

当 OF⊕SF=1 时,减数大于被减数。

编程序时,一般在比较指令之后都紧跟一个条件转移指令,以根据比较结果决定程序的转向。

【例 3-24】 在内存数据段从 DATA 开始的单元中存放了两个 8 位无符号数,试比较它们的大小,并将大的数送至 MAX 单元。

题目解析:两个无符号数比大小,可以通过 CF 的状态进行判断。

程序段如下:

```
        LEA   BX,DATA          ;DATA 偏移地址送至 BX
        MOV   AL,[BX]          ;第一个无符号数送至 AL
        INC   BX               ;BX 加 1,指向第二个数
        CMP   AL,[BX]          ;两个无符号数进行比较
        JNC   DONE             ;若 CF=0(无进位,表示第一个数大),转向 DONE
        MOV   AL,[BX]          ;否则,第二个无符号数送至 AL
  DONE: MOV   MAX,AL           ;将较大的无符号数送至 MAX
        HLT                    ;停止
```

3. 乘法指令

乘法指令包括无符号数乘法和有符号数乘法指令两种,采用隐含寻址方式,隐含的目标操作数为 AX(与 DX),而源操作数由指令给出。指令可完成两个字节数相乘或字与字相乘。

乘法指令要求乘数和被乘数字长必须相等,而乘积则是两个相乘数的两倍。即:两个 8 位数相乘,乘积为 16 位,存放在 AX 中;两个 16 位数相乘,乘积为 32 位,高 16 位放在 DX 中,低 16 位放在 AX 中。

3-10 乘除运算指令

(1)无符号数乘法指令 MUL 指令格式:

```
MUL  OPRD
```

这里,源操作数 OPRD 可以是 8 位或 16 位的寄存器或存储器。指令的操作为:

```
字节乘法    AX←OPRD×AL
字乘法      DX:AX←OPRD×AX
```

虽然乘法指令实现的是两个数的运算,但由于采用隐含寻址,在形式上属于单操作数指令,因此其操作数不能为立即数。例如:

```
MUL  BX               ;DX:AX←AX×BX
MUL  BYTE PTR[SI]     ;AX←AL×SI
MUL  DL               ;AX←AL×DL
MUL  WORD PTR[DI]     ;DX:AX←AX×(DI 所指向的字单元的内容)
```

两个 8 位数相乘,乘积可能有 16 位;两个 16 位数相乘,乘积可能有 32 位。如果乘积的高半部分(在字节相乘时为 AH,在字相乘时为 DX)不为零,则 CF=OF=1,代表 AH 或 DX 中包含乘积的有效数字;否则 CF=OF=0。对其他标志无定义。

指令中的源操作数应满足无符号数的表示范围。在某些情况,可用左移指令来代替乘法指令,以加快程序的运行速度。这点将在移位指令中说明。

(2)有符号数乘法指令 IMUL IMUL 指令在格式上和功能上与 MUL 指令完全一样。区别主要表现在:

1)操作数的性质不同,MUL 是无符号数,IMUL 要求两乘数都须为有符号数。

2)对无符号数乘法,如果乘积的高半部分(在字节相乘时为 AH,在字相乘时为 DX)不为零,则 CF=OF=1,代表 AH 或 DX 中包含乘积的有效数字;否则 CF=OF=0。对有符号数乘法,若乘积的高半部分是低半部分的符号位的扩展,则 CF=OF=0;否则 CF=OF=1。对其他标志均无定义。

3)无符号数乘法指令中的源操作数应满足无符号数的表示范围,而有符号数乘法指令

中给出的源操作数应满足带符号数的表示范围。

【例 3-25】 设 AL = FEH，CL = 11H，分别将两数视为无符号数和有符号数，求 AL 与 CL 的乘积。

题目解析： 若将两个寄存器中的内容看作无符号数，需要使用 MUL 指令。若将其视为有符号数，则应使用 IMUL 指令。

两个无符号数相乘：

```
MUL  CL
```

指令执行后：AX = 10DEH，因 AH 中的结果不为零，故 CF = OF = 1。

两个有符号数相乘：

```
IMUL  CL
```

指令执行后：AX = FFDEH = −34。因 AH 中内容为 AL 中的符号扩展，故 CF = OF = 0。
出现不同的运算结果，主要是参与运算的数的性质不同。

4. 除法指令

8086 除法指令也包括无符号数的除法指令和有符号数的除法指令两种，同样采用隐含寻址方式，隐含了被除数，而除数由指令给出。

除法指令要求被除数的字长必须为除数字长的两倍。若除数为 8 位，则被除数为 16 位，并放在 AX 中；若除数为 16 位，则被除数为 32 位并放在 DX 和 AX 中，其中 DX 放高 16 位，AX 放低 16 位。

（1）无符号数除法指令 DIV　指令格式：

```
DIV  OPRD
```

指令中的操作数 OPRD 可以是 8 位/16 位寄存器或字节/字存储器操作数。
指令的操作为：

```
字节除法：  AL←AX/OPRD
           AH←AX % OPRD   (%为取余数操作)
```

即 AX 中的 16 位无符号数除以 OPRD。得到的 8 位商放 AL 中，8 位余数放 AH 中。

```
字除法：  AX←(DX:AX)/OPRD
         DX←(DX:AX)% OPRD   (%为取余数操作)
```

即 DX：AX 中的 32 位无符号数除以 OPRD。得到的 16 位商放 AX 中，16 位余数放在 DX 中。

除法运算中，若除数过小而使运算结果超出了 8 位或 16 位无符号数的可表达范围，会出现异常（在 CPU 内部产生一个类型码为 0 的中断）。

例如：

```
DIV  BL               ;AX 除以 BL,商→AL,余数→AH
DIV  WORD PTR[SI]     ;DX:AX 除以 SI 指向的字单元内容,商→AX,余数→DX
```

（2）有符号数除法指令 IDIV　这条指令除要求操作数为有符号数外，在格式上和功能上都和 DIV 指令类似。例如：

```
IDIV  CX              ;DX 和 AX 中的 32 位数除以 CX,商在 AX 中,余数在 DX 中
IDIV  BYTE PTR[BX]    ;AX 除以 BX 所指单元中的内容,商在 AL 中,余数在 AH 中
```

IDIV 指令的结果，商和余数均为带符号数，且余数符号与被除数符号相同。如-26 除以+4，可得到两种结果，一种结果是商-6，余数-2；另一种结果是商-7，余数+2。这两种结果都是正确的，但按照 8086 指令系统的规定，会得前一种结果。

无符号除法指令和有符号除法指令对 6 个标志位均无影响。

除法指令规定被除数的字长必须为除数字长的 2 倍。实际编程中，若被除数字长不够，则对无符号数，可在被除数的高位加 0 扩展字长；对有符号数，需要使用字位扩展指令来扩展字长。

【例 3-26】 分别用 DIV 指令和 IDIV 指令计算 7FA2H÷03DDH。

题目解析：DIV 用于两个无符号数相除，IDIV 用于有符号数除法。

若设两个数是无符号数，则有：

```
XOR   DX,DX
MOV   AX,8FA2H    ;AX=8FA2H
MOV   BX,03DDH    ;BX=03DDH
DIV   BX          ;商→AX=0025H,余数→DX=00B1H
```

若设两个数是有符号数，则有：

```
MOV   AX,0FA2H    ;AX=7FA2H
MOV   BX,03DDH    ;BX=03DDH
CWD               ;使 DX=FFFFH
IDIV  BX          ;商→AX=FFE3H,余数→DX=FFABH
```

5. BCD 码（十进制）运算调整指令

除以上四组基本算术运算指令外，8086 还提供了 6 条用于 BCD 码运算调整指令。BCD 码是用 0 和 1 表示的十进制数，由于处理器能够直接处理的只有二进制（它并不能识别处理 0 和 1 到底是 BCD 码还是二进制码），亦即对任何的 0 和 1，处理器都会按照二进制运算规则进行运算。如此，当运算结果（用十六进制描述）的任意一位大于 9 时，就属于非法 BCD 数，从而影响到结果的正确性。因此，需要借用十进制调整指令将运算结果调整为正确的 BCD 形式。

BCD 调整指令均采用隐含寻址方式，隐含的操作数是累加器 AL（或 AL 和 AH）。它们一般不单独使用，而是与加、减、乘、除指令配合使用，实现 BCD 码的算术运算。

（1）加法的十进制调整指令 因为 BCD 码的存放形式有压缩的 BCD 码和非压缩的 BCD 码，故加法的十进制调整指令也包括压缩的和非压缩的两种。

1）压缩 BCD 码的加法调整指令 DAA。DAA 用于对两个压缩 BCD 码相加之后的和（相加结果须放 AL 中）进行调整，产生正确的压缩 BCD 码（因为按二进制的运算规则做十进制加法，当结果的 BCD 数的任意一位大于 9 或产生进位时，结果肯定不正确。对 BCD 数的减、乘、除也同样有此问题）。调整原理为：

① 若 AL 中低 4 位>9 或 AF=1，则 AL+06H→AL，并使 AF=1。
② 若 AL 中高 4 位>9 或 CF=1，则 AL+60H→AL，并使 CF=1。

【例 3-27】 编写程序，计算 48+27=？

题目解析：这是两个十进制数求和运算。用 0 和 1 来表示两个十进制数（程序代码中可以按十六进制书写）

程序段如下：

```
MOV  AL,48H
ADD  AL,27H
DAA
```

ADD 指令的运算过程为：

```
  01001000
+ 00100111
----------
  01101111
```

48+27 应等于 75，但 ADD 指令运算的结果为 6FH，结果不正确。用 DAA 指令调整。因低 4 位>9，故进行加 6 调整：

```
  01101111
+ 00000110
----------
  01110101
```

可以看出，调整后：AL=01110101，将其视为 BCD 码，则对应的十进制数就是 75。结果正确。

DAA 指令影响除 OF 外的其余 5 个状态标志位。

2）非压缩 BCD 码的加法调整指令 AAA。AAA 对两个非压缩 BCD 数相加之后的和（相加结果须放 AL 中）进行调整，形成一个正确的扩展 BCD 数，调整后的结果低位在 AL 中，高位在 AH 中。调整原理为：

① 若 AL 中低 4 位>9 或 AF=1，则 AL+6，AH+1，并使 AF=1。
② 屏蔽掉 AL 中高 4 位，即 AL←AL∧0FH。
③ CF←AF。

【例 3-28】 用 BCD 码计算 9+4=？要求结果为扩展 BCD 数。

题目解析：与例 3-27 类似，这里也将两个十进制数用 0 和 1 来表示（程序代码中可以按十六进制书写）。

程序段如下：

```
MOV  AL,09H    ;BCD 数 9
MOV  BL,04H    ;BCD 数 4
ADD  AL,BL     ;AL=09H+04H=0DH
AAA            ;AL=0DH+06H=03H(高 4 位清零),AH=1。即 AX=13
```

AAA 指令只影响 AF 和 CF 标志。

DAA 指令和 AAA 指令都须紧跟在 ADD 指令或 ADC 指令后使用，且 ADD 和 ADC 指令的执行结果必须放在 AL 中。

（2）减法的十进制调整指令 减法的十进制调整指令也包括压缩 BCD 码减法调整指令 DAS 和非压缩 BCD 码减法调整指令 AAS 两种。

1）DAS 用于对两个压缩 BCD 码相减后的结果（在 AL 中）进行调整，产生正确的压缩 BCD 码。对标志位的影响与 DAA 指令相同。调整原理为：

① 若 AL 中低 4 位>9 或 AF=1，则 AL-06H，并使 AF=1。

② 若 AL 中高 4 位>9 或 CF=1，则 AL-60H，并使 CF=1。

2) AAS 用于对两个非压缩 BCD 码数相减之后的结果（在 AL 中）进行调整，形成一个正确的非压缩 BCD 码，其低位在 AL 中，高位在 AH 中。调整原理如下：

① 若 AL 中低 4 位>9 或 AF=1，则 AL-6，AH-1，并使 AF=1。
② 屏蔽掉 AL 中高 4 位，即 AL←AL∧0FH。
③ CF←AF。

DAS 和 AAS 指令对标志位的影响与 DAA、AAA 指令相同。

DAS 和 AAS 指令也必须紧跟在减法指令 SUB 或 SBB 后使用，且 SUB 和 SBB 指令的执行结果必须在累加器 AL 中。

(3) 乘法的十进制调整指令 AAM　AAM 是非压缩 BCD 码乘法的十进制调整指令。对两个非压缩 BCD 码数相乘的结果（AX 中）进行调整，以得到正确的结果。AAM 指令的执行原理为：

```
AH←AL/0AH
AL←AL％0AH
```

即把 AL 寄存器的内容除以 0AH，商放 AH 中，余数放 AL 中。

AAM 的操作实质上是把 AL 中的二进制数转换为十进制数，所以对于其十进制值不超过 99 的二进制数，只要用一条 AAM 指令即可实现二-十进制转换。

AAM 指令影响 PF、SF 和 ZF 标志位。

执行 AAM 指令前须先有一条 MUL 指令（BCD 码总视为无符号数）将两个非压缩 BCD 码相乘，结果放在 AL 中，然后用 AAM 指令进行调整，于是 AX 中就可得到正确的非压缩 BCD 码乘积。积的高位在 AH 中，低位在 AL 中。

【例 3-29】　计算 7×9=？要求结果用非压缩 BCD 码表示。

题目解析：程序代码中用十六进制形式来表示两个 BCD 数（十进制数）。

程序段如下：

```
MOV  AL,07H    ;AL=07H,即非压缩 BCD 数 7
MOV  BL,09H    ;AL=09H,即非压缩 BCD 数 9
MUL  BL        ;AX=07H×09H=003FH
AAM            ;AX=0603H,即 AX=非压缩 BCD 数 63
```

(4) 除法的十进制调整指令 AAD　上面介绍的加、减、乘法的十进制调整指令必须跟在相应的指令后面执行，而 AAD 指令则是在进行除法之前执行。即在两个非压缩 BCD 码相除之前，先用一条 AAD 指令进行调整，然后再用 DIV 指令。AAD 指令的操作为：

```
AL←AH*10+AL
AH←0
```

即把 AX 中的非压缩 BCD 码（十位数放 AH，个位数放 AL）调整为二进制数，并将结果放 AL 中。AAD 的操作实质上是把 AX 中的两位十进制数转换为二进制数，所以对于不超过 99 的十进制数，只要用一条 AAD 指令即可实现十-二进制转换。

AAD 指令影响 PF、SF 和 ZF 标志位。

【例 3-30】　计算 23÷4=？

题目解析：23 用扩展 BCD 码可表示为 (00000010 00000011)$_{BCD}$。程序代码中用十六进制形式来表示应为 23H。因除法指令要求被除数是除数的双倍字长，因此要将被除数的两位 BCD 数的字长继续扩展，即十位数的 2 要扩展为 02，个位数的 3 需扩展为 03。写出十六进制形式即为 0203H。

程序段如下：

```
MOV  AX,0203H    ;AX=扩展 BCD 数 23
MOV  BL,4        ;BL=扩展 BCD 数 4
AAD              ;AX=02H×0AH+03H=0017H
DIV  BL          ;AH=03H,AL=05H,即商=5,余数=3
```

执行完 AAD 后，AH=0，AL=17H；再执行 DIV 指令后，AH=3，AL=5。

表 3-4 对以上介绍的十进制调整指令进行了总结。

表 3-4　十进制调整指令一览

BCD 码运算	压缩 BCD 码	非压缩 BCD 码
加 ADD/ADC	DAA	AAA
减 SUB/SBB	DAS	AAS
乘 MUL	—	AAM
除 DIV	—	AAD（在除法指令前使用）

3.3.3　逻辑运算和移位指令

这一类指令包括逻辑运算指令和移位指令两大部分，移位指令中又分为非循环移位指令和循环移位指令。

3-11　逻辑运算指令（一）

1. 逻辑运算指令

8088/8086 提供的逻辑运算指令共有 5 条：AND（逻辑"与"）、OR（逻辑"或"）、NOT（逻辑"非"）、XOR（逻辑"异或"）及 TEST（测试）指令。这些指令可对 8 位或 16 位的寄存器或存储器单元中的内容进行按位操作。除 NOT 指令外，其他 4 条指令对操作数的要求与 MOV 指令相同。它们的执行都会使 CF=OF=0，AF 值不定，并对 SF、PF 和 ZF 有影响。NOT 指令对操作数的要求与 INC 指令相同，但其执行对所有标志位都不影响。

（1）逻辑"与"指令 AND　指令格式：

```
AND  OPRD1,OPRD2    ;OPRD1←OPRD1∧OPRD2
```

AND 指令使源操作数和目标操作数按位相"与"，结果送回目标操作数中。AND 指令在程序中主要应用于三个方面：

1）实现两操作数按位相"与"。例如：

```
AND  AX,[BX]    ;AX 和[BX]所指字单元的内容按位相"与",结果送 AX
```

2）使目标操作数中某些位保持不变，把其他位清 0。例如：

```
AND  AL,0FH    ;将 AL 的高 4 位清 0,低 4 位保持不变
```

此时需要指定一个屏蔽字，屏蔽字各位的设置原则是：目标操作数中哪些位要清 0，就把屏蔽字相对应的位设为 0，其他位设为 1。如上例中，0FH 就是屏蔽字，其高 4 位为 0，低 4 位为 1，表示将 AL 中的高 4 位清除，而低 4 位保留。

3）使操作数不变，但影响 6 个状态标志位，并使 CF＝OF＝0。例如：

```
AND  AX,AX    ;AX 自身按位相"与",不改变 AX 内容,但影响 6 个状态标志位
```

（2）逻辑"或"指令 OR　指令格式：

```
OR  OPRD1,OPRD2    ;OPRD1←OPRD1∨OPRD2
```

指令实现对源操作数和目标操作数按位相"或"，结果送回目标操作数中。对应 AND 指令，OR 指令在程序中也主要应用于以下三个方面：

1）实现两操作数按位相"或"。例如：

```
OR  [BX],AL    ;[BX]单元的内容和 AL 的内容相"或",结果送回[BX]单元
```

3-12　逻辑运算指令（二）

2）使目标操作数某些位保持不变，将另外一些位置为 1。此时源操作数应这样设置：目标操作数哪些位需要置为 1，就把源操作数中与之对应的位设为 1，其他位设为 0。例如：

```
OR  AL,20H    ;将 AL 中的 bit5 位置为 1,其余位不变
```

3）使操作数不变，但影响 6 个状态标志位，并使 CF＝OF＝0。例如：

```
OR  AX,AX    ;AX 内容不变,但影响 6 个状态标志位
```

【例 3-31】　试判断以下程序段的功能

```
OR  AL,AL
JPE CONTINUE
OR  AL,80H
CONTINUE:...
```

题目解析：为了保证数据通信的可靠性，往往需要对传送的 ASCII 码数据进行校验。最简单的一种校验方法就是使用奇偶校验。标准 ASCII 码的字长是 7 位，最高位就是校验位。

上述程序段各条指令的功能标注如下：

```
OR  AL,AL         ;不改变 AL 中的内容,但影响各标志位
JPE  CONTINUE     ;若 PF=1(AL 中 1 的个数为偶数)则转移
OR  AL,80H        ;若 AL 中 1 的个数为奇数则将其变为偶数
CONTINUE:...
```

偶校验要求传送的 ASCII 码中 1 的个数为偶数。因此，上述程序段的功能就是：按偶校验方式进行通信。

（3）逻辑"非"（或称求反）指令 NOT　指令格式：

```
NOT  OPRD
```

NOT 指令是单操作数指令，它将指定的操作数 OPRD 按位取反，再送回该操作数。这里，OPRD 可以是 8 位或 16 位的寄存器或存储器操作数，但不能是立即数。NOT 指令对标志位无影响。

例如：

```
NOT  AX              ;将 AX 中内容按位取反,结果送回 AX
NOT  WORD PTR[SI]    ;将[SI]所指两个单元中的内容按位取反,再送回这两个单元
```

(4) 逻辑"异或"指令 XOR　指令格式及操作：

```
XOR  OPRD1,OPRD2    ;OPRD1←OPRD1⊕OPRD2
```

XOR 指令将源操作数和目标操作数按位进行"异或"运算，结果送回目标操作数。"异或"操作的原则是：两位相同时结果为 0，不同时结果为 1。例如：

```
XOR  AX,1122H    ;AX 的内容与 1122H"异或",结果在 AX 中
```

根据"异或"运算的性质，某一操作数和自身相"异或"，结果为零。在程序中常利用这一特性，使某寄存器清零。例如：

```
XOR AX,AX    ;使 AX 清零
```

(5) 测试指令 TEST　TEST 指令的格式、对操作数的要求及完成的操作和 AND 指令非常类似，区别是：TEST 指令将"与"的结果不送回目标操作数，而只影响标志位。故这条指令常用于在不破坏目标操作数内容的情况下检测操作数中某些位是 1 还是 0。例如：

```
TEST AL,02H   ;若 AL 中 D₁ 位为 1,则 ZF=0,否则 ZF=1
```

【例 3-32】 从 4000H 开始的单元中放有 32 个有符号数，要求统计出其中负数的个数，并将统计结果存入 BUFFER 单元。

题目解析：数的性质由最高位的状态决定。如果最高位为 1，则为负数。可以利用 TEST 指令或 AND 指令进行判断。

程序段如下：

```
        XOR  DX,DX          ;清 DX 内容,DX 用于存放中间结果
        MOV  SI,4000H       ;SI←起始地址
        MOV  CX,20H         ;CX←统计次数
AGAIN:  MOV  AL,[SI]        ;AL←取第一个数
        INC  SI             ;地址指针加 1
        TEST AL,80H         ;测试所取的数是否为负数
        JZ   NEXT           ;不为负数则转 NEXT
        INC  DX             ;若为负数则 DX←DX+1
NEXT:   DEC  CX             ;CX←CX-1
        JNZ  AGAIN          ;若 CX≠0,则继续检测下一个
        MOV  BUFFER,DX      ;统计结果送 BUFFER 单元
        HLT                 ;暂停执行
```

2. 移位指令

移位指令包括非循环移位指令和循环移位指令两类。指令实现将寄存器操作数或内存操作数进行指定次数的移位。所有移位指令在格式上都有共同要求：当移动 1 位时，移动次数由指令直接给出；在移动 2 位或更多位时，移动次数必须要由 CL 寄存器给出。即指令的源操作数是移位次数（1 或 CL），目标操作数是被移动的对象（8 位或 16 位的寄存器或存储器单元）。

即：移位指令虽然在形式上是双操作数格式，但本质上属于单操作数指令。其源操作数表示移动次数。因此，当目标操作数是存储器操作数时，<u>需要利用 PTR 运算符说明其字长</u>。

这类指令的执行大多会影响 6 个状态标志位。

(1) 非循环移位指令　8086 有 4 条非循环移位指令，分别是：算术左移指令 SAL

（Shift Arithmetic Left）、算术右移指令 SAR（Shift Arithmetic Right）、逻辑左移指令 SHL（Shift Logic Left）和逻辑右移指令 SHR（Shift Logic Right）。4 条指令的格式完全相同，可实现对 8 位或 16 位寄存器操作数或内存操作数进行指定次数的移位。逻辑移位指令针对无符号数，算术移位指令针对有符号数。

1）算术左移和逻辑左移指令 SAL/SHL。算术左移指令 SAL 和逻辑左移指令 SHL 执行完全相同的操作，指令执行的操作是将目的操作数的内容左移 1 位或 CL 所指定的位，每左移 1 位，左边的最高位移入标志位 CF，而在右边的最低位补零。SAL/SHL 左移指令操作示意图如图 3-23 所示。

图 3-23 SAL/SHL 左移指令操作示意图

3-13 移位操作指令

2 条指令的格式分别为：
算术左移指令：

```
    SAL  OPRD,1    ;OPRD 算术左移 1 位
或  SAL  OPRD,CL   ;OPRD 算术左移 CL 指定位
```

逻辑左移指令：

```
    SHL  OPRD,1    ;OPRD 逻辑左移 1 位
或  SHL  OPRD,CL   ;OPRD 逻辑左移 CL 指定位
```

在移动次数为 1 的情况下，若移位之后，操作数的最高位与 CF 标志位状态不相同，则 OF=1，否则 OF=0。这可用于判断移位前后的符号位是否一致。另外，指令还影响标志位 PF、SF 和 ZF。

OF=1 对 SHL 指令不表示左移后溢出，而对 SAL 指令则表示移位后超出了符号数的表示范围。

例如：以下两条指令执行后，AL=82H，CF=0，OF=1。

```
MOV  AL,41H
SHL  AL,1
```

这里，若视 82H 为无符号数，则它没有溢出（82H<FFH）；若视它为有符号数，则溢出了（82H>7FH），因为移位后正数变成了负数。

将一个二进制无符号数左移 1 位相当于将该数乘 2，所以可利用左移指令实现把一个数乘上 2^i 的运算。由于左移指令比乘法指令的执行速度快得多，在程序中用左移指令来代替乘法指令可加快程序的运行。

【例 3-33】把数据段 DATA 指向的字单元中的 16 位无符号数乘以 10。

题目解析：同样的问题，可以有不同的解法。两个无符号数相乘，可以用 MUL 指令实现，也可用左移指令实现该乘法运算。

方案一：

```
MOV  AX,DATA   ;AX←被乘数
MOV  BX,10     ;BL←乘数
MUL  BX        ;DX:AX←DATA×10
HLT
```

方案二：

因为 $10x = 8x + 2x = 2^3 x + 2^1 x$，故用左移指令实现的程序代码如下：

```
LEA   SI,DATA     ;DATA 单元的偏移地址送至 SI
MOV   AX,[SI]     ;AX←被乘数
SHL   AX,1        ;AX=DATA×2
MOV   BX,AX       ;暂存 BX
MOV   CL,2        ;CL←移位次数
SHL   AX,CL       ;AX=DATA×8
ADD   AX,BX       ;AX=DATA×10
HLT
```

请分析两种方案的优劣。

2）逻辑右移指令 SHR。该指令格式与 SHL 相同，它将指令中的目标操作数视为无符号数。其操作是将目标操作数顺序向右移 1 位或 CL 指定的位数，每右移 1 位，右边的最低位移入标志位 CF，而在左边的最高位补零。SHR 指令操作示意图如图 3-24 所示。

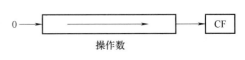

图 3-24　SHR 指令操作示意图

SHR 指令也影响标志位 CF 和 OF。如果移动次数为 1，且移位之后新的最高位和次高位不相等，则标志位 OF=1，否则 OF=0。若移位次数不为 1，则 OF 状态不定。

【例 3-34】　分析执行如下指令后，AL=？CF=？

```
MOV   AL,82H
MOV   CL,2
SHR   AL,CL
```

题目解析：这 3 条指令的功能是将 82H 逻辑右移 2 位。

按照图 3-24 所示的 SHR 执行原理，82H 逻辑右移 2 位后的结果及 CF 标志位的状态如下：上述程序段执行后，AL=20H，CF=1。

该结果说明，无符号数 82H 除以 4，商=20H，余数=1。

与左移类似，每逻辑右移 1 位，相当于无符号的目标操作数除以 2。因此同样可利用 SHR 指令完成把一个数除以 2^i 的运算。SHR 指令的执行速度也比除法指令要快得多。

3）算术右移指令 SAR。SAR 是将指令中目标操作数视为有符号数，格式与 SHR 相同。指令的操作是将目标操作数顺序向右移 1 位或 CL 指定的位数，操作数最低位移入标志位 CF。它与 SHR 指令的区别是，算术右移时最高位不是补零，而是保持不变。SAR 指令操作示意图如图 3-25 所示。将例 3-34 中的 SHR 指令改为 SAR 指令，则指令的执行结果为：AL=E0H，CF=1。

图 3-25　SAR 指令操作示意图

SAR 指令对标志位 CF、PF、SF 和 ZF 有影响，但不影响 OF、AF。同样，算术右移指令也可以完成有符号操作数除以 2^i 的运算。

（2）循环移位指令　8088CPU 有 4 条循环移位指令，它们是：不带进位标志位 CF 的循

环左移指令 ROL、不带进位标志位 CF 的循环右移指令 ROR、带进位标志位 CF 的循环左移指令 RCL 和带进位标志位 CF 的循环右移指令 RCR。循环移位指令的操作数类型及指令格式与非循环移位指令相同。4 条循环移位指令的操作示意图如图 3-26 所示。

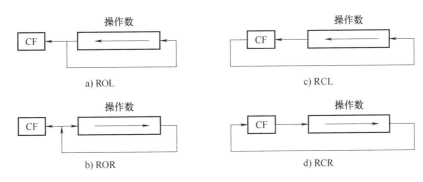

图 3-26 循环移位指令操作示意图

1) 不带 CF 的循环左移指令 ROL。指令格式：

```
    ROL  OPRD,1
或  ROL  OPRD,CL
```

ROL 指令将目标操作数向左循环移动 1 位或由 CL 指定的位数，最高位移入 CF，同时再移入最低位构成循环，进位标志 CF 不在循环之内（见图 3-26a）。

ROL 指令影响标志位 CF 和 OF。若循环移位次数为 1，且移位之后目标操作数的最高位和 CF 值不相等，则标志位 OF=1，否则 OF=0。若移位次数不为 1，OF 状态不定。

例如：执行如下 2 条指令后，AL=05H，CF=1，OF=1。

```
MOV AL,82H
ROL AL,1
```

2) 不带 CF 的循环右移指令 ROR。指令格式：

```
    ROR  OPRD,1
或  ROR  OPRD,CL
```

ROR 指令将目标操作数向右循环移动 1 位或 CL 指定位数，最低位移入 CF，同时再移入最高位构成循环（见图 3-26b）。

ROR 指令影响标志位 CF 和 OF。如果循环移位次数为 1，且移位之后新的最高位和次高位不等，则标志位 OF=1，否则 OF=0。若移位次数不为 1，则 OF 状态不定。

例如：执行如下 2 条指令后，AL=41H，CF=0，OF=1。

```
MOV AL,82H
ROR AL,1
```

3) 带 CF 的循环左移指令 RCL。指令格式：

```
    RCL  OPRD,1
或  RCL  OPRD,CL
```

RCL 指令将目标操作数连同进位标志位 CF 一起向左循环移动 1 位或 CL 指定位数，最高位移入 CF，而 CF 原来的值移入最低位（见图 3-26c）。

RCL 指令对标志位的影响与 ROL 指令相同。

例如：若设数据段、偏移地址为 100AH 单元的内容=8EH，且当前 CF=0，则指令 RCL BYTE PTR [100AH]，1 的执行过程如图 3-27 所示。

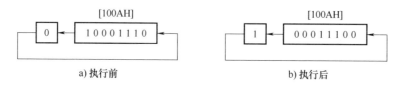

图 3-27 RCL 指令执行举例

4）带 CF 的循环右移指令 RCR。指令格式：

```
    RCR  OPRD,1
或  RCR  OPRD,CL
```

RCR 指令将目标操作数连同进位标志位 CF 一起向右循环移动 1 位或 CL 指定位数，最低位移入 CF，而 CF 原来的值移入最高位（见图 3-26d）。

RCR 指令对标志位的影响与 ROR 指令相同。

循环移位指令与非循环移位指令不同，循环移位后，操作数中原来各位数的信息不会丢失，而只是改变了位置而已（仍在操作数中的其他位置上或 CF 中），如果需要还可恢复（反向移动即可）。

利用循环移位指令可以测试操作数某一位的状态。

【例 3-35】 测试 BL 寄存器中第 4 位的状态，若 bit4=1，则给 AL 赋值 FFH，否则程序结束。要求保持 BL 原内容不变。

题目解析：测试某一位的状态，可以利用 AND 指令或 TEST 指令，也可以用移位操作指令实现。若仅关注待测试位状态而不考虑测试后是否会影响测试位所在的数据，可以利用非循环移位指令（或 AND 指令）；反之，若测试后不允许改变数据，则需要利用循环移位指令（或 TEST 指令）。

由于本例要求应保持 BL 寄存器内容不变，故需要使用循环移位指令。

程序如下：

```
        MOV  CL,4       ;CL←移位次数
        ROL  BL,CL      ;CF←BL 第 4 位(利用循环移位指令,便于测试完成后还原数据)
        JNC  ZERO       ;如果 CF=0 则转到 ZERO
        MOV  AL,0FFH    ;否则,恢复原 BL 内容
ZERO:   ROR  BL,CL      ;恢复原 BL 内容
        HLT             ;暂停执行
```

> 本例显然也可用 TEST 指令来实现，请读者思考。

【例 3-36】 将 DX 和 AX 两个寄存器组合成一个 32 位操作数，一起逻辑左移 1 位。

题目解析：由题意知，将 AX 的最高位移入 DX 的最低位，DX 的最高位移入 CF。执行过程如图 3-28 所示。可用 2 条指令实现。

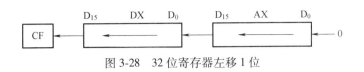

图 3-28 32 位寄存器左移 1 位

代码如下：

```
SHL  AX,1    ;AX 左移 1 位,CF←AX 最高位
RCL  DX,1    ;DX 带进位位循环左移 1 位,DX 最低位←CF
```

3.3.4 串操作类指令

1. 串操作类指令的共同特点

将存储器中地址连续的若干单元的字符或数据称为字符串或数据串。串操作指令是对"串"中每个字符或数据进行同样操作的指令，既可处理字节串，也可处理字串，并在每完成一个字节的操作后，能够自动修改地址指针，以便继续对下一个字节进行操作。串操作指令可以处理的最大串长度为 64K 字节。

3-14 关于串操作指令的说明

串操作指令（除与累加器有关的串操作指令外）具有以下共同点：

1）源串（源操作数）默认在数据段，即段基地址在 DS 中，但允许段重设。偏移地址必须由 SI 寄存器指定。

2）目标串（目标操作数）默认在 ES 附加段中，不允许段重设。偏移地址由 DI 寄存器指定。

3）串长度值须由 CX 寄存器给出。

4）串操作指令本身可实现地址指针的自动修改。在对每个字节操作后，SI 和 DI 寄存器的内容会自动修改，修改方向与标志位 DF 的状态有关。若 DF=0，SI 和 DI 按地址增量方向修改（对字节操作加 1，对字操作则加 2）；否则，SI 和 DI 按地址减量方向修改。

5）可以在串操作指令前使用重复前缀。若使用了重复前缀，在每一次串操作后，CX 的内容会自动减 1。

综上所述，使用串操作指令关键的要点是：应预先设置源串指针（DS、SI）、目标串指针（ES、DI）、重复次数（CX）以及操作方向（DF）。

2. 重复操作前缀

在串操作指令前面加一个适当的重复操作前缀，能够使该指令重复执行，即指令在执行时不仅能够按照 DF 所决定的方向自动修改地址指针 SI 和 DI 的内容，还可在每完成一次操作后自动修改串长度 CX 的值，重复执行串指令，直至 CX=0 或满足指定的条件为止。

用于串操作指令的重复操作前缀分为两类：无条件重复前缀（1 条）及有条件重复前缀（共 4 条），它们分别是：

1）REP：无条件重复前缀——重复执行指令规定的操作，直到 CX=0。

2）REPE/REPZ：相等/结果为零时重复——ZF=1，且 CX≠0 时重复。

3）REPNE/REPNZ：不相等/结果不为零时重复——ZF=0，且 CX≠0 时重复。

加重复操作前缀可简化程序的编写，并加快串运算指令的执行速度。加重复操作前缀之后的串操作指令的执行动作可表示为：

1）执行规定的操作。

2）SI 和 DI 自动增量（或减量）。

3) CX 内容自动减 1。

4) 根据 ZF 的状态自动决定是否重复执行。

3. 串操作指令

串操作指令是 8086 指令系统中，唯一一组能直接处理源操作数和目标操作数都为存储器操作数的指令。串操作指令共有 5 条。

3-15 串传送与串比较指令

1) 串传送指令 MOVS。串传送指令的功能是将源串按字节或字传送到目标串。共有三种指令格式：

```
MOVS    OPRD1,OPRD2
MOVSB
MOVSW
```

第一种格式中，OPRD1 为目标串地址，OPRD2 为源串地址。一般仅在需要对源串进行段重设时使用（如将源串重设到附加段）。通常情况下，更多会采用第二种和第三种格式，此时源串和目标串地址必须符合默认值，即源串在数据段，偏移地址在 SI 中；目标串在附加段，偏移地址在 DI 中。

MOVSB 指令一次完成一个字节的传送，MOVSW 一次完成一个字的传送。

串传送指令实现内存单元到内存单元的数据传送，解决了 MOV 指令不能直接在内存单元之间传送数据的限制。

串传送指令执行流程如图 3-29 所示。作为传送类指令，MOVS 指令常与无条件重复前缀 REP 联合使用，以提高程序运行速度。图 3-29 中点画线框中的功能为加 REP 前缀后 1 条 MOVS 指令所完成的功能。

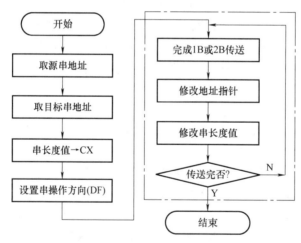

图 3-29 串传送指令执行流程

请注意：

1) 在加前缀的情况下，虚线框内的功能可以用 1 条串操作指令完成。

2) 试对比例 3-12 用 MOV 指令实现的数据串传送。

作为传送类指令，串传送指令的执行不影响标志位。

【例 3-37】 设内存数据段的段基地址为 2000H，附件段的段基地址为 6000H。将数据段

M1 为首地址的 300 个字节数据传送到附加段 M2 为首的内存区域中。

题目解析：此功能可以用 MOV 指令实现（见例 3-12），也可以参照图 3-29 所示的流程，用串传送指令实现。

程序如下：

```
MOV   AX,2000H
MOV   DS,AX          ;设定源串段地址
MOV   AX,6000H
MOV   ES,AX          ;设定目标串段地址
LEA   SI,M1          ;设定源串偏移地址
LEA   DI,M2          ;设定目标串偏移地址
MOV   CX,300         ;串长度送至 CX
CLD                  ;DF=0,使地址指针按增量方向修改
REP   MOVSB          ;每传送一个字节,自动修改地址指针及 CX 直至 CX=0
HLT                  ;暂停执行
```

2）串比较指令 CMPS。与串传送指令一样，串比较指令也有三种格式：

```
CMPS   OPRD1,OPRD2
CMPSB
CMPSW
```

串比较指令与比较指令 CMP 的操作有点类似，CMP 指令比较的是两个数据，而 CMPS 比较的是两个数据串。它将源串地址与目标串地址中的数据串按字节（或字）进行比较，比较结果不送回目标串地址中，而只反映在标志位上。每进行一次比较后自动修改地址指针，指向串中的下一个元素。在以上三种格式中，CMPS 主要用在需要段重设的情况下；CMPSB 是按字节进行比较；CMPSW 是按字进行比较。

串比较指令通常和条件重复前缀 REPE（REPZ）或 REPNE（REPNZ）连用，用来检查两个字符串是否相等。加前缀后的串比较指令的执行原理与图 3-29 所示流程类似。

特别要注意的是，在加条件重复前缀的情况下，结束串比较指令的执行有两种可能：一是不满足条件前缀所要求的条件；二是 CX=0（此时表示已全部比较结束）。因此，在程序中，串比较指令的后边需要一条指令来判断是何种原因结束了串比较。判断的条件是 ZF 标志位，串比较指令的执行会影响 ZF 的状态。对 REPE/REPZ，ZF=1 会重复；对 REPNE/REPNZ，ZF=0 则会重复。CX 是否为零，不影响 ZF 的状态。

【例 3-38】 比较两个字符串是否相同，并找出其中第一个不相等字符的地址，将该地址送至 BX，不相等的字符送至 AL。两个字符串的长度均为 300 个字节，M1 为源串首地址，M2 为目标串首地址。

题目解析：对比两个字符串的一致性，可以使用 CMP 指令，但使用串比较指令可以使程序代码显得简洁。在没有段重设需求的情况下，两个字符串的比较可以采用 CMPSB。

程序如下：

```
LEA   SI,M1          ;SI←源串首地址
LEA   DI,M2          ;DI←目标串首地址
MOV   CX,300         ;CX←串长度
CLD                  ;DF=0,使地址指针按增量方向修改
```

```
        REPE  CMPSB        ;若相等则重复比较
        JZ    STOP         ;若 ZF=1,表示两数据串完全相等,转 STOP
        DEC   SI           ;否则 SI-1,指向不相等单元
        MOV   BX,SI        ;BX←不相等单元的地址
        MOV   AL,[SI]      ;AL←不相等单元的内容
        STOP:HLT           ;停止
```

程序中找到第一个不相等字符后,地址指针自动加 1,所以将地址指针再减 1 即可得到不相等单元的地址。

3)串扫描指令 SCAS。与 MOVS 和 CMPS 指令一样,串扫描指令格式也有三种:

```
        SCAS  OPRD         ;OPRD 为目标串
        SCASB
        SCASW
```

SCAS 指令的执行与 CMPS 指令类似,也是进行比较操作。只是 SCAS 指令的源操作数是累加器 AL 或 AX,即用 AL 或 AX 的值与目标串(由 ES:DI 指定)中的字节或字进行比较,比较结果不改变目标操作数,只影响标志位。

SCAS 指令常用来在一个字符串中搜索特定的关键字(相当于关键字查询)。使用的方法是把要找的关键字放在 AL(或 AX),再利用 SCAS 指令与字符串中各字符逐一比较。

【例 3-39】 在 ES 段中从 2000H 单元开始存放了 10 个英文字符,寻找其中有无字符"A"。若有则将存放"A"的地址送 DATA 单元,将搜索次数存放到 DATA2 单元中。

题目解析:由于英文字符是 ASCII 码,每个字符为 1 字节,故可以将字符"A"送入 AL,利用 SCASB 指令实现。为了能自动实现关键字搜索,可以在 SCASB 前加重复前缀。而作为比较类操作指令,SCAS 前的前缀应为条件重复前缀。对关键字搜索,前提是搜索的区域中多数不会是该关键字。因此,这里应添加不相等重复前缀。

3-16 串扫描指令

程序代码如下:

```
              MOV   DI,2000H    ;目的字符串首地址送至 DI
              MOV   BX,DI       ;首地址暂存在 BX 中
              MOV   CX,10       ;字符串长度送至 CX
              MOV   AL,'A'      ;关键字"A"的 ASCII 码送至 AL
              CLD               ;清 DF,每次扫描后指针增量
              REPNZ SCASB       ;扫描字符串,直到找到"A"或 CX=0
              JZ    FOUND       ;若找到则转移到 FOUND,表示找到
              MOV   DI,0
              JMP   DONE        ;若没有搜索的关键字,则使 DI=0 并无条件转向 DONE
        FOUND:DEC   DI          ;DI-1,指向找到的关键字所在地址
              MOV   DATA1,DI    ;将关键字地址送至 DATA1 单元
              INC   DI
              SUB   DI,BX       ;用找到的关键字地址减去首地址得到搜索次数
        DONE: MOV   DATA2,DI    ;将搜索次数送至 DATA2 单元
              HLT
```

上面的程序中，SCAS 指令加上前缀 REPNZ 表示串元素不等于关键字（ZF=0）且串未结束（CX≠0）时，就继续搜索。若此例改为找到第一个不是"A"的字符，则 SCAS 前应加上前缀 REPZ，表示串元素等于关键字且串未结束时，就继续搜索。

此例中，退出 REPNZ SCASB 串循环有两种可能：一种可能是已找到关键字，从而退出，此时 ZF=1；另一种可能是未搜索到关键字，但串已检索完毕，从而退出，此时 ZF=0，CX=0。因而退出之后，可根据对 ZF 标志的检测来判断是属于哪种情况。

同前一个例子一样，执行 REPNZ SCASB 操作时，每比较一次，目的串指针自动加 1（因 DF=0），所以找到关键字后，需将 DI 内容减 1 才能得到关键字所在地址。

> 请分析：例 3-39 中，利用 SCAS 指令能搜索出 10 个字符中的全部"A"吗？

4）串装入指令 LODS。串装入指令格式有：

```
LODS  OPRD    ;OPRD 为源串
LODSB
LODSW
```

3-17 串装入与串存储指令

LODS 指令把由 DS：SI 指向的源串中的字节或字取到累加器 AL 或 AX 中，并在这之后根据 DF 的值自动修改指针 SI，以指向下一个要装入的字节或字。

LODS 指令不影响标志位，且一般不带重复前缀，因为每重复一次 AL 或 AX 中内容将被后一次所装入的字符所取代。

【例 3-40】 以 MEM1 为首地址的内存区域中有 10 个以非压缩 BCD 码形式存放的十进制数，它们的值可能是 0～9 中的任意一个，试编程序实现将这 10 个数转换为字符格式，并顺序存放到 MEM2 为首的区域中。

题目解析：非压缩 BCD 数是用 8 位二进制码表示 1 位十进制数，高 4 位全部为 0。0～9 的字符为 30H～39H。故该题目就是使每个扩展 BCD 数的高 4 位设为 0011。

程序代码段如下：

```
        LEA  SI,MEM1    ;SI←源串偏移地址
        LEA  DI,MEM2    ;DI←转换后的结果地址
        MOV  CX,10      ;设置串长度
        CLD             ;DF←0
NEXT:   LODSB           ;取一个 BCD 码到 AL
        OR   AL,30H     ;BCD 码转换为对应的 ASCII 码
        MOV  [DI],AL    ;将转换后的字符送至 MEM2 指向的区域
        INC  DI         ;输出显示
        DEC  CX         ;CX←CX-1
        JNZ  NEXT       ;ZF=0 则重复
        HLT
```

LODSB 指令可用来代替以下 2 条指令：

```
MOV  AL,[SI]
INC  SI
```

而 LODSW 指令可用来代替以下 3 条指令：

```
MOV   AX,[SI]
INC   SI
INC   SI
```

5) 串存储指令 STOS。最后一条串操作指令是串存储（也称串送存）指令，同样，该指令也有三种格式：

```
STOS   OPRD   ;OPRD 为目标串
STOSB
STOSW
```

STOS 指令把累加器 AL 中的字节或 AX 中的字存到由 ES：DI 指向的存储器单元中，并在这之后根据 DF 的值自动修改指针 DI 的值（增量或减量），以指向下一个存储单元。利用重复前缀 REP，可对连续的存储单元存入相同的值。指令对标志位没有影响。

【例 3-41】 将内存附加段 6000H：1200H 单元开始的 200 个字存储单元内容清零。

题目解析：可用 MOV 指令实现，也可以用串存储指令实现。

程序如下：

```
MOV   AX,6000H
MOV   ES,AX       ;ES←目标串的段地址
MOV   DI,1200H    ;DI←目标串的偏移地址
MOV   CX,200      ;CX←串长度
CLD               ;DF←0,从低地址到高地址的方向进行存储
MOV   AX,0        ;AX←0,即要存入到目的串的内容
REP   STOSW       ;将 100 个单元清零
HLT
```

3.3.5 程序控制指令

顾名思义，程序控制指令用于控制程序的执行方向，如分支转移、循环控制及过程调用等。这类指令包括转移指令、循环控制指令、过程调用和返回指令、中断指令四大类。

3-18 程序控制指令说明

1. 转移指令

（1）无条件转移指令 JMP　JMP 指令的操作是无条件地使程序转移到指定的目标地址，并从该地址开始执行新的程序段。寻找目标地址的方法有两种：一种是直接的方式，一种是间接的方式。

无条件转移指令可以控制程序在同一代码段内转移（段内转移），还可以在多模块程序中实现不同代码段之间的转移（段间转移）。

1）段内直接转移。指令格式：

```
JMP   [NEAR]   LABEL
```

3-19 无条件转移指令

这里，LABEL 是一个标号，也称为符号地址，它表示转移的目的地。标号前的 NEAR 可以缺省。该标号在本程序所在代码段内。指令被汇编时，汇编程序会计算出 JMP 指令的下一条指令到 LABEL 所指示的目标地址之间的位移量（也就是相距多少个字节单元），该地址位移量可正可负、可以是 8 位的或 16 位的。若位移量为 8 位，表示转移范围为 −128~+127 字节；若位移量为 16 位，表示转移范围为 −32768~+32767

字节。段内转移时的标号前可加运算符 NEAR，也可不加。缺省时为段内转移。

指令的操作是将 IP 的当前值加上计算出的地址位移量形成新的 IP，并使 CS 保持不变，从而使程序按新地址继续运行（即实现了程序的转移）。

例如：以下程序段中，指令①执行后程序将不会继续执行②，而会无条件地转向标号 NEXT，执行指令 OR CL，7FH。

```
        ⋮
    MOV  AX,BX
    JMP  NEXT    ;①
    AND  CL,0FH  ;②
        ⋮
NEXT: OR CL,7FH
```

这里，NEXT 是一个段内标号，汇编程序计算出 JMP 的下条指令（即 AND CL, 0FH）的地址到 NEXT 标号代表的地址之间的距离（也就是相对位移量）。执行 JMP 指令时，将这个位移量加到 IP 上，于是在执行完 JMP 指令后，不再执行 AND CL, 0FH 指令（因为 IP 已经改变），而转去执行 OR CL, 7FH 指令（因为此时 IP 指向这条指令）。

2）段内间接转移。指令格式：

```
JMP  OPRD
```

指令中的操作数 OPRD 是 16 位寄存器或者字存储单元地址，可以采用各种寻址方式。指令的执行是用指定的 16 位寄存器内容或存储器两个单元的内容作为转移目标的偏移地址，用其内容取代原来 IP 的内容，从而实现程序的转移。

例如：

```
① MOV  DI,1200H
② MOV  BX,1300H
③ JMP  BX            ;指令执行后,IP=1300H
```

若将第③条指令用如下指令取代

```
JMP  WORD PTR[BX+DI]
```

设 DS = 30000H，当前内存数据段中内容如图 3-30 所示，则该指令执行后，IP = 2350H。指令的执行过程可以从图 3-30 中非常清晰地看出。

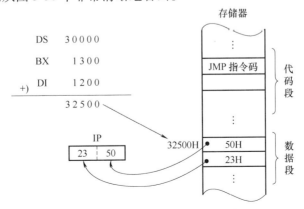

图 3-30 段内间接转移指令操作示意图

在上述指令中,由于操作数 OPRD 是存储器操作数且为单操作数格式,为了说明存储器操作数的字长,需要利用 PTR 运算符说明该存储器操作数是一个字(WORD)[⊖]。另外,由于是段内转移,其范围一定在当前代码段内,所以 CS 的内容不变。

3)段间直接转移。此时转移的目标与 JMP 指令在不同的代码段中。此时 JMP 指令的操作数是 32 位的目标地址,包括 16 位段基地址和 16 位偏移地址。对直接转移方式,指令中用标号(符号地址)方式直接给出了 32 位转移地址。指令格式:

```
JMP  FAR  LABEL
```

这里,FAR 表明其后的标号 LABEL 是一个远标号,即它在另一个代码段内。汇编程序根据 LABEL 的位置确定出 LABEL 所在的段基地址和偏移地址,然后将段地址送入 CS,偏移地址送入 IP,结果使程序转移到另一个代码段(CS:IP)继续执行。例如:

```
JMP  FAR  PTR  NEXT      ;远转移到 NEXT 处
JMP  8000H:1200H         ;IP←1200H,CS←8000H
```

4)段间间接转移。指令格式:

```
JMP  OPRD
```

这里,操作数 OPRD 是一个 32 位的存储器地址。指令的执行是将指定的连续四个内存单元的内容送入 IP 和 CS(低字内容送入 IP,高字内容送入 CS),从而程序转移到另一个代码段继续执行。此处的存储单元地址可采用本章前面讲过的各种寻址方式(立即数和寄存器方式除外)。

【例 3-42】 设指令执行前:DS = 3000H,BX = 3000H,[33000H] = 0BH,[33001H] = 20H,[33002H] = 10H,[33003H] = 80H。画图表示如下指令的执行过程:

```
JMP  DWORD  PTR[BX]
```

题目解析: 由于 PTR 运算符说明存储器操作数[BX]是 DWORD[⊖],即 32 位操作数,说明该 JMP 指令为无条件段间转移指令。

段间间接转移操作示意图如图 3-31 所示。指令执行后,IP = 200BH,CS = 8010H。转移目标的物理地址 = 8210BH。JMP 指令对标志位无影响。

无论段内转移还是段间转移,实际编程中会更多采用直接转移模式,用符号表示转移目标。

(2)条件转移指令 Jcc   8088/8086 共有 19 条不同的条件转移指令,见表 3-5。它们根据其前一条指令执行后标志位的状态来决定程序是否转移。若满足转移指令所规定的条件,则程序转移到指令指定的地址去执行从那里开始的指令;若不满足条件,则顺序执行下一条指令。所有的条件转移都是直接寻址方式的短转移,即只能在以当前 IP 值为中心的 -128 ~ +127 字节范围内转移。条件转移指令不影响标志位。

由于条件转移指令是根据状态标志位的状态决定是否转移。因此在使用时,其前一条指令应是执行后能够对相应状态标志位产生影响的指令。例如,要判断两个无符号数的大小,应当用 CMP 指令,然后根据执行后 CF 的状态,在其后使用 JNC(或 JC)指令决定如果目标操作数大(或小),程序转移到何处执行。

3-20 条件转移指令

⊖ PTR 运算符将在第 4 章 4.1.2 节介绍。

⊖ DWORD 即为 Double word 之意,表示 32 位二进制。

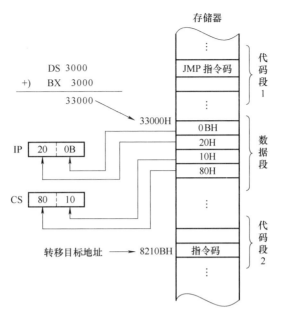

图 3-31 段间间接转移操作示意图

表 3-5 条件转移指令

指令名称	汇编格式	转移条件	备注
CX 内容为 0 转移	JCXZ target	CX = 0	
大于/不小于等于转移	JG/JNLE target	SF = OF 且 ZF = 0	带符号数
大于等于/不小于转移	JGE/JNL target	SF = OF	带符号数
小于/不大于等于转移	JL/JNGE target	SF ≠ OF 且 ZF = 0	带符号数
小于等于/不大于转移	JLE/JNG target	SF ≠ OF 或 ZF = 1	带符号数
溢出转移	JO target	OF = 1	
不溢出转移	JNO target	OF = 0	
结果为负转移	JS target	SF = 1	
结果为正转移	JNS target	SF = 0	
高于/不低于等于转移	JA/JNBE target	CF = 0 且 ZF = 0	无符号数
高于等于/不低于转移	JAE/JNB target	CF = 0	无符号数
低于/不高于等于转移	JB/JNAE target	CF = 1	无符号数
低于等于/不高于转移	JBE/JNA target	CF = 1 或 ZF = 1	无符号数
进位转移	JC target	CF = 1	
无进位转移	JNC target	CF = 0	
等于或为零转移	JE/JZ target	ZF = 1	
不等于或非零转移	JNE/JNZ target	ZF = 0	
奇偶校验为偶转移	JP/JPE target	PF = 1	
奇偶校验为奇转移	JNP/JPO target	PF = 0	

在有些情况下，需要用两个或两个以上标志位的状态组合来判断是否实现转移。例如，

对有符号数的比较，需根据符号标志 SF 和溢出标志 OF 的组合来判断，若包含"等于"条件，还需组合 ZF 标志。

【例 3-43】 设内存的数据段首地址为 TABLE 的区域中存放了 100 个 8 位有符号数，试统计其中正元素、负元素和零元素的个数，并分别将个数存入 PLUS、MINUS 和 ZERO 三个单元中。

题目解析：为实现上述功能，可先将 PLUS、MINUS 和 ZERO 三个单元清零，之后将数据表中的带符号数逐个放入 AL，再利用条件转移指令测试该数是正数、负数还是零，再分别在对应的单元中计数。

程序代码如下：

```
START:  XOR  AL,AL          ;AL 清零
        MOV  PLUS,AL        ;PLUS 单元清零
        MOV  MINUS,AL       ;MINUS 单元清零
        MOV  ZERO,AL        ;ZERO 单元清零
        LEA  SI,TABLE       ;数据表首地址送 SI
        MOV  CL,100         ;表长度送 CL
        CLD                 ;使 DF=0
CHECK:  LODSB               ;取一个数到 AL
        OR   AL,AL          ;操作数自身相"或",仅影响标志位
        JS   X1             ;若为负,转 X1
        JZ   X2             ;若为零,转 X2
        INC  PLUS           ;否则为正,PLUS 单元加 1
        JMP  NEXT           ;
X1:     INC  MINUS          ;MINUS 单元加 1
        JMP  NEXT           ;
X2:     INC  ZERO           ;ZERO 单元加 1
NEXT:   DEC  CL             ;CL 减 1
        JNZ  CHECK          ;若 ZF=0 转 CHECK
        HLT                 ;停止
```

2. 循环控制指令

循环控制指令顾名思义是在循环程序中用来控制循环的，其控制转向的目标地址是以当前 IP 内容为中心的−128~+127 范围内。循环次数必须预先送入 CX 寄存器中。一般情况下，循环控制指令放在循环程序的开始或结尾。

循环控制指令共有 3 条，它们均不影响标志位。

3-21 循环控制指令

（1）LOOP 指令 指令格式：

```
LOOP  LABEL
```

这里的 LABEL 相当于一个近地址标号。指令的执行是先将 CX 内容减 1，再判断 CX 是否为零，若 CX≠0，则转至目标地址继续循环；否则就退出循环，执行下一条指令。即 LOOP 指令相当于以下两指令的组合：

```
DEC  CX
JNZ  NEXT
```

【例 3-44】 在以 DATA 为首地址的内存数据段中，存放有 200 个 16 位带符号数，试找出其中最大和最小的符号数，并分别放在 MAX 和 MIN 为首的内存单元中。

题目解析： 为寻找最大和最小的数，可先取出数据块中的一个数据作为标准，将其同时暂存于 MAX 和 MIN 中，然后使其他数据分别与 MAX 和 MIN 中的数进行比较，若大于则取代原 MAX 中的数，若小于 MIN 内容，则将新数放于 MIN 中，最后就得出了数据块中最大和最小的带符号数。要注意的一点是，比较带符号数的大小时，应采用 JG 和 JL 等用于符号数的条件转移指令。程序如下：

```
START:  LEA  SI,DATA      ;SI←数据块首地址
        MOV  CX,200       ;CX←数据块长度
        CLD               ;清方向标志 DF
        LODSW             ;AX←一个 16 位带符号数
        MOV  MAX,AX       ;将该数送 MAX
        MOV  MIN,AX       ;将该数送 MIN
        DEC  CX           ;CX←CX-1
NEXT:   LODSW             ;取下一个 16 位带符号数
        CMP  AX,MAX       ;与 MAX 单元内容进行比较
        JG   LARGER       ;若大于则转 LARGER
        CMP  AX,MIN       ;否则再与 MIN 单元内容进行比较
        JL   SMALL        ;若小于 MIN 的内容则转 SMALL
        JMP  GOON         ;否则就转至 GOON
LARGER: MOV  MAX,AX       ;MAX←AX
        JMP  GOON         ;
SMALL:  MOV  MIN,AX       ;MIN←AX
GOON:   LOOP NEXT         ;CX-1,若 CX≠0 则转 NEXT
        HLT
```

（2）LOOPZ（或 LOOPE）指令　指令格式：

```
    LOOPZ  LABEL
或  LOOPE  LABEL
```

该指令在执行时先使 CX 内容减 1，再根据 CX 中的值及 ZF 值来决定是否继续循环。继续循环的条件是：CX≠0，且 ZF=1；若 CX=0 或者 ZF=0，则退出循环。

（3）LOOPNZ（或 LOOPNE）指令　指令格式：

```
    LOOPNZ  LABEL
或  LOOPNE  LABEL
```

本指令与 LOOPZ 指令类似，只是其中 ZF 条件与之相反。它先将 CX 内容减 1，然后判断 CX 和 ZF 的内容，在 CX≠0 且 ZF=0 的条件下，就转至目标地址继续循环，否则退出循环。

【例 3-45】 比较两组输入端口的数据是否一致。主端口的首地址为 MAIN_PORT，冗余端口的首地址为 REDUNDANT_PORT，端口数目均为 NUMBER。

题目解析： 对端口的访问需要利用输入/输出指令。对两组数据的比较可以使用 CMP 指令结合 LOOP 指令，也可以利用 CMP 指令结合条件循环指令实现。

```
            MOV   DX,MAIN_PORT          ;DX←主端口地址指针
            MOV   BX,REDUNDANT_PORT     ;BX←冗余端口地址指针
            MOV   CX,NUMBER             ;CX←端口数
    TOP:    IN    AX,DX                 ;AX←从主端口输入一个数据
            XCHG  AX,BP                 ;主端口输入的数据暂存于BP
            INC   DX                    ;主端口地址指针加1
            XCHG  BX,DX                 ;DX←冗余端口地址指针
            IN    AX,DX                 ;AX←从冗余端口输入一个数据
            INC   DX                    ;冗余端口地址指针加1
            XCHG  BX,DX                 ;两端口地址指针恢复到原寄存器中
            CMP   AX,BP                 ;比较两端口的数据
            LOOPE TOP                   ;若两端口数据相等且CX-1≠0,则转TOP
            JNZ   PORT_ERROR            ;若两端口数据不相等,则转至PORT_ERROR
            ⋮
    PORT_ERROR:
```

3. 过程调用和返回指令

在编程过程中，为了节省内存单元，往往将程序中常用到的具有相同功能的部分独立出来，编写成一个独立的程序模块，称之为子过程（或子程序）。程序执行中，主程序在需要时可随时调用这些子程序，子程序执行完以后，又返回到主程序继续执行。在需要时还可多级调用，过程调用示意图如图3-32所示。8088/8086指令系统为实现这一功能提供了调用指令CALL和返回指令RET。

3-22 过程调用指令

调用指令CALL执行时，CPU先将下一条指令的地址（称为返回地址）压入堆栈保护起来，然后将子程序入口地址赋给IP（或CS和IP），以便转到子程序执行。

返回指令RET一般安排在子程序末尾，执行RET时，CPU将堆栈顶部保留的返回地址弹出到IP（或CS和IP），这样即可返回到CALL的下一条指令，继续执行主程序。

由于子程序有可能与主程序同在一个段内，也有

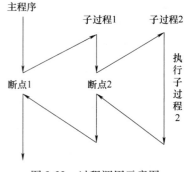

图3-32 过程调用示意图

可能不同在一个段内。所以与无条件转移指令一样，CALL指令也有四种形式，即段内直接调用、段内间接调用、段间直接调用以及段间间接调用。

（1）段内直接调用　指令格式：

```
CALL   NEAR PROC
```

这里，PROC是一个近过程的符号地址，表示指令调用的过程是在当前代码段内，式中的NEAR可以缺省。指令在汇编后，会得到CALL指令的下一条指令与被调用过程的入口地址之间相差的16位相对位移量（也可以理解为是字节表示的距离）。

CALL指令执行时，首先将下面一条指令的偏移地址压入堆栈，然后将指令中16位的相对位移量和当前IP的内容相加，新的IP内容即为所调用过程的入口地址（确切地说是入

口地址的偏移地址）。执行过程表示如下：

```
SP←SP-2
SP←IP
IP←被调用过程的入口地址
```

例如，指令 CALL TIME 执行将调用一个名为 TIME 的近过程。

（2）段内间接调用　指令格式：

```
CALL OPRD
```

这里，OPRD 为 16 位寄存器或两个存储器单元的内容。这个内容代表的是一个近过程的入口地址。指令的操作是将 CALL 指令的下一条指令的偏移地址压入堆栈，若指令中的操作数（OPRD）是一个 16 位通用寄存器，则将寄存器的内容送入 IP；若是存储单元，则将存储器的两个单元的内容送入 IP。例如：

```
CALL AX              ;IP←AX,子程序的入口地址由 AX 给出
CALL WORD PTR[BX]    ;IP←([BX+1]:[BX])
                     ;子程序的入口地址为数据段[BX]和[BX+1]两个存储单元的内容
```

（3）段间直接调用　指令格式：

```
CALL FAR PROC
```

这里，PROC 是一个远过程的符号地址，表示指令调用的过程在另外的代码段内。

指令在执行时先将 CALL 指令的下一条指令的地址，即 CS 和 IP 寄存器的内容压入堆栈，然后用指令中给出的段地址取代 CS 的内容，偏移地址取代 IP 的内容。执行过程如下：

```
SP←SP-2,([SP+1]:[SP])←CS   ;CS←被调用过程入口的段地址
SP←SP-2,([SP+1]:[SP])←IP   ;IP←被调用过程入口的偏移地址
```

例如，指令"CALL 3000H：2100H"直接给出了被调用过程的段地址和偏移地址"3000H：2100H"。

（4）段间间接调用　指令格式：

```
CALL OPRD
```

这里，OPRD 为 32 位的存储器地址。指令的操作是将 CALL 指令的下一条指令的地址，即 CS 和 IP 的内容压入堆栈，然后把指令中指定的连续 4 个存储单元的内容送入 IP 及 CS，低地址的 2 个单元内容为偏移地址，送入 IP；高地址的 2 个单元内容为段地址，送入 CS。

段间间接调用指令操作示意图如图 3-33 所示。这里假设 DS = 6000H，SI = 0560H，执行指令 CALL DWORD PTR [SI] 后，所调用程序的入口地址存放在当前数据段 SI 所指向的连续 4 个字节单元中。其中，SI 所指向的字单元内容为子过程入口的偏移地址，[SI+2] 字单元的内容为子过程入口的段基地址。

（5）返回指令 RET　指令格式：

```
RET
```

返回指令执行与调用指令相反的操作。对于近过程（与主程序在同一段内），用 RET 返

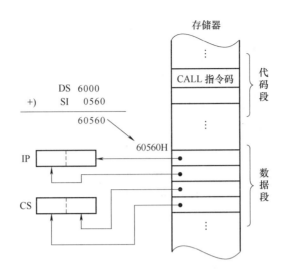

图 3-33　段间间接调用指令操作示意图

回主程序时，只需从堆栈顶部弹出一个字的内容给 IP，作为返回的偏移地址。对于远过程（与主程序不在同一段），用 RET 返回主程序时，则需从堆栈顶部弹出两个字作为返回地址，先弹出一个字的内容给 IP，作为返回的偏移地址，再弹出一个字的内容给 CS，作为返回的段地址。

无论是段间返回还是段内返回，返回指令在形式上都是 RET。

返回指令一般作为子程序的最后一条语句。所有的返回指令都不影响标志位。

4. 中断指令

所谓中断，是指在程序运行期间，因某种随机或异常的事件，要求 CPU 暂时中止正在运行的程序，转去执行一组专门的中断服务程序来处理这些事件，处理完毕后又返回到原被中止处继续执行原程序的过程。

3-23　中断指令

引起中断的事件叫作中断源，它可以是在 CPU 内部，也可以是在 CPU 外部。内部中断源引起的中断称为内部中断，相应地，外部中断源引起的中断就称为外部中断。8088/8086 中断系统分为外部中断（或叫硬件中断）和内部中断（或叫软件中断）；外部中断主要用来处理外设和 CPU 之间的通信；内部中断包括运算异常及中断指令引起的中断。

中断指令用于产生软件中断，以执行一段特殊的中断处理过程。中断指令主要有以下几个用途：

- 用户程序可通过中断指令调用操作系统提供的特殊子程序（称为系统功能调用）。这些特殊子程序为用户程序提供了控制台输入/输出、文件系统、软硬件资源管理、通信等丰富的服务，在用户程序中只要用一条中断指令即可使用这些服务，而不用再自己编写类似的程序，大大简化了应用软件的开发。
- 用来实现一些特殊的功能，如调试程序时单步运行、断点等。
- 调用 BIOS 提供的硬件低层服务。

关于中断的详细论述将在本书第 6 章详细介绍，这里仅介绍指令的格式及操作。8088/8086 指令系统提供了 3 条与软件中断相关的指令，包括 INT、INTO 和 IRET 指令，这里仅介绍较常用的 INT 指令和 IRET 指令。

(1) INT 指令　指令格式：

```
INT n
```

这里，n 为中断向量码（也称中断类型码），是一个常数，取值范围为 0~255。

指令执行时，CPU 根据 n 的值计算出中断向量的地址，然后从该地址中取出中断服务程序的入口地址，并转到该中断服务子程序去执行。中断向量地址的计算方法是将中断向量码 n 乘 4。INT 指令的具体操作步骤如下：

1) SP←SP-2,([SP+1]:[SP])←FLAGS　　　　;把标志寄存器的内容压入堆栈

2) TF←0,IF←0　　　　　　　　　　　　　　;清除 IF 和 TF，保证不会中断正在执行的中断子程序,并且不响应单步中断

3) SP←SP-2,([SP+1]:[SP])←CS
   SP←SP-2,([SP+1]:[SP])←IP　　　　　　 ;把断点地址(即 INT 指令的下一条指令的地址)压入堆栈

4) IP←([n×4+1]:([n×4]) CS←([n×4+3]:([n×4+2])　;由 n×4 得到中断向量地址,并进而得到中断处理子程序的入口地址

以上操作完成后，CS：IP 就指向中断服务程序的第一条指令，此后 CPU 开始执行中断服务子程序。

INT n 指令除复位 IF 和 TF 外，对其他标志无影响。

从 CPU 执行中断指令的过程可以看出，INT 指令的基本操作与存储器寻址的段间间接调用指令非常相似，不同的是：

1) INT 指令要把标志寄存器 FLAGS 压入堆栈，而 CALL 指令不保存 FLAGS 内容。

2) INT 指令影响 IF 和 TF 标志，而 CALL 指令不影响。

3) 中断服务程序入口地址放在内存的固定位置，以便通过中断向量码找到它。而 CALL 指令可任意指定子程序入口地址的存放位置。

(2) 中断返回指令 IRET　中断返回指令 IRET 用于从中断服务子程序返回到被中断的程序继续执行。任何中断服务子程序无论是由外部中断引起的还是由内部中断引起的，其最后一条指令都是 IRET 指令。该指令首先将堆栈中的断点地址弹出到 IP 和 CS，接着将 INT 指令执行时压入堆栈的标志字弹出到标志寄存器，以恢复中断前的标志状态。显然本指令对各标志位均有影响。指令的操作为：

1) IP←([SP+1]:[SP])，SP←SP+2
2) CS←([SP+1]:[SP])，SP←SP+2
3) FLAGS←([SP+1]:[SP])，SP←SP+2

3.3.6　处理器控制指令

这类指令是针对 CPU 操作的指令，如修改标志寄存器，以及使 CPU 暂停、使 CPU 与外部设备同步等。这类指令全部为零操作数格式，分为标志位操作指令和外部同步指令两大类。

3-24　处理器控制指令

7 条标志位操作类指令中，针对 CF 标志位操作的 3 条指令常用于多字节运算；针对 DF 操作的 2 条指令在串操作时用于确定操作发现；而 2 条 IF 标志位操作指令则用于中断控制时对外部可屏蔽中断请求的响应控制。

处理器控制指令见表 3-6。

表 3-6 处理器控制指令

汇编格式		操　作
标志位操作指令	CLC	CF←0　　;清进位标志位
	STC	CF←1　　;进位标志位置位
	CMC	CF←$\overline{\text{CF}}$　　;进位标志位取反
	CLD	DF←0　　;清方向标志位，串操作从低地址到高地址
	STD	DF←1　　;方向标志位置位，串操作从高地址到低地址
	CLI	IF←0　　;清中断标志位，即关中断
	STI	IF←1　　;中断标志位置位，即开中断
外部同步指令	HLT	暂停指令，使 CPU 处于暂停状态，常用于等待中断的产生
	WAIT	当 TEST 引脚为高电平（无效）时，执行 WAIT 指令会使 CPU 进入等待状态，主要用于 8088 与协处理器和外部设备的同步
	ESC	处理器交权指令，用于与协处理器配合工作
	LOCK	总线锁定指令，主要为多机共享资源设计
	NOP	空操作指令，消耗 3 个时钟周期，常用于程序的延时等

3.4　32 位新增指令简介

8088/8086 指令系统是 80x86 系列 CPU 的 16 位指令集。由于从 80386 起增加了虚地址模式，因此 Intel 的 32 位系统增加了虚地址模式下的寻址方式，其指令集也随之扩充，功能进一步增强。本节以 80386 为例，简要介绍 x86CPU 在 8086 指令系统基础上新增的指令功能及寻址方式。

3.4.1　80x86 虚地址下的寻址方式

相对于实地址模式下对操作数的 8 种寻址方式，80x86 增加了虚地址下寻址 32 位数的寻址能力，见表 3-7。

表 3-7 80x86 寻址方式

寻址方式	操 作 示 例	
立即寻址	MOV　EAX, 12345678H	;将 32 位立即数送入 32 位寄存器 EAX
直接寻址	MOV　EAX,［11202020H］	;直接给出 32 位地址
寄存器寻址	MOV　EAX, EBX	;将 32 位寄存器 EBX 的内容送到 EAX
寄存器间接寻址	MOV　EBX,［EAX］	;将数据段中偏移地址为 EAX 内容的 4 个字节数送入 EBX
寄存器相对寻址	MOV　AX, DATA［EBX］	;将 EBX 的内容与 32 位位移量 DATA 的和所指的 2 单元的内容送入 AX
基址-变址寻址	MOV　EAX,［EBX］［ESI］	;将数据段中 EBX+ESI 所指的 4 单元内容送入 EAX

（续）

寻址方式	操作示例	
基址-变址-相对寻址	MOV　EAX,［EBX+EDI+0FFFFFF0H］	
带比例因子的变址寻址	MOV　EAX,DATA［ESI×4］	；将变址寄存器 ESI 的内容乘上一个比例因子，再加上位移量形成存放操作数的有效偏移地址
带比例因子的基址-变址寻址	MOV　EBX,［EDX×4］［EAX］	；将数据段中（EDX×4）+EAX 所指 4 单元的内容送入 EBX
带比例因子的基址-变址-相对寻址	MOV　EAX,［EBX+DATA］［EDI×4］	

注：1. 80x86 允许所有的通用寄存器都可用作间接寻址。除 ESP 和 EBP 默认数据在堆栈段外，其他通用寄存器作为间址寄存器时，都默认数据在数据段，但允许段重设。

2. 在基址-变址-相对寻址方式中，当位移量是 32 位时，基址寄存器和变址寄存器可以是任何一个通用寄存器。由基址寄存器决定数据默认在哪一个段。

3. 在带比例因子的变址寻址，比例因子的选取与操作数的字长相同，如操作数可以是 1 字节、2 字节、4 字节或 8 字节，相应地，比例因子可以是 1、2、4 或 8。乘比例因子的那个寄存器被认为是变址寄存器，操作数默认的段由选用的基址寄存器决定。

3.4.2　80x86 CPU 新增指令简述

从 80386 CPU 开始，处理器进入了 32 位时代，具有 32 位的内部通用寄存器和 32 位数据总线，可以进行 32 位数据的并行操作。它们的指令系统中除加强了 8086 部分指令的功能外，主要是增加了对 32 位数的操作，80386 及以上微处理器主要新增或增强指令见表 3-8。

表 3-8　80386 及以上微处理器主要新增或增强指令

指令类型	汇编格式	操作说明
数据传送及扩展指令	MOVSX　reg,reg/mem	源操作数是 8 位/16 位寄存器/存储器，目标操作数是 16 位或 32 位的寄存器。指令的功能是将源操作数的符号位扩展后送到目标地址。若源操作数是 8 位，则扩展为 16 位；若源操作数是 16 位，则扩展为 32 位
	MOVZX　reg,reg/mem	与 MOVSX 的格式和操作相同，只是将高位全部扩展为 0
堆栈操作指令	PUSH/POP imm	imm 可以是 16 位或 32 位立即数
	PUSHA/POPA	保存/弹出全部 16 位寄存器集
	PUSHAD/POPAD	保存/弹出全部 32 位寄存器集
	PUSHFD/POPFD	保存/弹出 32 位标志寄存器
串输入/串输出指令	INS（INSB/INSW/INSD 等）	从 I/O 设备传送字节、字或双字数据到 DI 寻址的附加段内的存储单元
	OUTS（OUTSB/OUTSW/OUTSD 等）	从 SI 寻址的数据段存储单元把字节、字或双字数据传送到 I/O 设备

（续）

指令类型	汇编格式	操作说明
字节交换指令①	BSWAP reg	将给定32位寄存器内的第1字节与第4字节及第2字节与第3字节交换
条件传送指令②	CMOV（CMOVB/CMOVS/CMOVZ 等）	指令根据当前标志位的状态，决定是否进行数据传送
交换并相加指令①	XADD reg/mem, reg	指令中的操作数可以是8位、16位或32位的寄存器或存储器，指令的执行将目标操作数和源操作数相加，结果送回目标地址；同时，目标地址中的原值送入源操作数地址中。同加法指令一样，指令的执行会对状态标志位产生影响
比较交换指令①	CMPXCHG reg/mem, reg	使目标操作数与累加器内容比较，若相等，将源操作数复制到目标操作数；若不相等，就将目标操作数复制到累加器中
双精度移位指令	SHRD reg/mem, reg, imm	将目标操作数中的内容逻辑右移 imm 指定的位数，移位后，中间操作数中右边的 imm 位移入目标操作数左边 imm 位中
	SHLD reg/mem, reg, imm	将目标操作数中的内容逻辑左移 imm 指定的位数，移位后，中间操作数中最左边的 imm 位移入目标操作数最右边 imm 位中
位测试与置位指令	BT reg/mem, reg BT reg/mem, imm	测试目标操作数中由源操作数所指定位的状态，并将该位的状态复制到进位标志位 CF 中
	BTC reg/mem, reg BTC reg/mem, imm	测试目标操作数中由源操作数所指定位的状态，并将该位取反后复制到 CF 中
	BTR reg/mem, reg BTR reg/mem, imm	测试目标操作数中由源操作数所指定位的状态，并在将该位复制到 CF 中后将该位清 "0"
	BTS reg/mem, reg BTS reg/mem, imm	测试目标操作数中由源操作数所指定位的状态，并在将该位复制到 CF 中后将该位置 "1"
高级语言类	BOUND reg, mem（数组边界检查指令）	源操作数是两个存储单元，其内容分别表示上界和下界。指令用于测试目标寄存器中的内容是否属于上下界之内，若不属于则产生5号中断；满足则不进行任何操作
	ENTER OPRD1, OPRD2（设置堆栈空间指令）	为高级语言正在执行的过程设置堆栈空间。OPRD1 是 16 位常数，表示堆栈区域的字节数；OPRD2 是 8 位常数，表示允许过程嵌套的层数
	LEAVE（撤销堆栈空间指令）	撤销 ENTER 指令所设置的堆栈空间。一般与 ENTER 指令配对使用

(续)

指令类型	汇编格式	操作说明
控制保护类	LAR（装入访问权限） LGDT（装入全局描述符表） LIDT（装入 8 字节中断描述符表） LLDT（装入局部描述符表） LTR（装入任务寄存器） LMSW（装入机器状态字） VERR（存储器或寄存器读校验） ARPL（调整已请求特权级别）	LSL（装入段限符） SGDT（存储全局描述符表） SIDT（存储 8 字节中断描述符表） SLDT（存储局部描述符表） STR（存储任务寄存器） SMSW（存储机器状态字） VERW（存储器或寄存器写校验） CLTS（清除任务转移标志）

注：reg—寄存器操作数，mem—存储器操作数，imm—立即数。
① 仅在 Intel 80486 及其以上微处理器中使用。
② 仅在 Intel Pentium 及其以上微处理器中使用。

习　题

一、填空题

1. 若 8088/8086 CPU 各寄存器的内容为：AX = 0000H，BX = 0127H，SP = FFC0H，BP = FFBEH，SS = 18A2H。现执行以下 3 条指令：

① PUSH BX

② MOV　AX，[BP]

③ PUSH AX

在执行完第①条指令后，SP =（　　　）。若再继续执行完指令③，则 AX =（　　　），BX =（　　　），SP =（　　　）。

2. 从中断服务子程序返回时应使用（　　　）指令。

3. 要将 AL 寄存器的最高位（bit7）置为 1，同时保持其他位不变，应使用（　　　）指令。

4. 数据段中 28A0H 单元的符号地址为 VAR，若该单元中内容为 8C00H，则执行指令：LEA AX，VAR 后，AX 的内容为（　　　）。

5. 下列程序执行后，BX 中的内容为（　　　）。

```
MOV  CL,3
MOV  BX,0B7H
ROL  BX,1
ROR  BX,CL
```

二、简答题

1. 8088/8086 CPU 共有几种寻址方式？请简述各种寻址方式的特点。

2. 设 DS = 6000H，ES = 2000H，SS = 1500H，SI = 00A0H，BX = 0800H，BP = 1200H。请分别指出下列各条指令源操作数的寻址方式，并计算除立即寻址外的其他寻址方式下源操作数的物理地址。

(1) MOV　AX，BX

(2) MOV　AX，4[BX][SI]

(3) MOV　AL，'B'

(4) MOV　DI，ES：[BX]

(5) MOV　DX，[BP]

3. 设 DS = 202AH，CS = 6200H，IP = 1000H，BX = 1200H，位移量 DATA = 2，内存数据段区 BX 所指向

各单元内容如图 3-34 所示。试确定下列转移指令的转移地址。

(1) JMP　BX

(2) JMP　WORD PTR［BX］

(3) JMP　DWORD PTR［BX+DATA］

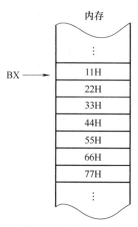

图 3-34　题二-3 图

4. 试说明指令 MOV　BX，5［BX］与指令 LEA BX，5［BX］的区别。

5. 判断下列指令是否正确，若有错误，请指出并改正之。

(1) MOV　AH，CX　　　　　(2) MOV　33H，AL

(3) MOV　AX，［SI］［DI］　　(4) MOV　［BX］，［SI］

(5) SUB　BYTE　PTR［BP］，256　(6) MOV　DATA[SI]，ES：AX

(7) JMP　BYTE　PTR［BX］　　(8) OUT　230H，AX

(9) MOV　DS，BP　　　　　(10) MUL　39H

6. 试比较无条件转移指令、条件转移指令、调用指令和中断指令有什么异同？

7. 说明以下程序段的功能。

```
STD
LEA  DI,[1200H]
MOV  CX,0F00H
XOR  AX,AX
REP  STOSW
```

8. 试描述 x86CPU 主要新增了哪些类型指令？

三、编程题

1. 按下列要求写出相应的指令或程序段：

(1) 写出两条使 AX 内容为 0 的指令；

(2) 使 BL 寄存器中的高 4 位和低 4 位互换；

(3) 屏蔽 CX 寄存器的 b11、b7 和 b3 位；

(4) 测试 DX 中的 b0 和 b8 位是否为 1。

2. 编写程序，实现将+46 和-38 分别乘以 2。

3. 试编写程序，统计 BUFFER 为起始地址的连续 200 个单元中 0 的个数。

4. 写出完成下述功能的程序段：

(1) 从地址 DS：1200H 中传送一个数据 56H 到 AL 寄存器；

（2）将 AL 中的内容左移 2 位；

（3）AL 的内容与字节单元 DS：1201H 中的内容相乘；

（4）将乘积存入字单元 DS：1202H 中。

5. 设内存数据段中 M1 为首地址的字节单元中存放有 3 个无符号字节数，试编写程序，求这 3 个数之和及 3 个数的乘积，并将结果分别存放在 M2 和 M3 单元中。

6. 试编写程序，利用串操作指令，实现按减地址方向将数据段 1000H～1010H 传送到附加段 2000H 开始的区域中。

第 4 章 汇编语言程序设计

汇编语言是计算机能够提供给用户使用的最快且最有效的语言，也是能够利用计算机所有硬件特性并能直接控制硬件的唯一语言。

汇编语言是机器语言的文本表示。当用如 C、Java 等高级语言编写程序时，计算机屏蔽了程序的细节，使程序无法了解程序在计算机上的具体实现过程，从而也就难以真正理解计算机的工作原理。与此相反，当用汇编语言编写程序时，程序员必须使用程序的低级指令（如第 3 章所介绍的 x86 基本指令集）来完成计算。汇编语言以其执行速度快和能够实现对硬件的直接控制等独特优点，被应用在实时性要求较高的系统、部分嵌入式系统等软件开发中。特别是作为底层语言，学习汇编程序有助于对计算机基本工作过程的理解。本章介绍汇编语言源程序的基本结构、汇编语言的语法及程序设计的基本方法。

4.1 汇编语言基础

4-1 汇编语言源程序（一）

任何一段计算机程序都是用某种计算机语言来编写的。根据计算机语言是更接近人类还是更接近计算机，可将其分为高级语言和低级语言。低级语言包括机器语言和汇编语言两种。

机器语言（Machine Language）是用二进制码来表示指令和数据的语言，是计算机硬件系统唯一能够直接理解和执行的语言，具有执行速度快、占用内存少等优点。但是其不直观、不易被理解和记忆，因此编写、阅读和修改程序都比较麻烦。

汇编语言（Assembly Language）弥补了机器语言的不足，它用指令助记符、符号地址、标号和伪指令等来书写程序。由于助记符接近于自然语言，因此与机器语言相比，它在程序的编写、阅读和修改方面都比较方便，不易出错，且执行速度和机器语言程序相同。

用汇编语言编写的程序称为汇编语言源程序，将汇编语言源程序"翻译"成机器语言目标程序的过程称为汇编（Assemble），完成汇编过程的系统程序叫作汇编程序（Assembler）。

汇编语言和机器语言一样，都是面向具体机器的语言。不同种类的 CPU 具有不同的汇编语言，互相之间不能通用（但同一系列的 CPU 向前兼容）。例如，x86 系列 CPU（包括 Intel 公司和 AMD 公司最新型的微处理器）的汇编语言程序就不能在 PowerPC 系列的 CPU 上运行，这是它与高级语言很本质的区别之一。因此，使用汇编语言编写程序，需要对它所适用的计算机系统的结构及工作原理有一定的了解。

相对于低级语言，高级语言（High Level Language）更接近人类的语言表达，所以用高级语言编写的程序易读、易编，相对比较简短（本书在第 1 章 1.1.1 节中曾给出了一个用 C

语言编写的 Hello.c 程序）。它与具体的计算机无关，不受 CPU 类型的限制，通用性很强。用高级语言编程不需了解计算机内部的结构和原理，对于非计算机专业的人员来讲比较易于掌握。实现相同的功能，用高级语言实现时语句看上去要比汇编程序复杂得多，需要占用更多的内存，编译或解释的过程也要花费更多的时间。图 4-1 分别给出了用机器语言、汇编语言和 C 语言实现的比较两个数大小的程序段，以帮助仅了解高级语言的读者对低级语言有直观的认识。

```
B8 5F5F
8E D8
A1 0000
8B 1E 0002
3B C3
72 07
8D 16 001C
EB 05
8D 16 0004
B4 09
CD 21
B4 4C
CD 21
```

a) 机器语言

```
        mov  ax,data
        mov  ds,ax
        mov  ax,var1
        mov  bx,var2
        cmp  ax,bx
        jb   le1
gr1:    lea  dx,grea
        jmp  dis
le1:    lea  dx,less
dis:    mov  ah,9
        int  21h
        mov  ah,4ch
        int  21h
```

b) 汇编语言

```c
#include<stdio.h>
int main()
{
    int x,y;
    printf("Please enter two integer:\n");
    scanf_s("%d%d",&x,&y);
    if(x>y)
        printf("The maxium number is % d\n",x);
    else
        printf("The maxium number is % d\n",y);
    return 0;
}
```

c) C 语言

图 4-1　比较内存中两个数大小并输出的三种不同语言实现

随着计算机技术的发展，已极少直接使用机器语言编写程序。汇编语言主要应用在对程序执行速度要求较高而内存容量又有限的场合（如某些工控和实时控制系统中），或需要直接访问硬件的场合等。高级语言的优势是众所周知的，但它也有所需内存容量大、执行速度相对较慢等缺点。为了扬长避短，有时在一个程序中，对执行速度或实时性要求较高的部分用汇编语言编写，而其余部分则可用高级语言编写。

4.1.1　汇编程序与汇编语言源程序

汇编程序与汇编语言源程序是两个完全不一样的概念。汇编语言源程序是由指令助记符表示的指令序列构成、实现某项功能的程序；汇编程序则是汇编语言源程序的编译程序，用于将源程序"翻译"成机器语言目标程序。

4-2　汇编语言源程序（二）

1. 汇编语言源程序结构

一个完整的汇编语言源程序通常由若干个逻辑段（Segment）组成，包括数据段、附加段、堆栈段和代码段，它们分别映射到存储器中的物理段上。每个逻辑段以 SEGMENT 语句开始，以 ENDS 语句结束，整个源程序用 END 语句结尾。

代码段中存放源程序的所有指令码，数据、变量等则放在数据段和附加段中。程序中可以定义堆栈段，也可以直接利用系统中的堆栈段。具体一个源程序中要定义多少个段，要根据实际需要来定。但一般来说，一个源程序中可以有多个代码段，也可以有多个数据段、附加段及堆栈段，但一个源程序模块只可以有一个代码段，一个数据段、一个附加段和一个堆栈段。将源程序以分段形式组织，是为了在程序汇编后，能将指令码和数据分别装入存储器的相应物理段中。

为了帮助读者建立起汇编语言源程序的整体概念，下边先给出一个完整的汇编语言源程序的结构框○。

```
段名 1  SEGMENT
          ⋮
段名 1  ENDS
段名 2  SEGMENT
          ⋮
段名 2  ENDS
          ⋮
段名 n  SEGMENT
          ⋮
段名 n  ENDS
        END
```

2. 汇编语言语句类型及格式

汇编语言源程序的语句可分为两大类：指令性语句和指示性语句。指令性语句是由指令助记符等组成的、可被 CPU 执行的语句，第 3 章中介绍的所有指令都属于指令性语句；指示性语句用于告诉汇编程序如何对程序进行汇编，是 CPU 不执行的指令，由于它并不能生成目标代码，故又称其为伪操作语句或伪指令。

汇编语言的语句由若干部分组成，指令性语句和指示性语句在格式上稍有一点区别。以下是两种语句的一般格式。

指令性语句的一般格式为：

```
[标号:]  [前缀]  操作码  [操作数[,操作数]] [;注释]
```

指示性语句的一般格式为：

```
[名字] 伪操作  操作数[,操作数,...] [;注释]
```

式中，加方括号的是可选项，可以有，也可以没有，需要根据具体情况来定。

指令性语句和指示性语句在格式上的区别主要有：

1) "标号"和"名字"。指令性语句中的"标号"和指示性语句中的"名字"在形式上类似，但标号表示指令的符号地址，需要加上":"。名字通常表示变量名、段名和过程名等，其后不加":"。不同的伪操作对于是否有名字有不同的规定，有些伪操作规定前面必须有名字，有些则不允许有名字，还有一些可以任选。名字在多数情况下表示的是变量名，用来表示存储器中一个数据区的地址。

2) 指令性语句中的操作数最多为双操作数，也可以没有操作数。而指示性语句中的操作数至少要有一个，并可根据需要有多个，当操作数不止一个时，相互之间用逗号隔开。

例如：

```
START:MOV  AX,DATA       ;指令性语句,将立即数 DATA 送入累加器 AX
DATA1 DB  11H,22H,33H    ;指示性语句,定义字节型数据。"DB"是伪操作
```

○ 逻辑段具体定义方法详见本章第 4.2 节。

注释（Comment）是汇编语言语句的最后一个组成部分。它并非必须，加上的目的是增加源程序的可读性。对一个较长的应用程序来讲，如果从头到尾没有任何注释，读起来会很困难。因此，最好在重要的程序段前面以及关键的语句处加上简明扼要的注释。注释的前面要求加上分号（;）。注释可以跟在语句后面，也可作为一个独立的行。如果注释的内容较多，超过一行，则换行以后前面还要加上分号。注释不参加程序汇编，即不生成目标程序，它只是为程序员阅读程序提供方便。

指令性语句的操作码和前缀在第 3 章中已进行了详细的讨论，伪操作将在本章第 4.2 节中予以介绍。下面主要讨论汇编语言语句中的操作数。

4.1.2 汇编语言语句中的操作数

操作数是汇编语言语句中的一个重要组成部分，它可以是寄存器、存储器单元或数据项。而数据项又可以是常量、标号、变量和表达式。

1. 常量（Constant）

常量包括数字常量和字符串常量两种。数字常量可以用不同的数制表示：

(1) 十进制常量　以字母"D"（Decimal）结尾或不加结尾，如 23D，23。

(2) 二进制常量　以字母"B"（Binary）结尾的二进制数，如 10101001B。

(3) 十六进制常量　以字母"H"（Hexadecimal）结尾，如 64H，0F800H。程序中，若是以字母 A~F 开始的十六进制数，在前面要加一个数字 0。

字符串常量是用单引号括起的一个或多个 ASCII 码字符。汇编程序将其中每一个字符分别翻译成对应的一个字节的 ASCII 值，如 'AB'，汇编时将其翻译为 41H、42H。

2. 标号（Label）

指令的标号是由程序员确定的，它不能与指令助记符或伪指令重名，也不允许由数字打头，字符个数不超过 31 个。

指令性语句中的标号代表存放一条指令的存储单元的符号地址，其后须加冒号。并不是每条指令性语句都必须有标号，但如果一条指令前面有一个标号，则程序中其他地方就可以引用这个标号。因此可以作为转移（无条件转移或条件转移）、过程调用以及循环控制等指令的操作数。

标号具有三种属性：段值、偏移量和类型。

(1) 标号段值属性　标号段值属性是标号所在段的段地址，当程序中引用一个标号时，该标号应在代码段中。

(2) 标号偏移量属性　标号偏移量属性是标号所在段的段首到定义该标号的地址之间的字节数（即偏移地址），偏移量是一个 16 位无符号数。

(3) 标号类型属性　标号的类型有两种：NEAR 和 FAR。前一种称为近标号，只能在段内被引用，地址指针为 2 个字节。后一种称为远标号，可以在其他段被引用，地址指针为 4 个字节。

3. 变量（Variable）

变量与标号一样也具有三种属性。

(1) 变量的段属性　变量的段属性就是它所在段的段地址，因为变量一般在存储器的数据段或附加段中，所以变量的段值在 DS 或 ES 寄存器中。

(2) 变量的偏移量属性　变量的偏移量属性是该变量所在段的起始地址到变量地址之

间的字节数。

（3）**变量的类型属性** 变量的类型有 BYTE（字节）、WORD（字）、DWORD（双字）、QWORD（四字）、TBYTE（十个字节）等，表示数据区中存取操作对象的大小。

变量是存储器中某个数据区的名字，由于数据区中内容是可以改变的，因此，变量的值也可以改变。变量在指令中可以作为存储器操作数引用。

变量名由字母开头，其长度不能超过 31 个字符。在使用变量时应注意以下两点：

（1）变量类型与指令的要求必须相符　例如：

```
    MOV   AX,VAR1      ;要求 VAR1 必须定义为字类型变量,否则这里的引用就是错误的
    MOV   BL,VAR2      ;要求 VAR2 必须定义为字节型变量,否则这里的引用就是错误的
```

（2）在定义变量时，变量名对应的是数据区的首地址　如果数据区中有多个数据，则在对其他数据操作时，需修改地址。例如：

```
    NUM   DB   11H,22H,33H
    ⋮
    MOV   BL,NUM             ;将 11H 送 BL
    MOV   AL,NUM+2           ;将 33H 送 AL
```

4. 表达式（Expression）

汇编语言语句中的表达式不是指令，本身不能执行。在程序汇编时，汇编程序将表达式进行相应的运算，得出一个确定的值。所以，在程序执行时，表达式本身已是一个有确定值的操作数，表达式仅是将求其值的计算任务交给了汇编程序来完成。表达式中常用的运算符有以下几种：

（1）**算术运算符** 表达式中常用的算术运算符有 +、-、*、/ 和 MOD（取余数）等。当算术运算符用于数值表达式时，其汇编结果是一个数值。例如：

```
    MOV   AL,8+5
等价于
    MOV   AL,13
```

当算术运算符用于地址表达式时，通常只使用其中的"+"和"-"两种运算符。例如：VAR+2 表示变量 VAR 的地址加上 2 得到新的存储单元地址。

【例 4-1】 将字数组 NUM 的第 8 个字送入累加器 AX。

题目解析：变量 NUM 是数组的首地址，所指向的单元地址为 NUM+0，其内容是 NUM 字数组的第 1 个字。由于 NUM 为字数组，其每个数组元素为 16 位。因此，实现上述功能的指令为：

```
    MOV   AX,NUM+(8-1)*2   ;NUM+(8-1)*2 是第 8 个字所在字单元的偏移地址
或  MOV   AX,NUM+14
```

（2）**逻辑运算符** 逻辑运算符包括 AND、OR、NOT 和 XOR。逻辑运算符只用于数值表达式，用来对数值进行按位逻辑运算，并得到一个数值结果。例如：

```
    MOV   AL,0ADH AND 0CCH
```

该指令完全等价于：

```
    MOV   AL,8CH
```

请注意逻辑运算符和逻辑运算指令助记符的区别,虽然两者对应的名称一样(AND、OR、XOR、NOT),但不要混淆。

(3) 关系运算符　关系运算符共有 6 个:EQ(等于)、NE(不等于)、LT(小于)、GT(大于)、LE(小于等于)、GE(大于等于)。参与关系运算的必须是两个数值,或同一段中的两个存储单元地址,运算结果是一个逻辑值。当关系不成立(为假)时,结果为 0;当关系成立(为真)时,结果为 0FFFFH。例如:

```
MOV   AX,4 EQ 3    ;关系不成立,汇编成指令 MOV   AX,0
MOV   AX,4 NE 3    ;关系成立,汇编成指令 MOV   AX,0FFFFH
```

(4) 取值运算符和属性运算符　取值运算符用来分析一个存储器操作数的属性,而属性运算符则可以规定存储器操作数的某个属性。

1) 取值运算符。这里介绍常用的两个取值运算符 OFFSET 和 SEG。

① OFFSET 运算符用于得到一个标号或变量的偏移地址,例如:

```
MOV   SI,OFFSET DATA1   ;将变量 DATA1 的偏移地址送入 SI
```

该指令在功能上与下面的指令执行结果相同:

```
LEA   SI,DATA1    ;取 DATA1 的偏移地址送入 SI
```

② SEG 运算符可以得到一个标号或变量的段地址。例如:

```
MOV   AX,SEG DATA    ;将变量 DATA 的段地址送入 AX
MOV   DS,AX          ;DS←AX
```

2) 属性运算符 PTR。属性运算符用来指定位于其后的存储器操作数的类型,仅对所在的指令有效,其作用在第 3 章中已通过示例展示过,例如:

```
CALL  DWORD PTR[BX]   ;说明存储器操作数为 4 个字节长,即调用远过程
MOV   AL,BYTE PTR[SI] ;将 SI 指向的一个字节数送入 AL
```

如果一个变量已经定义为字变量,利用 PTR 运算符可以修改它的属性。例如,变量 VAR 已定义为字,现要将 VAR 当作字节操作数使用,则:

```
MOV   AL,VAR           ;指令非法,因为两操作数字长不相等
MOV   AL,BYTE PTR VAR  ;强制将 VAR 变为字节操作数
```

(5) 其他运算符

1) 方括号 [ ]。指令中用方括号表示存储器操作数,方括号里的内容表示操作数的偏移地址。

2) 段重设运算符":"。运算符":"(冒号)跟在某个段寄存器名(DS、ES、SS)之后表示段重设,用来指定一个存储器操作数的段属性,而不管其原来隐含的段是什么。间址寄存器 DI 默认指向数据段,但可以用段重设运算符将其重设到其他逻辑段。例如:

```
MOV   AX,ES:[DI]    ;把 ES 段中由 DI 指向的字操作数送入 AX
```

4.2　伪指令

指示性语句中的伪操作命令,无论表示形式或其在语句中所处的位置都与 CPU 指令相

似，因此也称为伪指令。但二者之间有着重要的区别。

首先，CPU 指令在程序运行时由 CPU 执行，每条指令对应 CPU 的一种特定的操作，如数据传送、算术运算等；而伪操作命令在汇编过程中由汇编程序执行，如定义数据、分配存储区、定义段以及定义过程等。其次，汇编以后，每条 CPU 指令都被汇编并产生一条与之对应的目标代码，而伪操作则不产生与之相应的目标代码。

宏汇编程序 MASM 提供了几十种伪操作，限于篇幅，本节仅介绍几种常用的伪指令。

4-3 数据定义伪指令

4.2.1 数据定义伪指令

数据定义伪指令用于定义变量的类型、给变量赋初值，并指示汇编程序为变量分配相应的存储空间。

1. 数据定义伪指令格式

数据定义伪指令的一般格式为：

```
[变量名]  伪操作符  操作数[,操作数 ...]
```

方括号中的变量名为可选项，其后不跟冒号。变量名是变量的标识，多数情况下，定义变量时需要基于按意取名的原则给出变量名。

常用的数据定义伪操作符有以下五种：

（1）DB（Define Byte） 定义变量为字节类型。变量中的每个操作数占一个字节（0~0FFH）。DB 伪指令也常用来定义字符串。

（2）DW（Define Word） 定义变量为字类型。DW 伪指令后面的每个操作数都占用 2 个字节。在内存中存放时，低字节在低地址，高字节在高地址。

（3）DD（Define Double Word） 用来定义双字类型的变量。DD 伪指令后面的每个操作数都占用 4 个字节。在内存中存放时，同样是低字节在低地址，高字节在高地址。

（4）DQ（Define Quad Word） 定义四字（QWORD，8 个字节）类型的变量。在内存中存放时，低字节在低地址，高字节在高地址。

（5）DT（Define Ten Bytes） 定义十字节（TBYTE）类型的变量。DT 伪操作后面的每个操作数都为 10 个字节的压缩 BCD 数。

2. 操作数

数据定义伪指令中的操作数至少应有 1 个，也可以有多个（操作数的个数取决于逻辑段的大小）。操作数可以是常数、表达式或字符串。一个数据定义伪指令可以定义多个数据元素，但每个数据元素的值不能超过由伪操作所定义的数据类型限定的范围。例如，DB 伪指令定义数据的类型为字节，则所定义的数据元素的范围为 0~255（无符号数）或 -128~+127（有符号数）。字符和字符串都必须放在单引号中。超过两个字符的字符串只能用于 DB 伪指令。例如：

```
DATA  DB  11H,33H              ;定义包含两个元素的字节变量 DATA
NUM   DW  100*5+88             ;定义一个字类型变量 NUM,其初值为表达式的值
STR   DB  'Hello!'             ;定义一个字符串,字符串的首地址为 STR
SUM   DQ  0011223344556677H    ;定义 4 字节变量 SUM
ABC   DT  1234567890H          ;定义 10 字节变量 ABC
```

> **特别注意**：和 C 语言类似，汇编语言也没有专门定义字符串的伪操作符。对字符串的定义，汇编语言要求必须使用 DB 伪指令。

3. 重复操作符和"?"符

某些情况下，需要定义一个用于写入数据的存储区（此时并不关心数据在写入前该存储区中的值），或者某些同样的操作数需要重复多次。这种情况下，可用重复操作符 DUP 实现。

DUP 的一般应用格式为：

```
[变量名]   数据定义伪操作符   n DUP(初值[,初值...])
```

圆括号中为重复的内容，n 为重复次数。该语句的含义是：定义 n 个存储空间，每个存储空间具有相同的初值，均为圆括号中的内容（即圆括号中的值重复 n 次），而圆括号中每个初值的字长符合伪操作符性质。

【例 4-2】 画图表示下列变量在内存中的存放顺序。

```
VAR1    DB    11H,'HELLO!'
VAR2    DW    12H,3344H
VAR3    DD    1234H
VAR4    DW    2 DUP(88H)
VAR5    DB    2 DUP(56H,78H)
```

题目解析：题中定义了 5 个变量，各变量在内存中的存放顺序如图 4-2 所示。

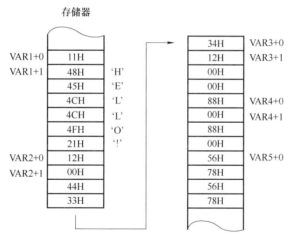

图 4-2　例 4-2 变量定义图

问号"?"符的含义是随机值，常用于给变量保留相应的存储单元，而不赋予变量确定的值。

例如：

```
DATA1   DW    ?                ;为字变量 DATA1 分配 2 个字节的空间,初值为任意值
DATA2   DB    20 DUP(?)        ;为变量 DATA2 分配 20 个字节存储空间,每个单元的初值为任意值
DATA3   DB    10 DUP(30H)      ;为变量 DATA3 分配 10 个字节存储空间,每个单元初值为 30H
```

4.2.2 符号定义伪指令

在程序中,有时会多次出现同一个表达式,为了方便起见,常将该表达式赋予一个名字,以后凡是用到该表达式的地方,就用这个名字来代替。在需要修改该表达式的值时,只需在赋予名字的地方修改即可。

4-4 符号与段定义伪指令

符号定义伪指令 EQU 就是用于给某个表达式赋予一个名字,或者说是使某个字符名等于某个表达式的值。事实上,EQU 就是"="的含义。

符号定义伪指令的一般格式为:

```
名字 EQU 表达式
```

格式中的表达式可以是一个常数、符号、数值表达式、地址表达式甚至可以是指令助记符。例如:

```
TEN     EQU   0AH                ;TEN=0AH
VAR     EQU   TEN*2+1024         ;VAR=伪操作后边表达式的值
ADR     EQU   ES:[BP+DI+5]       ;地址表达式
```

在程序段中应用以上的定义:

```
MOV     AL,TEN              ;AL←0AH
CMP     AL,TEN              ;AL 的内容与 0AH 进行比较
GOTWORD PTR   ADR           ;转到以字单元 ES:[BP+DI+5]的内容为地址的程序段执行
```

利用 EQU 伪指令,可以用一个名字代表一个数值或用一个较简短的名字代表一个较长的名字等。但不允许用 EQU 对同一个符号重复定义。若希望对一个符号重复定义,可用"="伪指令。例如:

```
FACTOR  =   10H        ;FACTOR 代表了数值 10H
        ⋮
FACTOR  =   25H        ;从现在开始,FACTOR 代表了数值 25H
```

4.2.3 段定义伪指令

段定义伪指令用来定义汇编语言源程序中的逻辑段。其格式为:

```
段名  SEGMENT  [定位类型]  [组合类型]  ['类别']
     ⋮
段名  ENDS
```

源程序中的每个逻辑段由 SEGMENT 语句开始,到 ENDS 语句结束。二者总是成对出现,缺一不可。中间省略的部分称为段体。对数据段、附加段和堆栈段来说,段体一般为变量、符号定义等伪指令,对代码段则是程序代码。SEGMENT 和 ENDS 前面的段名表示定义的逻辑段的名字,必须相同,否则汇编程序将无法辨认。段名可由程序员自行决定,但不要与指令助记符或伪指令等保留字重名。后面方括号中为可选项,规定了该逻辑段的一些其他特性,下面分别加以介绍。

1. 定位类型(Align)

定位类型告诉汇编程序如何确定逻辑段的地址边界。定位类型共有四种:

（1）PARA（Paragraph） 说明逻辑段从一个节的边界开始。16 个字节称为一个节，所以段的起始地址应能被 16 整除，也就是段起始物理地址应为××××0H。在默认情况下，定位类型为 PARA。

（2）BYTE 说明逻辑段从字节边界开始，即可以从任何地址开始。此时本段的起始地址紧接在前一个段的后面。

（3）WORD 说明逻辑段从字边界开始。即本段的起始地址必须是偶数。

（4）PAGE 说明逻辑段从页边界开始。256 字节称为一页，故本段的起始物理地址应为×××00H。

2. 组合类型（Combine）

组合类型主要用在具有多个模块的程序中。组合类型用于告诉汇编程序，当一个逻辑段装入存储器时它与其他段如何进行组合。组合类型共有 6 种：

（1）NONE NONE 表示本段与其他逻辑段不组合。即对不同程序模块中的逻辑段，即使具有相同的段名，也分别作为不同的逻辑段装入内存，而不进行组合。缺省情况下，组合类型是 NONE。

（2）PUBLIC PUBLIC 表示对于不同程序模块中用 PUBLIC 说明的具有相同段名的逻辑段，汇编时将它们组合在一起，构成一个大的逻辑段。

（3）STACK 组合类型为 STACK 时，其含意与 PUBLIC 基本一样，但仅限于作为堆栈的逻辑段使用。即在汇编时，将不同程序模块中用 STACK 说明的同名堆栈段集中成为一个大的堆栈段，由各模块共享。堆栈指针 SP 指向这个大的堆栈区的栈顶（最高地址+1）处。

（4）COMMON COMMON 表示对于不同程序模块中用 COMMON 说明的同名逻辑段，连接时从同一个地址开始装入，即各个逻辑段重叠在一起。连接之后的段长度等于原来最长的逻辑段的长度。重叠部分的内容是最后一个逻辑段的内容。

（5）MEMORY MEMORY 表示当几个逻辑段连接时，本逻辑段定位在地址最高的地方。如果被连接的逻辑段中有多个段的组合类型都是 MEMORY，则汇编程序只将首先遇到的段作为 MEMORY 段，而其余的段均当作 COMMON 段处理。

（6）AT 表达式 这种组合类型表示本逻辑段根据表达式求值的结果定位段地址。例如，AT 8000H 表示本段的段地址为 8000H，即本段的起始物理地址为 80000H。

3. 类别（Class）

类别是用单引号括起来的字符串。如代码段（CODE）、堆栈段（STACK）等，当然也可以是其他名字。设置类别的作用是在当几个程序模块进行连接时，将具有相同类别名的逻辑段装入连续的内存区内。类别名相同的逻辑段，按出现的先后顺序排列。没有类别名的逻辑段，与其他无类别名的逻辑段一起连续装入内存。

上述的三个可选项主要用于多个程序模块的连接。若程序只有一个模块，即只包括代码段、数据段、附加段和堆栈段时，除堆栈段建议用组合类型 STACK 说明外，其他段的组合类型及类别均可省略。定位类型一般采用默认值 PARA。

例如，如下两个模块中都定义了名为 STACK 的堆栈段，两个同名段在内存中会按图 4-3 进行组合。

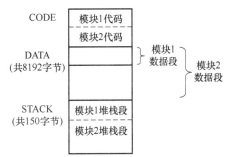

图 4-3 内存分配示意图

模块 1：

```
STACK    SEGMENT    STACK
DB  100  DUP(0)
STACK    ENDS
DATA    SEGMENT    COMMON
AREA  DB 1024  DUP(0)
DATA    ENDS
CODE    SEGMENT    PUBLIC
            ⋮
CODE    ENDS
```

模块 2：

```
STACK    SEGMENT    STACK
DB  50 DUP(0)
STACK    ENDS
DATA    SEGMENT    COMMON
AREA  DB  8192  DUP(0)
DATA    ENDS
CODE    SEGMENT    PUBLIC
            ⋮
CODE    ENDS
```

汇编连接后，内存分配示意图如图 4-3 所示。这里，两个模块中的代码段的名字相同，组合类型为 PUBLIC，故将它们连接成一个大的代码段；数据段的名字也相同，用 COMMON 说明，则将它们重叠，因为模块 2 的数据段比模块 1 的长，所以数据段长度为 8192 字节；同理，堆栈段组合成为一个大的堆栈区，共 150 个字节。

> **特别注意：**
> 1）段定义伪指令中的定位类型、组合类型和类别均属于可选项，在无明确说明时会自动采用默认值。即：定位类型默认为 PARA，组合类型默认为 NONE。由于当前计算机系统均为多任务系统，因此本章后续示例中的逻辑段定义对定位类型、组合类型均选择默认方式。
> 2）段名是一个逻辑段的标识，更重要的是表示了该逻辑段的段基地址。即：段名是所定义逻辑段的符号地址，表示内存中的一个区域。

4.2.4 设定段寄存器伪指令

ASSUME 伪指令用于向汇编程序说明所定义的逻辑段属于何种类型的逻辑段，说明的方法是将逻辑段的段名与对应的段寄存器联系起来。该伪操作的一般格式为：

```
ASSUME   段寄存器名:段名[,段寄存器名:段名[,…]]
```

这里的段寄存器名可以是 CS、DS、ES 或 SS。

ASSUME 伪指令用来告诉汇编程序当前程序模块中 SEGMENT 伪操作定义的各逻辑段的

性质。告诉的方法就是将逻辑段的名字通过":"与各个段寄存器连接在一起,从而使汇编程序理解 SEGMENT 定义的段名属于何种性质的逻辑段。由于仅有 4 个段寄存器,因此,每个程序模块最多只能定义 1 个代码段、1 个数据段、1 个附加段和 1 个堆栈段[⊖]。

ASSUME 伪指令在说明各逻辑段的性质的同时,还将代码段的段地址自动放入段寄存器 CS 之外,但其他逻辑段的段地址都需要由程序员自己装入相应的段寄存器中,这个过程称为<u>段寄存器的初始化</u>。这样,当汇编程序汇编一个逻辑段时,即可利用相应的段寄存器寻址该逻辑段中的指令或数据。

在源程序中,ASSUME 伪指令放在可执行程序开始位置的前面。

4.2.5 源程序结束伪指令

源程序结束伪指令表示源程序到此结束,指示汇编程序停止汇编。其格式为:

4-5 汇编语言源程序结构示例

```
END  [标号]
```

这里,END 是源程序结束伪操作符,后面带 [ ] 的标号属于可选,表示程序执行的开始地址。END 伪指令将标号的段值和偏移地址分别提供给 CS 和 IP 寄存器。标号是任选项,也可以没有。如果在 END 伪指令后没指定标号,则汇编程序把程序中第一条指令的地址作为程序执行的开始地址。如果有多个模块连接在一起,则只有主模块的 END 语句允许使用标号。

以下给出一个程序模块的结构示例。这里假设需要定义 4 个逻辑段。

```
       DSEG   SEGMENT
              VAR1   DB   1,2
              VAR2   DW   3 DUP(0)
              VAR3   DD ?
       DSEG   ENDS
       ESEG   SEGMENT
              BUFFER DW  30 DUP(?)
       ESEG   ENDS
       SSEG   SEGMENT  'STACK'
              STACK1 DW  10 DUP(?)
       SSEG   ENDS
       CSEG   SEGMENT
              ASSUME  CS:CSEG,DS:DSEG,ES:ESEG,SS:SSEG
       START: MOV   AX,DSEG
              MOV   DS,AX         ;将数据段的段地址送入 DS
              MOV   AX,ESEG
              MOV   ES,AX         ;将附加段的段地址送入 ES
              MOV   AX,SSEG
              MOV   SS,AX         ;将堆栈段的段地址送入 SS
```

⊖ 请注意,一个程序模块最多可以定义 4 个逻辑段,但不是每个模块都一定要定义 4 个逻辑段。需要定义哪些逻辑段应根据具体情况。

```
         ⋮
CSEG  ENDS
      END START
```

这里，虚线框中的代码称为段寄存器初始化。即：将除了代码段之外的其他逻辑段的段基地址送入相应的段寄存器。

> 该示例进一步说明段名就是逻辑段的符号段基地址。事实上，在任何程序语言中（除机器语言外），均用符号来表各种地址。主要有：
> 1）用变量名表示内存数据单元的地址；
> 2）标号表示指令在内存代码区的地址；
> 3）用段名表示逻辑段的段基地址；
> 4）在 4.2.6 中我们还可以看到，过程名事实上表示过程的入口地址（如同 C 语言中的函数名，表示函数的入口地址）。

4.2.6 过程定义伪指令

4-6 其他伪指令

程序设计中，通常将具有某种功能的程序段看作一个过程（即子程序），它可以被别的程序调用（CALL），或用 JMP 指令跳转到该处执行。过程定义伪指令的一般格式为：

```
过程名 PROC [NEAR/FAR]
       ⋮
RET
过程名 ENDP
```

过程名是过程的标识，也是过程入口的符号地址，PROC 和 ENDP 前的过程名必须相同。它们之间的部分是过程体，过程体内至少要有一条返回指令 RET，以便在程序调用结束后能返回原地址。过程可以是近过程（与调用程序在同一个代码段内），此时伪操作 PROC 后的类型是 NEAR，但可以省略（NEAR 缺省时默认为近过程）；若过程为远过程（与调用程序在不同的代码段内），则伪操作 PROC 后的类型是 FAR，不能省略。

过程可以嵌套，即一个过程可调用另一个过程。过程也可以递归，即过程可以调用过程本身。例如：

```
NAME1  PROC  FAR
         ⋮
CALL   NAME2
         ⋮
       RET
NAME2  PROC
                  ⎫
                  ⎬ 过程 NAME2 嵌入在过程 NAME1 中
RET               
NAME2  ENDP       ⎭
NAME1  ENDP
```

【例 4-3】 编写一个延时子程序。

题目解析：用程序代码实现延时称为软件延时，可利用循环结构实现。[脚注]

程序代码如下：

```
DELAY PROC                ;定义一个近过程
      PUSH  BX            ;保护 BX 原来的内容
      PUSH  CX            ;保护 CX 原来的内容
      MOV   BL,2          ;外循环次数
NEXT:MOV   CX,4167        ;内循环次数
LOPP:LOOP LOPP            ;CX≠0 则循环
      DEC   BL            ;修改外循环计数值
      JNZ   NEXT          ;BX≠0 则进行第 2 轮循环
      POP   CX            ;恢复 CX 原来的内容
      POP   BX            ;恢复 BX 原来的内容
      RET                 ;过程返回
DELAY ENDP                ;过程结束
```

4.2.7 宏命令伪指令

在汇编语言源程序中，如果需要在一个源程序中多次使用同一段代码，可以将这段代码定义为一个宏，在源程序通过宏调用和宏展开方式引用定义的宏。这样不仅可以避免重复书写同样的代码，还便于代码修改（仅需要修改定义的宏）。

宏命令伪指令的格式为：

```
宏命令名 MACRO [形式参数,...]
        ⋮
ENDM
```

宏命令名与过程名类似，是宏定义的标志，它位于宏操作符 MACRO 之前，但宏定义结束符前不加宏命令名。对宏命令名的规定与对标号的规定一样。

宏定义中的形式参数是任选的，可以只有一个，可以有多个，也可以没有。有多个参数时，各参数间要用逗号隔开。中间省略部分是实现某些操作的宏定义体。

在宏调用时，将用实际参数顺序代替形式参数，若实际参数比形式参数多，则多余的实际参数被忽略。以下是一个宏定义、宏调用和宏展开的示例。

【例 4-4】 定义两个数之和的宏，并在程序中调用。

题目解析：宏调用前需要先定义宏。

程序代码如下：

```
DADD  MACRO X,Y,Z         ;定义含形式参数 X,Y,Z 的宏 DADD
      MOV   AL,X
      ADD   AL,Y
      MOV   Z,AL
      ENDM
```

[脚注] 在当前多任务系统中，程序的执行时间会受到系统环境的影响。因此，软件延时的具体时长与程序运行的当时环境和状态相关。

```
    DSEG   SEGMENT
        DATA1  DB  10,20
        DATA2  DB  11,22
        SUM    DB  10 DUP(?)
    DSEG   ENDS
    CSEG   SEGMENT
        ASSUME  CS:CSEG,DS:DSEG
    BEGIN:MOV  AX,DSEG
        MOV   DS,AX
        DADD  DATA1,DATA2,SUM
        DADD  DATA1+1,DATA2+1,SUM+1
        HLT
    CSEG   ENDS
        END  BEGIN
```

该段程序汇编后，调用的宏命令会被展开。宏展开后对应的代码段源程序为：

```
BEGIN:MOV  AX,DSEG
    MOV   DS,AX
    MOV   AL,DATA1
    ADD   AL,DATA2
    MOV   SUM,AL
    MOV   AL,DATA1+1
    ADD   AL,DATA2+1
    MOV   SUM+1,AL
    HLT
```

显然，宏调用与过程（子程序）调用有类似的地方。但这两种编程方法在使用上是有差别的：

1) 宏命令伪指令由宏汇编程序 MASM 在汇编过程中进行处理，在每个宏调用处，MASM 都用其对应的宏定义体替换。而调用指令 CALL 和返回指令 RET 则是 CPU 指令，执行 CALL 指令时，CPU 使程序的控制转移到子程序的入口地址。

2) 宏指令简化了源程序，但不能简化目标程序。汇编以后，在宏定义处不产生机器代码，但在每个宏调用处，通过宏扩展，宏定义体的机器代码仍然出现多次，因此并不节省内存单元。而对于子程序，在目标程序中，定义子程序的地方将产生相应的机器代码，每次调用时只需用 CALL 指令，不再重复出现子程序的机器代码，因此可使目标程序缩短，节省了内存单元。

3) 从执行时间来看，调用子程序和从子程序返回需要保护断点、恢复断点等都将额外占用 CPU 的时间，而宏指令则不需要，因此相对来说宏指令执行速度较快。可以这样说，宏指令是用空间换取了时间，而子程序是用时间换取了空间。

但无论如何，宏指令和子程序都是简化编程的有效手段。

4.2.8 模块定义与连接伪指令

在编写较大规模的汇编语言程序时，通常将其划分为几个独立的源程序（或称模块），然后将各个模块分别进行汇编，生成各自的目标程序，最后将它们连接成为一个完整的可执行程序。

在每一个模块的开始，常用伪指令 NAME 或 TITLE 为该模块定义一个名字，而在模块的结尾处，要加结束伪指令 END，以使汇编程序结束汇编。

1. NAME 伪指令

指令格式：

```
NAME    模块名
```

NAME 伪指令用于给汇编后得到的目标程序一个名字。NAME 伪指令的前面不允许再加标号，如下面的语句是非法的：

BEGIN：NAME　模块名

2. TITLE 伪指令

TITLE 伪指令为程序清单的每一页指定打印的标题。其格式为：

```
TITLE   标题名
```

标题名最多允许 60 个字符。如果程序中没有 NAME 伪操作，则汇编程序将 TITLE 伪指令后面的"标题名"中的前 6 个字符作为模块名。如果源程序中既没有使用 NAME 伪操作，也没有使用 TITLE 伪操作，则汇编程序将源程序的文件名作为目标程序的模块名。

到此，我们介绍了汇编语言中常用的各类伪指令及它们在源程序中的应用，下面来看一个定义了数据段和代码段的具有完整程序结构的汇编语言源程序示例。

【例 4-5】 求从 TABLE 开始的 10 个无符号字节数的和，并将结果存放到 SUM 字单元中。

题目解析：该题目功能比较简单。根据题目要求，需要定义数据段，数据段中定义含 10 个无符号数的字节变量和存放结果的变量 SUM。在代码段中的源程序为循环结构，实现 10 个数循环求和。

程序代码如下：

```
DATA    SEGMENT             ;定义数据段
        TABLE DB  12H,23H,34H,45H,56H,67H,78H,89H,9AH,0FH
        SUM   DW?
DATA    ENDS
CODE    SEGMENT             ;定义代码段
ASSUME  CS:CODE,DS:DATA,ES:DATA
START:  MOV   AX,DATA
        MOV   DS,AX
        MOV   ES,AX         ;初始化段寄存器,使数据段和附加段重合
        LEA   SI,TABLE      ;SI 指向 TABLE
        MOV   CX,10         ;循环计数器
        XOR   AX,AX         ;AX 清零,同时使 CF=0
NEXT:   ADD   AL,[SI]       ;把一个数加到 AL 中
        ADC   AH,0          ;若有进位,则加到 AH 中
        INC   SI            ;指向下一个数
        LOOP  NEXT          ;若未加完,继续循环
        MOV   SUM,AX        ;若结束,存结果于 SUM
        HLT                 ;结束
CODE    ENDS                ;代码段结束
        END START           ;汇编结束,起始运行地址为 START
```

4.3 系统功能调用

微型机系统软件（如操作系统）提供了很多可供用户调用的功能子程序，包括控制台输入/输出、基本硬件操作、文件管理、进程管理等。它们为用户的汇编语言程序设计提供了许多便利。用户可在自己的程序中直接调用这些功能，而无需再自行编写。

4-7 系统功能调用（一）

系统软件中提供的功能调用有两种：一种称为 BIOS（Basic Input and Output System）功能调用（也称低级调用）；另一种称为 DOS（Disk Operation System）功能调用（也称高级调用）。

BIOS 是被固化在计算机主机板上 Flash ROM 型芯片中的一组程序，与系统硬件有直接的依赖关系。在 IBM-PC 的存储器系统中，BIOS 存放在地址为 0FE000H 开始的 8KB ROM（只读存储器）存储区域中，其功能包括系统测试程序、初始化引导程序、一部分中断矢量装入程序及外部设备的服务程序。使用 BIOS 提供的这些功能模块可以简化程序设计，使程序员不必了解硬件操作的具体细节，只要通过指令设置参数，调用 BIOS 功能程序，就可以实现相应的操作。

DOS 是 IBM PC 系列微机的操作系统（现代微机系统仍然能够运行 DOS，最新的 Windows 操作系统也继续提供所有的 DOS 功能调用），负责管理系统的所有资源、协调微机的操作，其中包括大量的可供用户调用的服务程序。DOS 的功能调用不依赖于具体的硬件系统。

不论是 BIOS 功能调用还是 DOS 功能调用，用户程序在调用这些系统服务程序时，都不是使用 CALL 命令，而是采用软中断指令 INT n 来实现（也称 BIOS 中断或 DOS 中断），这里的 n 表示中断类型码，不同的中断类型码表示不同的功能模块，每个功能模块中都包含了若干子功能，各子功能用功能号区分。常用 DOS 和 BIOS 软中断功能见附录 D。

功能最强大的 DOS 软中断是类型码为 21H 的功能模块，DOS 功能调用也特指软中断指令 INT 21H。在程序中需要调用 DOS 功能的时候，只要使用一条 INT 21H 指令即可。

INT 21H 是一个具有 90 多个子功能的中断服务程序，这些子功能大致可以分为设备管理、目录管理、文件管理和其他四个方面，其功能调用简表见附录 D.3。为了便于用户使用这些子功能，INT 21H 对每一个子功能都进行了编号——称为功能号。用户可以通过指定功能号来调用 INT 21H 的不同子功能。

无论是 BIOS 调用还是 DOS 调用，都要求将功能号装入 AH 寄存器。

DOS 系统功能调用的使用方法如下：

① AH←功能号。

② 设置必要的入口参数。

③ 执行 INT 21H 指令。

④ 分析出口参数。

系统服务程序在系统启动时会自动加载到内存中，中断程序入口地址也被放到了中断向量表中，因此用户程序不必与这些服务程序的代码连接。

使用 BIOS 或 DOS 功能调用，会使编写的程序简单、清晰，可读性好而且代码紧凑，调试方便。

限于篇幅，本节仅介绍 INT 21H 的几个最常用的子功能。

4.3.1 键盘输入

键盘是计算机最基本的输入设备,通常包括三种基本类型:字符键(如字母 A~Z、数字等)、扩展功能键(如 Home、End、Backspace、Del 等)以及和其他键组合使用的控制键(如 Alt、Ctrl、Shift 等)。字符键给计算机传送一个 ASCII 码表示的字符;扩展功能键产生一个动作,如按下 End 键可使光标定位到屏幕上文本的末尾;控制键能改变其他键所产生的字符码。

4-8 系统功能调用(二)

键盘上的每个键都对应了一个扫描码,扫描码用一个字节表示,低 7 位是数字编码,最高位(bit7)表示键的状态。当有键按下时 bit7=0,键放开时 bit7=1。根据扫描码就能唯一地确定哪个键改变了状态。

DOS 系统功能通过调用字符输入子功能,可以接收从键盘上输入的字符,输入的字符将以对应的 ASCII 码的形式存放。例如,若在键盘上按下数字键"9",则键盘输入功能将返回一个字符 9 的 ASCII 码 39H。如果程序要求的是其他类型的值,则应自行编程进行转换。

字符输入的入口是键盘,因此无需设置入口参数,但需要确定出口参数。INT 21H 提供了若干支持键盘输入的子功能,这里只介绍单字符输入和字符串输入两种。

1. 单字符输入

INT 21H 中的功能号 1、7 和 8 都可以接收键盘输入的单字符。其中 7 号和 8 号功能无回显,1 号功能有回显(回显是指键盘输入的内容同时也显示在显示器上)。编程时,可根据键入的信息是否需要自动显示来选择三者之一。这些功能常用来回答程序中的提示信息,或选择菜单中的可选项以执行不同的程序段。

单字符输入功能的出口参数是 AL,即输入的字符以 ASCII 码形式存放在累加器 AL 中。

单字符输入的基本格式是:

```
MOV  AH,功能号
INT  21H
```

上述两条指令执行后,可以从键盘接收一个字符。

【例 4-6】 阅读以下程序段,说明其功能。

```
KEY:MOV  AH,1
    INT  21H
    CMP  AL,'Y'
    JE   YES
    CMP  AL,'N'
    JE   NOT
    JMP  KEY
YES:
    ⋮
NOT:
    ⋮
```

题目解析:送到 AH 的功能号为 1,表示该程序段首先从键盘输入一个字符。下边的代码说明该程序的总体功能是 'Y' 或 'N' 的选择程序。若输入 'Y' 转向 YES;键入字符 'N' 则转至 NOT；若键入其他字符则转至 KEY 语句处，继续等待键入。

2. 字符串输入

输入一个字符的情况并不多，多数情况下需要输入一串字符。输入字符串可通过调用 DOS 功能的 0AH 号功能来实现，该功能要求用户指定一个键入缓冲区来存放输入的字符串。缓冲区一般定义在数据段，其定义格式有严格的要求，必须按照如图 4-4 所示的结构。第一个字节为用户定义的缓冲区长度，若键入的字符数（包括回车符）大于此值，则系统会发出"嘟嘟"叫声，且光标不再右移直到键入回车符为止。缓冲区第二个字节为实际键入的字符数（不包括回车符），由 0AH 号功能自动填入。DOS 从第三个字节开始存放键入的字符。显然，缓冲区的总长度等于缓冲区长度加 2。在调用本功能前，应把键入缓冲区的起始偏移地址预置入 DX 寄存器。

图 4-4 字符串输入缓冲区的定义格式

字符输入缓存区要求定义在数据段。之后，在代码段中按如下格式实现字符串输入：

```
DS:DX←<字符输入缓存区首地址>
MOV  AH,10
INT  21H
```

上述指令执行后，可以从键盘接收一个字符串。

【例 4-7】 从键盘上输入字符串"HELLO"，并在串尾加结束标志"＄"。

题目解析：从键盘输入字符串，可以利用 DOS 功能调用的 10 号功能。首先需要按照要求格式定义能够容纳输入字符串的字符输入缓冲区。

程序代码如下：

```
DATA    SEGMENT
STRING  DB  10,0,10 DUP(?)         ;定义缓冲区
DATA    ENDS
CODE    SEGMENT
ASSUME  CS:CODE,DS:DATA
START:  MOV AX,DATA
        MOV DS,AX
        LEA DX,STRING               ;缓冲区偏移地址送入 DX
        MOV AH,10                   ;字符串输入功能号 10 送入 AH
        INT 21H                     ;从键盘读入字符串
        MOV CL,STRING+1             ;实际读入的字符个数送入 CL
        XOR CH,CH
        ADD DX,CX                   ;得到字符串尾地址
        MOV BX,DX
```

```
        MOV   BYTE  PTR[BX+2],'$'      ;插入串结束符
        HLT
CODE    ENDS
        END   START
```

4.3.2 显示器输出

在显示器（CRT）上显示的内容都是字符形式（ASCII 码），无论是字母或数字。例如，若要在显示器上显示 5，需要先将二进制的 5 转换为 5 的 ASCII 码 35H。

要将一个字符串送到显示器显示，可调用 DOS 功能的 2、6、9 号功能实现。其中，功能 2、6 用于显示单个字符，功能 9 显示一个字符串。

字符显示输出的出口是显示器，使用时仅需要设置入口参数。

1. 单字符显示

单字符显示功能要求将待显示字符的 ASCII 码送入 DL（入口参数）。单字符输出功能的入口参数是 DL，即要将待输出字符的 ASCII 码送入 DL 寄存器中。

单字符输出的基本格式是：

```
MOV  DL,<待输出字符>
MOV  AH,功能号
INT  21H
```

上述两条指令执行后，DL 中的字符会显示在屏幕上。

【例 4-8】 在屏幕上依次显示大写字母"ABCDEF"。

题目解析：首先在数据段定义待显示输出的字符。"依次"输出意味着一个一个输出，因此可循环调用 INT 21H 的 2 号功能，将定义的字符依次显示输出到屏幕。

程序代码如下：

```
DATA    SEGMENT
STR     DB 'ABCDEF'           ;定义待输出字符
DATA    ENDS
CODE    SEGMENT
ASSUME  CS:CODE,DS:DATA
START:  MOV AX,DATA
MOV     DS,AX                 ;初始化段寄存器
LEA     BX,STR                ;取字符变量的偏移地址
MOV     CX,6                  ;设循环次数
LPP:    MOV  AH,2              ;将功能号 2 送入 AH
        MOV  DL,[BX]           ;取一个要显示的字符送入 DL
        INC  BX                ;修改指针
        INT  21H               ;调用中断 21H
        LOOP LPP
        HLT
CODE    ENDS
        END  START
```

2. 字符串显示

要在显示器上显示字符串，可调用 INT 21H 的 9 号功能。9 号功能是 DOS 调用独有的，该功能要求先将待显示输出的字符串定义在数据段中，并将字符串首地址送入 DX（入口参数），被显示的字符串必须以"$"字符作为结束符。

字符串输出的基本格式是：

```
DS:DX←<字符串首地址>
MOV   AH,功能号
INT   21H
```

上述指令执行后，定义的字符串将显示在屏幕上。作为低级语言，显示输出只能是控制台界面，故显示格式不能如视窗界面般方便、友好。对 INT 21H 的 9 号功能，字符显示时如果希望光标能自动换行，则应在字符串结束前加上回车及换行的 ASCII 码 0DH 和 0AH。

【**例 4-9**】 在屏幕上显示欢迎字符串"Hello, World!"

题目解析：将字符依次显示输出到屏幕，可以循环调用 INT 21H 的 2 号功能。

程序代码如下：

```
DSEG    SEGMENT
STRING  DB  'Hello,World!',0DH,0AH,'$'    ;定义待显示字符串
DSEG    ENDS
CSEG    SEGMENT
ASSUME  CS:CSEG,DS:DSEG
START:  MOV AX,DSEG
        MOV DS,AX
        LEA DX,STRING                     ;获取待显示字符串首地址
        MOV AH,09H                        ;调用字符串显示功能
        INT 21H
        HLT
CSEG    ENDS
        END START
```

3. 返回操作系统（DOS）功能

一个实际可运行的用户程序在执行完后，应该返回到系统提示符状态。对运行在控制台环境下的低级语言程序，运行结束后返回到 DOS（简称为返回 DOS），简单地用 HLT 指令使 CPU 停止运行将无法把控制权交还给 DOS 操作系统。为了能使程序正常退出并返回 DOS，可使用 DOS 系统功能调用的 4CH 号功能。用 4CH 号功能返回 DOS 的程序段如下：

```
MOV  AH,4CH      ;功能号送入 AH
INT  21H         ;返回 DOS
```

例如，在例 4-9 的程序段中，代码段最后 1 条 HLT 指令就可以用上述两条指令取代。为便于理解，这里将例 4-9 程序段重写如下：

```
DSEG    SEGMENT
STRING  DB 'Hello,World!',0DH,0AH,'$'     ;定义待显示字符串
DSEG    ENDS
CSEG    SEGMENT
```

```
        ASSUME   CS:CSEG,DS:DSEG
        START:   MOV AX,DSEG
                 MOV DS,AX
                 LEA DX,STRING          ;获取待显示字符串首地址
                 MOV AH,09H             ;调用字符串显示功能
                 INT 21H
                 MOV AH,4CH             ;功能号送入 AH
                 INT 21H                ;返回 DOS
        CSEG     ENDS
                 END START
```

4.4 汇编语言程序设计基础

本节综合运用已介绍的 x86 指令集和汇编语言基础知识，通过一些具体实例说明汇编语言源程序的基本设计方法。

4.4.1 汇编语言程序设计概述

1. 程序质量的评价标准

一个高质量的程序不仅应满足设计要求、实现预先设定的功能并能够正常运行，还应具备可理解性、可维护性和高效率等性能。衡量一个程序的质量通常有以下几个标准：

① 程序的正确性和完整性。
② 程序的易读性。
③ 程序的执行时间和效率。
④ 程序所占内存的大小。

编写一个程序首先要保证它的正确性，包括语法上和功能上；应尽量采用结构化、模块化的程序设计方法，每个模块由基本程序结构组成，完成一个基本的功能；为便于阅读、理解，并易于测试和维护，应在每个功能模块前添加一定的功能说明，在程序语句后添加相应的语句注释；对较大型的程序，还应有完整的文档资料和管理。另外，程序的响应时间、实时处理能力、输入/输出方式和结果、内存占用大小及安全可靠性等，也都是非常重要的性能指标。

2. 程序设计的一般步骤

依照软件工程理论，汇编语言的程序设计与高级语言的程序设计一样可分为以下几个步骤：

① 通过对实际问题的分析抽象出系统数学模型，建立系统的模块结构图。
② 确定各程序模块的数据结构及算法。算法设计是非常重要的，对同一个问题可能有不同的算法，一个算法的好坏对程序执行的效率会有很大的影响（如对有序表的查表，线性查找和折半查找算法的区别很大）。
③ 画程序流程图，流程图是算法的一种表示方法。
④ 用指令或伪指令为数据和程序代码分配内存单元和寄存器，这是汇编语言程序设计的一个重要特点。

⑤ 编写源程序并保存，形成源程序文件（.ASM）。
⑥ 通过汇编生成目标代码文件（.OBJ），同时完成静态的语法检查。
⑦ 通过链接生成可执行文件（.EXE）。
⑧ 程序调试，通过后可进行整个系统的测试。

3. 源程序的基本结构

任何一个复杂的程序都是由简单的基本程序构成的，同高级语言类似，汇编语言程序设计也涉及顺序、分支、循环这三种基本结构，当然，还有可以独立存在的子程序结构。

顺序程序是线性执行的最基本的程序结构。CPU 按照指令的排列顺序逐条执行。但总是沿直线运动的程序并不多，经常会碰到因不同的条件去执行不同的程序的情况，这就是所谓的分支程序。

分支结构有单分支、两分支和多分支结构，如图 4-5 所示。单分支结构即为 if/then 结构，若判定条件成立，则执行分支体（程序段 P1），否则直接跳出分支结构，继续执行；两分支结构为 if/else 结构，有两条执行路线，条件成立时执行程序段 P1，否则执行程序段 P2；多分支结构即为 if/then/else if 或 case 型程序结构，若条件 1 成立则执行 P1；条件 2 成立则执行 P2；...；条件 n 成立则执行 Pn。

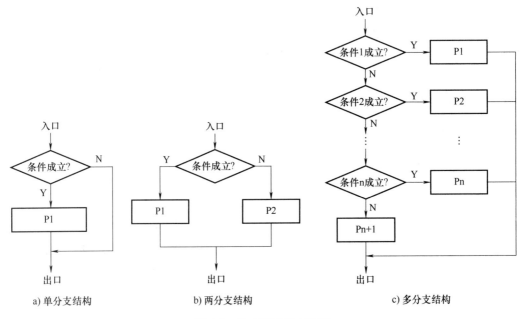

a) 单分支结构　　　　b) 两分支结构　　　　c) 多分支结构

图 4-5　分支程序基本结构

对于需要反复做同样工作的情况则用循环程序实现。循环结构包括循环初始化、循环体和循环控制三个部分。在形式上有两种，一是先执行循环体，再判断条件看是否继续循环（见图 4-6a）；二是先检查条件是否满足，满足则执行循环体，否则就退出（见图 4-6b）。

循环结构可以缩短程序长度且便于维护，但循环程序中需要有循环准备、结束判断等指令，故执行速度要比顺序结构的程序略慢一些。

子程序又称过程，相当于高级语言中的函数或过程，是具有独立功能的程序模块，能够在程序中的任何地方被调用。每个模块都可单独编辑和编译，生成自己的源文件（.ASM 和 .OBJ），然后通过链接形成一个完整的可执行文件。在使用子程序编写和调用时应注意以下三点：

① 参数的传递。子程序调用时，经常需要将一些参数传送给子程序，而子程序也常常需要在运行后将结果和状态等信息回送给调用程序。这种子程序和调用程序之间的信息传送，就称为参数传递。参数的传递可通过寄存器、变量、地址表、堆栈等方式进行。

② 相应寄存器的内容的保护。由于 CPU 的寄存器数量有限，子程序要用到的一些寄存器常在调用程序中也要用到。为防止破坏调用程序中寄存器的内容，需在子程序入口处将所用到的寄存器内容压入堆栈保存。

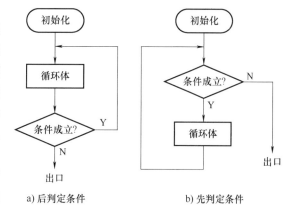

图 4-6　循环程序的基本结构

③ 子程序还可调用别的子程序，称为子程序的嵌套。在多个子程序嵌套时，需要考虑堆栈空间的大小是否足以保存断点及相关寄存器参数。

与子程序调用有关的 CPU 指令有 CALL 和 RET，伪指令有 PROC 和 ENDP。

下边通过举例进一步说明这几种基本程序结构的设计方法。

4.4.2　汇编语言程序设计示例

【例 4-10】　设有 3 个无符号字节数 x、y、z。编写程序计算 S=x×y-z。

题目解析：

① 需要定义 3 个字节变量 x，y，z。各变量连续定义，即表示地址连续。

② 定义存放结果的变量 S。因运算中有乘法，故存放结果的变量应定义为字类型的变量。

③ 运算中要用到乘法指令，需要用到乘法指令 MUL。

④ 该顺序结构的流程图如图 4-7 所示。

程序代码如下：

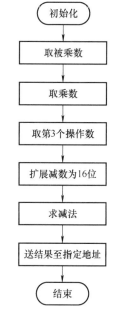

图 4-7　程序顺序结构流程图

```
DATA    SEGMENT
  x     DB   86H                    ;定义操作数变量
  y     DB   34H
  z     DB   21H
  S     DW   ?                      ;定义结果存放单元
DATA    ENDS
;
CODE    SEGMENT
  ASSUME CS:CODE,DS:DATA
```

```
BEGIN:  MOV   AX,DATA
        MOV   DS,AX            ;初始化数据段寄存器
        LEA   SI,x             ;变量 x 的偏移地址送入 SI
        LEA   DI,S             ;RESULT 偏移地址送入 DI
        MOV   AL,[SI]          ;AL←86H
        MOV   BL,[SI+1]        ;BL←34H
        MUL   BL               ;AX←86H*34H
        MOV   BL,[SI+2]        ;BL←21H
        MOV   BH,0             ;BH←0。无符号数扩展字长仅需在高位补 0
        SUB   AX,BX            ;AX←86H*34H-21H
        MOV   [DI],AX          ;结果送 S 字单元
        MOV   AH,4CH           ;返回 DOS
        INT   21H
CODE    ENDS
        END   BEGIN
```

【例 4-11】 内存自 TABLE 开始的连续 16 个单元中存放着 0~15 的平方值（或称平方表），查表求 DATA 中任意数 X（0≤X≤15）的平方值，并将结果放 RESULT 中。

题目解析： 由表的存放规律可知，表的起始地址与数 X 的和就是 X 的平方值所在单元的地址。程序编写如下：

```
DSEG    SEGMENT
TABLE   DB   0,1,4,9,16,25,36,49,64,81,
100,121,144,169,196,225                  ;定义平方表
DATA    DB ?
RESULT  DB ?                             ;定义结果存放单元
DSEG    ENDS
;
CSEG    SEGMENT
        ASSUME CS:CSEG,DS:DSEG,SS:SSEG
BEGIN:  MOV   AX,DSEG                    ;初始化数据段
        MOV   DS,AX
        LEA   BX,TABLE                   ;置数据指针
        MOV   AH,0
        MOV   AL,DATA                    ;取待查数
        ADD   BX,AX                      ;查表
        MOV   AL,[BX]
        MOV   RESULT,AL                  ;平方数放 RESULT 单元
        MOV   AH,4CH
        INT   21H
DSEG    ENDS
END     BEGIN
```

【例 4-12】 编写程序，将数据区中以 BUFFER 为首地址的 100 个字节单元清零。

题目解析： 实现 100 个字节单元清零可以编写循环结构程序，将 0 循环送到 BUFFER 起

始的每个单元，直到 100 个字节单元全部清零。

程序代码如下：

```
DATA    SEGMENT
BUFFER  DB  100 DUP(?)              ;定义100个字节随机数
COUNT   DW  100                     ;定义数据区长度
DATA    ENDS
;
CODE    SEGMENT
    ASSUME  CS:CODE,DS:DATA,SS:STACK
START:  MOV AX,DATA
        MOV DS,AX                   ;初始化数据段
        MOV CX,COUNT
        LEA BX,BUFFER
AGAIN:  MOV BYTE PTR[BX],0          ;实现100个单元清零
        INC BX
        LOOP AGAIN
        MOV AH,4CH
        INT 21H
CODE    ENDS
        END START
```

【例 4-13】 在当前数据段的 DATA1 开始的顺序 80 个单元中，存放着 80 位同学某门功课的考试成绩（0~100）。编写程序统计大于等于 90 分、80~89 分、70~79 分、60~69 分以及小于 60 分的人数，并将结果放到同一数据段的 DATA2 开始的 5 个单元中。

题目解析：

① 这是一个多分支结构程序。需要将每一位学生的成绩依次与 90、80、70、60 进行比较。对无符号数的比较，可以用无符号数比大小指令。

② 由于对每一位学生的成绩都要进行判断，所以需要用循环来处理，每次循环处理一个学生的成绩（循环程序结构将在下面讲到）。

③ 因为无论是成绩还是学生人数都不超过一个字节所能表示的数的范围，故所有定义的变量均为字节类型。

④ 统计结果可用一个数组存放，元素 0 存放 90 分以上的人数，元素 1 存放 80 分以上的人数，元素 2 存放 70 分以上的人数，元素 3 存放 60 分以上的人数，元素 4 存放 60 分以下的人数。

程序代码如下：

```
DSEG    SEGMENT
DATA1   DB  80  DUP(?)              ;假定学生成绩已放入这80个单元中
DATA2   DB  5   DUP(0)              ;统计结果:≥90,80~89,70~79,60~69,<60
DSEG    ENDS
CSEG    SEGMENT
    ASSUME  CS:CSEG,DS:DSEG
START:MOV AX,DSEG
```

```
            MOV   DS,AX
            MOV   CX,80              ;统计人数送入 CX
            LEA   SI,DATA1           ;SI 指向学生成绩
            LEA   DI,DATA2           ;DI 指向统计结果
    AGAIN:  MOV   AL,[SI]            ;取一个学生的成绩
            CMP   AL,90              ;大于 90 分吗?
            JB    NEXT1              ;若不大于,继续判断
            INC   BYTE  PTR[DI]      ;否则 90 分以上的人数加 1
            JMP   STO                ;转循环控制处理
    NEXT1:  CMP   AL,80              ;大于 80 分吗?
            JB    NEXT2              ;若不大于,继续判断
            INC   BYTE  PTR[DI+1]    ;否则 80 分以上的人数加 1
            JMP   STO                ;转循环控制处理
    NEXT2:  CMP   AL,70              ;大于 70 分吗?
            JB    NEXT3              ;若不大于,继续判断
            INC   BYTE  PTR[DI+2]    ;否则 70 分以上的人数加 1
            JMP   STO                ;转循环控制处理
    NEXT3:  CMP   AL,60              ;大于 60 分吗?
            JB    NEXT4              ;若不大于,继续判断
            INC   BYTE  PTR[DI+3]    ;否则 60 分以上的人数加 1
            JMP   STO                ;转循环控制处理
    NEXT4:  INC   BYTE  PTR[DI+4]    ;60 分以下的人数加 1
            STO:INC SI               ;指向下一个学生成绩
            LOOP  AGAIN              ;循环,直到所有成绩都统计完
            MOV   AH,4CH             ;返回 DOS
            INT   21H
    CODE    ENDS
            END   START
```

【例 4-14】 把从 MEM 单元开始的 100 个 16 位无符号数按从大到小的顺序排列。

题目解析:

① 排序算法较多,这里按冒泡排序算法设计。冒泡排序是一个双重循环结构。

② 无符号数比较可以用 CMP 和条件转移指令 JNC 来实现。

③ 该循环程序属于如图 4-6a 所示的先执行循环体,再判断条件以决定是否循环的结构。

程序代如下:

```
    DSEG    SEGMENT
    MEM     DW   100  DUP(?)        ;假定要排序的数已存入这 100 个字单元中
    DSEG    ENDS
    ;
    CSEG    SEGMENT
    ASSUME  CS:CSEG,DS:DSEG
    START:  MOV   AX,DSEG
            MOV   DS,AX
```

```
                LEA    DI,MEM              ;DI 指向待排序数的首址
                MOV    BX,99               ;外循环只需 99 次即可
;外循环体从这里开始
NEXT1:  MOV    SI,DI                ;SI 指向当前要比较的数
                MOV    CX,BX               ;CX 为内循环计数器
;以下为内循环
NEXT2:  MOV    AX,[SI]             ;取第一个数 Ni
                ADD    SI,2                ;指向下一个数 Nj
                CMP    AX,[SI]             ;Ni≥Nj?
                JNC    NEXT3               ;若大于,则不交换
                MOV    DX,[SI]             ;否则,交换 Ni 和 Nj
                MOV    [SI-2],DX
                MOV    [SI],AX
NEXT3:  LOOP   NEXT2                ;内循环未结束则继续
;循环到此结束
                DEC    BX                  ;外循环结束?
                JNZ    NEXT1               ;若未结束,则继续
                MOV    AH,4CH              ;返回 DOS
                INT    21H
CSEG    ENDS
                END    START
```

【例 4-15】 设一字符串长度不超过 255 个字符,试确定该字符串的长度,并显示长度值。

题目解析:字符串的长度不同于整数,系统并不规定为一个定值,所以在对字符串操作时常需要确定其长度。字符串通常以 CR 或 $ 结尾。要确定一个字符串的长度可通过搜索字符串的结束标志来实现,即统计搜索次数,直到找到结束符为止。若找不到结束符,则说明该字符串的长度彻底超过了 255 个字符,程序应给出提示信息。

串长度可通过 DOS 功能调用显示。主程序和子程序的控制流程图如图 4-8 所示。

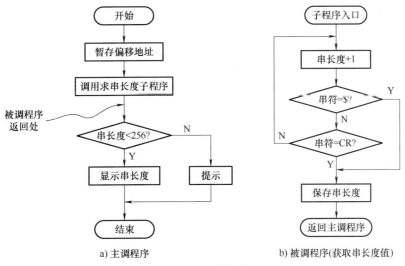

a) 主调程序　　　　　　　b) 被调程序(获取串长度值)

图 4-8　例 4-15 程序控制流程图

以下按子过程结构编写。程序代码如下：

```
DATA    SEGMENT
        STRING  DB 'This is a string...',0DH
        LENG    DW ?
        CRR     DB 13                           ;定义回车符CR
        MESSAGE DB 'The string is too long!',0DH,0AH,'$'
DATA    ENDS
CODE    SEGMENT
        ASSUME  CS:CODE,DS:DATA,ES:DATA
MAIN    PROC FAR                                ;定义主过程
START:  MOV  AX,DATA
        MOV  DS,AX
        MOV  ES,AX                              ;设置数据段和附加段重合
        CALL STRLEN                             ;调子过程,求字符串长度
        MOV  DX,LENG
        CMP  DX,100H
        JB   NEXT1                              ;若DX<100H,则转NEXT1
        LEA  DX,MESSAGE                         ;若DX≥100H,则显示提示信息
        MOV  AH,9
        INT  21H
        JMP  NEXT2
NEXT1:  MOV  DH,DL                              ;串长度暂存DH
        MOV  CL,4
        SHR  DL,CL                              ;取串长度高4位
        CMP  DL,9
        JBE  LP
        ADD  DL,7
LP:     ADD  DL,30H                             ;将串长度高4位转换为ASCII码
        MOV  AH,2
        INT  21H                                ;显示串长度高4位ASCII码
        MOV  DL,DH
        AND  DL,0FH
        CMP  DL,9
        JBE  LP1
        ADD  DL,7
LP1:    ADD  DL,30H                             ;将串长度低4位转换为ASCII码
        MOV  AH,2
        INT  21H                                ;显示串长度低4位ASCII码
        MOV  DL,'H'
        MOV  AH,2
        INT  21H
NEXT2:  MOV  AH,4CH
        INT  21H
```

```
                MAIN  ENDP
    STRLEN  PROC                            ;子过程
                LEA   DI,STRING
                MOV   CX,0FFFFH             ;CX=-1
                MOV   AL,CRR
                MOV   AH,'$'
                CLD
    AGAIN:      INC   CX                    ;串长度+1
                CMP   CX,100H
                JAE   DONE                  ;串长度超过255则结束
                CMP   [DI],AH
                JE    DONE                  ;遇到'$'则结束
                SCASB                       ;搜索回车符CR
                JNE   AGAIN                 ;没找到则返回继续执行
    DONE:       MOV   LENG,CX
                RET
                TRLEN ENDP
                CODE  ENDS
    END         START
```

【例4-16】 将用 ASCII 码形式表示的数转换为二进制码。ASCII 码存放在以 MASC 为首地址的内存单元中，转换结果放 MBIN。

题目解析：

① 一般来讲，从键盘上输入的数都是以 ASCII 码的形式存放在内存中的。另外，数据区中以字符形式定义（用单引号括起来的数）的数，在内存中也是以其对应的 ASCII 码存放的。

② 对十六进制数来讲，0~9 的 ASCII 码分别为 30H~39H。对这 10 个数的转换，减去 30H，就得到对应的二进制值；而 A~F 的 ASCII 码分别为 41H~46H，故要减去 37H。

③ 若取的数不在 0~FH 范围，则出错。

程序代码如下：

```
    DATA    SEGMENT
            MASC DB '2','6','A','1'         ;要转换的 ASCII 码
            MBIN DB  2  DUP(?)
    DATA    ENDS
    CODE    SEGMENT
            ASSUME CS:CODE,DS:DATA
    BEGIN:  MOV AX,DATA
            MOV DS,AX
            MOV CL,4                        ;循环次数送入 CL
            MOV CH,CL                       ;保存循环次数
            LEA SI,MASC                     ;ASCII 码单元首址送入 SI
            CLD                             ;按地址增量方向
            XOR AX,AX                       ;中间结果清零
```

```
            XOR   DX,DX
NEXT1:  LODSB                           ;装入一个 ASCII 码到 AL
            AND   AL,7FH                ;得到 7 位 ASCII 码
            CMP   AL,'0'
            JB    ERROR                 ;若 AL≤0,则转 ERROR
            CMP   AL,'9'
            JA    NEXT2                 ;若 AL≥9,则转 NEXT2
            SUB   AL,30H                ;将 0~9 的数字转换为相应的二进制数
            JMP   SHORT NEXT3
NEXT2:  CMP   AL,'A'
            JB    ERROR                 ;若 AL<A,则转 ERROR
            CMP   AL,'F'
            JA    ERROR                 ;若 AL>F,则转 ERROR
            SUB   AL,37H                ;将 A~F 的数字转换为对应的二进制数
NEXT3:  OR    DL,AL                 ;一个数的转换结果送入 DL
            ROR   DX,CL                 ;整个转换的结果在 DX 中依次存放
ERROR:  DEC   CH
            JNZ   NEXT1                 ;未转换完则转 NEXT1
            MOV   WORD PTR MBIN,DX      ;最后结果送入 MBIN
            MOV   AH,4CH                ;返回 DOS
            INT   21H
            CODE  ENDS
            END   BEGIN
```

【例 4-17】 将存放在 BUFF 中的 16 位二进制数转换为 ASCII 码表示的等值数字字符串。例如,FFFFH 应转换成等值的数字字符串"65535"。

题目解析: 将一个二进制数转换为对应的 ASCII 码,可采用除 10 取余的方法。其基本思路为:

① 任何一个用十六进制表示的二进制数,其除以 10 后的余数即是它对应十进制数的最低位,且一定在 0~9 之间。如:1234H 除以 10,余数为 4。用得到的余数加上 30H,就得到了最低位对应的 ASCII 码。

② 16 位二进制数能够表示的最大数字字符为"65535"。所以,最多除 5 次,就可完成该二进制数的转换。

程序代码如下:

```
DATA       SEGMENT
           BUFF DW 4FB6H              ;定义待转换数
           ASCC DB 5 DUP(?)           ;ASCII 码结果存放单元
DATA       ENDS
CODE       SEGMENT
    ASSUME CS:CODE,DS:DATA
START:     MOV   AX,DATA
           MOV   DS,AX
           MOV   CX,5                 ;最多不超过 5 位十进制数(65535)
```

```
                LEA     DI,ASCC                 ;DI 指向结果存放单元
                XOR     DX,DX
                MOV     AX,BUFF                 ;取要转换的二进制数
                MOV     BX,0AH
AGAIN:          DIV     BX                      ;用除 10 取余的方法转换
                ADD     DL,30H                  ;将余数转换成 ASCII 码
                MOV     [DI],DL                 ;保存当前位的结果
                INC     DI                      ;指向下一个位保存单元
                AND     AX,AX                   ;判断商是否为 0(即转换是否结束)
                JZ      STO                     ;若结束,则退出
                MOV     DL,0
                LOOP    AGAIN                   ;否则循环继续
STO:            MOV     AH,4CH
                INT     21H                     ;返回 DOS
CODE    ENDS
                END     START
```

【例 4-18】 在分辨率为 640×480、16 色的屏幕上绘制一个周期的正弦波。

题目解析：

① 正弦波一个周期的角度值范围为 0°~360°，函数值范围为 0~1。要使曲线居于屏幕正中，必须要调整水平和垂直方向的坐标值。

② 在给定 0°~90° 的函数值情况下，绘制正弦波曲线时须先知道角度所在的象限：

• 若角度在第 Ⅰ 象限，函数值为正：此时可直接查表取函数值；

• 若角度在第 Ⅱ 象限，函数值为正：可利用 SIN（X）= SIN（180°-X），将角度转换到第 Ⅰ 象限后再查表取函数值；

• 若角度在第 Ⅲ 或第 Ⅳ 象限，函数值为负：先将 X-180° 转换到第 Ⅰ 或第 Ⅱ 象限，再按前述处理。

③ 为简化程序设计，可在绘图前先计算出曲线各点的坐标值并列成表格，这样在画图时只需访问这个表格就可以了。设正弦波图形范围为 360×400，表格中为从 0°~90° 的已放大 200 倍的已取整的正弦值。

程序代码如下：

```
SETSCREEN   MACRO                               ;设置屏幕分辨率为 640×480、16 色
                                                 图形方式
            MOV     AH,0
            MOV     AL,12H
            INT     10H
            ENDM
WRITEDOT    MACRO                               ;画点宏定义
            MOV     AH,0CH
            MOV     AL,02H                      ;像素颜色代码
            MOV     CX,ANGLE                    ;像素点对应的列号送入 CX
            ADD     CX,140                      ;X 方向屏幕中心=(640-360)/2
```

```
                MOV  DX,TEMP                              ;像素点所在的行号送入 DX
                INT  10H
                ENDM
DATA    SEGMENT
        SINE    DB  00,03,07,10,14,17,21,24,28,31,       ;定义坐标表格
                    35,38,42,45,48,52,55,58,62,65,
                    68,72,75,78,81,85,88,91,94,97,
                    100,103,106,109,112,115,118,120,
                    123,126,129,131,134,136,139,141,
                    144,146,149,151,153,155,158,160,
                    162,164,166,168,170,171,173,175,
                    177,178,180,181,183,184,185,187,
                    188,189,190,191,192,193,194,195,
                    196,196,197,198,198,199,199,199,
                    200,200,200,200
        ANGLE   DW  0                                    ;定义角度变量,初值为 0
        TEMP    DW  0                                    ;定义点的正弦函数值变量,初值为 0
DATA    ENDS
STACK   SEGMENT
        DB  64 DUP(?)
STACK   ENDS
CODE    SEGMENT
        ASSUME  CS:CODE,DS:DATA,SS:STACK
        MAIN  PROC FAR
START:  PUSH DS                                          ;保护参数
        PUSH AX
        PUSH BX
        MOV  AX,DATA
        MOV  DS,AX
        MOV  AX,STACK
        MOV  SS,AX
;查表确定正弦波函数值,逐点绘制正弦波
        SETSCREEN                                        ;设置屏幕为 640×480 的彩色图形方式
AGAIN:  LEA  BX,SINE                                     ;表的偏移地址送入 BX
        MOV  AX,ANGLE                                    ;角度值送入 AX
        CMP  AX,180                                      ;是否大于180°
        JLE  QUAD1                                       ;若不大于则角度在第Ⅰ或第Ⅱ象限
        SUB  AX,180                                      ;若大于则调整角度
QUAD1:  CMP  AX,90                                       ;是否大于90°
        JLE  QUAD2                                       ;若不大于则角度在第Ⅰ象限
        NEG  AX                                          ;否则角度在第Ⅱ象限
        ADD  AX,180                                      ;调整角度为(180-ANGLE)
QUAD2:  ADD  BX,AX                                       ;形成查表偏移量
```

```
            MOV    AL,SINE[BX]              ;将函数值送入 AL
            PUSH   AX
            MOV    AH,0
            CMP    ANGLE,180                ;判断函数值是否大于 180
            JGE    BIGDIS                   ;若大于则转 BIGDIS
            NEG    AL                       ;否则在第Ⅰ或第Ⅱ象限
            ADD    AL,240                   ;调整显示点的纵坐标为 (240-AL)
            JMP    READY
    BIGDIS: ADD    AX,240                   ;调整显示点的纵坐标为 (240+AL)
    READY:  MOV    TEMP,AX                  ;保存到 TEMP
            POP    AX
            WRITEDOT                        ;调用画点宏操作
            ADD    ANGLE,1                  ;角度值+1
            CMP    ANGLE,360                ;是否超过 360°
            JLE    AGAIN                    ;不超过则继续画
            MOV    AH,07                    ;若有键按下则继续执行,否则等待按键输入
            INT    21H
            MOV    AH,0                     ;设置屏幕参数
            MOV    AL,3                     ;设置 80×25 彩色文本方式
            INT    10H
            POP    BX                       ;恢复参数
            POP    AX
            POP    DS
            RET                             ;返回
            MAIN   ENDP
    CODE ENDS
            END START
```

习 题

一、填空题

1. 将汇编语言源程序转换为机器代码的过程叫作（　　），而要使其能够在计算机上运行还需要通过（　　）以生成可执行文件。

2. 执行下列指令后，AX 寄存器中的内容是（　　）。

TABLE　DW 10, 20, 30, 40, 50
ENTRY　DW 3
⋮
MOV　BX, OFFSET TABLE
ADD　BX, ENTRY
MOV　AX,[BX]

3. 已知：
ALPHA　EQU 100
BETA　EQU 25
则：表达式 ALPHA×100+BETA 的值=（　　）。

4. 执行如下指令后，AX=(　　)H，BX=(　　)H。
```
DSEG    SEGMENT
ORG     100H
ARY     DW   3, 4, 5, 6
CNT     EQU  33
        DB   1, 2, CNT+5, 3
DSEG    ENDS
    ⋮
MOV     AX, ARY+2
MOV     BX, ARY+10
```

二、简答题

1. 假设程序的数据段定义如下：
```
DSEG    SEGMENT
DATA1   DB   10H, 20H, 30H
DATA2   DW   10 DUP（?）
STRING  DB   '123'
DSEG    ENDS
```
写出各指令语句独立执行后的结果：
（1）MOV AL, DATA1
（2）MOV BX, OFFSET DATA2
（3）LEA SI, STRING
     ADD DI, SI

2. 写出汇编语言程序的框架结构，要求包括数据段、代码段和堆栈段。

3. 简述指令性语句与指示性语句的区别。

4. 假设数据段中定义了如下两个变量 DATA1 和 DATA2，画图说明下列语句分配的存储空间及初始化的数据值。
   DATA1 DB 'BYTE', 12, 12H, 2 DUP (0,?, 3)
   DATA2 DW 4 DUP (0, 1, 2),?, −5, 256H

5. 图示以下数据段在存储器中的存放形式：
```
DATA    SEGMENT
DATA1   DB 10H, 34H, 07H, 09H
DATA2   DW 2 DUP（42H）
DATA3   DB 'HELLO!'
DATA4   EQU 12
DATA5   DD 0ABCDH
DATA    ENDS
```

6. 阅读下面的程序段，试说明它实现的功能是什么？
```
DATA    SEGMENT
DATA1   DB 'ABCDEFG'
DATA    ENDS
CODE    SEGMENT
ASSUME  CS：CODE, DS：DATA
AAAA：MOV  AX, DATA
      MOV  DS, AX
```

```
              MOV   BX，OFFSET DATA1
              MOV   CX，7
       NEXT： MOV   AH，2
              MOV   AL，[BX]
              XCHG  AL，DL
              INC   BX
              INT   21H
              LOOP  NEXT
              MOV   AH，4CH
              INT   21H
       CODE  ENDS
              END AAAA
```

三、编程题

1. 试编写求两个无符号双字长数之和的程序。两数分别在 MEM1 和 MEM2 单元中，和放在 SUM 单元。
2. 试编写程序，测试 AL 寄存器的第 4 位（bit4）是否为 0？
3. 试编写程序，将 BUFFER 中的一个 8 位二进制数转换为 ASCII 码，并按位数高低顺序存放在 ANSWER 开始的内存单元中。
4. 假设数据项定义如下：

DATA1   DB 'HELLO! GOOD MORNING!'
DATA2   DB   20 DUP（?）

试用串操作指令编写程序段，使其分别完成以下功能：

（1）从左到右将 DATA1 中的字符串传送到 DATA2 中；
（2）传送完后，比较 DATA1 和 DATA2 中的内容是否相同；
（3）将 DATA1 中的第 3 个和第 4 个字节装入 AX；
（4）将 AX 的内容存入 DATA2+5 开始的字节单元中。

5. 编写程序段，将 STRING1 中的最后 20 个字符移到 STRING2 中（顺序不变）。
6. 若接口 03F8H 的第 1 位（b1）和第 3 位（b3）同时为 1，表示接口 03FBH 有准备好的 8 位数据，当 CPU 将数据取走后，b1 和 b3 就不再同时为 1 了，仅当又有数据准备好时才再同时为 1。试编写程序，从上述接口读入 200 字节的数据，并顺序放在 DATA 开始的地址中。
7. 请用子程序结构编写如下程序：从键盘输入一个 2 位十进制的月份数（01~12），然后显示出相应的英文缩写名。
8. 编写一程序段，将从 BUFFER 开始的 100 个字节的内存区域初始化成 55H、0AAH、55H、0AAH、…、55H、0AAH。
9. 试编写将键盘输入的 ASCII 码转换为二进制数的程序。

第 5 章 半导体存储器

微机中的存储器包括内存和外存两大类。内存主要由半导体材料制成，故也称半导体存储器。作为微型计算机硬件系统的重要组成部件，内存储器在整个微机系统中占据着越来越重要的位置。内存从总体上包含主内存和高速缓冲存储器（Cache），本章将在第 1 章有关存储器基本知识的基础上，通过一些典型半导体存储器芯片，介绍内存储器的工作原理以及如何利用已有存储器芯片构成所需要的内存空间。

5.1 概述

半导体存储器（Semiconductor memory）是用半导体集成电路工艺制成、用于存储数据信息的固态电子器件，由大量能够表征"0"和"1"的半导体器件（存储元）和输入/输出电路等构成，是计算机主机的重要部件。与

5-1 半导体存储器概述

磁性存储器相比，半导体存储器具有存取速度快、存储容量大、体积小等优点，且存储元阵列和主要外围逻辑电路兼容，可制作在同一芯片上。目前，半导体存储器不仅作为内存，也在逐渐取代磁性存储器。

半导体存储器有两种基本操作——读和写。读操作是指从存储器中读出信息，不破坏存储单元中原有的内容；写操作是指把信息写入（存入）存储器，新写入的数据将覆盖原有的内容。

存储器中存储单元的总数称为存储器的存储容量。显然，存储容量越大，能够存放的信息就越多，计算机的信息处理能力也就越强。

半导体存储器按照工作方式的不同，可分为随机存取存储器（Random Access Memory，RAM）和只读存储器（Read Only Memory，ROM）两大类。

5.1.1 随机存取存储器

随机存取存储器（RAM）可以随时向指定单元写入信息，也可以随时从指定单元读出信息。"随机存取"的意思是：从存储器中读出或写入数据所需要的时间与数据在内存中的位置无关。

RAM 属于易失性存储器，其主要特点是通电后随时可在任意单元存取数据，但断电后内部信息就完全丢失。

根据制造工艺的不同，RAM 可以分为双极型半导体 RAM 和金属氧化物半导体（MOS）RAM。双极型 RAM 的主要优点是存取时间短，通常为几纳秒到几十纳秒（ns）。与 MOS 型 RAM 相比，其集成度低、功耗大，而且价格也较高。故双极型 RAM 主要用于要求存取时间

非常短的特殊应用场合（如高速缓冲存储器 Cache）。MOS 工艺制造的 RAM 集成度高，存取速度能满足各种类型微型机的要求，且价格也比较便宜。现在微型计算机中的内存主要由 MOS 型 DRAM 组成。

根据存储单元的工作原理不同，RAM 又分为静态存储器（SRAM）和动态存储器（DRAM）。

1. 静态随机存取存储器（SRAM）

静态随机存取存储器（Static Random Access Memory，SRAM）的基本存储电路（即存储元）是在静态触发器的基础上附加门控管而构成的，靠触发器的自保功能存储数据。只要不掉电，其存储的信息可以始终稳定地存在，故称其为"静态"RAM。图 5-1 给出了一个由 6 个 MOS 管组成的双稳态存储元。

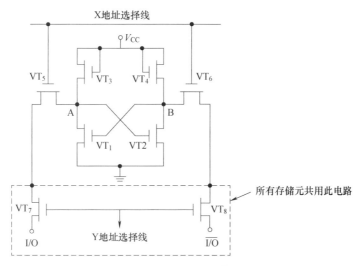

图 5-1　SRAM 的双稳态存储电路

图 5-1 中，VT_3、VT_4 是负载管，VT_1、VT_2 是工作管，VT_5、VT_6、VT_7、VT_8 是控制管，其中 VT_7、VT_8 为所有存储元所共用。

在写操作时，若要写入"1"，则 I/O = 1，$\overline{\text{I/O}}$ = 0，X 地址选择线为高电平，使 VT_5、VT_6 导通，同时 Y 地址选择线也为高电平，使 VT_7、VT_8 导通，要写入的内容经 I/O 端和 $\overline{\text{I/O}}$端进入，通过 VT_7、VT_8 和 VT_5、VT_6 与 A、B 端相连，使 A ="1"，B ="0"，这样就迫使 VT_2 导通，VT_1 截止。当输入信号和地址选择信号消失后，VT_5、VT_6、VT_7、VT_8 截止，VT_1、VT_2 就保持被写入的状态不变，使得只要不掉电，写入的信息"1"就能保持不变。写入"0"的原理与此类似。

读操作时，若某个存储元被选中（X、Y 地址选择线均为高电平），则 VT_5、VT_6、VT_7、VT_8 都导通，于是存储元的信息被送到 I/O 端和$\overline{\text{I/O}}$线上。I/O 端和$\overline{\text{I/O}}$线连接到一个差动读出放大器上，从其电流方向即可判断出所存信息是"1"还是"0"。

SRAM 存放的信息在不停电的情况下能长时间保留，状态稳定，其外部电路比较简单，便于使用。但由于 SRAM 的基本存储电路中所含晶体管较多，故集成度较低，且功耗比较大。

2. 动态随机存取存储器（DRAM）

动态随机存取存储器（Dynamic Random Access Memory，DRAM）的存储元有两种结构：四管存储元和单管存储元。四管存储元的缺点是元件多，占用芯片面积大，故集成度较低，但外围电路较简单；单管存储元的元件数量少，集成度高，但外围电路比较复杂。这里仅简单介绍一下单管存储元的存储原理。

单管动态存储元的电路如图 5-2 所示，它由一个 MOS 管 VT_1 和一个电容 C 构成。写入时，字选择线（地址选择线）为"1"，VT_1 管导通，写入的信息通过位线（数据线）存入电容 C 中。

由图 5-2 可以看出，DRAM 用电容作为存储元，电路简单。但电容总有漏电存在，时间长了存放的信息就会丢失或出现错误。因此需要对这些电容定时充电，这个过程称为"刷新"，即定时地将存储单元中的内容读出再写入。由于需要刷新，所以这种 RAM 称为"动态"RAM。DRAM 的存取速度一般较 SRAM 的存取速度低。DRAM 最大的特点是集成度非常高，目前其芯片的容量已达几百兆比特，而且功耗低、价格比较便宜。

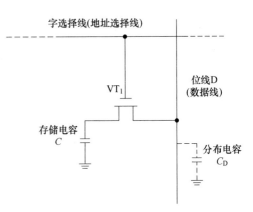

图 5-2　单管动态存储元的电路

5.1.2　只读存储器

虽然从字面上看，只读存储器（ROM）是只能读出信息而不能随意写入信息的存储器。但随着技术的发展，目前的 ROM 也可以写入信息，只是与 RAM 的随机写入相比，ROM 存储器的写操作需要有一定的条件。

5-2　只读存储器（一）

ROM 的主要工作特点是掉电后信息不丢失，这一特点使其常用于存放一些固定的程序和数据，如各种函数表、字符和固定程序等。

ROM 的单元只有一个二极管或三极管。一般规定，当器件接通时为"1"，断开时为"0"，反之亦可。若在设计只读存储器时，将程序或数据直接编写在掩模版图形中，光刻时转移到硅芯片上，这样制成的只读存储器称为掩模 ROM。对这种存储器，用户只能读取已存入的数据，而不能再编写数据。其优点是适合于大量生产，但若想修改所存储的内容则非常困难。

除掩模 ROM 之外，只读存储器还有使用相对比较灵活的可编程 ROM、可编程可擦除 ROM、电子可擦除可编程 ROM 以及目前最常用的闪速存储器（Flash）。

1. 可编程 ROM

可编程只读存储器也称为 PROM（Programmable ROM），通常可实现一次编程写操作。PROM 存储器出厂时各个存储单元皆为 1 或皆为 0。用户使用时，再编程写入需要的数据。

PROM 需要用电和光照的方法来编写入待存储的程序和数据，但仅仅只能编写一次，且写入的信息能够被永久性保存。例如，双极性 PROM 有两种结构：一种是熔丝烧断型，一种是 PN 结击穿型。它们只能进行一次性写操作，一旦编程写入完毕，其内容便是永久性的。由于只能是一次性编程，灵活性很差，故 PROM 和掩模 ROM 一样较少使用。

2. 可编程可擦除 ROM

可编程可擦除 ROM 也称为 EPROM（Erasable Programmable Read Only Memory），可多次编程写入。用户根据需要编程写入相应的信息，并能够把已写入的内容擦去后再改写，即 EPROM 是一种可多次改写的 ROM。由于能够改写，因此能对写入的信息进行校正，在修改错误后再重新写入。

与 RAM 不同，EPROM 在改写信息前需要先将原内容擦除。图 5-3 给出了一种 EPROM 芯片的外观图，从图中可以看出，芯片上方预留有一个石英透明小窗口。对 EPROM 芯片进行擦除操作的方法就是用紫外线照射芯片上的窗口，从而清除存储的内容。擦除后的芯片可以使用专门的编程写入器对其重新编程（写入新的内容）。写入信息后若能保持透明窗口不再受紫外线照射，存储的内容能够长期保存达几十年之久，且无需后备电源。

3. 电子可擦除可编程 ROM

电子可擦除可编程 ROM 也称为 EEPROM（Electrically Erasable Programmable Read Only Memory），也可以写成 E^2PROM。其工作原理类似 EPROM，不同的是擦除方式是使用高电平来完成，因此不需要透明窗。

图 5-3 EPROM 芯片的外观图

由于采用电擦除技术，所以它允许在线编程写入和擦除，而不必像 EPROM 芯片那样需要从系统中取下来，用专门的编程写入器编程和专门的擦除器擦除。从这一点讲，它的使用要比 EPROM 方便。另外，EPROM 虽可多次编程写入，但整个芯片只要有一位写错，也必须从电路板上取下来全部擦掉重写，这给实际使用带来很大不便。因为在实际使用中，多数情况下需要的是以字节为单位的擦除和重写，而 EEPROM 在这方面具有很大的优越性。

4. 闪速存储器

闪速存储器（Flash Memory）简称为 Flash，是取代传统的 EPROM 和 EEPROM 的主要非挥发性（永久性）的存储器，也是目前应用最广泛的只读存储器。

尽管 EEPROM 能够在线编程，使其在使用的方便性及写入速度两个方面都较 EPROM 更进一步，但即便如此，其编程时间相对 RAM 而言还是太长，特别是对大容量的芯片更是如此。人们希望有一种写入速度类似于 RAM，并且掉电后内容又不丢失的存储器。为此，一种新型的 EEPROM 被研制出来，称为闪速存储器（闪存）。闪存的编程速度快，掉电后内容又不丢失，从而得到很广泛的应用。

Flash 可以对存储单元进行擦写和再编程，也可以对一个存储单元块进行擦写和再编程。与 EPROM 和 EEPROM 一样，任何 Flash 器件的写操作都只能在空的或已擦除的单元内进行。所以，多数情况下，在进行写操作之前必须先执行擦除。

Flash 存储器从技术特性上主要有 NOR 和 NAND 两种。NOR 的特点是芯片内执行（Execute In Place，XIP），这种类型的 Flash 可以使应用程序直接在闪存内运行，不必再把代码读到系统 RAM 中。NOR 的传输效率很高，但写入和擦除速度较低。

NAND 闪存的存储单元采用串行结构，存储单元的读写是以页和块为单位进行（1 页可包含若干字节，若干页则组成储存块，NAND 的存储块大小为 8~32KB）。这种结构最大的优点在于容量可以做得很大；而缺点在于读速度较慢，再加上 NAND 闪存的内部没有专门的存储控制器，一旦出现数据坏块将无法修复。所以其可靠性较 NOR 闪存要差。

目前，NAND 闪存被广泛用于移动存储、数码相机、MP3 播放器、掌上电脑等新兴数字设备中。同时，微机系统中的 BIOS、显卡的 BIOS 等也都采用闪速存储器。

5.1.3 半导体存储器的主要技术指标

1. 存储容量

存储器芯片的存储容量用"存储单元个数×每存储单元的位数"来表示。例如，SRAM 芯片 6264 的容量为 8K×8bit，即它有 8K 个单元（1K = 1024），每个单元存储 8bit（1Byte）二进制数据。DRAM 芯片 NMC41257 的容量为 256K×1bit，即它有 256K 个单元，每个单元存储 1bit 二进制数据。各半导体器件生产厂家为用户提供了许多种不同容量的存储器芯片，用户在构成计算机内存系统时，可以根据要求加以选用。当然，当计算机的内存确定后，选用容量大的芯片则可以少用几片，这样不仅使电路连接简单，而且功耗也可以降低。

2. 存取时间和存取周期

存取时间又称存储器访问时间，即启动一次存储器操作（读或写）到完成该操作所需要的时间。CPU 在读写存储器时，其读写时间必须大于存储器芯片的额定存取时间。如果不能满足这一点，微机则无法正常工作。

存取周期是连续启动两次独立的存储器操作所需间隔的最小时间。若令存取时间为 Ta，存取周期为 Tc，则二者的关系为 $Tc \geq Ta$。

3. 可靠性

计算机要正确地运行，必然要求存储器系统具有很高的可靠性。内存发生的任何错误会使计算机不能正常工作。而存储器的可靠性直接与构成它的芯片有关。目前所用的半导体存储器芯片的平均故障间隔时间（MTBF）为 $5\times10^6 \sim 1\times10^8$ 小时。

4. 功耗

使用功耗低的存储器芯片构成存储系统，不仅可以减少对电源容量的要求，而且还可以提高存储系统的可靠性。

5.2 RAM 存储器设计

微机系统中的内存储器主要由 RAM 存储器构成，包括通常说的主存和高速缓冲存储器。为帮助读者更清楚地理解半导体存储器如何实现与处理器的连接和通信，本节将分别利用一些具体型号的 RAM 和 ROM 芯片，介绍半导体存储器与 8088 总线的接口连接方式。

5-3 随机存取存储器（一）

需要特别注意的是：虽然通常的内存单元容量均按字节表示，如 8GB。但对半导体存储器芯片来讲，芯片上每个存储单元中不一定存放 8bit 二进制。故对存储芯片的容量描述通常采用如下格式：单元数×每单元二进制位数。

5.2.1 SRAM 存储器

SRAM 的使用十分方便，在微型计算机领域有着极其广泛的应用。下面将首先介绍一个具体型号的 SRAM 芯片 6264，包括其外部特性及工作时序。之后再以该型号芯片为例，说明 SRAM 与 8088 总线的接口设计方法。

1. Intel 6264 存储芯片的引脚及其功能

Intel 6264 芯片是一个 8K×8bit 的 CMOS SRAM 芯片[注]，其外部引脚图如图 5-4 所示，共有 28 个引脚，包括 13 根地址信号线、8 根数据信号线以及 4 根控制信号线，它们的含意分别为：

① $A_0 \sim A_{12}$：13 根地址信号线。一个存储芯片上地址线的多少决定了该芯片有多少个存储单元。13 根地址信号线上的地址信号编码最多有 2^{13} 种组合，可产生 8192（8K）个地址编码，从而保证了芯片上的 8K 个单元每单元都有唯一的地址。即，芯片的 13 根地址线上的信号经过芯片的内部译码，可以决定选中 6264 芯片上 8K 个存储单元中的哪一个。在与系统连接时，这 13 根地址线通常接到系统地址总线的低 13 位上，以便 CPU 能够寻址芯片上的各个单元。

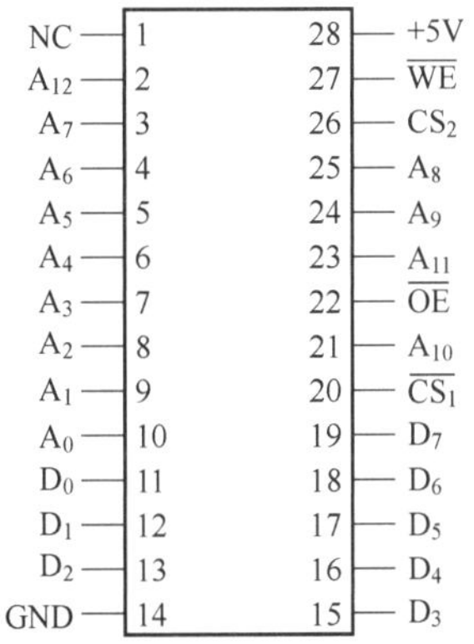

② $D_0 \sim D_7$：8 根双向数据线。对 SRAM 芯片来讲，数据线的根数决定了芯片上每个存储单元的二进制位数，8 根数据线说明 6264 芯片的每个存储单元中可存储 8 位二进制数，即每个存储单元有 8 位。使用时，这 8 根数据线与系统的数据总线相连。当 CPU 存取芯片上的某个存储单元时，读出和写入的数据都通过这 8 根数据线传送。

图 5-4 Intel 6264 外部引脚图

③ $\overline{CS_1}$、CS_2：片选信号线。当 $\overline{CS_1}$ 为低电平、CS_2 为高电平（$\overline{CS_1}=0$，$CS_2=1$）时，该芯片被选中，CPU 才可以对其进行读写操作。不同类型的芯片，其片选信号的数量不一定相同，但要选中该芯片，必须所有的片选信号同时有效才行。事实上，一个微机系统的内存空间是由若干块存储器芯片组成的，某块芯片映射到内存空间的哪一个位置（即处于哪一个地址范围）上，是由高位地址信号决定的。系统的高位地址信号和控制信号通过译码产生片选信号，将芯片映射到所需要的地址范围上。6264 有 13 根地址线（$A_0 \sim A_{12}$），8088/8086 CPU 则有 20 根地址线，所以这里的高位地址信号就是 $A_{13} \sim A_{19}$。

④ $\overline{OE}$：输出允许信号。只有当 $\overline{OE}$ 为低电平时，CPU 才能够从芯片中读出数据。

⑤ $\overline{WE}$：写允许信号。当 $\overline{WE}$ 为低电平时，允许数据写入芯片；而当 $\overline{OE}=0$，$\overline{WE}=1$ 时，允许数据从该芯片读出。

⑥ 其他引线：V_{cc} 为+5V 电源，GND 是接地端，NC 表示空端。

Intel 6264 芯片 4 个主要控制信号的真值表见表 5-1。

表 5-1 Intel 6264 真值表

$\overline{WE}$	$\overline{CS_1}$	CS_2	$\overline{OE}$	$D_0 \sim D_7$
0	0	1	×	写入
1	0	1	0	读出
×	0	0	×	三态（高阻）
×	1	1	×	三态（高阻）
×	1	0	×	三态（高阻）

[注] 表示 SRAM 6264 芯片上有 8K 个单元，每个单元中存放 8bit 二进制。

2. Intel 6264 的工作过程

对 6264 芯片的存取操作包括数据的写入和读出。

写入数据的工作时序如图 5-5 所示。该时序的含义是：

① 将写入单元的地址送到芯片的地址线 $A_0 \sim A_{12}$ 上，待写入数据送到数据线。

② 使 $\overline{CS_1}$ 和 CS_2 同时有效（$\overline{CS_1}=0$，$CS_2=1$）。

③ 在 $\overline{WE}$ 端加上有效的低电平，$\overline{OE}$ 端状态可以任意。

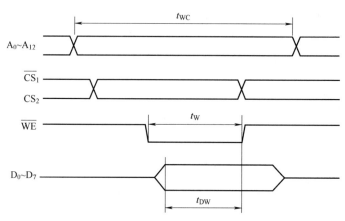

图 5-5　Intel 6264 写操作时序图

到此，数据就写入到了指定的存储单元。

从芯片中读出数据的过程与写操作类似，即：先把要读出单元的地址送到 6264 的地址线上，然后使 $\overline{CS_1}=0$，$CS_2=1$ 同时有效；与写操作不同的是，此时要使读允许信号 $\overline{OE}=0$，$\overline{WE}=1$。这样，选中单元的内容就可从 6264 的数据线读出。读出过程的时序如图 5-6 所示。

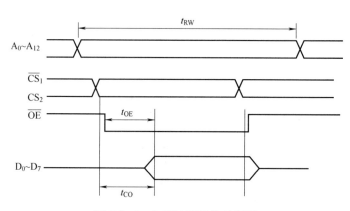

图 5-6　Intel 6264 读操作时序图

CPU 的取指令周期和对存储器读写都有固定的时序，因此对存储器的存取速度有一定的要求，当对存储器进行读操作时，CPU 发出地址信号和读命令后，存储器必须在读允许信号有效期内将选中单元的内容送到数据总线上。同样，在进行写操作时，存储器也必须在写脉冲有效期间将数据写入指定的存储单元。否则，就会出现读写错误。

如果可选择的存储器的存取速度太慢，不能满足上述要求，就需要设计者采取适当的措施来解决这一问题。最简单的解决办法就是降低 CPU 的时钟频率，即延长时钟周期 T_{CLK}，但这样做会降低系统的运行速度。另一种方法是利用 CPU 上的 READY 信号，使 CPU 在对慢速存储器操作时插入一个或几个等待周期 T_w，以等待存储器操作的完成。当然，随着技术的发展，现有存储器芯片的存取时间已达到几个纳秒（ns），并通过存储器系统管理技术，使现代微型机系统中对内存储器的访问速度已基本能够满足使用要求。但在嵌入式系统设计中，对此应给予足够的重视。

6264 芯片的功耗很小（工作时为 15mW，未选中时仅 10μW），因此在简单的应用系统中，CPU 可直接和存储器相连，不用增加总线驱动电路。

5.2.2 DRAM 存储器

DRAM 集成度高、价格低，在微型计算机中有着极其广泛的使用。构成微机内存的内存条几乎毫无例外地都是由 DRAM 组成。下面以一种 DRAM 芯片 2164A 为例来说明 DRAM 的外部特性及工作过程。

1. Intel 2164A 的引脚功能

Intel 2164A 是一块 64K×1bit 的 DRAM 芯片，与其类似的芯片有很多种，如 3764、4164 等。2164A 外部引脚图如图 5-7 所示。

① $A_0 \sim A_7$：地址输入线。DRAM 芯片在构造上的特点是芯片上的地址引脚是复用的。虽然 2164A 的容量为 64K 个单元，但它并不像对应的 SRAM 芯片那样有 16 根地址线，而是只要这个数量的一半，即 8 根地址线。那么它是如何用 8 根地址线来寻址这 64K 个单元的呢？实际上，在存取 DRAM 芯片的某单元时，其操作过程是将存取的地址分两次输入到芯片中，每一次都由同一组地址线输入。两次送到芯片上的地址分别称为行地址和列地址，它们被锁存到芯片内部的行地址锁存器和列地址锁存器中。

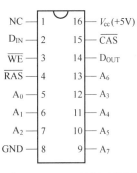

图 5-7 2164A 外部引脚图

可以想象，在芯片内部，各存储单元是按照矩阵结构排列的。行地址信号通过片内译码选择一行，列地址信号通过片内译码选择一列，这样就决定了选中的单元。可以简单地认为该芯片有 256 行和 256 列，共同决定 64K 个单元。对于其他 DRAM 芯片也可以按同样方式考虑。如 21256，它是 256K×1bit 的 DRAM 芯片，有 256 行，每行为 1024 列。

综上所述，动态存储器芯片上的地址引线是复用的，CPU 对它寻址时的地址信号分成行地址和列地址，分别由芯片上的地址线送入芯片内部进行锁存、译码，从而选中要寻址的单元。

② D_{IN} 和 D_{OUT}：芯片的数据输入、输出线。其中 D_{IN} 为数据输入线，当 CPU 写芯片的某一单元时，要写入的数据由 D_{IN} 送到芯片内部。同样，D_{OUT} 是数据输出线，当 CPU 读芯片的某一单元时，数据由此线输出。

③ $\overline{RAS}$：行地址锁存信号。该信号将行地址锁存在芯片内部的行地址锁存器中。

④ $\overline{CAS}$：列地址锁存信号。该信号将列地址锁存在芯片内部的列地址锁存器中。

⑤ $\overline{WE}$：写允许信号。当 $\overline{WE}=0$ 时，允许将数据写入。反之，当 $\overline{WE}=1$ 时，可以从芯片

读出数据。

2. Intel 2164A 的工作过程

（1）**数据读出**　读出过程的时序如图 5-8 所示。首先将行地址加在 $A_0 \sim A_7$ 上，然后使 $\overline{RAS}$ 行地址锁存信号有效，该信号的下降沿将行地址锁存在芯片内部。接着将列地址加到芯片的 $A_0 \sim A_7$ 上，再使 $\overline{CAS}$ 列地址锁存信号有效，其下降沿将列地址锁存。然后保持 $\overline{WE}=1$，则在 $\overline{CAS}$ 有效期间（低电平），数据由 D_{OUT} 端输出并保持。

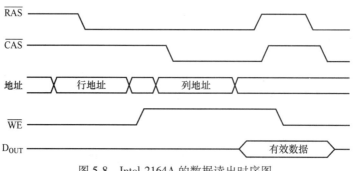

图 5-8　Intel 2164A 的数据读出时序图

（2）**数据写入**　数据写入过程的时序如图 5-9 所示。数据写入与数据读出的过程基本类似，区别是送完列地址后，要将 $\overline{WE}$ 端置为低电平，然后把要写入的数据从 D_{IN} 端输入。

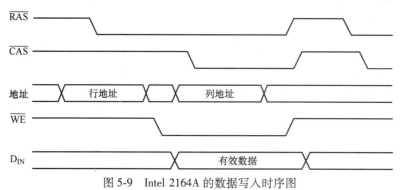

图 5-9　Intel 2164A 的数据写入时序图

（3）**刷新**　由于 DRAM 是靠电容来储存信息的，而电容总是存在缓慢放电现象，时间长了就会使存放的信息丢失。因此，DRAM 使用中的一个重要问题就是必须对它所存储的信息定时进行刷新。所谓刷新，就是将动态存储器中存放的每一位信息读出并重新写入的过程。刷新的方法是使列地址锁存信号无效（$\overline{CAS}=1$），只送上行地址并使行地址锁存信号 $\overline{RAS}$ 有效（$\overline{RAS}=0$），然后芯片内部的刷新电路就会对所选中行上各单元中的信息进行刷新（对原来为"1"的电容补充电荷，原来为"0"的则保持不变）。每次送出不同的行地址，就可以刷新不同行的存储单元。将行地址循环一遍，就可刷新整个芯片的所有存储单元。由于刷新时 $\overline{CAS}$ 无效，故位线上的信息不会送到数据总线上。

DRAM 芯片的刷新时序如图 5-10 所示。图中 $\overline{CAS}$ 保持无效，利用 $\overline{RAS}$ 锁存刷新的行地址进行逐行刷新。DRAM 要求每隔 2～8ms 刷新一次，这个时间称为刷新周期。在刷新周期中，DRAM 是不能进行正常的读写操作的，这一点由刷新控制电路予以保证。

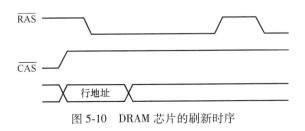

图 5-10　DRAM 芯片的刷新时序

> **请思考**：内存储器的容量是按字节组织，但 Intel 2164A 芯片的容量是 64K×1bit，能用它来构成内存吗？

5.2.3　RAM 存储器与系统的连接

在对 RAM 芯片的外部引脚功能和工作时序有一定了解之后，需要进一步掌握如何实现它与系统的连接。将一个存储器芯片接到总线上，除部分控制信号及数据信号线的连接外，主要是如何保证该芯片在整个内存中占据的地址范围能够满足用户的要求，而确保芯片地址范围的方法是设计合适的译码电路。

5-4　存储单元编址　　5-5　随机存取存储器（二）

1. 地址译码的概念

先用一个形象的例子来说明地址译码的概念。假设把存储器看作一个居住小区，那么构成存储器的存储芯片就是小区内一座一座的居民楼（假定楼号为 01～30），而存储单元就是楼内的各个居住单元（假定单元号为 101～825）。如果某户居民住在 10 号楼 510 单元，则该住户的地址可以记为 10-510：这里的 10 就是高位地址，相当于楼号；510 就是低位地址，相当于楼内的单元号。要访问小区的 10-510 住户时，首先要找到楼号 10，这就是片选译码（选择一个存储芯片）；然后找 510 单元，这就是片内寻址（选择一个存储单元）。

对应到存储器芯片，芯片的片内地址就相当于楼内的单元号，而高位地址就相当于楼号。例如：8088CPU 可寻址的内存地址空间是 1MB。对 SRAM 6264 芯片来讲，其片内地址有 13 位（$A_0 \sim A_{12}$），则高位地址就有 7 位（$A_{13} \sim A_{19}$）。

简单地讲，译码就是将一组输入信号转换为一个确定的输出。在存储器技术中，译码就是将高位地址信号通过一组电路（译码器）转换为一个确定的输出信号（通常为低电平）并将其连接到存储器芯片的片选端，使该芯片被选中，从而使系统能够对该芯片上的单元进行读写操作。片内寻址由存储芯片内部完成，使用者无需考虑。使用者要考虑的只是如何根据地址找到具体的住宅楼（芯片）。

8088/8086CPU 能够寻址 1MB 内存，共有 20 根地址信号线，其中高位（$A_{19} \sim A_i$）用于确定芯片的地址范围（即作为译码器的输入），低位（$A_{i-1} \sim A_0$）用于片内寻址。微机系统中，CPU 引脚发出的各种控制信号通常需要总线控制器与系统控制总线连接。当对存储器进行读写操作时，CPU 引脚的 IO/$\overline{M}$ 有效（IO/$\overline{M}$=0），同时读或写控制信号 $\overline{RD}$ 或 $\overline{WR}$ 有效，此时总线控制器将输出有效的总线控制信号 $\overline{MEMR}$ 或 $\overline{MEMW}$，实现对内存的访问。

2. 地址译码方式

芯片的高位地址决定了芯片在整个内存中占据的地址范围，亦即译码电路的输入信号是高位地址。为了实现正确、有效的存储器访问，译码电路的输入除了高位地址信号之外，还应包括一些控制信号，如读/写控制信号。因此，以下设计中，存储芯片的片选信号（译码电路输出）由高位地址信号和控制信号译码产生。

存储器地址译码方式可以分为两种：一种称为全地址译码，另一种称为部分地址译码。

（1）全地址译码方式　全地址译码是指存储器所有高位地址信号都作为译码器的输入，低位地址信号接存储芯片的地址输入线，从而使得存储器芯片上的每一个单元在整个内存空间中具有唯一的一个地址。

对 6264 芯片来讲，就是用低 13 位地址信号（$A_0 \sim A_{12}$）决定每个单元的片内地址，即片内寻址；而用高 7 位地址信号（$A_{13} \sim A_{19}$）决定芯片在内存中的地址边界，即作为片选地址译码。

SRAM 6264 与 8088/8086 系统的连接图如图 5-11 所示。图中用地址总线的高 7 位信号（$A_{13} \sim A_{19}$）作为地址译码器的输入，地址总线的低 13 位信号 $A_0 \sim A_{12}$ 接到芯片的 $A_0 \sim A_{12}$ 端，故这是一个全地址译码方式的连接。可以看出，当 $A_{19} \sim A_{13}$ 为 0011111 时，译码器输出低电平，使 SRAM 6264 芯片的片选端 $\overline{CS_1}$ 有效（即表示选中该芯片）。所以，该 6264 芯片的地址范围为 3E000H~3FFFFH（低 13 位表示该芯片的片内地址范围：从全为 0 到全为 1 之间的任何一个值）。

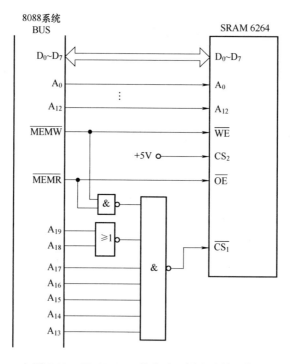

图 5-11　SRAM 6264 的全地址译码连接示例

译码电路的构成不是唯一的，对只控制一片芯片的译码电路，用基本逻辑门电路设计会非常简单（见图 5-11）。如果含多片芯片的译码电路，用基本逻辑门设计就非常困难，此时需要借助专用译码器。本书将在 5.2.4 节中介绍一种最简单的专用译码器 74LS138。

若将图 5-11 中的译码电路修改为另一种译码电路，如图 5-12 所示，则 6264 的地址范围就变成 C0000H~C1FFFH。由此可以看出，使用不同的译码电路，可将存储器芯片映射到内存空间中任意一个范围中。

（2）部分地址译码方式　顾名思义，部分地址译码就是仅把地址总线的一部分地址信号线与存储器连接，通常是用高位地址信号的一部分（而不是全部）作为片选译码信号。SRAM 6264 的部分地址译码连接图如图 5-13 所示。从图中可以看出，该 6264 芯片被映射到了以下 4 个内存空间中：AE000H~AFFFFH、BE000H~BFFFFH、EE000H~EFFFFH、FE000H~FFFFFH。

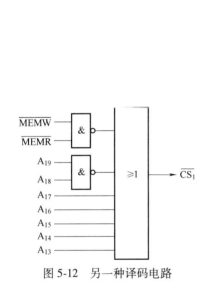

图 5-12　另一种译码电路　　　　图 5-13　SRAM 6264 的部分地址译码连接图

这样的设计使该 6264 芯片占据了 4 个 8KB 的内存地址空间，而 6264 芯片本身只有 8KB 的存储容量。为什么会出现这种情况呢？其原因就在于图中的高位地址译码并没有利用地址总线上的全部地址信号，而只利用了其中的一部分。在图 5-13 中，A_{18} 和 A_{16} 并未参加译码，即 A_{18} 和 A_{16} 无论是什么值都不影响译码器的输出。因此，当 A_{18} 和 A_{16} 分别为 00、01、10、11 这 4 种组合时，对应的 6264 存储芯片就占据了 4 个 8KB 的地址空间。这种只用部分地址线参加译码从而产生地址重复区的译码方式就是部分地址译码的含意。按这种地址译码方式，芯片占用的这 4 个 8KB 的区域绝不可再分配给其他芯片。否则，会造成总线竞争而使微机无法正常工作。另外，在对这个 6264 芯片进行存取时，可以使用以上四个地址范围的任意一个。

部分地址译码使地址出现重叠区，而重叠的部分必须空着不准使用，这就破坏了地址空间的连续性，也在实际上减小了总的可用存储地址空间。部分地址译码方式的优点是其译码器的构成比较简单，成本较低。图 5-13 中少用了两条译码输入线，但牺牲了内存地址资源。

可以想象，参加译码的高位地址越少，译码器就越简单，而同时所构成的存储器所占用的内存地址空间就越多。若只用一条高位地址线作片选信号，如在图 5-13 中，若只将 A_{19} 接在 $\overline{CS_1}$ 上，则这片 6264 芯片将占据 00000H~7FFFFH 共 512KB 的地址空间。这种只用一条高位地址线进行片选的连接方法称为线性选择，这种地址译码方法一般仅用于系统中只使用

1~2个存储芯片的情况。

在实际中，采用全地址译码还是部分地址译码，应根据具体情况来定。如果地址资源很富裕，为使电路简单可考虑用部分地址译码方式。如果要充分利用地址空间，则应采用全地址译码方式。

5.2.4 RAM 存储器接口设计

地址译码电路设计方法多种多样，总体原则是：对 1～2 片芯片的地址译码，可以采用基本逻辑门电路设计；对多片芯片的地址译码，选用专门译码器设计。

1. 译码器

将不同的地址信号通过一定的控制电路转换为对某一芯片的片选信号，这个控制电路称为译码电路，它所对应的逻辑部件就称为译码器。也可以说，译码器的作用就是将一组输入信号转换为在某一时刻有一个确定的输出信号。

译码器的种类很多，这里仅介绍一种常用的 3—8 线译码器 74LS138，74LS138 的引脚功能图如图 5-14 所示。图中 G_1、$\overline{G_{2A}}$、$\overline{G_{2B}}$ 为译码器的三个使能输入端，它们共同决定了译码器当前是否被允许工作：当 $G_1 = 1$，$\overline{G_{2A}} = \overline{G_{2B}} = 0$ 时，译码器处于使能状态（Enable），否则就被禁止（Disable）。C、B、A 为译码器的三条输入线，输入的 3 位二进制代码分别代表了 8 种不同的状态，它们不同的状态组合，决定了 8 个输出端 $\overline{Y_0} \sim \overline{Y_7}$ 的状态。74LS138 真值表见表 5-2，表中电平为正逻辑，即高电平表示逻辑"1"，低电平表示逻辑"0"，"×"表示不定。

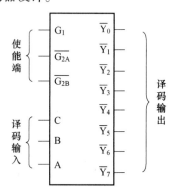

图 5-14 74LS138 的引脚功能图

表 5-2　74LS138 真值表

使能端			输入端			输出端							
G_1	$\overline{G_{2A}}$	$\overline{G_{2B}}$	C	B	A	$\overline{Y_0}$	$\overline{Y_1}$	$\overline{Y_2}$	$\overline{Y_3}$	$\overline{Y_4}$	$\overline{Y_5}$	$\overline{Y_6}$	$\overline{Y_7}$
×	1	1	×	×	×	1	1	1	1	1	1	1	1
0	×	×	×	×	×	1	1	1	1	1	1	1	1
1	0	0	0	0	0	0	1	1	1	1	1	1	1
1	0	0	0	0	1	1	0	1	1	1	1	1	1
1	0	0	0	1	0	1	1	0	1	1	1	1	1
1	0	0	0	1	1	1	1	1	0	1	1	1	1
1	0	0	1	0	0	1	1	1	1	0	1	1	1
1	0	0	1	0	1	1	1	1	1	1	0	1	1
1	0	0	1	1	0	1	1	1	1	1	1	0	1
1	0	0	1	1	1	1	1	1	1	1	1	1	0

2. SRAM 与系统的连接示例

以上讲述了当利用 RAM 芯片构成内存时经常采用的两种地址译码方式，其中最常使用的是全地址译码。实现全地址译码可以使用各种基本逻辑门电路，也可以用专用译码器芯片，如 74LS138 译码器等○。下面通过两个例子来说明如何使用 SRAM 芯片构成所需的存储器。

【例 5-1】 现有 SRAM 存储器芯片 Intel 6116 的外部引脚图如图 5-15 所示。其中，$R/\overline{W}$ 为读写控制信号，当 $R/\overline{W}=0$ 时写入，$R/\overline{W}=1$ 时读出；$\overline{OE}$ 为输出允许信号，$\overline{CS}$ 是片选信号。试用 6116 芯片构成地址范围在 78000H～78FFFH 之间的一个 4KB 存储器。

题目解析：由图 5-15 可以看出，该芯片具有 11 根地址线（$A_0 \sim A_{10}$），8 根数据线（$D_0 \sim D_7$），说明芯片容量为 $2K \times 8bit$，即 2KB。要构成一个 4KB 的存储器，需要两片 6116 芯片。由题目所给的地址范围可知，其容量正好为 4KB，表明两片存储器芯片都有唯一的地址范围，采用全地址译码方式。

选用 74LSl38 作为地址译码器。设计 SRAM 与 8088 总线系统的连接如图 5-16 所示。图中，用 74LS138 和部分基本逻辑门电路一起构成地址译码电路。将 $\overline{MEMR}$、$\overline{MEMW}$ 信号组合后接到 138 译码器的使能端，保证了仅在对存储器进行读写操作时，138 译码器才能工作。

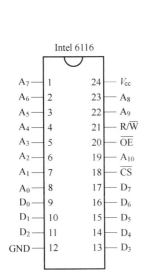

图 5-15　Intel 6116 的外部引脚图

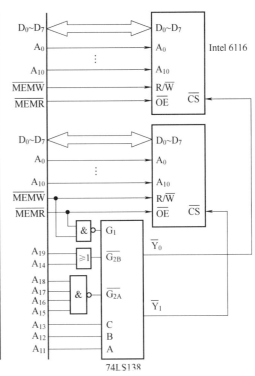

图 5-16　Intel 6116 与系统连接示例

3. DRAM 在系统中的连接

微型机系统中的主存大多采用 DRAM 芯片构成。由于在使用中既要做到能够正确读写，又要能在规定的时间里对它进行刷新。因此，微型机中对 DRAM 的连接和控制电路要比 SRAM 复杂得多。这里，仅通过一个简化的电路示意图来说明 DRAM 的使用。

PC/XT 微型机的 DRAM 读写简化电路图如图 5-17 所示，由 8 片 Intel 2164A 构成（加奇

○　译码器的种类很多，如其他 74 系列芯片、PAL、GAL 等。读者可参阅相关资料。

偶校验位则为 9 片）一个 64KB 的存储器。LS158 是二选一的数据选择器，LS245 为驱动器。当 CPU 读写存储器的某个单元时，首先由行锁存信号电路送出行地址锁存信号$\overline{RAS}$，同时 ADDSEL=0，使 LS158 的 A 端口导通，CPU 将 8 位行地址信号通过地址总线的低 8 位（$A_0 \sim A_7$）通过 LS158 的 A 口加到存储器芯片上，并在$\overline{RAS}$作用下锁存于存储芯片内部的行地址锁存器。60ns 后，ADDSEL=1，使 LS158 的 B 端口导通，CPU 将 8 位列地址信号通过地址总线的$A_8 \sim A_{15}$通过 LS158 的 B 口加到存储器芯片上，延迟 40ns 后由$\overline{CAS}$将其锁存于存储芯片内部的列地址锁存器。最后，在存储器读/写信号$\overline{MEMR}/\overline{MEMW}$控制下，实现数据的读写。

PC/XT 微型机中 DRAM 的刷新过程利用 DMA[⊖]实现。首先由可编程定时器 8253 每隔 15.12μs 产生一次 DMA 请求，之后由 DMA 控制器 8237 在其$\overline{DAK_0}$端产生一个低电平，使列地址锁存信号$\overline{CAS}$为高电平，而行地址信号$\overline{RAS}$为低电平。最后，通过 DMA 控制器送出刷新的行地址，实现一次刷新。

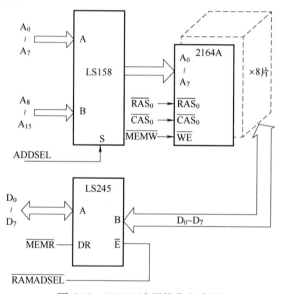

图 5-17　DRAM 读写简化电路图

> 图 5-17 中的 8 片 2164A 构成了一个"存储体"。由图可以发现：对每个存储单元字长不足 8bit 的存储芯片，1 片将无法构成一个可用的内存储器。

5.3　ROM 存储器设计

ROM 存储器因其具有掉电后信息不丢失、写操作速度较慢的特点，在微机系统中主要用于存放监控程序、BIOS 程序等固定的程序[⊖]。另外，ROM 存储器还大量应用于嵌入式系

⊖　DMA 是 Direct Memory Access（直接存储器存取）的缩写，本书将在第 6 章 6.3.4 节简要介绍。
⊖　目前部分微机系统中固态存储器（外存）和部分移动存储器（U 盘）也属于半导体存储器。

统中，用于存储改动较少的控制程序。

同 RAM 存储器一样，本节也将利用一些具体型号芯片来介绍 ROM 存储器的应用。从理解半导体存储器基本原理和应用的角度，本节主要选择三种 8 位只读存储器，介绍 EPROM、EEPROM 和 Flash 芯片的原理及其应用方法。

5.3.1 EPROM 存储器芯片

作为可擦除可编程的只读存储器，EPROM 通常用作程序存储器。下面通过 EPROM2764 这一具体型号，来介绍 EPROM 芯片的基本工作原理及其与系统的连接方法。

1. 引线及功能

EPROM 2764 引脚图如图 5-18 所示。由图可以看出，该芯片的容量为 8K×8bit，其引脚与 SRAM 6264 兼容。这样的设计给使用者带来很大的便利。因为在软件调试过程中，程序经常需要修改，此时可将程序先放在 6264 中，读写修改都很方便。调试成功后，将程序固化在 2764 中，由于它与 6264 的引脚兼容，所以可以把 2764 直接插在原 6264 的插座上。这样，程序就不会由于断电而丢失。

2764 各引脚的含意如下：

① $A_0 \sim A_{12}$：13 根地址输入线。用于寻址片内的 8K 个存储单元。

② $D_0 \sim D_7$：8 根双向数据线。正常工作时为数据输出线，编程时为数据输入线。

③ $\overline{CE}$：片选信号。低电平有效。当 $\overline{CE}=0$ 时，表示选中此芯片。

④ $\overline{OE}$：输出允许信号。低电平有效。当 $\overline{OE}=0$ 时，芯片中的数据可由 $D_0 \sim D_7$ 端输出。

⑤ $\overline{PGM}$：编程脉冲输入端。对 EPROM 编程时，在该端加上编程脉冲。读操作时，$\overline{PGM}=1$。

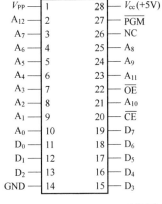

图 5-18 EPROM 2764 引脚图

⑥ V_{PP}：编程电压输入端。编程时应在该端加上编程高电压，不同的芯片对 V_{PP} 的值要求不一样，可以是 +12.5V、+15V、+21V、+25V 等。

2. 2764 的工作过程

2764 可以工作在数据读出、编程写入和擦除三种方式下。

（1）数据读出　这是 2764 的基本工作方式，用于读出 2764 中存储的内容。其工作过程与 RAM 芯片非常类似。即先把要读出的存储单元地址送到 $A_0 \sim A_{12}$ 地址线上，然后使 $\overline{CE}=0$、$\overline{OE}=0$，就可在芯片的 $D_0 \sim D_7$ 上读出需要的数据。2764 读出过程的时序如图 5-19 所示。

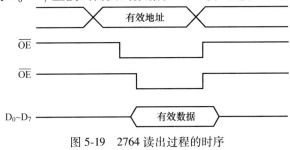

图 5-19 2764 读出过程的时序

因为 2764 与 6264 在引脚上兼容，故在与系统的连接使用上可按与 RAM 芯片相同的方法来进行电路设计。只是在读方式下，编程脉冲输入端 $\overline{PGM}$ 及编程电压 V_{PP} 端都接在 +5V 电源 V_{cc} 上。2764 芯片与 8088 总线的连接图如图 5-20 所示。由图可以看出，2764 芯片的地址范围为 70000H~71FFFH。

（2）编程写入　对 EPROM 芯片的编程可以有两种方式：一种是标准编程，另一种是快速编程。

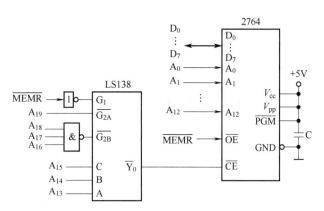

图 5-20　EPROM 2764 与 8088 系统的连接图

1）标准编程是每给出一个编程负脉冲就写入一个字节的数据。写入时，将 V_{cc} 接 +5V，V_{PP} 加上芯片要求的高电压，在地址线 $A_0 \sim A_{12}$ 上给出要编程存储单元的地址，然后使 $\overline{CE}=0$、$\overline{OE}=1$；并在数据线上给出要写入的数据。上述信号稳定后，在 $\overline{PGM}$ 端加上 50±5ms 的负脉冲，就可将一个字节的数据写入相应的地址单元中。不断重复这个过程，就可将要写的数据逐一写入对应的存储单元中。

如果其他信号状态不变，只是在每写入一个单元的数据后将 $\overline{OE}$ 变低，则可以立即对刚写入的数据进行校验。当然也可以写完所有单元后再统一进行校验。若检查出写入数据有错，则必须全部擦除，再重新开始上述的编程写入过程。

早期的 EPROM 采用的都是标准编程方法。这种方法有两个严重的缺点：一是编程脉冲太宽（约 50ms），从而使编程时间太长，对于容量较大的 EPROM，其编程的时间将长得令人难以接受。例如，对 256KB 的 EPROM，其编程时间长达 3.5 个小时以上。二是不够安全，编程脉冲太宽会使芯片功耗过大而损坏 EPROM。

2）快速编程与标准编程的工作过程一样，只是编程脉冲要窄得多。例如，EPROM 27C040 芯片的编程脉冲宽度仅为 100μs，其时序如图 5-21 所示。其编程过程为：先用 100μs 编程脉冲依次写完所有要编程的单元。然后从头开始校验每个写入的字节，若写得不正确，则再重写此单元；写完后再校验，不正确还可再写；若连续 10 次仍不正确，则认为芯片已损坏。最后再从头到尾对每一个编程单元校验一遍，全对，则编程即告结束。

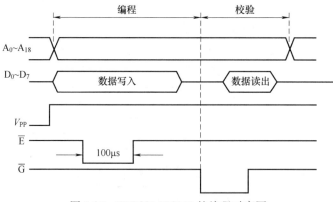

图 5-21　EPROM 27C040 的编程时序图

需要注意的是，不同厂家、不同型号的 EPROM 芯片对编程的要求不一定相同，编程脉冲的宽度也不一样，但编程思想是相同的。

（3）擦除　EPROM 的一个重要优点是可以擦除重写，而且允许擦除的次数超过上万次。一片新的或擦除干净的 EPROM 芯片，其每一个存储单元的内容都是 FFH。要对一个使用过的 EPROM 进行编程，则首先应将其放到专门的擦除器上进行擦除操作。擦除器利用紫外线光照射 EPROM 的窗口，一般经过 15~20min 即可擦除干净。擦除完毕后可读一下 EPROM 的每个单元，若其内容均为 FFH，就认为擦除干净了。

5.3.2　EEPROM 存储器芯片

EEPROM 允许在线编程写入和擦除，相对 EPROM 使用要便捷很多。这里同样以一个具体型号的 EEPROM 芯片 NMC 98C64A 为例，介绍 EEPROM 的工作过程和应用。

5-6　只读存储器（二）

1. 98C64A 的引线

NMC 98C64A 为 8K×8bit 的 EEPROM，其引脚图如图 5-22 所示。其中：

① $A_0 \sim A_{12}$：地址线，用于选择片内的 8K 个存储单元。

② $D_0 \sim D_7$：8 条数据线。

③ $\overline{CE}$：片选信号。低电平有效。当 $\overline{CE} = 0$ 时，选中该芯片。

④ $\overline{OE}$：输出允许信号。当 $\overline{CE} = 0$，$\overline{OE} = 0$，$\overline{WE} = 1$ 时，可将选中的地址单元的数据读出。这点与 6264 很相似。

⑤ $\overline{WE}$：写允许信号。当 $\overline{CE} = 0$，$\overline{OE} = 1$，$\overline{WE} = 0$ 时，可以将数据写入指定的存储单元。

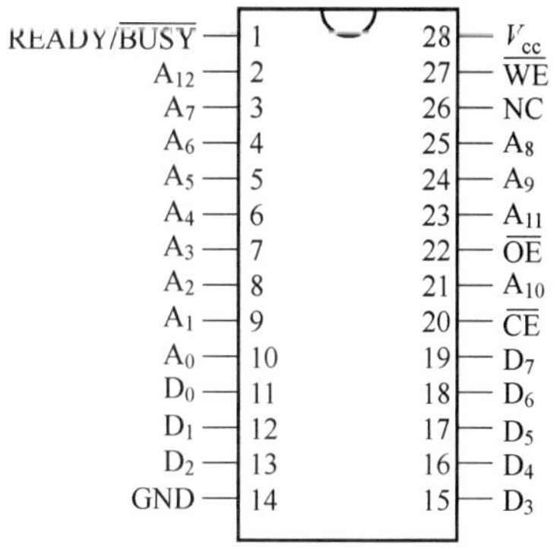

图 5-22　NMC 98C64A 引脚图

⑥ READY/$\overline{BUSY}$：状态输出端，该端的状态反映了 98C64A 目前是否可以编程写入。当 98C64A 正在执行写操作时，此引脚为低电平，表示当前正在写入数据，不能接收 CPU 送来的下一个数据。当写操作结束后，该引脚变为高电平（参考图 5-23 的工作时序），表示可以继续接受下一个数据写入。

2. 98C64A 的工作过程

98C64A 的工作过程同样包括数据读出、编程写入和擦除三种操作。

（1）数据读出　从 EEPROM 读出数据的过程与从 EPROM 及 RAM 中读出数据的过程一样。当 $\overline{CE} = 0$，$\overline{OE} = 0$，$\overline{WE} = 1$ 时，只要满足芯片所要求的读出时序关系，则可从选中的存储单元中将数据读出。

（2）编程写入　将数据写入 98C64A 有字节写入和自动页写入两种方式。

1）字节写入。字节写入方式是一次写入一个字节的数据。但写完一个字节之后并不能立刻写下一个字节，而是要等到 READY/$\overline{BUSY}$ 端的状态由低电平变为高电平后，才能开始下一个字节的写入。这是 EEPROM 芯片与 RAM 芯片在数据写入上的一个很重要的区别。

不同的芯片写入一个字节所需的时间略有不同，一般是几到几十毫秒。98C64A 需要的时间一般为 5ms，最大是 10ms。在对 EEPROM 编程时，可以通过查询 READY/$\overline{BUSY}$ 引脚的状态来判断是否写完一个字节，也可利用该引脚的状态产生中断请求来通知 CPU 已写完一个字节。对于没有 READY/$\overline{\text{BUSY}}$ 信号的芯片，则可用软件或硬件定时的方式（定时时间应大于等于芯片的写入时间），以保证数据的可靠写入。当然，这种方法虽然在原理上比较简单，但会降低 CPU 的效率。

98C64A 编程写入时序图如图 5-23 所示。从图中可以看出，当 $\overline{\text{CE}}=0$，$\overline{\text{OE}}=1$ 时，只要在 $\overline{\text{WE}}$ 端加上 100ns 的负脉冲，便可以将数据写入指定的地址单元。

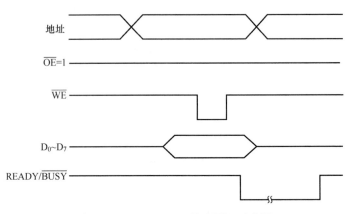

图 5-23 NMC 98C64A 编程写入时序图

2) 自动页写入。页编程的基本思想是一次写完一页，而不是只写一个字节。每写完一页判断一次 READY/$\overline{\text{BUSY}}$ 端的状态。在 98C64A 中，一页数据最大可达 32 个字节，要求这些数据在内存中是连续排列的。98C64A 的高位地址线 $A_{12} \sim A_5$ 用来决定访问哪一页数据，低位地址 $A_4 \sim A_0$ 用来决定寻址一页内所包含的 32 个字节。因此将 $A_{12} \sim A_5$ 称为页地址。

其写入的过程是：利用软件首先向 EEPROM 98C64A 写入页的一个数据，并在此后的 300μs 内，连续写入本页的其他数据，再利用查询或中断检查 READY/$\overline{\text{BUSY}}$ 端的状态是否已变高，若变高，则表示这一页的数据已写结束。然后接着开始写下一页，直到将数据全部写完。利用此方法，对 8K×8bit 的 98C64A 来说，写满该芯片只需 2.6s。

（3）擦除 擦除和写入是同一种操作，只不过擦除总是向单元中写入 "FFH" 而已。EEPROM 的特点是一次既可擦除一个字节，也可以擦除整个芯片的内容。如果需要擦除一个字节，其过程与写入一个字节的过程完全相同，写入数据 FFH，就等于擦除了这个单元的内容。若希望一次将芯片所有单元的内容全部擦除干净，可利用 EEPROM 的片擦除功能，即在 $D_0 \sim D_7$ 上加上 FFH，使 $\overline{\text{CE}}=0$，$\overline{\text{WE}}=0$，并在 $\overline{\text{OE}}$ 引脚上加上 +15V 电压，使这种状态保持 10ms，就可将芯片所有单元擦除干净。

EEPROM 98C64A 有写保护电路，加电和断电不会影响芯片的内容。写入的内容一般可保存十年以上。每一个存储单元允许擦除/编程上万次。

5.3.3 闪速存储器芯片

闪速存储器（Flash）是微机系统中目前应用最为广泛的只读存储器，也是发展最快的 ROM 型芯片。下面以 TMS28F040 芯片为例简单介绍闪存的工作原理。

1. 28F040 的引脚及结构

由 28F040 的外部引脚图（见图 5-24）可以看出，它共有 19 根地址线和 8 根数据线，说明该芯片的容量为 512K×8bit；$\overline{G}$ 为输出允许信号，低电平有效；$\overline{E}$ 是芯片写允许信号，在它的下降沿锁存选中单元的地址，用上升沿锁存写入的数据。

28F040 将其 512KB 的容量分成 16 个 32KB 的块（或页），每一块均可独立进行擦除。

2. 工作过程

28F040 与普通 EEPROM 芯片一样也有读出、编程写入和擦除三种工作方式。不同的是它是通过向内部状态寄存器写入命令的方法来控制芯片的工作方式，对芯片所有的操作都要先向状态寄存器写入命令。另外，28F040 的许多功能需要根据状态寄存器的状态来决定。例如，要知道芯片当前的工作状态，只需写入命令 70H 即可。状态寄存器各位的含意和 28F040 的命令分别见表 5-3 和表 5-4。

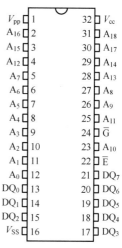

图 5-24　28F040 的外部引脚图

表 5-3　状态寄存器各位的含意

位	高电平（1）	低电平（0）	作　　用
SR7（D_7）	准备好	忙	写命令
SR6（D_6）	擦除挂起	正在擦除/已完成	擦除挂起
SR5（D_5）	片或块擦除错误	片或块擦除成功	擦除
SR4（D_4）	字节编程错误	字节编程成功	编程状态
SR3（D_3）	V_{PP} 太低，操作失败	V_{PP} 合适	监测 V_{PP}
SR2～SR0			保留未用

表 5-4　28F040 的命令

命　　令	总线周期	第一个总线周期			第二个总线周期		
		操作	地址	数据	操作	地址	数据
读存储单元	1	写	×	00H			
读存储单元	1	写	×	FFH			
读标记	3	写	×	90H	读	IA①	
读状态寄存器	2	写	×	70H	读	×	SRD④
清除状态寄存器	1	写	×	50H			
自动块擦除	2	写	×	20H	写	BA②	D0H
擦除挂起	1	写	×	B0H			
擦除恢复	1	写	×	D0H			

(续)

命令	总线周期	第一个总线周期			第二个总线周期		
		操作	地址	数据	操作	地址	数据
自动字节编程	2	写	×	10H	写	PA③	PD⑤
自动片擦除	2	写	×	30H	写		30H
软件保护	2	写		0FH	写	BA②	PC⑥

① 若是读厂家标记，IA=00000H；读器件标记则 IA=00001H。
② BA 为要擦除块的地址。
③ PA 为欲编程存储单元的地址。
④ SRD 是由状态寄存器读出的数据。
⑤ PD 为要写入 PA 单元的数据。
⑥ PC 为保护命令，若PC=00H——清除所有的保护，PC=FFH——置全片保护；
　　　　　　　　　PC=F0H——清地址指定的块保护；
　　　　　　　　　PC=0FH——置地址指定的块保护。

（1）读操作　读操作包括读出芯片中某个单元的内容、读出内部状态寄存器的内容以及读出芯片内部的厂家和器件标记三种情况。如果要读某个存储单元的内容，则在初始加电以后或在写入命令 00H（或 FFH）之后，芯片就处于只读存储单元的状态。这时就和读 SRAM 或 EPROM 芯片一样，很容易读出指定的地址单元中的数据。此时的 V_{PP}（编程高电压端）可与 V_{cc}（+5V）相连。

（2）编程写入　编程方式包括对芯片单元的写入和对其内部每个 32KB 块的软件保护。软件保护是用命令使芯片的某一块或某些块规定为写保护，也可置整片为写保护状态，这样可以使被保护的块不被写入新的内容或擦除。比如，向状态寄存器写入命令 0FH，再送上要保护块的地址，就可置规定的块为写保护。若写入命令 FFH，就置全片为写保护状态。

（3）擦除　28F040 的擦除操作有字节擦除、块擦除和整片擦除三种擦除方式，并可在擦除过程中使擦除挂起和恢复擦除。

1）字节擦除是在字节编程过程中，写入数据的同时就擦除了原单元的内容。

2）28F040 允许擦除某一块或某些块，每块为 32KB，块地址由 $A_{15} \sim A_{18}$ 来决定。在擦除时，只要给出该块的任意一个地址（实际上只关心 $A_{15} \sim A_{18}$）即可。

3）整片擦除是擦除芯片上所有单元的内容，擦除干净的标志是擦除后各单元的内容均为 FFH，但受保护的内容不被擦除。

擦除挂起是指在擦除过程中需要读数据时可以利用命令暂时挂起擦除，读完后又可用命令恢复擦除。

擦除是 ROM 型芯片在编程写入前必需的环节，28F040 的整片擦除及块擦除的工作流程如图 5-25 所示。

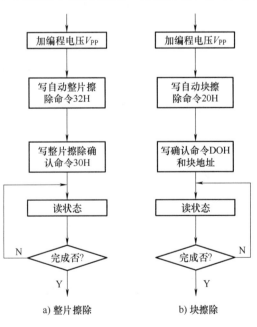

图 5-25　28F040 的擦除流程

28F040 在使用中，要求在其引线控制端加上适当电平，以保证芯片正常工作。不同工作类型的 28F040 的工作条件不一样，具体见表 5-5。

表 5-5　28F040 的工作条件

	E	G	V_{PP}	A_9	A_0	$D_0 \sim D_9$
只读存储单元	V_{IL}	V_{IL}	V_{PPL}	×	×	数据输出
读	V_{IL}	V_{IL}	×	×	×	数据输出
禁止输出	V_{IL}	V_{IH}	V_{PPL}	×	×	高阻
准备状态	V_{IH}	×	×	×	×	高阻
厂家标记	V_{IL}	V_{IL}	×	V_{ID}	V_{IL}	97H
芯片标记	V_{IL}	V_{IL}	×	V_{ID}	V_{IH}	79H
写入	V_{IL}	V_{IH}	V_{PPH}	×	×	数据写入

注：V_{IL}—低电平；V_{IH}—高电平 V_{cc}；V_{PPL}—0～V_{cc}；V_{PPH}—+12V；V_{ID}—+12V；×—表示高低电平均可。

虽然 Flash 芯片可以很方便地实现读和写操作，但其写操作需要满足一定的条件，且必须要先进行擦除，这使其虽然具有掉电后信息不丢失的巨大优势，但还是无法取代 RAM 用作主内存。

5.3.4　ROM 存储器接口设计

可读写的 ROM 型芯片（EPROM、EEPROM、Flash）虽然都可以读出和写入，但无法像 RAM 芯片那样随机读/写。对所有可读写 ROM 芯片，若要进行读操作，只需执行一条存储器读指令，就可将存储的数据读出。但如果要对它们进行写操作，则都需要在一定条件下才能进行。本节以 5.3.2 中介绍的 EEPROM 芯片 98C64A 为例，说明可读写 ROM 芯片的应用。

由图 5-23 的时序图知，仅当 READY/$\overline{BUSY}$ 端的状态为高电平时才可以对 98C64A 进行编程写入，当 READY/$\overline{BUSY}$=0 时，则不能进行写操作。所以，CPU 可以通过检查此引脚的状态来判断写操作是否结束。需要注意的是：CPU 获取 READY/$\overline{BUSY}$ 端的状态需要通过输入/输出接口。

【例 5-2】　将一片 98C64A 连接到系统总线上，使其地址范围在 3E000H～3FFFFH 之间，并编程序将芯片的所有存储单元写入 FFH。由于 READY/$\overline{BUSY}$ 端的状态需要通过 I/O 接口才能输入到 CPU，这里假设连接 READY/$\overline{BUSY}$ 端状态的接口地址为 3E0H。

题目解析：根据 98C64A 芯片的特性，在对其进行写操作时，需首先判断 READY/$\overline{BUSY}$ 端的状态。该端状态需通过输入接口连接到系统的数据总线，当其为高电平时，可写入一次数据；该端为低电平则需等待。系统可以通过以下三种方式确定是否可对芯片进行写操作：

1）通过延时等待方式写入数据。可根据芯片工作时序所给出的参数，确定完成一次写操作所需要的时间。

2）通过查询 READY/$\overline{BUSY}$ 端的状态，判断一个写周期是否结束。

3）采用中断方式。可将 READY/$\overline{BUSY}$ 信号通过中断控制器连接到 CPU 的外部可屏蔽中断请求输入端，当 READY/$\overline{BUSY}$ 端由低电平（"忙"状态）变为高电平时，产生有效的

INTR 中断请求，CPU 响应中断后，向芯片进行一次写操作。

以下给出第1）种和第2）种方式下对芯片进行写操作的程序。

设计电路连接如图 5-26 所示。READY/$\overline{BUSY}$端的状态通过 I/O 接口送入到 CPU 数据总线的 D_0，CPU 读入该状态以判断一个写周期是否结束。

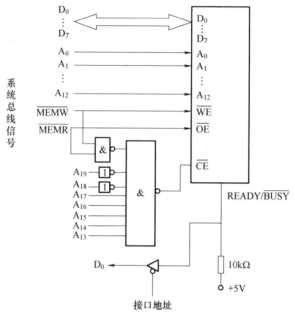

图 5-26 98C64A 与系统的连接

程序1：用延时等待方式

```
START:  MOV  AX,3E00H
        MOV  DS,AX              ;段地址送入 DS
        MOV  SI,0000H           ;第一个单元的偏移地址送入 SI
        MOV  CX,2000H           ;芯片的存储单元个数送入 CX
AGAIN:  MOV  AL,0FFH
        MOV  [SI],AL            ;写入一个字节
        CALL TDELAY120          ;调用延时子程序 TDELAY120,假设延时 120μs
        INC  SI                 ;下一个存储单元地址
        LOOP AGAIN              ;若未写完则再写下一个字节
        HLT
```

程序2：用查询 READY/$\overline{BUSY}$端状态的方式

```
START:  MOV  AX,3E00H
        MOV  DS,AX              ;段地址送入 DS
        MOV  SI,0000H           ;第一个单元的偏移地址送入 SI
        MOV  CX,2000H           ;芯片的存储单元个数送入 CX
        MOV  BL,0FFH            ;要写入的数据送入 BL
AGAIN:  MOV  DX,3E0H            ;READY/BUSY状态接口地址送入 DX
```

```
WAIT:   IN   AL,DX          ;从接口读入 READY/BUSY 端的状态
        TEST AL,01H         ;可以写入吗？
        JZ   WAIT           ;若为低电平(表示忙)则等待
        MOV  [SI],BL        ;否则,写入一个字节
        INC  SI             ;下一个存储单元地址
        LOOP AGAIN          ;若未写完则再写下一个字节
        HLT
```

5.4 半导体存储器扩充技术

任何存储芯片的存储容量都是有限的，当 1 片芯片的容量不能满足所需要的存储容量要求时，就需要多个存储芯片进行组合，这种组合就称为存储器扩充。

存储器扩充涉及三个层面：一是已有的存储芯片的单元数满足要求，但该类芯片每个单元的字长不足 8 位（如 DRAM 2164A）；第二种情况是虽然芯片上每个单元的字长为 8 位，但单元总数不足；第三种情况则是上述两种情况的综合，即单元数和每单元字长均不满足要求。

对应于上述三种情况，存储器扩充技术就包括存储容量的位扩展、字扩展和字位扩展。

5.4.1 位扩展

一块实际的存储芯片，其每个单元的位数（字长）往往与实际内存单元字长并不相等。存储芯片可以是 1 位、4 位或 8 位的，如 DRAM 芯片 Intel 2164 为 64K×1bit、SRAM 芯片 Intel 2114 为 1K×4bit、Intel 6264 芯片则为 8K×8bit。而计算机中内存均按字节组织，若要使用 2164、2114 这样的存储芯片来构成内存，单个存储芯片字长（位数）就不能满足要求，这时就需要进行位扩展，以满足字长的要求。

5-7 存储器扩充技术（一）

位扩展构成的存储器中，每个单元的内容被存储在不同的存储器芯片上。例如：用 2 片 4K×4bit 的存储器芯片经位扩展后构成的 4KB 存储器中，每个单元的 8 位二进制数被分别存放在两个芯片上，即高 4 位存储在一个芯片上，低 4 位存储在另一块芯片上。

可以看出，位扩展并没有扩充存储单元数，仅增加了每个单元的位数（字长）。因此，位扩展的电路连接方法是：将每个存储芯片的地址线和控制线（包括片选信号线、读/写信号线等）全部并联在一起，而将它们的数据线分别引出至数据总线的不同位上。其连接方法如图 5-27 所示。

> 事实上，图 5-17 中 8 片 2164A 构成的"存储体"就是位扩展的实现示例。扩充后，存储器每个单元中的 8bit 数分别来自不同的芯片。因此，访问任何一个存储单元都需要对存储体内的所有芯片同时访问。这意味着一个存储体内的所有芯片必须要具有相同的地址范围，并能够同时被访问。
>
> 因此，位扩展的主要连线原则是：一个存储体内所有芯片的地址信号、控制信号并联连接，各芯片的数据信号分别引出连接到数据总线。
>
> 请对比本章第 5.4.2 节中的字扩展连线原则。

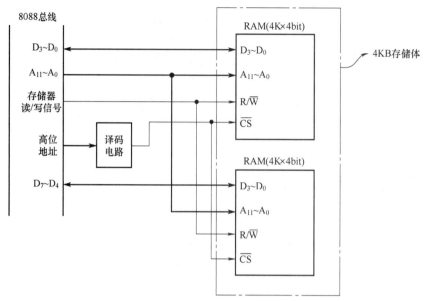

图 5-27 用 4K×4bit 的 SRAM 芯片进行位扩展以构成容量为 4KB 的存储器

【例 5-3】 用 Intel 2164A 芯片构成容量为 64KB 的存储器。

题目解析：因为 2164A 是 64K×1bit 的芯片，其存储单元数已满足要求，只是字长不够，所以需要 8 片 2164A 通过位扩展来构成一个存储体。扩充后的存储器每个单元中的 8bit 数分别来自 8 片不同的芯片，访问任何一个存储单元都需要对 8 片芯片同时访问。

线路连接如图 5-28 所示。图中，8 条 2164 的数据线分别连接到数据总线的 $D_0 \sim D_7$。地址线和控制线等均按照信号名称全部并联在一起。

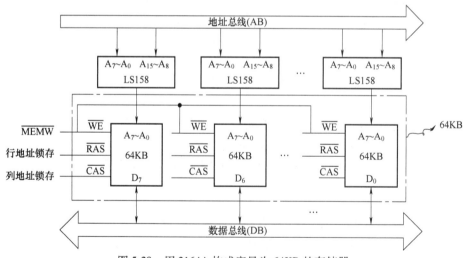

图 5-28 用 2164A 构成容量为 64KB 的存储器

5.4.2 字扩展

字扩展是对存储器容量的扩展（或存储空间的扩展）。此时存储芯片上每个存储单元的字长已满足要求（已达 8 位），而只是存储单元的个数不够，需要增加的是存储单元的数量，这就是字扩展。因此，字扩展的含义是：用多片字长为 8 位的存储芯片构成所需要的存储空间，每片芯片须占有不同的地址范围。

例如，用 2K×8bit 的存储器芯片组成 4K×8bit 的内存储器。在这里，字长已满足要求，只是容量不够，所以需要进行的是字扩展，显然，对现有的 2K×8bit 芯片存储器，需要用两片来实现。

为确保实现存储空间的扩充，字扩展的电路连接原则是：将每个芯片的地址信号、数据信号和读/写信号等控制信号线按信号名称并联连接，每个芯片的片选端则分别引出到地址译码器的不同输出端。其连接示意图如图 5-29 所示。

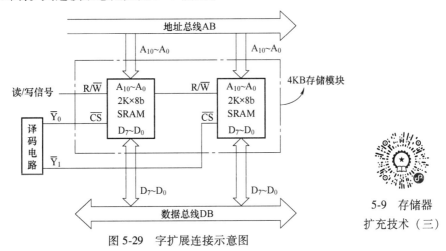

图 5-29 字扩展连接示意图

5-9 存储器扩充技术（三）

【例 5-4】 用两片 64K×8bit 的 SRAM 芯片构成容量为 128KB 的存储器，存储器地址范围为：20000H ~ 3FFFFH。

题目解析： 利用 64KB 芯片构成容量为 128KB 的存储器需要 128KB/64KB = 2 片。根据字扩展的原则，需要使译码电路不同的输出端分别连接到 2 片芯片的片选端。

线路连接如图 5-30 所示。

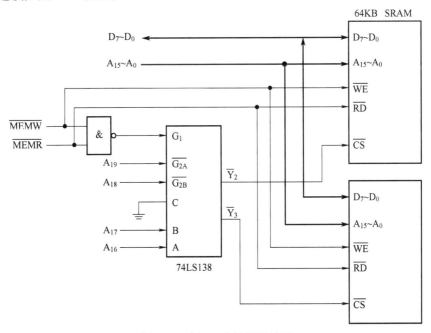

图 5-30 例 5-4 字扩展设计图

5.4.3 字位扩展

在构成一个实际的存储器时,往往需要同时进行位扩展和字扩展才能满足存储容量的需求。扩展时需要的芯片数量可以这样计算:要构成一个容量为 $M \times N$ 位的存储器,若使用 $l \times k$ 位的芯片($l<M$, $k<N$),则构成这个存储器需要 $(M/l) \times (N/k)$ 个这样的存储器芯片。

微型机中内存的构成就是字位扩展的一个很好的例子。首先,存储器芯片生产厂制造出一个个单独的存储芯片,如 64M×1bit、128M×1bit 等;然后,内存条生产厂将若干个芯片用位扩展的方法组装成内存模块(即内存条),如用 8 片 128M×1bit 的芯片组成 128MB 的内存条;最后,用户根据实际需要购买若干个内存条插到主板上构成自己的内存系统,即字扩展。一般来讲,最终用户做的都是字扩展(即增加内存地址单元)的工作。

进行字位扩展时,一般先进行位扩展,构成字长满足要求的内存模块,然后用若干个这样的模块进行字扩展,使总存储容量满足要求。

【例 5-5】 试用 Intel 2164A 构成容量为 128KB 的内存,设计连接示意图。

题目解析: 由于 2164A 是 64K×1bit 的芯片,所以首先要进行位扩展。用 8 片 2164A 组成 64KB 的存储体,然后再进行字扩展,用两个 64KB 存储体构成需要的 128KB 存储器,所需芯片数 =(128/64)×(8/1) = 16 片。

寻址 64KB 存储体的每个单元需要 16 位地址信号(分为行和列),寻址 128K 个内存单元至少需要 17 位地址信号线($2^{17}=128$K)。

所以,构成此内存共需 16 片 2164A 芯片;至少需要 17 根地址信号线,其中 16 根用于 2164A 的片内寻址,1 根用于片选地址译码(用于区分存取哪一个 64KB 存储体)。

线路连接示意图如图 5-31 所示。

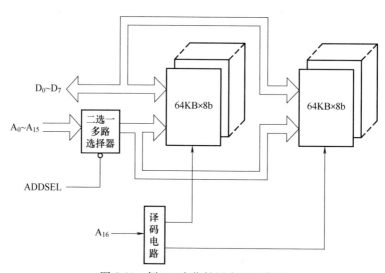

图 5-31 例 5-5 字位扩展应用示意图

综上所述,存储器容量的扩充可以分为三步:
① 选择合适的芯片。
② 根据要求将芯片"多片并联"进行位扩展,设计出满足字长要求的存储体。
③ 再对"存储模块"进行字扩展,构成符合要求的存储器。

5.5 高速缓冲存储器

从字面意思上看，高速缓冲存储器（Cache）是指存取速度更快的记忆体。通常采用更昂贵但较快速的 SRAM 技术，而不像主存那样使用 DRAM。它和主存一起构成微机中的内存储器。

本节将简单介绍 Cache 的概念、Cache 的读写操作、Cache 存储器系统的结构及基本原理。

5.5.1 Cache 的工作原理

一个微机系统整体性能的高低与许多因素有关，如 CPU 主频的高低以及存储器的存取速度、系统架构、指令结构、信息在各部件之间的传送速度等。而 CPU 与内存之间的存取速度则是一个很重要的因素。如果只是 CPU 工作速度很高，但内存存取速度较低，就会造成 CPU 经常处于等待状态，既降低了处理速度，又浪费了 CPU 的能力。例如，主频为 733MHz 的 Pentium Ⅲ，一次指令执行时间为 1.35ns，与其相配的内存（SDRAM）存取时间为 7ns，比前者慢 5 倍，二者速度相差很大。

5-10 高速缓冲存储器

减少 CPU 与内存之间速度差异的办法主要有三种：一是在基本总线周期中插入若干等待周期，让 CPU 等待内存的数据，这样做虽然方法简单，但显然会浪费 CPU 的能力；二是采用存取速度较快的 SRAM 作为存储器，这样虽可基本解决 CPU 与存储器之间速度不匹配的问题，但成本很高，而且 SRAM 的速度始终不能赶上 CPU 速度的发展；三是在慢速的 DRAM 和快速的 CPU 之间插入一速度较快、容量较小的 SRAM，起到缓冲作用，从而使 CPU 既可以以较快速度存取 SRAM 中的数据，又不使系统成本上升过高，这就是 Cache 技术。

Cache 是在逻辑上位于处理器与主存之间的部件，是内存储器的一部分。Cache 在微机系统中的位置示意如图 5-32 所示。

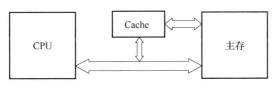

图 5-32　Cache 在微机系统中的位置示意

Cache 的工作（能够存在的前提）基于程序和数据访问的局部性。任何程序或数据要为 CPU 所使用，必须先放到主存储器（内存）中。CPU 只与主存交换数据，所以主存的速度在很大程度上决定了系统的运行速度。对大量典型程序运行情况的分析结果表明，程序运行期间，在一个较短的时间间隔内，由程序产生的内存访问地址往往集中在存储器的一个很小范围的地址空间内。这一点其实很容易理解。指令地址本来就是连续分布的，再加上循环程序段和子程序段要多次重复执行，因此对这些地址中的内容的访问就自然具有时间上集中分布的倾向。数据分布的这种集中倾向不如指令明显，但对数组的存储和访问以及内存变量的安排都使存储器地址相对集中。这种在单位时间内对局部范围的存储器地址频繁访问，而对此范围以外的地址访问甚少的现象，被称为程序访问的局部化（Locality of Reference）性质或称为程序访问的局部性。

由此可以想到，如果把在一段时间内一定地址范围中被频繁访问的信息集合，成批地从主存读到一个能高速存取的小容量存储器中存放起来，供程序在这段时间内随时使用，从而减少或不再去访问速度较慢的主存，就可以加快程序的运行速度。这就是 Cache 的设计思想。不难看出，程序和数据访问的局部化性质是 Cache 得以实现的原理基础。

5.5.2 Cache 的读写操作

Cache 是内存储器的一部分，因此对 Cache 的操作也包括读和写两种。

1. Cache 读操作

对 Cache 的读操作有两种，分别为"贯穿读"和"旁路读"两种。它们各有优势，也各有不足。不同的系统会根据实现的设计定位采用不同的读操作方式。

（1）贯穿读（Look Through）　贯穿读方式的原理示意图如图 5-33 所示。

图 5-33　贯穿读方式的原理示意图

在这种方式下，Cache 隔在 CPU 与主存之间，CPU 对主存的所有数据请求都首先送到 Cache，由 Cache 自行在自身查找。如果命中，则切断 CPU 对主存的请求，并将数据送出；如果不命中，则将数据请求传给主存。该方法的优点是降低了 CPU 对主存的请求次数，缺点是延迟了 CPU 对主存的访问时间。

（2）旁路读（Look Aside）　旁路读方式的原理示意图如图 5-34 所示。

在这种方式中，CPU 发出数据请求时，并不是单通道地穿过 Cache，而是向 Cache 和主存同时发出请求。由于 Cache 速度更快，如果命中，则 Cache 在将数据回送给 CPU 的同时，还来得及中断 CPU 对主存的请求；若不命中，则 Cache 不做任何动作，由 CPU 直接访问主存。它的优点是没有时间延迟；缺点是每次 CPU 都要访问主存，占用了部分总线时间。

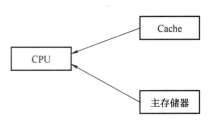

图 5-34　旁路读方式的原理示意图

2. Cache 写操作

对 Cache 的写操作也有两种，分别是"写直达"和"写更新"。两种方式在操作速度和内容一致性等方面也都有各自的特点。

（1）写直达（Write Through）　写直达的基本工作原理是：每一次从 CPU 发出的写信号送到 Cache 的同时，也写入主存，以保证主存的数据能同步地更新。它的优点是操作简单，但由于主存的慢速，降低了系统的写速度并占用了部分总线时间。写直达方式的原理示意图如图 5-35 所示。

（2）写更新（Write Update）　写更新也称为写回法（Write Back），为了克服贯穿式中每次数据写入都要访问主存、从而导致系统写速度降低

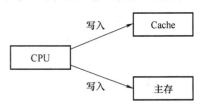

图 5-35　写直达方式的原理示意图

并占用总线时间的弊病,尽量减少对主存的访问次数,又有了写回法。写更新的原理示意图如图 5-36 所示。它的工作原理是这样的:数据一般只写到 Cache,而不写入主存,从而使写入的速度加快。

图 5-36 写更新的原理示意图

对写直达法,每次写 Cache 时都同时写主存;而写回法总是先写 Cache,仅当不命中时才会写主存。两种方法各有优缺点:

1) 在可靠性方面,写直达法要优于写回法。这是因为写直达法是每次都将数据同时写入主存和 Cache,能够始终保持 Cache 与主存对等区域中的数据一致性。如果 Cache 发生错误,可以从主存得到纠正。而写回法因为每次都只写 Cache,故在一段时间内,Cache 中的数据与主存对应区域中的数据不一致。

2) 由于 Cache 的命中率一般很高,对写回法 CPU 的绝大多数写操作只需写 Cache,不必写主存。因此,相对于写直达法,写回法会大幅减少 Cache 与主存之间的通信量。

5.5.3 Cache 存储器系统

现代微机系统中,除各种可移动存储设备外,还包括主内存、高速缓冲存储器(Cache)、硬盘等联机存储设备。它们的工作速度、存储容量、单位容量价格、工作方式以及制造材料等各方面都不尽相同。

5-11 微机中的存储器系统

存储器系统的概念是:将两个或两个以上在速度、容量、价格等各个方面都不相同的存储器,用软件、硬件或软硬件相结合的方法连接成为一个系统,并使构成的存储器系统的速度接近于其中速度较快的那个存储器,容量接近于较大的那个存储器,而单位容量的价格接近于最便宜的那个存储器。存储器系统的性能,特别是它的存取速度和存储容量关系着整个计算机系统的优劣。

现代微机系统中通常有两种存储系统,一种是由 Cache 和主存构成的 Cache 存储器系统,另一种是由主存储器和磁盘构成的虚拟存储系统。两种存储系统的作用各不相同,前者的主要目标是提高存取速度,而后者的主要目标是增加存储容量。

1. Cache 存储器系统中的一致性问题

对 Cache 存储器系统的管理全部由硬件实现,不论是应用程序员还是系统程序员,都看不到系统中有 Cache 存在,在他们的感觉中,程序是存放在主存的。所以,在 Cache 存储器系统中,存储器的编址方式与主存储器是完全一致的。正常情况下,Cache 中存放的内容是主存的部分副本,即 Cache 中的内容应与主存对应地址中的内容相同。然而,由以下两个原因,在一段时间内,主存某单元的内容和 Cache 对应单元中的内容可能会不相同,即造成了 Cache 中数据与主存储器中数据的不一致。

1) 在图 5-37a 中,当 CPU 向 Cache 中写入一个数据时,Cache 某单元中的数据就从 X 被修改成了 X′,而主存对应单元中的内容则没有改,还是 X。

2) 在输入/输出操作中,I/O 设备的数据会写入到主存,修改了主存中的内容,将 X 变成了 X′,如图 5-37b 所示,但 Cache 对应单元中的内容此时还是 X。

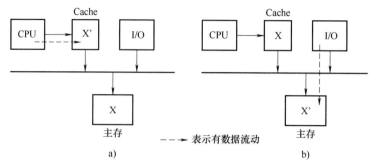

图 5-37 Cache 与主存数据不一致的两种情况

对第 1 种情况，如果此时要将主存中的包括 X 在内的数据输出到外设，则输出的是陈旧或错误的数据；对第 2 种情况，如果 CPU 读入了 Cache 中的数据 X，同样会造成错误。

为了避免 Cache 与主存储器中数据的不一致性，必须将 Cache 中的数据及时更新并准确地反映到主存储器。解决这个问题的方法，就在写操作时采用以上讲到的写直达或写回法。

由于写直达法是在写 Cache 时，同时将数据写入主存，所以主存中的数据和 Cache 中的数据是一致的。对写回法，由于数据只写入 Cache 而不写入主存，就可能出现 Cache 中的数据得到更新而对应主存中的数据却没有变（即数据不同步）的情况。因此，在采用写回方式时，可在 Cache 中设一个标志地址及数据陈旧的信息，只有当 Cache 中的数据被再次更改时，将原更新的数据写入主存相应的单元中，然后再接受再次更新的数据，这样避免了 Cache 和主存中的数据不一致产生冲突。

2. Cache 存储器系统的命中率

基于程序的局部性原理，Cache 存储器系统在工作时，总是不断地将与当前指令集相关联的一个不太大的后继指令集合从内存读到高速 Cache。CPU 在读取指令或数据时，总是先在 Cache 中寻找，若找到便直接读入 CPU，称为"命中"；若找不到再到主存中查找，称为"未命中"。CPU 在访问主存读取"未命中"的指令和数据时，将把这些信息同时写入 Cache 中，以保证下次命中。所以在程序执行过程中，Cache 的内容总是在不断地更新。

由于局部性原理不能保证所请求的数据百分之百地在 Cache 中，这里便存在一个命中率问题。所谓命中率，就是在 CPU 访问 Cache 时，所需信息恰好在 Cache 中的概率。命中率越高，正确获取数据的可能性就越大。如果高速缓存的命中率为 92%，可以理解为 CPU 在访问存储器时，用 92% 的时间是与 Cache 交换数据，8% 的时间是与主存交换数据。

一般来说，Cache 的存储容量比主存的容量小得多，但不能太小，太小会使命中率太低。但也没有必要过大，过大不仅会增加成本，而且当 Cache 容量超过一定值后，命中率随容量的增加将不会有明显的增长。所以，Cache 的空间与主存空间在一定范围内应保持适当比例的映射关系，以保证 Cache 有较高的命中率，并且系统成本不过大地增加。一般情况下，可以使 Cache 与内存的空间比为 1:128，即 256KB 的 Cache 可映射 32MB 内存；512KB Cache 可映射 64MB 内存。在这种情况下，命中率都在 90% 以上。即 CPU 在运行程序的过程中，有 90% 的指令和数据可以在 Cache 中取得，只有 10% 需要访问主存。对没有命中的数据，CPU 只好直接从内存获取，获取的同时也把它复制到 Cache 中，以备下次访问。

Cache 的命中率与 Cache 的大小、替换算法、程序特性等因素有关。若设 Cache 的命中

率为 H，存取时间为 T_1，主存的存取时间为 T_2，则 Cache 存储器系统的平均存取时间 T 可用下式计算：

$$T = T_1 \times H + T_2 \times (1-H) \tag{5-1}$$

【例 5-6】 某微型机 Cache 存储系统由一级 Cache 和 RAM 组成。已知 RAM 的存取时间为 80ns，Cache 的存取时间为 6ns，Cache 的命中率为 85%，求该存储器系统的平均存取时间。

题目解析： 这里，RAM 则为主内存，因此由式 5-1 可以直接得出 Cache 存储系统的平均存取时间。

系统的平均存取时间 =（6×85%+80×15%） ns =（5.1+12） ns = 17.1ns。

可以看出，有了 Cache 以后，CPU 访问内存的速度得到极大提高。但要注意的是，增加 Cache 只是加快了 CPU 访问内存的速度，而 CPU 访问内存仅是计算机全部操作的一部分。所以增加 Cache 对系统整体速度只能提高 10%~20%。

3. 二级 Cache 结构

现代计算机系统中通常采用两级或三级 Cache，以缓冲 CPU 和主存之间的速度差异。从 Pentium 微处理器开始，集成在 CPU 中的一级 Cache（L1 Cache）就分为指令 Cache 和数据 Cache，使指令和数据的访问互不影响。

指令 Cache 用于存放预取的指令，内部具有写保护功能，能够防止代码被无端破坏。数据 Cache 中存放指令的操作数。为了保持数据的一致性，数据 Cache 中的每一个 Cache 行（进行一次 Cache 操作的数据位数，对 Pentium 微处理器，一个 Cache 行的宽度为 32B）都设置了四个状态，由这些状态定义一个 Cache 行是否有效、在系统的其他 Cache 中是否可用、是否为已修改状态等。

在 Pentium Ⅱ之后的微处理器芯片上配置了二级 Cache，其工作频率与 CPU 内核的频率相同。因此，微机中的 Cache 存储器系统实际上可以说是由三级存储器构成的（见图 5-38）。其中，L1 Cache 主要是用于提高存取速度，主存主要用于提供足够的存储容量，而 L2 Cache 则是速度和存储容量兼备。

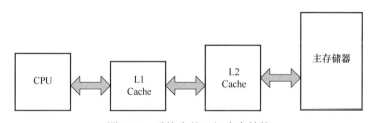

图 5-38 系统中的三级内存结构

在 Pentium 系列微处理器中，L2 Cache 不再分为指令 Cache 和数据 Cache，而是将二者统一为一体。例如，当指令预取部件请求从指令 Cache 中预取指令时，如果命中，则直接读取；若不命中，L1 Cache 就会向 L2 Cache 发出预取请求，此时就会在 L2 Cache 中进行查找。如果找到（即命中），就把找到的指令送一级指令 Cache（传送速度为每次 8B）；如果在 L2 Cache 中也不命中，则再向主存发出读取请求。

因此，L2 Cache 的存在，使得当芯片内一级指令 Cache 和一级数据 Cache 出现不命中时，可以由 L2 Cache 提供处理器所需的指令和数据，而不必访问主存，从而提高了系统的整体性能。

对于一个有多级 Cache 的微机系统,通常 80% 的内存申请都可在一级缓存中实现,另外 20% 的内存申请中的 80% 又可只在二级缓存中实现。因此,只有 4% 的内存申请定向到主存 DRAM 中。

L1 Cache 的容量在 8KB~64KB 之间,L2 Cache 一般比 L1 Cache 大一个数量级以上,其容量从 128KB~2MB 不等。

随着计算机技术的发展,CPU 的主频已越来越高,而主存的结构和存取速度的缩短进程则相对较慢,从而使 Cache 技术日益重要,已成为评价微机系统性能的一个重要指标。

5.6 半导体存储器设计示例

任何存储芯片的存储容量都是有限的,往往很难用 1 片存储芯片构成需要的存储器,表现在芯片的存储单元个数不够或每单元的字长不够,或两者都不能满足要求。此时就需要用多个存储芯片进行组合。

本节通过具体应用示例,进一步说明如何利用已有的存储器芯片,设计出所需要的半导体存储器的方法。设计可以按如下步骤进行:

① 根据现有芯片的类型及需求,确定所需要的芯片数量。

② 根据要求,先进行位扩展(如果需要的话),设计出满足字长要求的存储体;再对存储体进行字扩展,构成符合要求的存储器。并确定相应的线路的连接方法。

③ 设计译码电路。可根据不同需求,利用基本逻辑门或专用译码器完成相应译码电路的设计。

④ 编写相应的存储器读/写控制程序。

【例 5-7】 利用如图 5-39 所示的 SRAM 芯片 8256(容量为 256K×8bit)构成地址范围为 0~FFFFFH 的 1MB 存储器。芯片各引脚含义为:

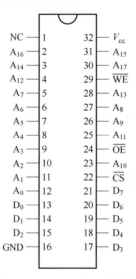

图 5-39 SRAM 8256 引脚图

① $A_0 \sim A_{17}$：地址线。

② $D_0 \sim D_7$：数据线。

③ $\overline{WE}$：写允许信号线。

④ $\overline{OE}$：读出允许信号。

⑤ $\overline{CS}$：片选信号。

题目解析：由芯片引脚图知，8256 芯片的容量为 256KB，要构成 1MB 的存储器，需要 4 片芯片，4 片 8256 的地址范围分别为：00000H ~ 3FFFFH、40000H ~ 7FFFFH、80000H ~ BFFFFH、C0000H ~ FFFFFH。

这里仍然采用 74LS138 译码器构成译码电路。由于 SRAM 8256 芯片有 18 根地址线，只有两根高位地址信号 A19 和 A18 可以用于片选译码，因此将 LS138 的输入端 C 直接接低电平，而使另外两个输入端 A 和 B 分别接到 A18 和 A19，这两路高位地址信号的 4 种不同的组和分别选中 4 片 8256。

设计存储器与系统的连接如图 5-40 所示。除片选信号外，其他所有的信号线都并联连接在系统总线上。

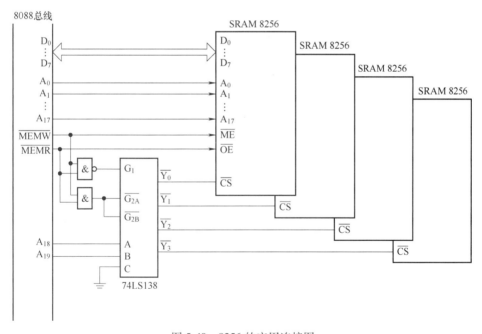

图 5-40　8256 的应用连接图

【**例 5-8**】　某 8088 系统使用 EPROM 2764 和 SRAM 6264 芯片组成 16KB 内存。其中：ROM 地址范围为 FE000H ~ FFFFFH，RAM 地址范围为 F0000H ~ F1FFFH。要求：利用 74LS138 译码器设计译码电路，实现 16KB 存储器与系统的连接。

题目解析：由 5.2.1 节和 5.3.1 节可知，SRAM 6264 和 EPROM 2764 芯片的存储容量均为 8KB，片内地址信号线 13 位，数据线 8 位。根据题目所给地址范围，得出芯片的高位地址分别为：ROM：1111111；RAM：1111000。

由此，可设计出存储器与系统的接口电路如图 5-41 所示。

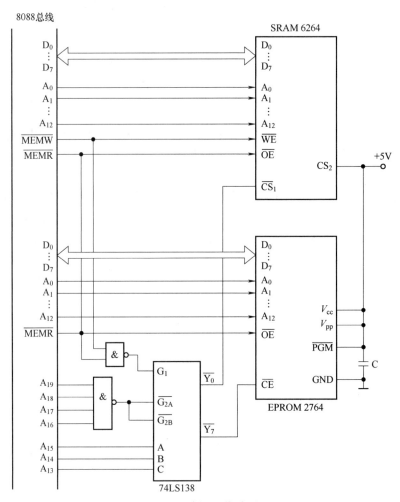

图 5-41 例 5-8 线路图

【**例 5-9**】 分别利用 SRAM 6264 芯片和 EEPROM 98C64A 芯片构造 32KB 的数据存储器及 32KB 的程序存储器，并将程序存储器各单元的初值置为 FFH。

要求数据存储器的地址范围为：90000H~97FFFH；程序存储器的地址范围为：98000H~9FFFFH。连接各 EEPROM 98C64A 的 READY/$\overline{\text{BUSY}}$ 端的接口地址为 380H~383H。

题目解析：由于 6264 和 98C64A 芯片的存储容量均为 8KB，因此根据题目要求，各需要 4 片芯片。

根据 EEPROM 芯片的特点，可利用其作为程序存储器。由题目要求，需对程序存储器各单元置初值，其工作流程为：首先，地址总线上产生 20 位有效地址，其中高 7 位地址信号用于选中对应的存储器芯片（即有效的 $\overline{\text{CE}}$ 信号），使其处于工作状态；其次，产生 16 位地址信号，同时使 IO/$\overline{\text{M}}$ = 1，且 $\overline{\text{RD}}$ = 0，读取选中 EEPROM 芯片的 R/$\overline{\text{B}}$ 端状态；若 R/$\overline{\text{B}}$ = 1，则使 IO/$\overline{\text{M}}$ = 0，且 $\overline{\text{WR}}$ = 0，并送上 20 位有效存储器单元地址，进行一次写操作。

设计系统如图 5-42 所示。

将程序存储器各单元置初值为 FFH 的程序段：

第5章 半导体存储器

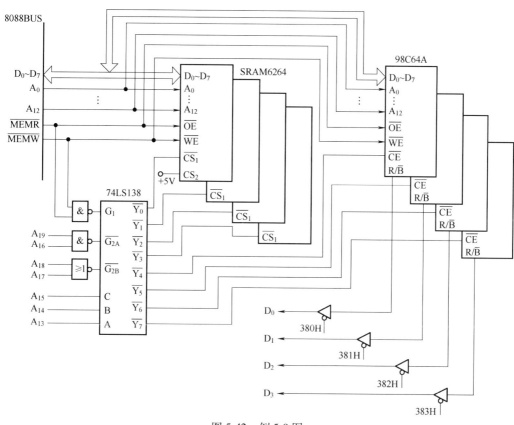

图 5-42 例 5-9 图

```
        MOV   AX,9800H        ;设置段基地址
        MOV   DS,AX
        XOR   BX,BX           ;BX清零
        MOV   AH,0FFH
        MOV   SI,0
        MOV   BL,4
        MOV   DX,380H         ;设置第一片芯片的接口地址
NEXT:   MOV   CX,8192
GOON:   IN    AL,DX
        MOV   BH,1
        TEST  AL,BH
        JZ    GOON
        MOV   [SI],AH
        INC   SI
        LOOP  GOON
        INC   DX
        SHL   BH,1
        DEC   BL
        JNZ   NEXT
        HLT
```

由以上示例可以看出，半导体存储器的设计，主要是译码电路的设计。在利用已有存储器芯片构造内存储器时，可以采用多种连接方式。首先通过查阅相关技术手册，了解已有存储器芯片的外部引线含义。在此基础上，根据 CPU 总线所能提供的信号，选择适当的器件构造译码器，就可以很容易地设计出任何所需的存储器空间。

习　题

一、填空题

1. 半导体存储器主要分为（　　）和（　　）两类，其中需要后备电源的是（　　）。
2. 半导体存储器中，需要定时刷新的是（　　）。
3. 图 5-43 中，74LS138 译码器的（　　）输出端会输出低点平。

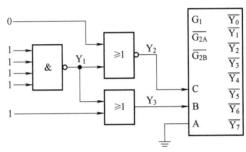

图 5-43　74LS138 译码电路

4. SRAM 存储器芯片的引脚如图 5-44 所示，可判断出它的容量是（　　）。

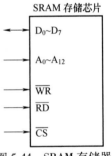

图 5-44　SRAM 存储器芯片的引脚

5. 可用紫外线擦除信息的可编程只读存储器的英文缩写是（　　）。
6. 已知某微机存储系统由主存和一级 Cache 组成，Cache 的存取速度为 10ns，其平均命中率为 90%，而主存的存取速度为 100ns，则该微机存储系统的平均存取速度约为（　　）ns。
7. 采用容量为 64K×1bit 的 DRAM 芯片来构成地址为 00000H～7FFFFH 的内存，需要的芯片数为（　　）。
8. 如图 5-45 所示的译码电路，74LS138 译码器的输出端 $\overline{Y_0}$、$\overline{Y_3}$、$\overline{Y_5}$ 和 $\overline{Y_7}$ 所决定的内存地址范围分别是（　　）、（　　）、（　　）、（　　）。
9. 用户自己购买内存条进行内存扩充，是在进行（　　）存储器扩展。

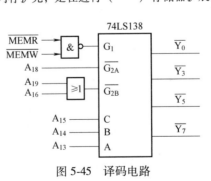

图 5-45　译码电路

二、简答题

1. 简述 RAM 和 ROM 各有何特点？静态 RAM 和动态 RAM 各有何特点？

2. 试说明 Flash EEPROM 芯片的特点及 28F040 的编程过程。

3. 设某微型机内存 RAM 区的容量为 128KB，若用 2164 芯片构成这样的存储器，需多少片 2164？至少需多少根地址线？其中多少根用于片内寻址？多少根用于片选译码？

4. 什么是 Cache？它能够极大地提高计算机的处理能力是基于什么原理？

5. 如何解决 Cache 与主存内容的一致性问题？

6. 在二级 Cache 系统中，L1 Cache 的主要作用是什么？L2 Cache 的主要作用是什么？

7. 什么是存储器系统？微机中的存储器系统主要分为哪几类？它们的设计目标是什么？

三、设计题

1. 利用全地址译码将 1 片 6264 芯片接到 8088 系统总线上，使其所占地址范围为 38000H~39FFFH。

2. 某 8086 系统要用 EPROM 2764 和 SRAM 6264 芯片组成 16KB 的内存，其中：ROM 地址范围为 FE000H~FFFFFH，RAM 地址范围为 F0000H~F1FFFH。试用 74LS138 译码器设计该存储电路。

3. 现有 2 片 6116 芯片，所占地址范围为 61000H~61FFFH，试将它们连接到 8088 系统中。编写测试程序，向所有单元输入一个数据，然后再读出与之比较，若出错则显示 "Wrong!"，全部正确则显示 "OK!"。

4. 某嵌入式系统要使用 4K×8bit 的 SRAM 芯片构成 32KB 的数据存储器。SRAM 芯片的主要引脚有：$D_0 \sim D_7$，$A_0 \sim A_{11}$，$\overline{CE}$，$\overline{RD}$，$\overline{WR}$。问：

1）该存储器共需要多少个 SRAM 芯片？

2）设计该存储器电路，存储器的地址范围为 0000H~7FFFH。

5. 为某 8088 应用系统设计存储器。要求：ROM 地址范围为 FC000H~FFFFFH，RAM 地址范围为 E8000H~EFFFFH。使用的 ROM 芯片和 SRAM 芯片的主要引脚如图 5-46 所示。

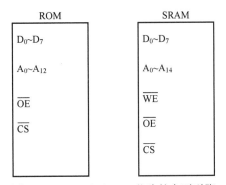

图 5-46 ROM 和 SRAM 芯片的主要引脚

第 6 章

输入/输出技术

输入/输出是计算机与外部设备进行信息交换不可缺少的功能,在整个计算机系统中占有极其重要的地位。计算机所处理的各种信息,包括程序和数据都要由输入设备提供,而处理的结果则要通过输出设备输出供人们查看。例如,键盘、鼠标、扫描仪等都是输入设备,显示器、打印机、绘图仪等都是输出设备。可以说,如果没有输入/输出能力,计算机就变得毫无意义。

通过本章的学习,读者应能够在整体上对输入/输出系统、I/O 接口、基本输入/输出方法及中断控制技术有一定的了解,并能够利用简单接口芯片实现外设与系统的连接和信息传送。

6.1 计算机中的输入/输出系统

计算机在运行过程中所需要的程序和数据都要从外部输入,运算的结果要输出到外部去。在计算机与外部世界进行信息交换的过程中,输入/输出系统(Input Output System,I/O 系统)提供了所需的控制和各种手段。这里的外部世界,是指除计算机之外的与计算机交换信息的人和物,如系统操作员、键盘、鼠标、显示器、打印机、辅助存储器等。把人以外的各种设备统称为输入/输出设备,或外部设备。

在计算机系统中,通常把处理器和主存储器之外的部分统称为输入/输出系统,它包括输入/输出设备、输入/输出接口和输入/输出软件。

6.1.1 输入/输出系统的特点

输入/输出系统是计算机系统中最具多样性和复杂性的部分,主要具有以下四个方面的特点。

1. 复杂性

现代计算机输入/输出系统的复杂性主要表现在两个方面:一是输入/输出设备的复杂性。I/O 设备的品种繁多,功能各异。在工作时序、信号类型、电平形式等各方面都不相同,另外,I/O 设备还涉及机、光、电、磁、自动控制等多种学科。设备的复杂性使得输入/输出系统成为计算机系统中最具多样性和复杂性的部分。为了使一般用户能够只通过一些简单命令和程序就能调用和管理各种 I/O 设备,而无需了解设备的具体工作细节,现代计算机系统中都将输入/输出系统的复杂性隐藏在操作系统中。另一方面,输入/输出系统的复杂性还表现在处理器本身和操作系统所产生的一系列随机事件也要调用输入/输出系统进行处理,如中断等。

2. 异步性

CPU 的各种操作都是在统一的时钟信号作用下完成的，各种操作都有自己的总线周期，而不同的外部设备也有各自不同的定时与控制逻辑，且大都与 CPU 时序不一致，它们与 CPU 的工作通常都是异步进行的。当某个输入设备有准备好的数据需要向 CPU 传送或输出设备的数据寄存器可以接收数据时，一般要先向 CPU 提出服务请求，如果 CPU 响应请求，就转去执行相应的服务。对 CPU 来讲，这种请求可能是随机的，每两次这样的请求之间可能间隔很短，也可能相隔时间较长，而且在响应请求之前，外设可能已为"准备好"运行了相当一段时间。如此，输入/输出系统相对于 CPU 就存在操作上的异步性和时间上的任意性。

3. 实时性

用作实时控制系统的计算机对时间的要求很高。实时性是指处理器对每一个连接到它的外设或处理器本身在需要或出现异常时，如电源故障、运算溢出、非法指令等，都要能够给予及时的处理，以防止错过服务时机使数据丢失或产生错误。外部设备的种类很多，信息的传送速率相差也很大，如有的是单字符传送，即每次只传送一个字符，如打印机等，传送速度为每秒几个到几十个字符；而有的则是按数据块或按文件传送，如磁盘等，每秒传送几个到几十兆个字符。因此，要求输入/输出系统能够保证处理器对不同设备提出的请求都要能提供及时的服务，这就是输入/输出系统的实时性要求。

4. 与设备无关性

由于输入/输出设备在信号电平、信号形式、信息格式及时序等方面的差异，使得它们与 CPU 之间不能够直接连接，而必须通过一个中间环节，这就是输入/输出接口（Input Output Interface，I/O 接口）。为了适应与不同外设的连接，规定了一些独立于具体设备的标准接口，如串行接口、并行接口等。不同的型号外设可根据自己的特点和要求，选择一种标准接口与处理器相连。对连接到同一种接口上的外设，它们之间的差异由设备本身的控制器通过软件和硬件来填补。这样，CPU 能够通过统一的软件和硬件来管理各种各样的外部设备，而不需要了解各种外设的具体细节。例如，在 Windows 9X 操作系统中，凡经过 Microsoft 公司测试过的机型和外设都可直接相连，由操作系统统一进行管理。

6.1.2 输入/输出接口

I/O 接口是输入/输出系统的重要组成部分，处理器与外部设备之间的信息交换需要通过接口实现。接口所担当的这种"角色"，决定了它需要完成信息缓冲、信息变换、电平转换、数据存取和传送以及联络控制等工作，这些工作分别由接口电路的两大部分：总线接口（连接主机）和外设接口（连接外设）来实现。总线接口一般包括内部寄存器、存取逻辑和传送控制逻辑电路等，主要负责数据缓冲、传输管理等工作；而外设接口则负责与外部设备通信时的联络和控制以及电平和信息变换等。本章所讨论的接口特指外设接口，也称输入/输出接口或 I/O 接口。

6-1 输入/输出技术概述（一）

微型计算机上的所有部件都是通过总线互连的，外部设备也不例外。I/O 接口就是将外设连接到系统总线上的一组逻辑电路的总称。在一个实际的计算机控制系统中，CPU 与外部设备之间常需要进行频繁的信息交换，包括数据的输入/输出、外部设备状态信息的读取及控制命令的传送等，这些都需要通过接口来实现。

1. I/O 接口要解决的问题

外部设备的种类繁多,有机械式、电动式、电子式和其他形式。它们涉及的信息类型也不相同,可以是数字量、模拟量或开关量。因此 CPU 与外设之间交换信息时需要解决以下问题:

(1) 速度匹配问题　CPU 的速度很高,而外设的速度有高有低,而且不同的外设速度差异很大。

(2) 信号电平和驱动能力问题　CPU 的信号都是 TTL 电平(一般在 0~5V 之间),而且提供的功率很小,而外设需要的电平要比这个范围宽得多,需要的驱动功率也较大。

(3) 信号形式匹配问题　CPU 只能处理数字信号,而外设的信号形式多种多样,有数字量、开关量、模拟量(电流、电压、频率、相位),甚至还有非电量,如压力、流量、温度、速度等。

(4) 信息格式问题　CPU 在系统总线传送的是 8 位、16 位或 32 位并行二进制数据。而外设使用的信号形式、信息格式各不相同:有些外设是数字量或开关量,而有些外设使用的是模拟量;有些外设采用电流量,而有些是电压量;有些外设采用并行数据,而有些则是串行数据。

(5) 时序匹配问题　CPU 的各种操作都是在统一的时钟信号作用下完成的,各种操作都有自己的总线周期,而各种外设也有自己的定时与控制逻辑,大都与 CPU 时序不一致。因此各种各样的外设不能直接与 CPU 的系统总线相连。

在计算机中,上述问题都需要在 CPU 与外设之间设置相应的 I/O 接口电路来予以解决。

2. I/O 接口的功能

I/O 接口是输入/输出系统的重要组成部分,处理器与外部设备之间的信息交换需要通过接口实现。接口所担当的这种"角色",决定了它需要完成信息缓冲、信息变换、电平转换、数据存取和传送以及联络控制等工作。因此,I/O 接口电路应具有如下功能:

(1) I/O 地址译码与设备选择　所有外设都通过 I/O 接口挂接在系统总线上,在同一时刻,总线只允许一个外设与 CPU 进行数据传送。因此,只有通过地址译码选中的 I/O 接口允许与总线相通,而未被选中的 I/O 接口呈现为高阻状态,与总线隔离。

(2) 信息的输入/输出　通过 I/O 接口,CPU 可以从外部设备输入各种信息,也可将处理结果输出到外设;CPU 可以控制 I/O 接口的工作(向 I/O 接口写入命令),还可以随时监测与管理 I/O 接口和外设的工作状态;必要时,I/O 接口还可以通过接口向 CPU 发出中断请求。

(3) 命令、数据和状态的缓冲与锁存　因为 CPU 与外设之间的时序和速度差异很大,为了能够确保计算机和外设之间可靠地进行信息传送,要求接口电路应具有信息缓冲能力。接口不仅应缓存 CPU 送给外设的信息,也要缓存外设送给 CPU 的信息,以实现 CPU 与外设之间信息交换的同步。

(4) 信息转换　I/O 接口还要实现信息格式变换、电平转换、码制转换、传送管理以及联络控制等功能。

一般来讲,接口芯片的内部都包括两部分:一部分负责和计算机系统总线的连接,另一部分负责和外部设备的连接,其连接示意图如图 6-1 所示。负责与系统总线连接的部分主要包括:数据信号线、控制信号线和地址信号线。数据线除实现数据的接收和发送外,还负责传送 CPU 发给接口的编程命令及接口送出的状态信息;控制信号主要是读/写控制信号,由于多数系统中对外设的读写和存储器的读写是相互独立的，因此接口的读写信号$\overline{RD}$和$\overline{WR}$应分别与系统读写外设的信号$\overline{IOR}$和$\overline{IOW}$相连；地址信号一般通过译码电路连接到接口的选片端，从而确定接口所占的地址或地址范围。

CPU 通过输入/输出接口实现与外部设备的通信。I/O 接口在系统中的作用和逻辑上的位置可以用图 6-1 示意。由图 6-1 知，通过接口传送的信息除数据外，还有反映当前外设工作状态的状态信息以及 CPU 向外设发出的各种控制信息。

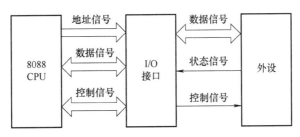

图 6-1　CPU 与外设之间的接口

6.1.3　输入/输出端口寻址

CPU 与 I/O 接口进行通信实际上是通过 I/O 接口内部的一组寄存器⊖实现的，这些寄存器通常称为 I/O 端口（I/O Port）。I/O 端口包括三种类型：数据端口、状态端口和命令（或控制）端口，根据需要，一个 I/O 接口可能仅包含其中的一类或两类端口，当然也可能包含全部三类端口。CPU 通过数据端口从外设读入数据（或向外设输出数据），从状态端口读入设备的当前状态，通过命令（控制）端口向外设发出控制命令。

6-2　输入/输出技术概述（二）

一个外设总是对应着一个或多个端口，所以有时也将端口地址称为外设地址。当一个外设有多个端口时，为管理方便，通常是为其分配一个连续的地址块，这个地址块中最小的那个地址称为（外设的）基地址（Base Address）。

1. I/O 端口编址

8088/8086 CPU 最多能够管理 64K 个端口，分配给 I/O 端口的地址范围为 0000H ~ FFFFH，共 65536 个地址。因此，寻址端口最多只使用地址总线的 $A_0 \sim A_{15}$ 这 16 位地址信号。

CPU 在寻址内存和外设时，使用不同的控制信号来区分当前是对内存操作还是对 I/O 端口操作。从第 2 章中 8088 CPU 引脚功能部分已知，当 8088 的 $IO/\overline{M}$ 信号为低电平时，表示当前 CPU 执行的是存储器读写操作，这时地址总线上给出的是某个存储单元的地址；当 $IO/\overline{M}$ 信号为高电平时，则表示当前 CPU 执行的是 I/O 读写操作，此时 20 位地址总线上的低 16 位地址（$A_0 \sim A_{15}$）指向某个 I/O 端口，高 4 位地址（$A_{16} \sim A_{19}$）为无效信号（为全 0）。

微机系统中会包含多个接口，而一个接口中又可能包含 1 个或多个端口。因此，为了使 CPU 能够访问到每个端口，就必须要为每个端口编地址。这就如同每个内存单元在整个内存地址空间中都一定要有唯一地址一样，每个 I/O 端口也必须在输入/输出系统中要有唯一地址。

⊖ 简单的接口也可仅由三态门构成，但要求传输过程未完成之前信号应保持不变。

由此，如同内存单元编址一样，每个端口的地址也由两部分组成：端口所在接口芯片的片地址和端口在该芯片内的相对地址。在 I/O 地址空间中，用高位地址选择接口芯片，低位地址选择芯片上的端口（见图 6-2）。

图 6-2 I/O 端口编址示意图

2. I/O 端口地址译码

在 IBM PC 中，所有输入/输出接口与 CPU 之间的通信都是由 I/O 指令来完成的。在执行 I/O 指令时，CPU 首先需要将要访问端口的地址放到地址总线上（选中该端口），然后才能对其进行读写操作。将总线上的地址信号转换为某个端口的"使能"（Enable）信号，这个操作就称为端口地址的译码。

有关译码的技术在第 5 章中已有介绍。对上一章中讨论的存储器系统，要使一个存储器芯片在整个存储空间中占据一定的地址范围，要通过高位地址信号译码来确定。那么，在输入/输出技术中，端口的地址也是通过地址信号的译码来确定的。只是有以下几点要请读者注意：

1）8088 CPU 能够寻址的内存空间为 1MB，故地址总线的全部 20 根信号线都要使用，其中高位（$A_{19} \sim A_i$）用于确定芯片的地址范围，而低位（$A_{i-1} \sim A_0$）（i 值与具体芯片容量相关）用于片内寻址；而 8088 CPU 能够寻址的 I/O 端口仅为 64K（65536）个，故只使用了地址总线的低 16 位信号线。对只有单一 I/O 地址（端口）的外设，这 16 位地址线一般应全部参与译码，译码输出直接选择该外设的端口；对具有多个 I/O 地址（端口）的外设，则 16 位地址线的高位部分参与译码（决定外设的基地址），而低位部分则用于确定要访问哪一个端口。

2）当 CPU 工作在最大模式时，对存储器的读写要求控制信号 $\overline{MEMR}$ 或 $\overline{MEMW}$ 有效；如果是对 I/O 端口读写，则要求控制信号 $\overline{IOR}$ 或 $\overline{IOW}$ 有效。

3）地址总线上呈现的信号是内存的地址还是 I/O 端口的地址，取决于 8088 CPU 的 $IO/\overline{M}$ 引脚的状态。当 $IO/\overline{M}=0$ 时为内存地址，即 CPU 正在对内存进行读写操作；当 $IO/\overline{M}=1$ 时为 I/O 端口地址，即 CPU 正在对 I/O 端口进行读写操作。

4）由于内存地址资源的稀缺性，对内存地址通常采用全地址译码，以保证每个地址资源都能够被有效利用（每个内存单元都有唯一地址）；相对内存，端口地址资源较为丰富⊖。为简化电路设计，I/O 端口地址译码更常采用部分地址译码。

除上述几点外，I/O 地址译码从原理上与内存地址译码完全相同，译码电路的设计也同样可以根据情况选择利用基本逻辑门电路或用专用译码器。此处不再赘述。

6.2 基本 I/O 接口

现代输入/输出接口通常都具有数据的传送和对外设的控制两大类功

6-3 简单接口电路

⊖ 具有寻址 64K 个端口能力的 IBM PC/XT 微型计算机中，寻址的端口地址仅有 1K 个。

能。部分接口中甚至包含了处理器,成为一个嵌入式系统。本节介绍的是仅有最基本的数据传输和驱动功能的 I/O 接口。

负责把数据从外部设备送入 CPU 的接口叫作输入接口,反之,将数据从 CPU 输出到外部设备的接口则称为输出接口。

在输入数据时,由于外设处理数据的时间一般要比 CPU 长得多,数据在外部总线上保持的时间相对较长,所以要求输入接口必须要具有对数据的控制能力。即只有当外部数据准备好、CPU 可以读取时才将数据送上系统数据总线。

在输出数据时,同样由于外设的速度比较慢,要使数据能正确写入外设,CPU 输出的数据一定要能够保持一段时间。如果这个"保持"的工作由 CPU 来完成,则对其资源就必然是个浪费。实际上,从前面介绍的"总线写"时序图可以看出,CPU 送到总线上的数据只能保持几个微秒。因此,要求输出接口必须要具有数据的锁存能力。

下边介绍两类结构简单又较常用的通用接口芯片,并通过举例说明它们的使用方法。

6.2.1 三态门接口

具有对数据的控制能力是能够作为输入接口的必要条件。三态门缓冲器就属于具有数据控制能力的简单器件,如图 6-3 所示。当三态门控制端信号有效时,三态门导通,输出=输入;当控制端信号无效时,则三态门呈高阻状态,输出与输入阻断。因此,当外设本身具有数据保持能力时,通常可以仅用一个三态门作为输入接口。当三态门控制端信号有效时,CPU 将外设准备好的数据读入;当其控制端信号无效时,三态门断开,该外设就从数据总线脱离,数据总线又可用于其他信息的传送。

同时,当三态门导通时,数据将直接输出,并没有锁存数据的能力。因此,如果利用三态门来连接外设,只能作为输入接口。

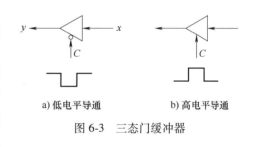

a) 低电平导通　　　　b) 高电平导通

图 6-3　三态门缓冲器

图 6-4 是包含 8 个三态门的芯片 74LS244 的引脚图。从图中不难看出,该芯片中的 8 个三态门分别由两个控制端 $\overline{E_1}$ 和 $\overline{E_2}$ 控制,每个控制端各控制 4 个三态门。当某一控制端有效(低电平)时,相应的 4 个三态门导通;否则,相应的三态门呈现高阻状态(断开)。实际使用中,通常是将两个控制端并联,这样就可用一个控制信号来使 8 个三态门同时导通或同时断开[⊖]。

由于三态门具有"通断"控制能力,但没有存储数据的地方,即没有对信号的保持或锁存能力。故三态门可以作为输入接口,但不能作为输出接口。

利用三态门作为输入接口时,要求输入信号的状态要能够保持。同时,作为接口,74LS244 内部没有端口,即没有片内地址。

图 6-5 是一个利用三态门 74LS244 作为开关量输入接口的例子。图中,74LS244 的输入端接有 8 个开关 K_0、K_1、…、K_7。当 CPU 读该接口时,总线上的 16 位地址信号通过译码使 $\overline{E_1}$ 和 $\overline{E_2}$ 有效,三态门导通,8 个开关的状态经数据线 $D_0 \sim D_7$ 被读入到 CPU 中。这样,就

⊖　多数 I/O 操作至少每次传送 8 位数据。

可测量出这些开关当前的状态是打开还是闭合。当 CPU 不读此接口地址时，$\overline{E_1}$ 和 $\overline{E_2}$ 为高电平，则三态门的输出为高阻状态，使其与数据总线断开。

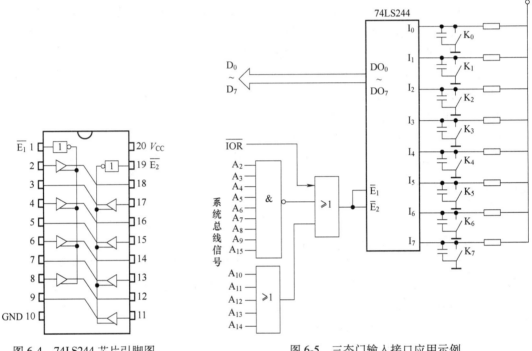

图 6-4　74LS244 芯片引脚图　　　　图 6-5　三态门输入接口应用示例

用一片 74LS244 芯片作为输入接口最多可以连接 8 个开关或其他具有信号保持能力的外设。当然也可只接一个外设而让其他端悬空，对空着未用的端，其对应位的数据是任意值，在程序中常用逻辑"与"指令将其屏蔽掉。

如果有更多的开关状态（或其他外设）需要输入时，可用类似的方法用两片或更多的芯片并联使用。

74LS244 芯片除用作输入接口外，还常用来作为信号的驱动器。

【例 6-1】 利用 74LS244 芯片连接 8 个开关的电路如图 6-5 所示。编写程序读取 8 个开关的状态，若全部开关都闭合，则在屏幕上显示输出 'OK!'；否则继续读取开关状态，直到有任意键按下，则退出程序，返回操作系统。

题目解析：作为三态门接口，当三态门导通时数据可以读入。故**三态门的控制端就是接口地址**。同时，三态门内部没有端口，不存在"片内地址"，所有的地址都是高位地址，都应作为译码电路的输入信号。

由图 6-5 知，译码电路的输入信号中没有 A_1 和 A_0，即为部分地址译码。因缺少 2 位地址信号，故该芯片占用了 83FCH～83FFH 的 4 个地址。实际编程中可以用其中任何一个地址，而其他重叠的 3 个地址空着不用。当开关闭合时，74LS244 对应的 I 端会呈现低电平。亦即当从 I_i 端读入 0 时，表示相应的开关处于闭合状态。

参考程序如下：

```
DSEG    SEGMENT
STR     DB 'OK!',0DH,0AH,'$'
DSEG    ENDS
        MOV   DX,83FCH
        IN    AL,DX
        AND   AL,0FFH
        JZ    NEXT1
        JMP   NEXT2
```

可见，利用三态门作为输入接口，使用和连接都是很容易的。

6.2.2 锁存器接口

在输出数据时，同样由于外设的速度比较慢，要使数据能正确写入外设，CPU 输出的数据一定要能够保持一段时间。如果这个"保持"的工作由 CPU 来完成，则对其资源就必然是个浪费。实际上，从前面介绍的"总线写"时序图可以看出，8088CPU 送到总线上的数据只能保持几个微秒。因此，输出接口必须要具有对数据的锁存能力。CPU 输出的数据通过总线送入接口锁存，由接口将数据一直保持到被外设取走。

由于三态门器件不具备数据的保存（或称锁存）能力，所以只用作输入接口。简单地输出接口通常采用具有信息存储能力的双稳态触发器来实现。将触发器的触发控制端连接到 I/O 地址译码器的输出，当 CPU 执行 I/O 指令时，指令中指定的 I/O 地址经译码后使控制信号有效，使锁存器触发导通，将数据锁入到锁存器。

图 6-6 为内部集成了 8 个 D 触发器的锁存器芯片 74LS273 的引脚图和真值表。该芯片共有 8 个数据输入端（$D_0 \sim D_7$）和 8 个数据输出端（$Q_0 \sim Q_7$）。S 为复位端，低电平有效。CP 为触发端，在每个脉冲的上升沿将输入端 D_i 的状态锁存在 Q_i 输出端，并将此状态保持到下一个时钟脉冲的上升沿。74LS273 常用来作为并行输出接口。

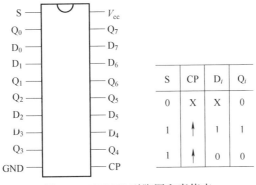

图 6-6　74LS273 引脚图和真值表

74LS273 具有数据的锁存能力，但作为触发器，它没有对数据的控制能力，因此只能作为输出接口，而无法用作输入接口。同时，作为数据输出的通道，其内部也没有独立的端口（与三态门类似）。

【例 6-2】　利用 74LS273 作为输出接口，控制 8 个发光二极管，线路连接如图 6-7 所示。设该输出接口的地址为 38FH，试设计将该芯片连接到 8088 系统的译码电路，并编写程序，使 8 个发光二极管依次循环点亮。

题目解析：

① 题中仅给出了 74LS273 芯片的 12 位地址，没有给出 $A_{15} \sim A_{12}$ 这 4 位高位地址，表示译码电路应采用部分地址译码。由于 74LS273 只能作为输出接口，且 CP 端为脉冲上升沿触发，因此必须将 $\overline{IOW}$ 作为译码电路的输入信号。

② 由图 6-7 可以看出，要使接到 Q_i 端的发光二极管亮，该 Q_i 端须输出"1"。

③ 题目要求 8 个发光二极管循环依次点亮，形成跑马灯。但没有给出退出条件，故可以编写成无限循环程序。

设计译码电路如图 6-8 所示。

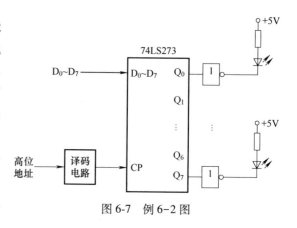

图 6-7 例 6-2 图

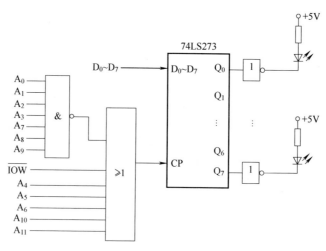

图 6-8 例 6-2 译码电路设计

设计跑马灯程序如下（这里略去了逻辑段定义）：

```
    MOV  AL,1        ;设置 Q0 端输出 1,使 Q0 连接的发光二极管首先点亮
    MOV  DX,38FH
L0: OUT  DX,AL
    ROL  AL,1        ;AL 值循环左移 1 位,使下一个发光二极管点亮
    JMP  L0          ;循环依次点亮各发光二极管
```

74LS273 的数据锁存输出端 Q 通过一个二态门输出，只要正常工作，其 Q 端总有一个确定的逻辑状态（0 或 1）输出。即 74LS273 没有数据的控制能力，无法直接用作输入接口，它的 Q_i 端绝对不允许直接与系统的数据总线相连接。那么，有没有既可用作输入接口又能用作输出接口的芯片呢？回答是肯定的。

图 6-9 所示的 74LS374 是一种带有三态输出的锁存器芯片，是将 D 触发器的反向输出端 $\overline{Q}$ 连接到一个三态门的输入，而三态门的输出则作为芯片的输出，仅当三态门导通时，锁存器的

输出才能真正输出到总线上,从而使该芯片既有了数据的锁存能力,又有了数据的控制能力。图 6-10 给出了芯片的引脚图和真值表。从引线上可以看出,它比 74LS273 多了一个输出允许端 $\overline{OE}$。只有当 $\overline{OE}=0$ 时,74LS374 的输出三态门才导通;当 $\overline{OE}=1$ 时,则呈高阻状态。

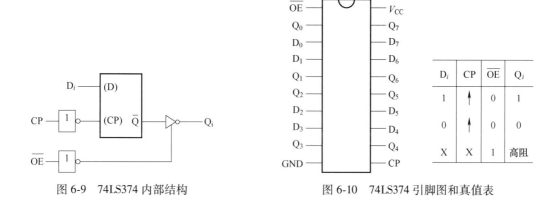

图 6-9 74LS374 内部结构   图 6-10 74LS374 引脚图和真值表

74LS374 在用作输入接口时,端口地址信号经译码电路接到 $\overline{OE}$ 端,外设数据由外设提供的选通脉冲锁存在 74LS374 内部。当 CPU 读该接口时,译码器输出低电平,使 74LS374 的输出三态门打开,读出外设的数据;如果用作输出接口,也可将 $\overline{OE}$ 端接地,使其输出三态门一直处于导通状态,这样就与 74LS273 一样使用了。

另外还有一种常用的带有三态门的锁存器芯片 74LS373,它与 74LS374 在结构和功能上完全一样,区别是数据锁存的时机不同,带有三态门的锁存器芯片 74LS373 是在 CP 脉冲的高电平期间将数据锁存。

无论是三态门接口还是锁存器接口,都属于简单接口芯片。这里的"简单"主要体现其简单的内部构造、单一的功能以及无法通过软件改变其工作状态。它们常作为一些功能简单的外部设备的接口电路,对较复杂的功能要求就难以胜任。本书在第 7 章将介绍一些功能较强的可编程接口芯片。

6.2.3 简单接口电路应用示例

在本节利用 74LS244 和 74LS273 作为输入和输出接口,通过编写程序,控制 LED 数码管显示不同的数字或符号。

LED 数码管分为共阳极和共阴极两种结构。在封装上有将一位、二位或更多位封装在一起等封装形式。图 6-11 是一种共阳极封装的 LED 数码管。当某一段的发光二极管流过一定电流(如 10mA 左右)时,它所对应的段就发光,而无电流流过时,则不发光。不同发光段的组合就可显示出不同的数字和符号。

七段数码管作为一种输出设备与系统总线有多种接口方式,这里利用前面学到的 74LS273 作为输出接口,用集电极开路门 7406 作为驱动器与 LED 数码管连接。另外,采用 1 三态门作为输入接口,输入开关的状态,线路连接如图 6-12 所示。图中的电路功能是:当开关 K 处于闭合状态时,在 LED 数码管上显示"0",当开关 K 处于断开状态时,在 LED 数码管上显示"1"。由图 6-12 可以得出,三态门接口和 74LS273 接口地址分别为 03F1H 和 03F0H。

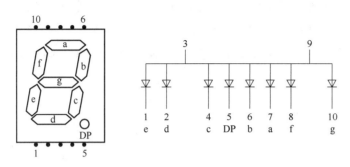

图 6-11 共阳极 LED 数码管示意图

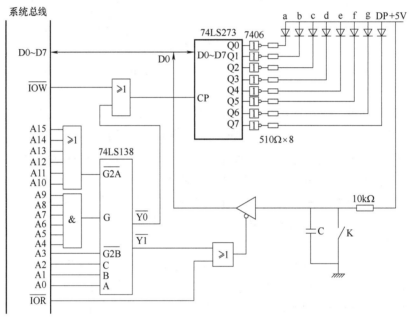

图 6-12 简单接口芯片应用

与硬件电路相配合完成此功能的程序段如下：

```
FOREVER:  MOV  DX,03F1H      ;输入端口地址为 03F1H
          IN   AL,DX          ;读入开关状态
          TEST AL,1           ;判断开关状态
          MOV  AL,3FH         ;显示"0"
          JZ   DISP
          MOV  AL,06H         ;显示"1"
DISP:     MOV  DX,03F0H       ;输出端口地址为 03F0H
          OUT  DX,AL
          JMP  FOREVER
```

6.3 基本输入/输出方法

微机系统中，主机与外设间的输入/输出方式主要有四种：无条件传

送、查询、中断和直接存储器存取（DMA）方式。

6.3.1 无条件传送方式

无条件传送方式主要用于外部控制过程的各种动作是固定的、已知的，控制的对象是一些简单的、随时"准备好"的外设。也就是说在这些设备工作时，随时都可以接收 CPU 输出的数据，或者它们的数据随时都可以被 CPU 读出。即 CPU 可以不必查询外设当前的状态而无条件地进行数据的输入/输出。在与这样的外设交换数据的过程中，数据交换与指令的执行是同步的，因此这种方式也可称为同步传送方式。

当 CPU 从外部设备读入数据时，CPU 执行一条 IN 指令，将低 16 位地址信号组成的端口地址送上地址总线，经过译码，选中对应的端口，然后在 $\overline{\text{IOR}} = 0$ 期间将数据读入 CPU。输出的过程类似，只是必须在 $\overline{\text{IOW}}$ 有效时将数据写入外设。

事实上，例 6-1 和例 6-2 所采用的输入和输出方法就属于无条件传送。从这两个例子可以看出，对于像开关、发光二极管等这一类简单设备来说，它们在某一时刻的状态是固定的，也可以说它们总是准备好的。在读接口时，总可以读到那时开关 K 的状态。写锁存器时，发光二极管总准备好随时接收发来的数据，点亮或熄灭。

对这一类总具有固定状态的简单外部设备的控制，可以采用无条件的传送方式。同类型的设备还有如继电器、步进电机等。

6.3.2 查询工作方式

对于那些慢速的或总是"准备好"的外设，当它们与 CPU 同步工作时，采用无条件传送方式是适用的，也是很方便的。但在实际应用中，大多数的外设并不是总处于"准备好"状态，在 CPU 需要与它们进行数据交换时，它们或许并不一定满足可进行数据交换的条件，即并不处于"准备好"状态。对这类外设，CPU 在数据传送前，必须要先查询一下外设的状态，若准备好才传送数据，否则 CPU 就要等待，直到外设准备好为止。这种利用程序不断地询问外部设备的状态，根据它们所处的状态来实现数据的输入和输出的方式就称为程序查询方式。为了实现这种工作方式，外部设备须向计算机提供一个状态信息，相应的接口除传送数据外，还要有一个传送状态的端口。

图 6-1 其实就是采用查询方式进行数据传送的工作示意图。图中，接口与外设之间有三类信息传送：一类是输入或输出的数据，一类是外部设备的状态信息，最后一类是 CPU 通过接口发出的控制信号。工作中，CPU 不断查询外设的状态，判断外设是否准备好进行数据传送，必要时还需送出控制信号。这些将在后面的章节中进一步说明。

图 6-1 中仅连接了一个外部设备，对这种单一外设采用查询方式进行数据传送的工作过程可用如图 6-13 所示的流程图描述：

1）首先读取外部设备的状态。

2）查询外设的状态，看是否处于准备好状态。

3）若没有准备好，则继续查询；否则就进行一次数据传送。这里，一次数据的字长取决于 CPU 和接口的字长。

4）一次数据传送完后，CPU 判断是否已完成全部数据传送，若没有则重新进行 1）；否则就结束传送。

图 6-13 给出了单一外设利用查询方式进行数据传送的工作过程。但事实上，一个微机系统往往要连接多个外设，这种情况下 CPU 会对外设逐个进行查询。发现哪个外设准备就绪，就对该外设进行数据传送。然后再查询下一外设，依次循环。此时的工作流程如图 6-14 所示。

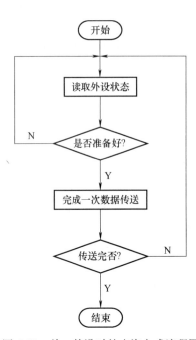

图 6-13 单一外设时的查询方式流程图

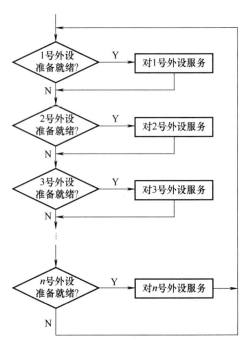

图 6-14 多个外设时的查询工作方式流程图

由上述可知，利用查询方式进行数据输入/输出的过程中，CPU 不能再做别的事，这样大大降低了 CPU 的效率。而且，假如某一外设刚好在查询过之后就处于就绪状态，那么也必须等到 CPU 查询完所有外设，再次查询此外设时，CPU 才能发现它处于就绪状态，然后才能对此外设服务。这使得数据交换的实时性较差，对许多实时性要求较高的外设来说，就有可能丢失数据。

因此，利用查询方式与外设进行数据交换，需要满足以下两点：

1）连接到系统的外部设备是简单的、慢速的且对实时性要求不高。

2）连接到同一系统的外设，其工作速度是相近的。如果速度相差过大，可能会造成某些设备的数据丢失。

6.3.3 中断控制方式

无条件数据传送和查询方式数据传送都是在满足一定条件下采用的。无条件传送适用于慢速外设，其软、硬件都比较简单，但适用范围较窄，且 CPU 与外设不同步时容易出错。而查询方式将大量时间耗费在读取外设状态及进行检测上，真正用于传送数据的时间很少，这降低了 CPU 的效率，并在多个外设的情况下无法对一些外部事件进行实时响应，因此，它也多用于慢速和中速外设。

以上两种输入/输出方式，都是由 CPU 去管理外部设备，在管理的过程中 CPU 不能做别的事情，这对具有多外设且要求实时性较强的计算机控制系统是不合适的。由此，就引进了中断的概念：即 CPU 并不主动介入外设的数据传输工作，而是由外部设备在需要进行数据传送时向 CPU 发出中断请求，CPU 在接到请求后若条件允许，则暂停（或中断）正在进行的工作而转去对该外设服务，并在服务结束后回到原来被中断的地方继续原来的工作。这种方式能使 CPU 在没有外设请求时进行原有的工作，有请求时才去处理数据的输入/输出，从而提高了 CPU 的利用率。但有一点要注意，就是在 CPU 对外设服务结束后要能够回到原来被中断的地方，这就要求在响应中断前必须将返回地址（即中断时 CPU 将要执行的指令的地址）和程序运行状态保存起来，以保证正确返回，这个过程称为断点保护。

利用中断方式进行数据传送，不仅大大提高 CPU 效率，还能够对外设的请求做出实时响应。尤其是在外设出现故障、不立即进行处理有可能造成严重后果的情况下，利用中断方式可以及时做出处理，避免不必要的损失。有关中断的概念、工作原理及中断源分类等将在 6.4 节进行仔细讨论。

6.3.4 直接存储器存取方式

虽然采用中断方式能大大提高 CPU 的利用率，但与其他两种方式一样，实际的数据传送过程还是需要 CPU 执行程序来实现，即 CPU 首先将数据从内存（或外设）读到累加器，再写入到接口（或内存）中。因此，以上三种方式被统称为程序控制输入/输出（Programmed Input and Output，PIO）方式，另外，采用中断方式每进行一次数据传送，都需要保护断点、保护现场等。若再考虑到修改内存地址，判断数据块是否传送完等因素，8088 CPU 通常传送一个字节约需要几十到几百微秒的时间。由此可大致估计出用 PIO 方式的数据传送速率约为每秒几十 KB。这种传送速度对于一些高速外设及批量数据交换（如磁盘与内存的数据交换）来说是不能满足要求的。

对需要高速数据传送的场合，希望外设能够不通过 CPU 而直接与存储器进行信息交换，这就是直接存储器存取（Direct Memory Access，DMA）方式，即通过特殊的硬件电路来控制存储器与外设直接进行数据传送。在这种方式下，CPU 放弃对总线的管理，而由硬件来控制，这个硬件称为 DMA 控制器。典型的 DMA 控制器是 Intel 公司的 8237。下边简单介绍一下 DMA 控制器的功能及工作过程。

1. DMA 控制器的功能

通常情况下，系统的地址总线、数据总线和一些控制信号，如 IO/$\overline{M}$、$\overline{RD}$、$\overline{WR}$ 等是由 CPU 管理的，而在 DMA 方式下，就要求 DMA 控制器接管这些信号线的控制权，这就要求 DMA 控制器具有以下功能：

① 收到接口发出的 DMA 请求后，DMA 控制器要向 CPU 发出总线请求信号 HOLD（高电平有效），请求 CPU 放弃总线的控制。

② 当 CPU 响应请求并发出响应信号 HLDA（高电平有效）后，这时 DMA 控制器要接管总线的控制权，实现对总线的控制。

③ 能向地址总线发出内存地址信息，找到相应单元并能够自动修改其地址计数器。

④ 能向存储器或外设发出读/写命令。

⑤ 能决定传送的字节数，并判断 DMA 传送是否结束。

⑥ 在 DMA 过程结束后，能向 CPU 发出 DMA 结束信号，将总线控制权交还给 CPU。

2. DMA 控制器的工作过程

DMA 的工作过程大致如下：

① 当外设准备好，可以进行 DMA 传送时，外设向 DMA 控制器发出 DMA 传送请求信号（DRQ）。

② DMA 控制器收到请求后，向 CPU 发出"总线请求"信号 HOLD，表示希望占用总线。

③ CPU 在完成当前总线周期后会立即对 HOLD 信号进行响应。响应包括两个方面：一是 CPU 将数据总线、地址总线和相应的控制信号线均置为高阻态，由此放弃对总线的控制权；另一方面，CPU 向 DMA 控制器发出总线响应（HLDA）信号。

④ DMA 控制器收到 HLDA 信号后，就开始控制总线，并向外设发出 DMA 响应信号 DACK。

⑤ DMA 控制器送出地址信号和相应的控制信号，实现外设与内存或内存与内存之间的直接数据传送（例如，在地址总线上发出存储器的地址，向存储器发出写信号 $\overline{MEMW}$，同时向外设发出 I/O 地址、$\overline{IOR}$ 和 AEN 信号，即可从外设向内存传送一个字节）。

⑥ DMA 控制器自动修改地址和字节计数器，并据此判断是否需要重复传送操作。规定的数据传送完后，DMA 控制器就撤销发往 CPU 的 HOLD 信号。CPU 检测到 HOLD 失效后，紧接着撤销 HLDA 信号，并在下一时钟周期重新开始控制总线，继续执行原来的程序。

DMA 存储器写的总线周期时序如图 6-15 所示，图中 DMA 控制器在 HLDA 有效期间获得总线控制权。在 S_3 周期和 S_4 周期之间插入了一个等待的时钟周期 S_W。在 $S_1 \sim S_3$ 期间，DMAC 送出地址信号和控制信号，选中写入的内存地址单元，将外设提供的有效数据写入规定的内存单元。

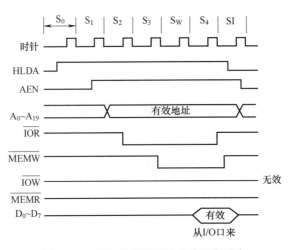

图 6-15　DMA 存储器写的总线周期时序

为了进一步说明 DMA 的传送过程，图 6-16 给出了一个 DMA 存储器写操作的简要原理图。这里要注意两点：一是 DMA 传送前，CPU 必须告诉 DMA 控制器传送是在哪两个部件之间进行，传送的内存首地址以及传送的字节数是多少；二是在 DMA 传送时，DMA 控制器只负责送出地址及控制信号，而数据传送是直接在接口和内存间进行的，并不经过 DMA 控制器。对于内存与内存间的 DMA 传送，是先用一个 DMA 的存储器读周期将数据由内存读出，放在 DMA 控制器的内部数据暂存器中，再利用一个 DMA 的存储器写周期将该数据写到内存的另一区域。

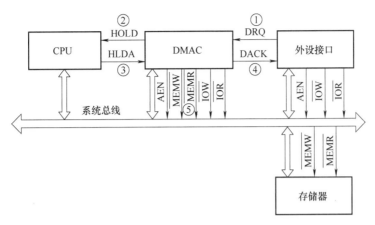

图 6-16 DMA 传送原理示意图

6.4 中断技术

中断技术在计算机中应用极为广泛，它不仅可用于数据传输，提高数据传输过程中 CPU 的利用率，还可以用来处理一些需要实时响应的事件，例如异常、时钟、掉电、特殊状态等。在操作系统（Operating System，OS）中，还使用中断来进行一些系统级的特殊操作，如虚拟存储器中页面的调入/调出等。

6.4.1 中断的基本概念

在微机中，中断是指当 CPU 执行程序过程中时，由于随机的事件（包括 CPU 内部的和 CPU 外部的事件）引起 CPU 暂时停止正在执行的程序，而转去执行一个用于处理该事件的程序——称为中断服务程序（或中断处理程序），中断处理完后又返回被中止的程序断点处继续执行，这一过程就称为中断。

引起中断的事件就称为中断源——即引起中断的原因或来源。中断源可分为两大类：一类是来自 CPU 内部，称之为内部中断源；另一类来自于 CPU 外部，称之为外部中断源。

内部中断源主要包括：首先是 CPU 执行指令时产生的异常，如被 0 除、溢出、断点、单步操作等；其次是特殊操作引起的异常，如存储器越界、缺页；第三类是由程序员安排在程序中的 INT n 软件中断指令。

外部中断源主要包括：首先是 I/O 设备，如键盘、打印机、鼠标等，数据通道如磁盘、数据采集装置、网络等；其次是实时钟，如定时器时间到；第三类是故障源，如掉电、硬件错、存储器奇偶校验错等。

对内部中断来说，中断的控制完全是在 CPU 内部实现的。而对于外部中断，则是利用 CPU 的两条中断输入信号线 INTR 和 NMI 来告诉 CPU 已发生了中断事件。INTR 称为可屏蔽中断输入信号，因为 CPU 能否响应该信号，还受到中断允许标志寄存器 IF 的控制。当 IF = 1（中断）时，CPU 在一条指令执行完后对它做出响应；当 IF = 0（关中断）时，CPU 不予响应，该中断请求被屏蔽。NMI 称为非屏蔽中断请求输入信号，上升沿有效，它不受标志位 IF 的约束，只要 CPU 在正常地执行程序，它就一定会响应 NMI 的请求。

事实上，在人们日常生活中，"中断"也是很常见的。例如，当你正在看书时，门铃和电话铃同时响了，这时你必须对这两个事件做出反应，并迅速做出判断：是先接电话还是先开门。假如你认为开门比较紧急，就会暂时停止看书（你可能还会在正看的页码处夹上书签）而先去开门，然后去接听电话，这两个事件处理完后，再从原来中断的地方接着看你的书。

6.4.2 中断处理的一般过程

6-5 中断技术（一）

上述接电话和开门的例子，实际就包含了计算机处理中断的五个步骤，即：中断请求、中断源识别（中断判优）、中断响应、中断服务和中断返回。下面以外部可屏蔽中断为例，简要介绍中断处理过程的五个步骤。

1. 中断请求

外设需要 CPU 服务时，首先要发出一个有效的中断请求信号送到 CPU 的中断输入端。中断请求信号分为边沿触发和电平触发：边沿触发指的是 CPU 根据中断请求端上有无从低到高或从高到低的跳变来决定中断请求信号是否有效；电平触发指的是 CPU 根据中断请求端上有无稳定的电平信号（高电平还是低电平取决于 CPU 的设计）来确定中断请求信号是否有效。一般来说，CPU 能够即时予以响应的中断可以采用边沿触发，而不能即时响应的中断则应采用电平触发，否则中断请求信号就会丢失。8088/8086 CPU 的 NMI 为边沿触发，而 INTR 为电平触发。为了保证产生的中断能被 CPU 处理，INTR 中断请求信号应保持到该请求被 CPU 响应为止。CPU 响应后，INTR 信号还应及时撤除，以免造成多次响应。

2. 中断源识别

当系统具有多个中断源时，由于中断产生的随机性，就有可能在某一时刻有两个以上的中断源同时发出中断请求，而 CPU 往往只有一条中断请求线，并且任一时刻只能响应并处理一个中断，这就要求 CPU 能识别出是哪些中断源申请了中断并找出优先级最高的中断源并响应之，在其处理完后，再响应级别较低的中断源的请求。中断请求事件的识别及其优先级的顺序判定，就是中断源识别及判优要解决的问题。中断判优的方法分为软件和硬件两种。

1）软件判优。软件判优是指由软件来安排各中断源的优先级别。软件判优需要相应电路的支持，电路原理图如图 6-17 所示。在电路中，外设的中断请求信号 IRQ 被锁存在中断请求寄存器中，并通过或门相"或"后，送到 CPU 的 INTR 端。同时把外设的中断请求状态经并行接口输入 CPU。

若某一中断源发出中断请求，中断请求信号经或门送到 CPU 的 INTR 引脚上，CPU 响应中断后进入中断处理程序，用软件读取并行端口的中断状态，逐位查询端口的每位状态，查到哪个中断源有请求，就转入哪个中断源的中断服务程序。这里查询的次序，就反映了各中断源优先级别的高低，先被查询的中断源优先级别最高，后被查询的优先级依次降低。这种判优方法硬件电路简单，优先权安排灵活，但软件判优所花时间较长，对中断源较多的情况下会影响到中断响应的实时性。硬件判优则可较好地克服这个缺点。

2）硬件判优。硬件判优是利用中断控制器来安排各中断源的优先级别。该方法的核心思想是根据中断向量码（也称中断类型码）来确定中断源。中断向量码是为每一个中断源分配的一个编号，通过该编号可方便地找到与中断源相对应的中断服务程序的入口。

在中断控制器电路中,用一个中断优先级判别器来判别哪个中断请求的优先级最高。当 CPU 响应中断时,将优先级最高的中断源所对应的中断向量码送给 CPU,CPU 根据中断向量码找到相应的中断服务程序入口,对该中断进行处理。

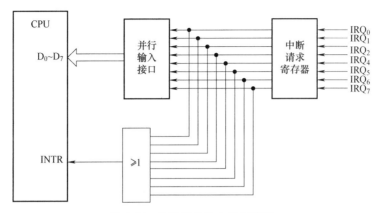

图 6-17 软件判优的电路原理图

与 8088/8086 CPU 配套的 8259A 芯片是一种可编程的中断控制器,它可对多达 64 级的中断源进行优先级管理,该芯片将在 6.5 节中进行详细介绍。

3) 中断嵌套问题。中断嵌套类似于子程序嵌套,即高优先级别的中断可以中断低优先级别的中断,出现一层套一层的现象。大部分中断控制电路在解决中断优先级的同时也实现了中断嵌套。中断嵌套的层数一般不受限制,但设计中断程序时要注意留有足够的堆栈空间,因为每一层嵌套都要用堆栈来保护断点,使得堆栈内容不断增加,若堆栈空间过小,中断嵌套层次较多时就会产生堆栈溢出现象,使程序运行失败。

3. 中断响应

中断优先级确定后,发出中断请求的中断源中优先级最高的请求被送到 CPU 的中断请求输入引脚上。CPU 在每条指令执行的最后一个时钟周期检测中断请求引脚上有无中断请求。但 CPU 并不是在任何时刻、任何情况下都能对中断请求进行响应。要响应中断请求,必须满足以下四个条件:

6-6 中断技术(二)

1) 一条指令执行结束。CPU 在一条指令执行的最后一个时钟周期对中断请求进行检测,当满足本条件和下述三个条件时,指令执行一结束,CPU 即可响应中断。

2) CPU 处于开中断状态。只有在 CPU 的 IF=1,即处于开中断状态时,CPU 才有可能响应可屏蔽中断(INTR)请求(对 NMI 及内部中断无此要求)。

3) 当前没有发生复位(RESET)、保持(HOLD)、内部中断和非屏蔽中断请求(NMI)。在复位或保持状态时,CPU 不工作,不可能响应中断请求;而 NMI 的优先级比 INTR 高,当两者同时产生时,CPU 会响应 NMI 而不响应 INTR。

4) 若当前执行的指令是开中断指令(STI)和中断返回指令(IRET),则它们执行完后再执行一条指令,CPU 才能响应 INTR 请求。另外,对前缀指令,如 LOCK、REP 等,CPU 会把它们和它们后面的指令看作一个整体,直到这个整体指令执行完,方可响应 INTR 请求。

中断响应时,CPU 除了要向中断源发出中断响应信号外,还要做下述三项工作:

1) 保护硬件现场,即 FLAGS(PSW)。

2) 保护断点。将断点的段基地址（CS 值）和偏移地址（IP 值）压入堆栈，以保证中断结束后能正常返回被中断的程序。

3) 获得中断服务程序入口。

4. 中断处理

中断处理由中断服务子程序完成。中断服务子程序在形式上与一般的子程序基本相同，区别在于：中断服务子程序只能是远过程（类型为 FAR）；中断服务子程序要用 IRET 指令返回被中断的程序。

在中断服务程序中通常要做以下几项工作：

1) 保护软件现场。保护软件现场是指把中断服务程序中要用到的寄存器的原内容压入堆栈保存起来。因为中断的发生是随机性的，若不保护现场，就有可能破坏主程序被中断时的状态，从而造成中断返回后主程序无法正确执行。

2) 开中断。CPU 响应中断时会自动关闭中断（使 IF = 0）。若进入中断服务程序后允许中断嵌套，则需用指令开中断（使 IF = 1），如 8088/8086 中的 STI 指令。

3) 执行中断处理程序。不同的中断，其中断处理程序也各不相同，编程人员可根据中断处理的需要来编写。但中断服务处理程序不宜过长和过于复杂，在中断处理程序中停留的时间越短越好，否则程序运行时既容易错乱，也影响对其他中断源的及时处理。通常的处理方法是，在中断服务程序中只执行那些必须执行的操作，而其他相关操作可放到中断服务程序外去执行（例如放到主程序中）。

4) 关中断。相应的中断处理指令执行结束后需要关中断，以确保有效地恢复被中断程序的现场。在 8088/8086 CPU 中，关中断指令为 CLI。

5) 恢复现场。恢复现场就是把先前保护的现场进行恢复，也即把所保存的有关寄存器内容按压栈的相反顺序从堆栈中弹出，使这些寄存器恢复到中断前的状态。

5. 中断返回

中断返回需执行中断返回指令 IRET，其操作正好是 CPU 硬件在中断响应时自动保护硬件现场和断点的逆过程。即 CPU 会自动地将堆栈内保存的断点信息和 FLAGS 弹出到 IP、CS 和 FLAGS 中，保证被中断的程序从断点处继续往下执行。

6.4.3　8088/8086 中断系统

8088/8086 CPU 的中断系统功能很强，使用非常灵活，它可以处理 256 种不同类型的中断。为了便于识别，8088/8086 系统中给每类中断都赋予一个中断类型码（或称中断向量码），编号从 0~255。CPU 可根据中断类型码的不同来识别不同的中断源。8088/8086 系统的中断源可来自 CPU 外部，称为外部中断；也可以来自 CPU 内部，称为内部中断。8088/8086 中断源类型如图 6-18 所示。

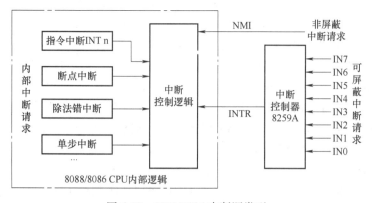

图 6-18　8088/8086 中断源类型

1. 内部中断

内部中断是 CPU 执行了某条指令或者软件对标志寄存器中某个标志位进行设置而产生的，由于它与外部硬件电路完全无关，故也称其为软件中断。在 8088/8086 CPU 中，内部中断可分为五种类型：

1) 除法溢出中断——0 型中断。8088/8086 执行除法指令时，若发现除数为 0 或商超过了结果寄存器所能表示的最大范围，则立即产生一个中断类型码为 0 的中断，该中断称为除法出错中断，一般由系统软件进行处理。

2) 单步中断——1 型中断。8088/8086 CPU 的标志寄存器中有一位陷阱标志 TF，CPU 每执行完一条指令都会检查 TF 的状态。若发现 TF = 1，则 CPU 就产生中断类型码为 1 的中断，使 CPU 转向单步中断的处理程序。单步中断广泛地用于程序的调试，使 CPU 一次执行一条指令，从而能够逐条指令地观察程序运行情况。在程序排错时，单步中断是一种很有效的调试手段。

对单步中断要注意两点：一是所有类型的中断在其处理过程中，CPU 会自动地把状态标志压入堆栈，然后清除 TF 和 IF。因此当 CPU 进入单步中断处理程序时，就不再处于单步工作方式，而以正常方式工作。只有在单步处理结束后，从堆栈中弹出原来的标志，才使 CPU 又回到单步方式。二是 8088/8086 指令系统中没有设置或清除 TF 标志的指令，但指令系统中的 PUSHF 和 POPF 为程序员提供了置位或复位 TF 的手段。置位和复位 TF 的程序段如下：

```
;置位 TF 标志
PUSHF
POP  AX
OR   AX,0100H          ;TF 置为 1
PUSH AX
POPF
;复位 TF 标志
PUSHF
POP  AX
AND  AX,0FEFFH         ;TF 置为 0
PUSH AX
POPF
```

3) 断点中断——3 型中断。8088/8086 指令系统中有一条专用于设置断点的指令，其操作码为单字节 0CCH（助记符为 INT 3）。CPU 执行该指令就会产生一个中断类型码为 3 的中断。INT 3 指令是单字节指令，因而它能很方便地插入到程序的任何地方，专门用于在程序中设置断点来调试程序，它也称为断点中断，插入 INT 3 指令之处便是断点。在断点中断服务程序中，可显示有关的寄存器、存储单元等内容，以便程序员分析到断点为止程序运行是否正确。

4) 溢出中断——4 型中断。若算术指令的执行结果发生溢出（OF = 1），则执行 INTO 指令后立即产生一个中断类型码为 4 的中断。4 型中断为程序员提供了处理运算溢出的手段，INTO 指令通常和算术指令配合起来使用。

5) 用户自定义的软件中断——n 型中断。CPU 执行中断指令 INT n 也会引起内部中断，其中断类型码由指令中的 n 指定。这一类指令统称为软中断指令。除 INT 3 指令（断点中断）外，其余的 INT n 指令的代码为两字节（第一字节为操作码，第二字节为中断类型码）。

实际上，INT n 软中断可以模拟任何类型的中断，在调试那些非 INT n 中断的中断服务程序时，可以用 INT n 指令来模拟它们发出的中断请求，使原本非常难于调试的中断程序变得非常简单。

以上所述内部中断的类型码均是固定的或包含在软中断指令中，除单步中断外，其他的内部中断不受 IF 状态标志影响，用于中断处理的中断服务程序需用户自行编制。

2. 外部中断

外部中断也称为硬件中断，它是由外部硬件或外设接口产生的。8088/8086 CPU 为外部设备提供了两条硬件中断信号线 NMI 和 INTR，非屏蔽中断和可屏蔽中断请求信号分别从这两个引脚送入 CPU。

1）非屏蔽中断。非屏蔽中断由 NMI 引脚上出现的上升沿触发，它不受中断允许标志 IF 的限制，其中断类型码固定为 2。

CPU 接收非屏蔽中断请求信号后，不管当前正在做什么事，都会在执行完当前指令后立即响应中断请求而进入相应的中断处理。非屏蔽中断通常用来处理系统中出现的重大故障或紧急情况，如系统掉电处理、紧急停机处理等。在 PC 中，若系统板上的存储器或 I/O 通道上产生了奇偶校验错以及 8087 数字协处理器产生异常都会引起一个 NMI 中断。

2）可屏蔽中断。绝大多数外部设备提出的中断请求都是可屏蔽中断，可屏蔽中断的中断请求信号从 CPU 的 INTR 端引入，高电平有效。可屏蔽中断受中断允许标志位 IF 的约束，只有当 IF=1，CPU 才会响应 INTR 请求。如果 IF=0，即使中断源有中断请求，CPU 也不会响应，这种情况称为中断被屏蔽。在 PC 中，外部设备的中断请求是通过中断控制器 8259A 来进行统一管理的，由 8259A 决定是否允许一个外设向 CPU 发出中断请求。IBM—PC 中的可屏蔽中断的中断类型码为 8~15（08H~0FH），80286 以后的微机还包括 112~119（70H~77H）。

3. 中断向量表

在 8088/8086 CPU 中断系统中，无论是外部中断还是内部中断，每个中断源都有一个与它相对应的中断类型码，它是中断源在系统中的"身份证"。中断类型码长度为一个字节，故 8088/8086 最多允许处理 256 种类型的中断（中断类型码为 0~255）。CPU 在响应中断时，通过得到的中断类型码来判断是哪个中断源提出了中断请求。

为了能够根据所得到的中断类型码来找到中断服务程序的首地址（也称中断向量），8088/8086 系统规定所有中断服务程序的首地址都必须放在一个称为中断向量表的表格中（类似于 C 语言中的指针数组）。中断向量表位于内存的最低 1K 字节（即内存中 00000H~003FFH 区域），共有 256 个表项，用以存放 256 个中断向量（即 256 个中断服务子程序的入口地址）。每个中断向量（表项）占 4 个字节，其中低位字（2 个字节）存放中断服务程序入口地址的偏移量，高位字存放中断服务程序入口地址的段地址。按照中断类型码的大小，对应的中断向量在中断向量表中有规则地顺序存放。图 6-19a 给出了部分类型码对应的中断向量在向量表中的位置分布，图 6-19b 表示任意一个占 4 个字节的中断向量其每个字节内容的含义（旁边的数字表示由低到高 4 个字节的顺序）。

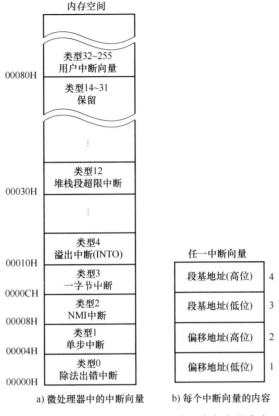

图 6-19　微处理器中的中断向量表及中断向量内容

根据中断向量表的格式，只要知道了中断类型码 n 就可以找到所对应的中断向量在表中的位置。中断向量在中断向量表中的存放位置（地址）可由下式计算得到：

中断向量在表中的存放地址 = n×4。

例如，中断类型码为 21H 的中断，其中断向量存放在 0000：0084H（4×21H = 84H）开始的 4 个字节单元中。

计算出中断向量地址后，只要取 4n 和 4n+1 单元的内容装入 IP，取 4n+2 和 4n+3 单元的内容装入 CS，即可转入中断服务程序。

需要注意的是，在 80386 以后的微机中，由于虚存及保护方式的出现，中断向量表不再是固定放在 00000H~003FFH 区域中（中断向量表的名字也改为中断描述符表 IDT），而是可以位于内存的任意区域，表的首地址放在 CPU 内部的 IDT 基址寄存器中。每个表项也从 4 个字节增加到了 8 个字节，包括 2 字节的选择器、4 字节的偏移量和 2 字节的其他属性。

6.4.4　8088/8086 CPU 的中断响应过程

8088/8086 对不同类型中断的响应过程不同，主要区别在于如何获得相应的中断类型码。

1. 内部中断响应过程

内部中断包括异常中断和 INT 指令引起的中断。异常中断指如除法出错、溢出、断点等异常情况引起的中断。CPU 在执行内部中断时，没有中断响应周期。各种内部中断的中断类型码由系统自动设定：对于 INT n 指令，其中断类型码由 INT n 指令中给定的 n 决定。获得中断类型码以后的处理过程为：

1) 将类型码乘 4，计算出中断向量的地址。
2) 硬件现场保护，即将标志寄存器 FLAGS 压入堆栈，以保护当前指令执行结果的特征。
3) 清除 IF 和 TF 标志，屏蔽新的 INTR 中断和单步中断。
4) 保存断点，即把断点处的 IP 和 CS 值压入堆栈，先压入 CS 值，再压入 IP 值。
5) 根据第一步计算出来的地址从中断向量表中取出中断服务程序的入口地址（段和偏移），分别送至 CS 和 IP 中。
6) 转入中断服务程序执行。

进入中断服务程序后，首先要保护在中断服务程序中要使用的寄存器内容，然后进行相应的中断处理，在中断返回前恢复保护的寄存器内容，最后执行中断返回指令 IRET。IRET 的执行将使 CPU 按次序恢复断点处的 IP、CS 和标志寄存器，从而使程序返回到断点处继续执行。

内部中断具有如下一些特点：

1) 中断由 CPU 内部引起，中断类型码的获得与外部无关，CPU 不需要执行中断响应周期去获得中断类型码。
2) 除单步中断外，内部中断无法用软件禁止，不受中断允许标志 IF 的影响。
3) 内部中断何时发生是可以预测的，这有点类似于子程序调用。

2. 外部中断响应过程

1) 非屏蔽中断响应。NMI 中断不受 IF 标志的影响，也不用外部接口给出中断类型码，CPU 响应 NMI 中断时也没有中断响应周期。CPU 会自动按中断类型码 2 来计算中断向量的地址，其后的中断处理过程和内部中断一样。

2) 可屏蔽中断响应。当 INTR 信号有效时，如果中断允许标志 IF=1，则 CPU 就会在当前指令执行完毕后，产生两个连续的中断响应总线周期。在第一个中断响应总线周期，CPU 将地址/数据总线置高阻，发出第一个中断响应信号 $\overline{INTA}$ 给 8259A 中断控制器，表示 CPU 响应此中断请求，禁止来自其他总线控制器的总线请求。在最大模式时，CPU 还要启动 LOCK 信号，通知总线仲裁器 8289，使系统中其他处理器不能访问总线。在第二个中断响应总线周期，CPU 送出第二个 $\overline{INTA}$ 信号，该信号通知 8259A 中断控制器将相应中断请求的中断类型码放到数据总线上供 CPU 读取。

CPU 读取中断类型码 n 后的中断处理过程也和内部中断一样。8088/8086 CPU 对可屏蔽中断请求 INTR 的响应时序如图 6-20 所示。

以上所述的软件中断、单步中断、断点中断、非屏蔽中断和可屏蔽中断，它们的优先级是由 8088/8086 CPU 识别中断的前后顺序来决定的。其基本过程是：在当前指令执行完后，CPU 首先自动查询在指令执行过程中是否有内部中断请求和 INT n 中断请求，然后查询是否有 NMI 中断请求，最后查询 INTR 中断。并按此查询顺序优先响应。

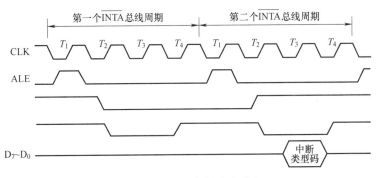

图 6-20　INTR 中断响应时序

6.5　可编程中断控制器 8259A

Intel 8259A 是 Intel 公司生产的专为 8088/8086 CPU 配套的可编程中断控制器（Programmable Interrupt Controller，PIC），用于对 8088/8086 系统中的可屏蔽中断进行管理。8259A 可对 8 个中断源实现优先级控制，多片 8259A 通过级联还可扩展至对 64 个中断源实现优先级控制。8259A 可以根据不同的中断源向 CPU 提供不同的中断类型码，还可根据需要对中断源进行中断屏蔽。8259A 有多种工作方式，可以通过编程来选择，以适应不同的应用场合。

6.5.1　8259A 的引脚及内部结构

1. 外部引脚功能

8259A 采用 28 引脚双列直插式封装，其外部引脚图如图 6-21 所示。其主要引脚信号的含义为：

（1）$D_0 \sim D_7$　双向数据线，与系统的数据总线相连。编程时控制字、命令字由此写入；中断响应时，中断向量码由此送给 CPU。

（2）$\overline{WR}$　写控制信号，与系统总线的 $\overline{IOW}$ 相连接。

（3）$\overline{RD}$　读控制信号，与系统总线的 $\overline{IOR}$ 相连接。

（4）$\overline{CS}$　片选信号，当 $\overline{CS}$ 为低电平时，8259A 被选中，CPU 才能对它进行读写操作。此引脚连到系统的 I/O 译码器输出，由此确定 8259A 在系统 I/O 地址空间的基地址。

（5）A_0　8259A 内部寄存器的选择信号。它与 $\overline{CS}$、$\overline{WR}$、$\overline{RD}$ 信号相配合，对不同的内部寄存器进行读写。使用中，通常接地址总线的某一位，如 A_1 或 A_0 等。

（6）INT　8259A 的中断请求输出信号，可直接接到 CPU 的 INTR 输入端。

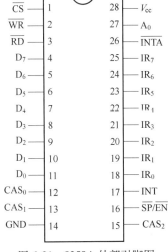

图 6-21　8259A 外部引脚图

（7）$\overline{INTA}$　中断响应输入信号。在中断响应过程中，CPU 的中断响应信号由此端进入 8259A。

(8) $CAS_0 \sim CAS_2$ 级联控制线。当多片 8259A 级联工作时,其中一片为主控芯片,其他均为从属芯片。对于主片 8259A,其 $CAS_0 \sim CAS_2$ 为输出;对各从片 8259A,它们的 $CAS_0 \sim CAS_2$ 为输入。主片的 $CAS_0 \sim CAS_2$ 与从片的 $CAS_0 \sim CAS_2$ 对应相连。当某从片 8259A 提出中断请求时,主片 8259A 通过 $CAS_0 \sim CAS_2$ 送出相应的编码给从片,使从片的中断被允许。

(9) $\overline{SP}/\overline{EN}$ 双功能引线。当 8259A 工作在缓冲模式时,它为输出,用以控制缓冲器的传送方向。当数据从 CPU 送往 8259A 时,$\overline{SP}/\overline{EN}$ 输出为高电平;当数据从 8259A 送往 CPU 时,$\overline{SP}/\overline{EN}$ 输出为低电平。在 8259A 工作在非缓冲模式时,它为输入,用于指定 8259A 是主片还是从片。$\overline{SP}=1$ 的 8259A 为主片,$\overline{SP}=0$ 的 8259A 为从片。只有一个 8259A 时,它应接高电平。

(10) $IR_0 \sim IR_7$ 中断请求输入信号,与外设的中断请求线相连。上升沿或高电平(可通过编程设定)时表示有中断请求到达。

2. 内部结构

8259A 内部结构如图 6-22 所示。它由中断请求寄存器(Interrupt Request Register,IRR)、中断服务寄存器(Interrupt Service Register,ISR)、中断屏蔽寄存器(Interrupt Mask Register,IMR)、中断优先权判别电路、数据总线缓冲器、读/写控制电路、控制逻辑和级联缓冲/比较器组成。

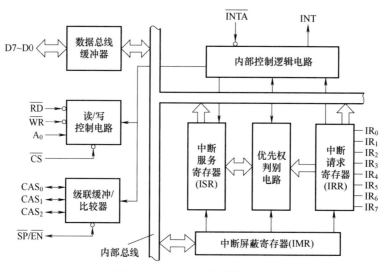

图 6-22 8259A 内部结构框图

(1) 中断请求寄存器(IRR) IRR 保存从 $IR_0 \sim IR_7$ 来的中断请求信号。某一位为 1 表示相应引脚上有中断请求信号。该中断请求信号至少应保持到该请求被响应为止。中断响应后,该 IR 输入线上的请求信号应撤销。否则,在中断处理完结后,该 IR 线上的高电平可能会引起又一次中断服务。

(2) 中断服务寄存器(ISR) ISR 用于保存所有正在服务的中断源,它是 8 位的寄存器($IS_0 \sim IS_7$ 分别对应 $IR_0 \sim IR_7$)。在中断响应时,判优电路把发出中断请求的中断源中优先级最高的中断源所对应的位设置为 1，以表示该中断请求正在处理中。ISR 的某一位置 1 可阻止与它同级及更低优先级的请求被响应，但不阻止比它优先级高的中断请求被响应，即允许中断嵌套。所以，ISR 中可能有不止一位被置 1。当 8259A 收到"中断结束（End Of Interrupt，EOI）"命令时，ISR 相应位会被清除。对自动 EOI（Automatic EOI，AEOI）操作，ISR 寄存器中刚被置 1 的位在中断响应结束时自动复位。

（3）中断屏蔽寄存器（IMR）　IMR 用于存放中断屏蔽字，它的每一位分别与 $IR_7 \sim IR_0$ 相对应。其中为 1 的位所对应的中断请求输入将被屏蔽，为 0 的位所对应的中断请求输入不受影响。

（4）中断判优电路　中断判优电路监测从 IRR、ISR 和 IMR 来的输入，并确定是否应向 CPU 发出中断请求。在中断响应时，它要确定 ISR 寄存器哪一位应置 1，并将相应的中断类型码送给 CPU。在 EOI 命令时，它要决定 ISR 寄存器哪一位应复位。

6.5.2　8259A 的工作过程

当系统通电后，首先应对 8259A 初始化，也就是由 CPU 执行一段程序，向 8259A 写入若干控制字，使其处于指定的工作方式。当初始化完成后，8259A 就处于就绪状态，随时可接收外设送来的中断请求信号。当外设发出中断请求后，8259A 对外部中断请求的处理过程如下：

① 当有一条或若干条中断请求输入线（$IR_0 \sim IR_7$）上的中断请求信号有效，则 IRR 的相应位置 1。

② 若中断请求线中至少有一条是中断未被屏蔽的，则 8259A 由 INT 引脚向 CPU 发出中断请求信号 INTR。

③ 若 CPU 是处于开中断状态，则在当前指令执行完以后，CPU 用 $\overline{INTA}$ 信号作为对 INTR 的响应。

④ 8259A 在接收到 CPU 发出的第一个 $\overline{INTA}$ 脉冲后，使最高优先权的 ISR 位置 1，并使相应的 IRR 位复位。

⑤ 在第二个中断响应总线周期中，CPU 再输出一个 $\overline{INTA}$ 脉冲，这时 8259A 就把刚才选定的中断源所对应的 8 位中断类型码放到数据总线上。CPU 读取该中断类型码并乘以 4，就可以从中断向量表中取出中断服务程序的入口地址并转去执行。

⑥ 若 8259A 工作在自动中断结束 AEOI 方式，在第二个 $\overline{INTA}$ 脉冲结束时，就会使中断源所对应的 ISR 中的相应位复位。对于非自动中断结束方式，则由 CPU 在中断服务程序结束时向 8259A 写入 EOI 命令，才能使 ISR 中的相应位复位。

6.5.3　8259A 的工作方式

8259A 具有非常灵活的中断管理方式，可满足用户各种不同的要求，这些工作方式都可以通过编写程序来设置。下面先分类介绍 Intel 8259A 的工作方式。

1. 中断优先方式与中断嵌套

（1）中断优先方式　为了满足实际应用的需要，8259A 提供了两类优先级控制方式：固定优先级和循环优先级方式。

1）固定优先级方式。在这种方式下，只要不重新设置优先级别，各中断请求的中断优先级就是固定不变的。8259A加电后就处于这种方式，刚加电时，默认IR_0优先级最高（0级为最高级），IR_7优先级最低（7级为最低级），这种优先顺序也可通过程序予以改变，使它按另外一种顺序排列。图6-23给出了两种固定优先级的顺序。

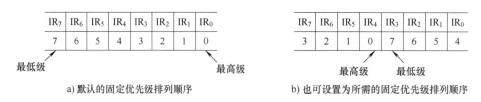

图 6-23 固定优先级方式

2）优先级循环方式。在实际应用中，许多中断源的优先权级别是一样的，若采用固定优先级，则低级别中断源的中断请求有可能总是得不到服务。解决的方法是使这些中断源轮流处于最高优先级，这就是自动中断优先级循环方式。

在优先权自动循环方式中，优先级顺序是变化的。一个中断源得到中断服务以后，它的优先级自动降为最低，原来比它低一级的中断则为最高级，依次排列。例如，若初始优先级从高到低依次为IR_0、IR_1、IR_2、…、IR_7，此时如果IR_4和IR_6有中断请求，则先处理IR_4。在IR_4被服务以后，IR_4自动降为最低优先级，IR_5成为最高优先级，这时中断源的优先级顺序变为IR_5、IR_6、IR_7、IR_0、IR_1、IR_2、IR_3、IR_4。

（2）中断嵌套　无论是固定优先级方式还是自动循环优先级方式，它们都允许中断嵌套，即允许更高优先级的中断可以打断当前的中断处理过程。8259A允许两种中断嵌套方式。

1）普通全嵌套方式。普通全嵌套方式是8259A最常用的工作方式，简称为全嵌套方式。当CPU响应中断时，8259A将申请中断的中断源中优先权最高的那个中断源在ISR中的相应位置1，并且把它的中断类型码送到数据总线，在此中断源的中断服务程序完成之前，与它同级或优先权更低的中断源的申请就被屏蔽，只有优先权比它高的中断源的申请才被允许。

2）特殊全嵌套方式。特殊全嵌套方式和普通全嵌套方式的差别在于：在特殊全嵌套方式下，当处理某一级中断时，如果有同级的中断请求，8259A也会给予响应，从而实现一个中断处理过程能被另一个具有同等级别的中断请求所打断。

特殊全嵌套方式一般用在8259A级联的系统中。在这种情况下，只有主片8259A允许编程为特殊全嵌套方式。这样，当来自某一从片的中断请求正在处理时，主片除对来自优先级较高的本片上其他IR引脚上的中断请求进行开放外，同时对来自同一从片的较高优先级请求也会开放。这样可以使从片上优先级别更高的中断能够得到响应。一般全嵌套方式与特殊全嵌套方式的区别如图6-24所示。

另外，在特殊全嵌套方式中，在中断结束时，应通过软件检查刚结束的中断是否是从片的唯一中断。方法是：先向从片发一正常结束中断命令EOI，然后读ISR内容。若为0表示只有一个中断服务，这时再向主片发一个EOI命令；否则，说明该从片有两个以上中断，则不应向主片发EOI命令，待该从片中断服务全部结束后，再发送EOI命令给主片。

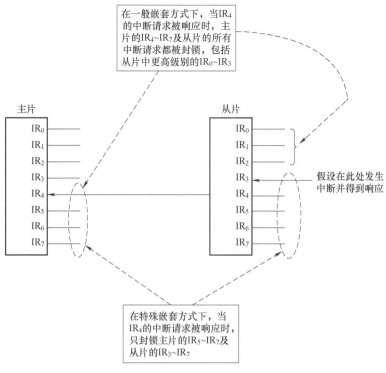

图 6-24 一般全嵌套方式与特殊全嵌套方式的区别

2. 中断结束处理方式

不管用哪种优先权方式工作，当一个中断请求 IR_i 得到响应时，8259A 都会将中断服务寄存器（ISR）中相应位 IS_i 置 1。而当中断服务程序结束时，则必须将该 IS_i 位清零。否则，8259A 的中断控制功能就会不正常。这个使 IS_i 位复位的动作就是中断结束处理。注意，这里的中断结束是指 8259A 结束中断的处理，而不是 CPU 结束执行中断服务程序。

8259A 分自动中断结束方式和非自动中断结束方式，而非自动中断结束方式又分为正常（一般）中断结束方式和特殊中断结束方式。

（1）自动中断结束方式（AEOI） 若采用 AEOI 方式，则在第二个中断响应周期 $\overline{INTA}$ 信号的后沿，8259A 将自动把中断服务寄存器（ISR）中的对应位清除。这样，尽管系统正在为某个设备进行中断服务，但对 8259A 来说，中断服务寄存器中却没有保留正在服务的中断的状态。所以，对 8259A 来说，好像中断服务已经结束了一样。这种最简单的中断结束方式，只能用于没有中断嵌套的情况。

（2）正常中断结束方式 这种方式配合全嵌套优先权工作方式使用。当 CPU 用输出指令向 8259A 发出正常中断结束 EOI 命令时，8259A 就会把 ISR 中已置 1 的位中的最高位复位。因为在全嵌套方式中，置 1 的最高 ISR 位对应了最后一次被响应的和被处理的中断，也就是当前正在处理的中断，所以，把已置 1 的位中最高的 ISR 位复位相当于结束了当前正在处理的中断。

（3）特殊中断结束方式（SEOI） 在非全嵌套方式下，由于中断优先级不断改变，无法确知当前正在处理的是哪一级中断，这时就要采用特殊中断结束方式。这种方式反映在程序中就是要发一条特殊中断结束命令，这个命令中指出了要清除 ISR 中的哪一位。

有一点要注意，不管是正常中断结束方式，还是特殊中断结束方式，在一个中断服务程序结束时，对于级联使用的 8259A 都必须发两次中断结束命令，一次是发给主片的，另一次则是发给从片的。

3. 屏蔽中断源的方式

8259A 的 8 个中断请求都可根据需要单独屏蔽，屏蔽是通过编程使得屏蔽寄存器 IMR 相应位置 0 或置 1，从而允许或禁止该位所对应的中断。8259A 有两种屏蔽方式。

（1）普通屏蔽方式　在普通屏蔽方式中，将 IMR 某位置 1，则它对应的 IR_i 就被屏蔽，从而使这个中断请求不能从 8259A 送到 CPU。如果该位置 0，则允许该 IR_i 中断传送给 CPU。

（2）特殊屏蔽方式（Special Mask Mode，SMM）　在有些情况下，希望一个中断服务程序能动态地改变系统的优先权结构。例如，在执行一个中断服务程序时，可能希望优先级比正在服务的中断源低的中断能够中断当前的中断服务程序。但在全嵌套方式中，8259A 会禁止所有比当前中断服务程序优先级低的 IR_i 产生中断。所以，只要当前服务中断的 ISR 位未被复位，较低级的中断请求在发出 EOI 命令之前仍不会得到响应。

为解决这个问题，8259A 提供了一种特殊屏蔽方式。其原理是，在 IR_i 的处理中，若希望使除 IR_i 以外的所有 IR 中断请求均可被响应的话，则首先设置特殊屏蔽方式，再编程将 IR_i 屏蔽掉（使 IMR 中的 IM_i 位置 1），这样就会使 ISR 的 IS_i 位复位。这时，除了正在服务的这级中断被屏蔽（不允许产生进一步中断）外，其他各级中断全部被开放。

特殊中断屏蔽方式提供了允许较低优先级中断源得到响应的特殊手段。但在这种方式下，由于它打乱了正常的全嵌套结构，被处理的程序不见得是当前优先级最高的事件，所以不能用正常 EOI 命令来使其 ISR 位复位。但在退出 SMM 方式之后，仍可用正常 EOI 命令来结束中断服务。

4. 中断触发方式

外设的中断请求信号从 8259A 的引脚 IR 引入，根据实际需要，8259A 中 IR 引脚的中断触发方式可分成如下两种：

（1）边沿触发方式　8259A 的引脚 IR_i 上出现上升沿表示有中断请求，高电平并不表示有中断请求。

（2）电平触发方式　8259A 的引脚 IR_i 上出现高电平表示有中断请求。这种方式下，应注意及时撤除高电平，否则可能引起不应该有的第二次中断。

无论是边沿触发还是电平触发，中断请求信号 IR 都应维持足够的宽度。即在第一个中断响应信号$\overline{INTA}$结束之前，IR 都必须保持高电平。如果 IR 信号提前变为低电平，8259A 就会自动假设这个中断请求来自引脚 IR_7。这种办法能够有效地防止由 IR 输入端上严重的噪声尖峰而产生的中断。为实现这一点，对应 IR_7 的中断服务程序可只执行一条返回指令，从而滤除这种中断。但如果 IR_7 另有他用，仍可通过读 ISR 状态来识别非正常的 IR_7 中断。因为正常的 IR_7 中断会使 ISR 的 IS_7 位置位，而非正常的 IR_7 中断不会使 ISR 的 IS_7 位置位。

5. 8259A 的级联工作方式

当中断源超过 8 个，就无法用一片 8259A 来进行管理，这时可采用 8259A 的级联工作方式。指定一片 8259A 为主控芯片（主片），它的 INT 接到 CPU 上。而其余的 8259A 芯片均作为从属芯片（从片），其 INT 输出分别接到主控芯片的 IR 输入端。由于 8259A 有 8 个 IR 输入端，故一个主控 8259A 可以连接 8 片从属 8259A，最多允许有 64 个 IR 中断请求输入。

由一片主控 8259A 和两片从属 8259A 构成的级联中断系统如图 6-25 所示。图中 3 个 8259A 均有各自的地址，由 $\overline{CS}$ 和 A_0 来决定。主片 8259A 的 $CAS_0 \sim CAS_2$ 作为输出连接到从片的 $CAS_0 \sim CAS_2$ 上，而两个从片的 INT 分别接主控芯片的 IR_3 和 IR_6。图中省略了 $\overline{CS}$ 译码器。

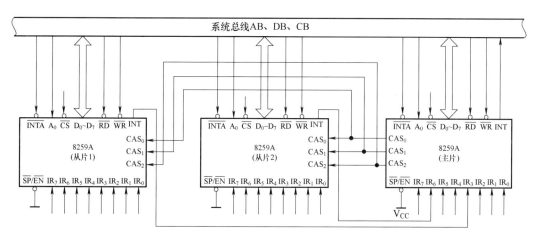

图 6-25　8259A 级联工作方式示意图

在级联系统中，每一片 8259A，不管是主片还是从片，都有各自独立的初始化程序，以便设置各自的工作状态。在中断结束时要连发两次 EOI 命令，分别使主片和相应的从片完成中断结束操作。

在中断响应中，若中断请求是来自于从片的 IR，则中断响应时主片 8259A 会通过 $CAS_0 \sim CAS_2$ 来通知相应的从片 8259A，而从片 8259A 即可把 IR 对应的中断向量码放到数据总线上。

在级联方式下，可采用前面提到的特殊全嵌套方式，以允许从片上优先级更高的 IR 产生中断。在将主控片初始化为特殊全嵌套方式后，从片的中断响应结束时，要用软件来检查中断状态寄存器 ISR 的内容，看看本从片上还有无其他中断请求未被处理。如果没有，则连发两个 EOI，使从片及主片结束掉中断。若还有其他未被处理的中断，则应只向从片发一个 EOI 命令，而不向主片发 EOI 命令。

6.5.4　8259A 的初始化

Intel 8259A 是可编程中断控制器，在它工作之前，必须通过软件向其写入控制命令的方法来让它工作在人们所希望的状态下，这就是 8259A 的编程。控制命令分为初始化命令字（Initialization Command Word，ICW）和操作命令字（Operation Command Word，OCW），写入 8259A 后被保存在内部的 ICW 和 OCW 寄存器组中。相应地，对 8259A 的编程也分为初始化编程和操作方式编程两个步骤。

① 初始化编程：由 CPU 向 8259A 送 2~4 个字节的初始化命令字（ICW）。在 8259A 工作之前，必须写入初始化命令字使其处于准备就绪状态。

② 操作方式编程：由 CPU 向 8259A 送 3 个字节的操作命令字（OCW），以规定 8259A 的操作方式。OCW 可在 8259A 初始化以后的任何时刻写入。

1. 8259A 内部寄存器的寻址方法

8259A 内部寄存器很多，但靠 $\overline{CS}$ 和 A_0 将无法满足寻址的需要，因此还要与 $\overline{RD}$、$\overline{WR}$ 和

数据线 D_4、D_3 的相配合。8259A 内部寄存器寻址方法见表 6-1。

表 6-1 8259A 内部寄存器寻址方法

$\overline{CS}$	$\overline{RD}$	$\overline{WR}$	A_0	D_4	D_3	读 写 操 作
0	1	0	0	0	0	写入 OCW_2
			0	0	1	写入 OCW_3
			0	1	x	写入 ICW_1
			1	x	x	写入 ICW_2、ICW_3、ICW_4、OCW_1（顺序写入）
0	0	1	0	—	—	读出 IRR、ISR
			1			读出 IMR

2. 8259A 的初始化顺序

从表 6-1 知，当对 8259A 进行写时，若 I/O 地址为奇数（$A_0=1$），则写的对象将包括 4 个寄存器（ICW_2、ICW_3、ICW_4 和 OCW_1），即一个 I/O 地址对应了 4 个寄存器。为了区分到底写入的是哪个寄存器，8259A 规定初始化的顺序必须严格按照图 6-26 所规定的顺序依次，顺序不可颠倒。

3. 8259A 的内部控制字

8259A 可用于 8085/8080 系统或 8088/8086 系统，用于不同系统时，初始化命令有所不同，以下仅介绍用于 8088/8086 系统时 8259A 的内部控制字。

（1）初始化命令字（ICW）

1）ICW_1——初始化字。写 ICW_1 的条件：$A_0=0$，$D_4=1$。这时写入的数据被当成 ICW_1。写 ICW_1 意味着重新初始化 8259A。写 ICW_1 的同时，8259A 还做以下几项工作：

① 清除 ISR 和 IMR。

② 将中断优先级设成初始状态：IR_0（最高），IR_7（最低）。

③ 设定为普通屏蔽方式。

④ 采用非自动 EOI 中断结束方式。

⑤ 状态读出电路预置为读 IRR。

ICW_1 各位功能如图 6-27 所示（有×符号的位不用，可置为 0）。

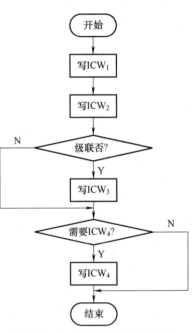

图 6-26 Intel 8259A 初始化流程

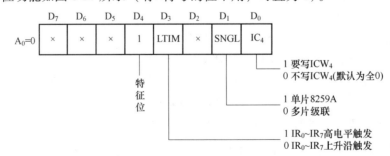

图 6-27 初始化命令字 1（ICW_1）

例如：要求上升沿触发、单片 8259、写 ICW$_4$，则 ICW$_1$ = 00010011B = 13H。

2）ICW$_2$——中断向量码。A$_0$ = 1 时，表示要写 ICW$_2$，其格式如图 6-28 所示。ICW$_2$ 为中断向量码寄存器，用于存放中断向量（类型）码。CPU 响应中断时，8259A 将该寄存器内容放到数据总线上供 CPU 读取。

图 6-28 初始化命令字 2（ICW$_2$）

初始化时只需确定 T$_6$~T$_3$。而最低 3 位可以任意（可置为 0），它们最终由 8259A 在中断响应时根据中断源的序号自动填入。

例如：IBM PC 中 ICW$_2$ 被初始化为 08H，即 IR$_0$ 的中断向量码为 08H、IR$_7$ 的中断向量码为 0FH 等。

3）ICW$_3$——级联控制字。ICW$_3$ 仅在多片 8259 级联时需要写入。主片 8259A 的 ICW$_3$ 与从片的 ICW$_3$ 在格式上不同。ICW$_3$ 应紧接着 ICW$_2$ 写入同一 I/O 地址中。其格式如图 6-29 所示。

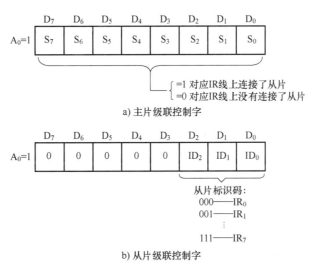

图 6-29 初始化命令字 3（ICW$_3$）

注意，主片 ICW$_3$ 各位的设置必须与本主片与从片相连之 IR 线的序号一致。例如，主片的 IR$_4$ 与从片的 INT 连接，则主片 ICW$_3$ 的 S$_4$ 位应为 1。

同理，从片标识码也必须与本从片所连接之主片 IR 线的序号一致。例如，某从片的 INT 线与主片的 IR$_4$ 连接，则该从片的 ICW$_3$ = 04H。

4）ICW$_4$——中断结束方式字。ICW$_4$ 应紧跟在 ICW$_3$ 之后写入同一 I/O 地址中。ICW$_4$ 的格式如图 6-30 所示。

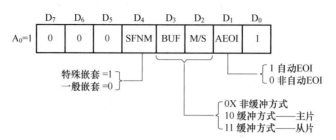

图 6-30 初始化命令字 4（ICW₄）

图中的缓冲方式是指 8259A 工作于级联方式时，其数据线与系统总线之间增加一个缓冲器，以增大驱动能力。这时 8259A 把 $\overline{SP}/\overline{EN}$ 作为输出端，输出一个允许信号，用来控制缓冲器的打开与关闭。而主片与从片只能用 D_2（M/S 位）来区分（主片=0，从片=1）。在非缓冲方式时，若 8259A 工作在级联方式，$\overline{SP}/\overline{EN}$ 引脚为输入端，用来区分主片（高电平）和从片（低电平）。

(2) 操作命令字（OCW） 操作命令字可用来改变 8259A 的中断控制方式、屏蔽某几个中断源以及读出 8259A 的工作状态信息（IRR、ISR、IMR）。操作命令字在初始化完成后任意时刻均可写入，写的顺序也没有严格要求。但它们对应的端口地址有严格规定，OCW_1 必须写入奇地址端口（$A_0=1$），OCW_2 和 OCW_3 必须写入偶地址端口（$A_0=0$）。

1) OCW_1——中断屏蔽字。OCW_1 用于决定中断请求线 IR_i 是否被屏蔽。初始时为全 0（全部允许中断）。写入时要求地址线 $A_0=1$。OCW_1 的格式如图 6-31 所示。

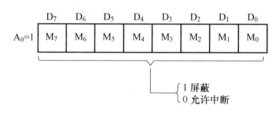

图 6-31 操作命令字 1（OCW_1）

2) OCW_2——中断结束和优先级循环。OCW_2 的作用是对 8259A 发出中断结束命令 EOI，它还可以控制中断优先级的循环。OCW_2 的格式如图 6-32 所示。它与 OCW_3 共用一个端口地址，但其特征位 $D_4D_3=00$，因此不会发生混淆。OCW_2 写入时要求地址线 $A_0=0$。

① R：优先级循环控制位。R=0 时表示使用固定优先级，IR_7 最低，IR_0 最高。当 R=1 时，表示使用循环优先级。一个优先级别的中断服务结束后，它的优先级就变为最低级，而下一个优先级变为最高级。

② SL：特殊循环控制。当 SL=1 时，使 $L_2 \sim L_0$ 对应的 IR_i 为最低优先级。SL=0 时，$L_2 \sim L_0$ 的编码无效。

③ EOI：是中断结束命令。该位为 1 时，则复位现行中断的 ISR 中的相应位，以便允许 8259A 再为其他中断源服务。在 ICW_4 的 AEOI=0（非自动 EOI）的情况下，需要用 OCW_2 来复位现行中断的 ISR 中的相应位。

④ $L_2 \sim L_0$：第一个作用是设定哪个 IR_i 优先级最低，用来改变 8259A 复位后所设置的默认优先权级别。第二个作用是在特殊中断结束命令中指明 ISR 哪一位要被复位。

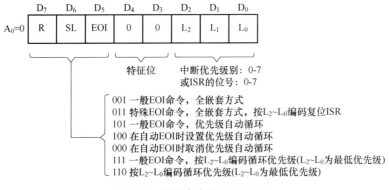

图 6-32 操作命令字 2（OCW$_2$）

R、SL、EOI 三者组合所代表的含义见图 6-32 中的说明。

3）OCW$_3$——屏蔽方式和状态读出控制字。OCW$_3$ 的格式如图 6-33 所示。它有三个功能：

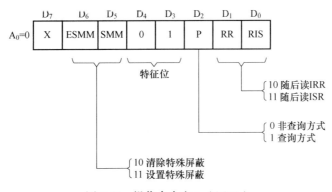

图 6-33 操作命令字 3（OCW$_3$）

① 设置中断屏蔽方式（见图 6-31 中的说明）。

② 查询中断请求。当 CPU 禁止中断或不希望 8259A 向 CPU 申请中断时，就可以采用 8259A 的查询工作方式。CPU 先写一个 P=1 的 OCW$_3$ 到 8259A，再对同一地址读入，即可得到如图 6-34 所示格式的状态字节。

若 I=1，则表示本片 8259A 的 IR$_0$~IR$_7$ 中有中断请求产生，其中最高优先级的 IR 线的编码由 R$_2$~R$_0$ 给出。I=0 表示无中断请求产生（此查询步骤可反复执行，以响应多个同时发生的中断）。

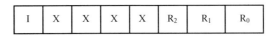

图 6-34 8259A 中断状态查询结果

③ 读 8259A 状态。可用 OCW$_3$ 命令控制读出 IRR、ISR 和 IMR 的内容。

CPU 先写一个 RR RIS＝10 的 OCW$_3$ 到 8259A，再对同一地址读，即可读入 IRR 的内容。

CPU 先写一个 RR RIS＝11 的 OCW$_3$ 到 8259A，再对同一地址读，即可读入 ISR 的内容。

而当 $A_0=1$（奇地址）时读 8259A，则读出的都是 IMR 的内容（不依赖于 OCW_3）。

6.5.5 8259A 编程举例

下面以 IBM PC/AT（80286）中的 8259A 为例说明其编程方法。

在 286 以上的 PC 中，共使用了两片 8259A（新型的 PC 中已将中断控制器集成到了芯片组中，但功能上与 8259A 完全兼容），两片级联使用，共可管理 15 级中断。各级中断的用途见表 6-2。

表 6-2 IBM PC/AT 的中断源和类型号

中断向量地址指针	8259A 引脚	中断类型号	优先级	中断源
00020H	主片 IR_0	08H	0（最高）	定时器
00024H	主片 IR_1	09H	1	键盘
00028H	主片 IR_2	0AH	2	从片 8259A
001C0H	从片 IR_0	70H	3	时钟/日历钟
001C4H	从片 IR_1	71H	4	IRQ_9（保留）
001C8H	从片 IR_2	72H	5	IRQ_{10}（保留）
001CCH	从片 IR_3	73H	6	IRQ_{11}（保留）
001D0H	从片 IR_4	74H	7	IRQ_{12}（保留）
001D4H	从片 IR_5	75H	8	协处理器
001D8H	从片 IR_6	76H	9	硬盘控制器
001DCH	从片 IR_7	77H	10	IRQ_{15}（保留）
0002CH	主片 IR_3	0BH	11	异步通信口（COM_2）
00030H	主片 IR_4	0CH	12	异步通信口（COM_1）
00034H	主片 IR_5	0DH	13	并行打印口 2
00038H	主片 IR_6	0EH	14	软盘驱动器
0003CH	主片 IR_7	0FH	15（最低）	并行打印口 1

主片 8259A 的 IRQ_2（即 IR_2）中断请求端用于级联从片 8259A，所以相当于主片的 IRQ_2 又扩展了 8 个中断请求端 $IRQ_8 \sim IRQ_{15}$。

主片 8259A 的端口地址为 20H、21H，中断类型码为 08H~0FH，从片 8259A 的端口地址为 A0H、A1H，中断类型码为 70H~77H。主片的 8 级中断已全被系统使用（其中 IRQ_2 被从片占用），从片尚保留 4 级未用。其中 IRQ_0 用于日历时钟中断（08H），IRQ_1 用于键盘中断（09H）。扩展的 IRQ_8 用于实时时钟中断，IRQ_{13} 来自协处理器 80287。除上述中断请求信号外，所有其他的中断请求信号都来自 I/O 通道的扩展板。

1. 8259A 初始化编程

```
        ;主片 8259A 的初始化
        MOV  AL,11H             ;写入 ICW₁,设定边沿触发,级联方式
        OUT  20H,AL
        JMP  INTR1              ;延时,等待 8259A 操作结束,下同
```

```
INTR1:  MOV  AL,08H              ;写入 ICW₂,设定 IRQ₀ 的中断类型码为 08H
        OUT  21H,AL
   JMP  INTR2
INTR2:  MOV  AL,04H              ;写入 ICW₃,设定主片 IRQ₂ 级联从片
        OUT  21H,AL
   JMP  INTR3
INTR3:  MOV  AL,11H              ;写入 ICW₄,设定特殊全嵌套方式,一般 EOI 方式
        OUT  21H,AL
          ⋮
        ;从片 8259A 的初始化
        MOV  AL,11H              ;写入 ICW₁,设定边沿触发,级联方式
        OUT  0A0H,AL
   JMP  INTR5
INTR5:  MOV  AL,70H              ;写入 ICW₂,设定从片 IR₀,即 IRQ₈ 的中断类型
                                  码为 70H
        OUT  0A1H,AL
   JMP  INTR6
INTR6:  MOV  AL,02H              ;写入 ICW₃,设定从片级联到主片的 IRQ₂
        OUT  0A1H,AL
   JMP  INTR7
INTR7:  MOV  AL,01H              ;写入 ICW₄,设定普通全嵌套方式,一般 EOI 方式
        OUT  0A1H,AL
          ⋮
```

2. 级联工作编程

当来自某个从片的中断请求进入服务时,主片的优先权控制逻辑不封锁这个从片,从而使来自从片的更高优先级的中断请求能被主片所识别,并向 CPU 发出中断请求信号。因此,中断服务程序结束时必须用软件来检查被服务的中断是否是该从片中唯一的中断请求。先向从片发出一个 EOI 命令,清除已完成服务的 ISR 位。然后再读出 ISR 的内容,检查它是否为 0。如果 ISR 的内容为 0,则向主片发一个 EOI 命令,清除与从片相对应的 ISR 位;否则,就不向主片发 EOI 命令,继续进行从片的中断处理,直到 ISR 的内容为 0,再向主片发出 EOI 命令。程序段如下:

```
        ;读 ISR 的内容
        MOV  AL,0BH              ;写入 OCW₃,读 ISR 命令
        OUT  0A0H,AL
        NOP                      ;延时,等待 8259A 操作结束
        IN   AL,0A0H             ;读出 ISR
          ⋮
        ;向从片发 EOI 命令
        MOV  AL,20H
        OUT  0A0H,AL             ;写从片 EOI 命令
          ⋮
```

```
        ;向主片发 EOI 命令
        MOV   AL,20H
        OUT   20H,AL                          ;写主片 EOI 命令
        ⋮
```

6.6 中断程序设计概述

在 PC 中，8259A 的初始化已由操作系统完成，用户不需要再对 8259A 进行初始化。一般情况下，用户向 8259A 写的控制字只有 EOI 命令，偶尔可能也要重写中断屏蔽字（但程序运行结束后，应恢复原值）。用户在编制中断程序时主要应注意四个方面的问题：中断服务程序格式、保护原中断向量、设置自己的中断向量、恢复原中断向量。中断程序设计的一般过程（PC 中主片 8259A 的 I/O 地址为 20H 和 21H）为：

1）确定要使用的中断类型号。中断类型号不能随便用，有些中断类型号已被系统所占用，若强行使用可能会使系统崩溃。可供用户使用的中断类型号为 60H~66H 和 68H~6FH。

2）保存原中断向量。在把自己的中断服务程序的入口地址设置到中断向量表中之前，应先保存该地址中原来的内容，这可用 INT 21H 中的 35H 号功能完成。取出的中断向量被放在 ES：BX 中，ES 为段地址，BX 为偏移地址。取出的中断向量可保存在用户程序的附加段或数据段中，以便退出前恢复。

3）设置自己的中断向量。将自己编写的中断服务程序的首地址存入中断向量表的相应表项中，可以用 DOS 功能调用的 25H 号功能完成。在调用 25H 号功能前，中断服务程序所在段的段地址应放在 DS 中，中断服务程序的偏移地址放在 DX 中。

4）设置中断屏蔽字（可选）。若编写的是硬件中断程序，应将所使用的硬件中断对应的 8259A 的中断屏蔽位开放。方法请参考前面有关 8259A 的寄存器设置方法和初始化程序。

5）CPU 开中断。前面的工作完成后，就可打开 CPU 的中断标志位，以便让 CPU 响应中断。

6）恢复原中断向量。程序退出前一定要恢复原中断向量。这是因为程序一旦退出，该存储区内容将不可预料，若又产生同类型中断，CPU 将转移到这个不可预料的内存区去执行，其后果很可能是系统崩溃、死机。

另外，在编写中断服务程序时，要使 CPU 在中断服务程序中停留的时间越短越好，这就要求中断服务程序要编写得短小精干，能放在主程序中完成的任务，就不要由中断服务程序来完成。

下面给出中断服务程序及其主程序的典型形式：

1）PC 中中断服务程序的一般形式（下画线处为特别要注意的地方）：

```
my_int proc far
   push  <需要保护的寄存器1>
   push  <需要保护的寄存器2>
    ⋮
```

```
        push    <需要保护的寄存器 i>
        sti
          ⋮
<中断服务程序主体>
          ⋮
        cli
        pop     <在入口处保护的寄存器 i>
          ⋮
        pop     <在入口处保护的寄存器 2>
        pop     <在入口处保护的寄存器 1>
        mov     al,20h                      ;EOI 命令,00100000B
        out     20h,al                      ;写 OCW₂
        iret
        my_intendp
```

2) 主程序形式：

```
          ⋮
        ;保护原中断向量表内容
        mov     ah,35h
        mov     al,<中断类型码>             ;将要保护的中断源的中断类型码送 AL
        Int     21h                         ;取原中断向量(放在 es:bx 中)
        mov     save_ip,bx                  ;把取回的中断向量保存在本程序的
        mov     save_cs,es                  ;数据段中
        ;设置自己的中断服务程序入口
        push    ds
        mov     dx,offset my_int
        mov     ax,seg my_int
        mov     ds,ax                       ;DS:DX 的内容为中断服务程序的首地址
        mov     ah,25h
        mov     al,<中断类型码>             ;将自己的中断类型码送 AL
        int     21h                         ;设新中断向量
        pop     ds
        sti                                 ;开中断
          ⋮
        <主程序放在这里>
          ⋮
        ;退出程序前恢复原中断向量内容
        cli
        push    ds
        mov     dx,save_ip
        mov     ax,save_cs
        mov     ds,ax
        mov     ah,25h
```

```
       mov   al,<中断类型码>              ;将原中断类型码送 AL
       int   21h
         pop  ds
       sti
         <退出主程序,返回 DOS>
         ⋮
```

有关中断程序设计进一步的详细描述请读者参阅相关资料和书籍。

习 题

一、填空题

1. 主机与外部设备进行数据传送时,CPU 效率最高的传送方式是（   ）。
2. 中断 21H 的中断向量放在从地址（   ）开始的 4 个存储单元中。
3. 输入接口应具备的基本条件是具有（   ）能力,输出接口应具备的基本条件则是（   ）能力。
4. 要禁止 8086 对 INTR 中断进行响应,应该把 IF 标志位设置为（   ）。
5. 要设置中断类型 60H 的中断向量,应该把中断向量的段地址放入内存地址为（   ）的字单元中,偏移地址放入内存地址为（   ）的字单元中。

二、简答题

1. 输入/输出系统主要由哪几个部分组成？主要有哪些特点？
2. 试比较四种基本输入/输出方法的特点。
3. 8088/8086 系统如何确定硬件中断服务程序的入口地址？
4. 简述 INTR 中断和 NMI 中断的区别。
5. 试说明 8088CPU 可屏蔽中断的处理过程。
6. CPU 满足什么条件能够响应可屏蔽中断？
7. 8259A 有哪几种优先级控制方式？一个外中断服务程序的第一条指令通常为 STI,其目的是什么？
8. 单片 8259A 能够管理多少级可屏蔽中断？若用 3 片级联能管理多少级可屏蔽中断？
9. 已知 SP = 0100H, SS = 3500H, CS = 9000H, IP = 0200H,［00020H］= 7FH,［00021H］= 1AH,［00022H］= 07H,［00023H］= 6CH,在地址为 90200 H 开始的连续两个单元中存放着一条两字节指令 INT 8。试指出在执行该指令并进入相应的中断例程时,SP、SS、IP、CS 寄存器的内容以及 SP 所指向的字单元的内容是什么？

三、设计题

1. 某输入接口的地址为 0E54H,输出接口的地址为 01FBH,分别利用 74LS244 和 74LS273 作为输入和输出接口。画出其与 8088 系统总线的连接图,并编写程序,使当输入接口的 bit1、bit4 和 bit7 位同时为 1 时,CPU 将内存中 DATA 为首址的 20 个单元的数据从输出接口输出；若不满足上述条件则等待。
2. 利用 74LS244 作为输入接口（端口地址：01F2H）连接 8 个开关 $K_0 \sim K_7$,用 74LS273 作为输出接口（端口地址：01F3H）连接 8 个发光二极管。

   （1）画出芯片与 8088 系统总线的连接图,并利用 74LS138 设计地址译码电路；

   （2）编写实现下述功能的程序段：

   ① 若 8 个开关 $K_7 \sim K_0$ 全部闭合,则使 8 个发光二极管亮；

   ② 若开关高 4 位（$K_4 \sim K_7$）全部闭合,则使连接到 74LS273 高 4 位的发光二极管亮；

   ③ 若开关低 4 位（$K_3 \sim K_0$）闭合,则使连接到 74LS273 低 4 位的发光二极管亮；

④ 其他情况，不做任何处理。

3. 试编写 8259A 的初始化程序：系统中仅有一片 8259A，允许 8 个中断源边沿触发，不需要缓冲，一般全嵌套方式工作，中断向量为 40H。

4. 一个 I/O 设备和 CPU 采用中断方式通信，该设备占用的中断类型号为 40H，中断服务程序的名字为 MY_INT。写出设置该中断类型的中断向量的程序段。

第 7 章 常用数字接口

近年来，随着超大规模集成电路技术的发展，已有各种通用和专用的接口芯片问世，为微型机的应用打下了良好的硬件基础。在第 6 章中介绍了一些简单的接口电路芯片及其应用，这些芯片一般只适合于慢速且功能比较简单的外设，难以满足各种应用控制系统的要求。本章将介绍三种可编程接口芯片的工作原理和应用方法。这些芯片代表了 I/O 数字接口所具有的三种类型：数据的并行传输、数据的串行传输以及对外设的控制。

接口电路从信息传输的方向上可以分为输入接口和输出接口，分别完成信息的输入和输出；从信息传输的方式上，又可以分为并行接口和串行接口；另外，从所传送信息的类型上，还可分为数字量的输入/输出接口及模拟量的输入/输出接口。本章的描述限于可编程数字接口。

7.1 计算机与外设间的信息通信方式

计算机与计算机之间或计算机与外部设备之间的信息交换称为通信，有两种基本通信方式：并行通信和串行通信。

所谓并行通信，可以简单地描述为：通信过程中能够同时传送数据的所有位，传送的位数由计算机的字长决定；如果数据是逐位顺序传送，则称为串行通信。计算机与外设间的接口按照通信方式的不同，就相应地分为并行接口和串行接口。由于接口与 CPU 之间的通信均为并行通信，因此这里说的并行通信和串行通信都特指接口与外部设备一侧的通信方式。

7.1.1 并行通信与串行通信

并行通信是指多位二进制数同时进行传送，同时传送的数据位数与计算机的字长相关，是微机系统中最基本的信息交换方法。

7-1 并行通信与串行通信

串行通信是按位进行数据传输的一种通信方式，通信双方只通过一条或两条数据线进行数据交换，并遵守一定时序。发送方将数据分解为二进制位，一位接一位地顺序通过单条数据线发送，接收方则一位一位地从单条数据线上接收，并将其重新组装成一个数据。

串行通信多用于远距离通信，而并行通信则多应用于集成电路芯片的内部、主机板上各部件之间、系统基本 I/O 设备之间的数据传输。并行通信和串行通信数据传输方式示意图如图 7-1 所示。

1. 并行通信与并行接口

并行传输的速度较高，但当传送距离较长时会产生较大干扰，也容易引起数据传输错误。因此，并行传输更适合于近距离（通常不超过 30m）。现代计算机系统内部大多采用并行通信方式。并行通信的主要特点有：

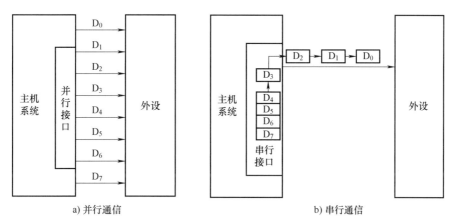

图 7-1 并行通信与串行通信的数据传输方式示意图

1）数据以字节或字为单位进行传送，两个功能模块间可以同时传送多位数据，传输速度快、效率高，多用在实时、快速的场合。

2）适合近距离传送。由于并行通信所需要的数据线路较多、造价高，且易产生干扰，因此并行通信通常都用于近距离、高速数据交换的场合。

3）并行传送方式中，8 位、16 位或 4 字节的数据是同时传输的，因此在并行接口与外部设备进行数据交换时，即使只需要传送一位，也是一次输入/输出 8 位、16 位或 4 字节。

4）串行传送的信息有固定格式要求，但并行传送的信息不要求固定格式。

5）并行通信抗干扰能力差。

I/O 设备与主机之间、I/O 设备之间的并行数据传输都需要通过并行接口。从不同的角度，并行接口可以有以下几种分类方法：

1）从数据传送的方向上分，可以分为输入接口和输出接口。用于将信息从外部设备输入系统的接口为输入接口，反之，将信息从系统送入到外部设备的接口称为输出接口。对输入和输出接口的基本要求，在本书第 6 章中已讲到，即输入接口必须具有对数据的控制能力，而输出接口必须具有对数据的锁存能力。

2）从传输数据的形式上分，可以分为单向传送接口和双向传送接口。单向传送接口的传送方向是确定的，即在系统中只能作为输入接口或者输出接口；而双向传送接口则既可以作为输入接口，也可以作为输出接口。

3）从接口的电路结构上分，可以分为简单接口（或硬接线接口）和可编程接口。简单接口的工作方式和功能比较单一，只能进行数据的传送，不能产生系统需要的各种控制和状态信息。如第 6 章中介绍的三态门接口和锁存器接口，就是典型的简单接口电路。这类接口电路主要用于连接不需任何联络信号就可实现并行数据传送的简单、低速的外部设备。可编程接口电路能够通过软件编程的方法改变接口的工作方式及功能，具有较好的适应性和灵活性，在微机系统中得到了广泛的应用。这类芯片的工作原理将在本章 7.2 和 7.3 节中介绍。

4）从传送信息的类型上分，接口电路又可分为数字接口和模拟接口。在本章和第 6 章中所介绍的接口电路，都是用于传输数字信息的数字接口。本书第 8 章将介绍用于进行模拟量传送的模拟接口。

2. 串行通信与串行接口

串行通信是按位进行数据传输的一种通信方式，通信双方只通过一条或两条数据线进行数据交换，并遵守一定时序。发送方将数据分解为二进制位，一位接一位地顺序通过单条数据线发送，接收方则一位一位地从单条数据线上接收，并将其重新组装成一个数据。串行通信数据线路少、造价低，适合于远距离传送。但由于数据是一位一位传送的，故速度较慢。

并行通信中，1 字节数据是在 8 条并行传输线上同时由源传到目的地。而在串行通信方式下，数据是在单条 1 位宽的传输线上一位接一位地顺序传送，即 1 字节数据要分 8 次由低位到高位按顺序一位一位地传送。

串行通信的主要优点是传输距离远、占用资源少。

串行通信需要通过串行接口。早期的微机中串行接口主要有 COM_1（RS-232 接口）和 COM_2（RS-422 接口）两种，现在已较少使用。现代计算机中的串行接口除了连接硬盘的 SATA（Serial Advanced Technology Attachment）串行接口之外，主要就是大家都很熟知的 USB（Universal Serial Bus）接口，它是目前微机系统中应用最广泛的接口规范。

7.1.2　全双工与半双工通信

串行通信是一位一位通过同一信号线进行数据传送的方式。按照数据流的传送方向，串行通信可以分为全双工、半双工和单工三种。

1. 双工通信

如果串行通信的通路只有一条，此时发送信息和接收信息就不能同时进行，只能采用分时使用线路的方法，如：当 A 发送信息时，B 只能接收；而当 B 发送信息时，则 A 只能接收。这种串行通信的工作方式称为半双工通信方式。如图 7-2a 所示。

如果有两条通路，则发送信息和接收信息就可以同时进行。如当 A 发送信息、B 接收时，B 也能够同时利用另一条通路发送信息而由 A 接收。这种工作方式称为全双工通信方式。如图 7-2b 所示。

除了半双工和全双工通信外，还有一种单工通信方式，它只允许一个方向传送信息，而不允许反向传输。这种方式在实际应用中较少见。

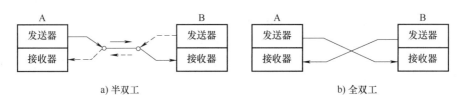

图 7-2　串行通信工作方式

2. 调制与解调

计算机通信时发送接收的信息均是数字信号，其占用的频带很宽，约为几兆赫兹甚至更高；但目前长距离通信时采用的传统电话线路频带很窄，仅有 4kHz 左右。直接传送必然会造成信号的严重畸变，大大降低了通信的可靠性。所以，在长距离通信时，为了确保数据的正常传送，一般都要在传送前把信号转换成适合于传送的形式，传送到目的地后在再恢复成原始信号。这个转换工作可利用调制解调器（MODEM）来实现。

在发送站，调制解调器把"1"和"0"的数字脉冲信号调制在载波信号上，承载了数字信息的载波信号在普通电话网络系统中传送，在目的站，调制解调器把承载了数字信息的载波信号再恢复成原来的"1"和"0"数字脉冲信号。

信号的调制方法主要有三种：调频、调幅和调相。当调制信号为数字信号时，这三种调制方法又分别称为频移键控法（Frequency Shift Keying，FSK）、幅移键控法（Amplitude Shift Keying，ASK）和相移键控法（Phase Shift Keying，PSK）。

调频就是把数字信号的"1"和"0"调制成不同频率的模拟信号，例如用1200Hz的信号表示"0"，用2400Hz的信号表示"1"。接收方根据载波信号的频率就可知道传输的信息是"1"还是"0"。

调幅就是把数字信号的"1"和"0"调制成不同幅度的模拟信号，但频率保持不变。例如载波信号的幅度大于8V时表示"0"，载波信号的幅度小于3V时表示"1"。

调相就是把数字信号的"1"和"0"调制成不同相位的模拟信号，但频率和幅度均保持不变。例如载波信号的相位为0°时表示"0"，载波信号的相位为180°时表示"1"。

7.1.3 同步通信与异步通信

按照数据流的传输方式，串行通信还可以分为异步通信和同步通信两种。由于串行通信是逐位传送数据，发送方发送的每一位都具有固定的时间间隔，这就要求接收方也要按照发送方同样的时间间隔来接收每一位。不仅如此，接收方还要确定一个信息组的开始和结束。为此，串行通信对传送数据的格式做了严格的规定。不同的串行通信方式具有不同的数据格式。

1. 同步通信

所谓同步通信是指在约定的通信速率下，发送端和接收端的时钟信号频率和相位始终保持一致（同步），这就保证了通信双方在发送和接收数据时具有完全一致的定时关系。

同步通信把许多字符组成一个信息组或称为信息帧，每帧的开始用同步字符来指示。由于发送和接收的双方采用同一时钟，所以在传送数据的同时还要传送时钟信号，以便接收方可以用时钟信号来确定每个信息位。

同步通信要求在传输线路上始终保持连续的字符位流，若计算机没有数据传输，则线路上要用专用的"空闲"字符或同步字符填充。

同步通信传送信息的位数几乎不受限制，通常一次通信传送的数据有几十到几千个字节，通信效率较高。但它要求在通信中保持精确的同步时钟，所以其发送器和接收器比较复杂，成本也较高，一般用于传送速率要求较高的场合。

用于同步通信的数据格式有许多种，图7-3表示了常见的几种数据格式。在图7-3中，除数据部分的长度可变外，其他均为8位。其中，图7-3a为单同步格式，传送一帧数据仅使用一个同步字符。当接收端收到并识别出一个完整同步字符后，就连续接收数据。一帧数据结束，进行CRC校验。图7-3b为双同步字格式，这时利用两个同步字符进行同步。图7-3c为同步数据链路控制（SDLC）规程所规定的数据格式，而图7-3e称为高级数据链路控制（HDLC）规程所规定的数据格式。它们均用于同步通信，这两种规程的细节本书不做详细说明。图7-3d则是一种外同步方式所采用的数据格式，对这种方式，在发送的一帧数据中不包含同步字符。同步信号SYNC通过专门的控制线加到串行接口上，当SYNC一到达，表明数据部分开始，接口就连续接收数据和CRC校验码。

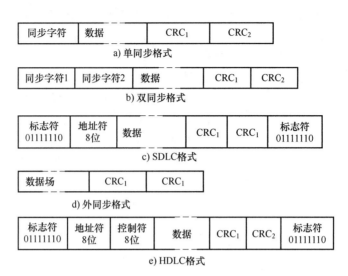

图 7-3　常见的几种同步通信数据格式

CRC（Cyclic Redundancy Checks）的意思是循环冗余校验码。它用于检验在传输过程中是否出现错误，是保证传输可靠性的重要手段之一。

2. 异步通信

异步通信是指通信中两个字符之间的时间间隔是不固定的，而在一个字符内各位的时间间隔是固定的。

异步通信规定字符由起始位（Start Bit）、数据位（Data Bits）、奇偶校验位（Parity Bit）和停止位（Stop Bits）组成。起始位表示一个字符的开始，接收方可用起始位使自己的接收时钟与数据同步。停止位则表示一个字符的结束。这种用起始位开始，停止位结束所构成的一串信息称为帧（Frame）○。异步通信的传送格式如图 7-4 所示。在传送一个字符时，由一位低电平的起始位开始，接着传送数据位，数据位的位数为 5～8 位。在传送时，按低位在前、高位在后的顺序传送。奇偶校验位用于检验数据传送的正确性（可略），可由程序指定。最后传送的是高电平的停止位，停止位可以是 1 位、1.5 位或 2 位。停止位结束到下一个字符的起始位之间的空闲位要由高电平 1 来填充（只要不发送下一个字符，线路上就始终为空闲位）。异步通信中典型的帧格式是 1 位起始位、7 位（或 8 位）数据位、1 位奇偶校验位、2 位停止位。

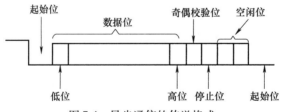

图 7-4　异步通信的传送格式

○ 异步通信中的"帧"与同步通信中"帧"是不同的，异步通信中的"帧"只包含一个字符，而同步通信中"帧"可包含几十个到上千个字符。

从以上叙述可以看出，在异步通信中，每接收一个字符，接收方都要重新与发送方同步一次，所以接收端的同步时钟信号并不需要严格地与发送方同步，只要它们在一个字符的传输时间范围内能保持同步即可。这意味着异步通信对时钟信号漂移的要求要比同步通信低得多，硬件成本也要低得多。但是异步通信每传送一个字符，要增加大约20%的附加信息位，所以传送效率比较低。异步通信方式简单可靠，也容易实现，故广泛地应用于各种微型机系统中。

7.1.4 串行通信的数据校验

数字通信中一项很重要的技术是差错控制技术，包括对传送的数据自动地进行校验，并在检测出错误时自动校正。对远距离的串行通信，由于信号畸变、线路干扰以及设备质量等问题有可能会出现传输错误，此时就要求能够自动检测和纠正。目前常用的校验方法有奇偶校验码、循环冗余码等。下面仅简单介绍奇偶校验码。

奇偶校验是一种最简单的校验方法，用于对一个字符的传送过程进行校验。先规定好校验的性质，是奇校验还是偶校验。发送时，在每个字符编码的后边增加一个奇偶校验位，其目的是使整个编码（字符编码加上奇偶校验位）中"1"的个数为奇数或者偶数。若编码中"1"的个数为奇数，则为奇校验；否则为偶校验。

接收设备在接收时，检查所接收到的整个字符编码，看"1"的个数是否符合事先的规定，如果出错，则置错误标志。

奇偶校验只能检查出所传输字符的一位错误，对两位以上同时出错就检查不出来。在实际的传送过程中，一位错的概率在差错中的比例是最大的，同时奇偶校验又比较容易实现，因此，奇偶校验在实际应用中仍非常广泛。目前常用的可编程串行通信接口芯片中都包含有硬件的奇偶校验电路，也可以通过软件编程实现。

循环冗余校验（CRC）是以数据块为对象进行校验。采用 CRC 码校验要比用奇偶校验码的误码率低几个数量级，它可以把 99.997% 以上的各种错误都检查出来。

7.2 可编程定时器/计数器 8253

7-2 可编程定时器/计数器 8253（一）

在数字电路、计算机系统以及实时控制系统中常需要用到定时信号，如函数发生器、计算机中的系统日历时钟、DRAM 的定时刷新、实时采样和控制系统等都要用到定时信号。定时信号可以利用软件编程或硬件的方法得到。

所谓软件定时的方法就是设计一个延时子程序，子程序中全部指令执行时间的总和就是该子程序的延时时间。这种方法比较简单，较易实现，在特定条件下延迟时间是固定的。但由于现代微机系统均为多任务系统，程序的每次执行（进程）都受到操作系统对任务调动的影响。因此，软件定时的定时时间并不精确，仅适用于特殊条件下、延时时间较短、重复次数有限的场合。在对时间要求严格的实时控制系统和多任务系统中很少采用。

硬件定时就是利用专用的硬件定时/计数器，在简单软件控制下产生准确的延时时间。其基本原理是通过软件确定定时/计数器的工作方式、设置计数初值并启动计数器工作，当计数到给定值时，便自动产生定时信号。这种方法的成本不高，程序上也很简单，且大大提高了 CPU 的效率，既适合长时间、多次重复的定时，也可用于延时时间较短的场合，因此得到了广泛的应用。

定时/计数器在计数方式上分为加法计数器和减法计数器：加法计数器是每有一个计数脉冲就加1，当加到预先设定的计数值时，产生一个定时信号；减法计数器是在送入计数初值后，每来一个计数脉冲就减1，减到零时产生一个定时信号输出。可编程定时器8253是一个减法计数器，它是Intel公司专为80x86系列CPU配置的外围接口芯片。下面仍然从外部引脚入手，介绍8253的外部特性和与应用有关的内部结构，最终使读者掌握芯片与系统的连接和使用方法。

7.2.1 8253的引脚及结构

1. 引脚及功能

8253是Intel公司生产的三通道16bit的可编程定时器/计数器，是具有24根引脚的双列直插式器件，其外部引脚如图7-5所示。它的最高计数频率可达2MHz，使用单电源+5V供电，输入/输出均与TTL电平兼容，其主要引脚的功能如下：

（1）$D_0 \sim D_7$　8位双向数据线，用来传送数据、控制字和计数器的计数初值。

（2）$\overline{CS}$　片选信号，输入，低电平有效，由系统高位I/O地址译码产生。当它有效时，此定时器芯片被选中。

（3）$\overline{RD}$　读控制信号，输入，低电平有效。当它有效时表示CPU要对此定时器芯片进行读操作。

（4）$\overline{WR}$　写控制信号，输入，低电平有效。当它有效时表示CPU要对此定时器芯片进行写操作。

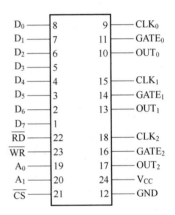

图7-5　可编程定时器8253外部引脚图

（5）A_0、A_1　地址信号线。高位地址信号经译码产生$\overline{CS}$片选信号，决定了8253芯片所具有的地址范围。而A_0和A_1地址信号则经片内译码产生4个有效地址，分别对应了芯片内部3个独立的计数器（通道）和1个控制寄存器。具体规定如下：

A_1　A_0
0　0　选择计数器0
0　1　选择计数器1
1　0　选择计数器2
1　1　选择控制寄存器

（6）$CLK_0 \sim CLK_2$　每个计数器的时钟信号输入端。计数器对此时钟信号进行计数。CLK信号是计数器工作的计时基准，因此其频率要求很精确。

（7）$GATE_0 \sim GATE_2$　门控信号，用于控制计数的启动和停止。多数情况下，GATE=1时允许计数，GATE=0时停止计数。但有时仅用GATE的上升沿启动计数，启动后则GATE的状态不再影响计数过程。这在下一节将会详细介绍。

（8）$OUT_0 \sim OUT_2$　计数器输出信号。在不同的工作方式下将产生不同的输出波形。

2. 内部结构和工作原理

8253的内部结构示意图如图7-6所示。其主要包括3个计数器通道、1个控制寄存器、数据总线缓冲器和读/写逻辑电路。

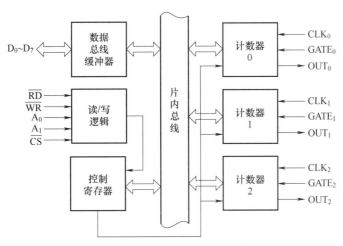

图 7-6　可编程定时器 8253 的内部结构框图

（1）计数器　计数器 0（CNT_0）、计数器 1（CNT_1）和计数器 2（CNT_2）是三个相同的 16 位计数器，它们相互独立，可以分别按各自的方式进行工作，每个计数器都包括一个 16 位的初值寄存器、一个计数执行单元和一个输出锁存器。

当置入初值后，计数执行单元开始对输入脉冲 CLK 进行减 1 计数，在减到零时，从 OUT 端输出一个信号。整个过程可以重复进行。计数器既可按二进制计数，也可按十进制计数。另外，在计数过程中，计数器还受到门控信号 GATE 的控制。在不同的工作方式下，计数器的输入 CLK、输出 OUT 和门控信号 GATE 之间的关系将会不同。

（2）控制寄存器　8253 是可编程接口芯片，可以通过软件编程写入控制字的方法控制其工作方式。芯片内部的控制寄存器就是用来存放控制字的。控制字在 8253 初始化时通过输出指令写入控制寄存器。该寄存器为 8 位，只能写入，不能读出。

（3）数据总线缓冲器　这是一个 8 位的双向三态缓冲器，用于 8253 和 CPU 数据总线之间连接的接口。CPU 通过该数据缓冲器对 8253 进行读写。

（4）读写控制逻辑　在片选信号 $\overline{CS}$ 有效的情况下，读写控制逻辑从系统总线接收输入信号，经过逻辑组合，产生对各部分的控制信号。当片选信号 $\overline{CS}$ 无效时，即 $\overline{CS}$ 为高电平时，数据总线缓冲器处于三态，读写信号得不到确认，CPU 则无法对其进行读写操作。

3. 计数启动方法

8253 计数器的计数过程可以由程序指令启动，称为软件启动；也可由外部电路信号启动，称为硬件启动。

（1）软件启动　软件启动要求 GATE 在计数过程中始终为高电平，当 CPU 用输出指令向计数器写入初值后就开始启动计数。但事实上，CPU 写入的计数初值只是写到了计数器内部的初值寄存器中，计数过程并未真正开始。写入初值后的第一个 CLK 信号将初值寄存器中内容送到计数器中，而从第二个 CLK 脉冲的下降沿开始，计数器才真正进行减 1 计数。之后，每来一个 CLK 脉冲都会使计数器减 1，直到减到零时在 OUT 端输出一个信号。因此，从 CPU 执行输出指令写入计数初值到计数结束，实际的 CLK 脉冲个数比编程写入的计数初值 N 要多一个，即 (N+1) 个。只要是用软件启动计数，这种误差是不可避免的。

（2）硬件启动　硬件启动是写入计数初值后并不启动计数，而是在门控信号 GATE 由低电平变高后，再经 CLK 信号的上升沿采样，之后在该 CLK 的下降沿才开始计数。由于 GATE 信号与 CLK 信号不一定同步，故在极端情况下，从 GATE 变高到 CLK 采样之间的延时可能会经历一个 CLK 脉冲宽度，因此在计数初值与实际的 CLK 脉冲个数之间也会有一个误差。

在多数工作方式下，计数器每启动一次只工作一个周期（即从初值减到零），要想重复计数过程则必须重新启动，因此称它们为不自动重复的计数方式。除此之外，8253 还有另外一种计数方式，即一旦计数启动，只要门控信号 GATE 保持高电平，计数过程就会自动周而复始地重复下去，这时 OUT 端可以产生连续的波形输出，称这种计数过程为自动重复的计数方式，此时，在达到稳定状态后，上面讲到的因启动造成的实际计数值和计数初值之间的误差就不再存在。

7.2.2　8253 的工作方式

8253 共有六种不同的工作方式，在不同的工作方式下，计数过程的启动方式、OUT 端的输出波形都不一样，自动重复功能和 GATE 的控制作用以及写入新的计数初值对计数过程产生的影响也不相同。下面借助工作波形来分别说明这六种工作方式的计数过程。

7-3　可编程定时器/计数器 8253（二）

1. 方式 0

方式 0 为软件启动、不自动重复计数的工作方式。方式 0 下的工作时序如图 7-7 所示。

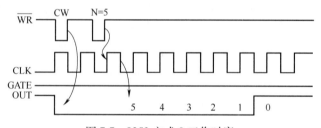

图 7-7　8253 方式 0 工作时序

由时序图可以看出，在方式 0 下，在第一个写信号$\overline{WR}$有效时向计数器写入控制字 CW，之后其输出端 OUT 就变低电平。在第二个$\overline{WR}$有效时装入计数初值，如果此时 GATE 为高电平，则经过一个 CLK 信号的上升沿和下降沿，初值进入计数器，开始计数。当计数值减到零时，计数结束，OUT 输出变为高电平。该输出信号可作为外部可屏蔽中断请求（INTR）信号使用。

不自动重复计数的特点是：<u>每写入一次计数初值只计数一个周期。若要重新计数，需 CPU 再次写入计数初值</u>。

有几点需要注意：

① 整个计数过程中，GATE 端应始终保持为高电平。若 GATE 变低，则暂停计数，直到 GATE 变高后再接着计数。

② 计数过程中可随时修改计数初值，即使原来的计数过程没有结束，计数器也用新的计数初值重新计数。但如果新的计数初值是 16 位的，则在写入第一个字节后停止原先的计数，写入第二个字节后才开始以新的计数值重新计数。

2. 方式 1

方式 1 是一种硬件启动、不自动重复的工作方式，其工作时序如图 7-8 所示。

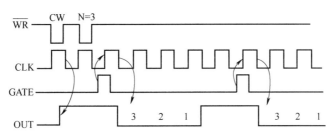

图 7-8 8253 方式 1 工作时序

当写入方式 1 的控制字后，OUT 端输出高电平。在 CPU 写入计数初值后，计数器并不开始计数，而是要等门控信号 GATE 出现由低到高的跳变（触发）后，在下一个 CLK 脉冲的下降沿才开始计数，此时 OUT 端立刻变为低电平。当计数结束后，OUT 端输出高电平。这样就可以从计数器的 OUT 端得到一个负脉冲，负脉冲宽度为计数初值 N 乘以 CLK 的周期 T_{CLK}。

方式 1 的特点是：

① 计数过程一旦启动，GATE 端即使变低也不会影响计数。

② 可重复触发。当计数到 0 后，不用再次写入计数初值，只要用 GATE 的上升沿重新触发一次计数器，即可产生一个同样宽度的负脉冲。

③ 在计数过程中，若写入新的计数值，则本次计数过程的输出不受影响。本次计数结束后再次触发，计数器才开始按新的计数值进行计数，并按新值输出脉冲宽度。

④ 若在形成单个负脉冲的计数过程中，外部的 GATE 上升沿提前到来，则下一个 CLK 脉冲的上升沿使计数器重新装入计数初值，并紧接着在 CLK 的下降沿重新开始计数。这时的负脉冲宽度将会加宽，宽度为重新触发前的已有的宽度与新一轮计数过程的宽度之和。

3. 方式 2

在这种方式下，计数器既可以用软件启动，也可以用硬件启动。其工作时序如图 7-9 所示。

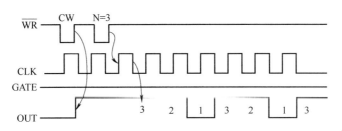

图 7-9 8253 方式 2 工作时序

若写入控制字和计数初值期间 GATE 一直为高电平，则在写入计数初值后的下一个 CLK 开始计数（即软件启动）；若送计数初值时 GATE 为低电平，则要等到 GATE 信号由低变高时才启动（即硬件启动）。一旦计数启动，计数器可以自动重复工作。

在写入方式 2 控制字后，OUT 端变为高电平。假设此时 GATE=1，则装入计数初值 N 后计数器从下一个 CLK 的下降沿开始计数，经过（N−1）个 CLK 周期后（此时计数值减为 1），OUT 端变为低电平，再经过一个 CLK 周期，计数值减到零，OUT 端又恢复为高电平。由于方式 2 下计数器可自动重复计数，因此在计数减到零后，计数器又自动装入计数初值，并开始新的一轮计数过程。这样，在 OUT 端就会连续输出宽度为 T_{CLK} 的负脉冲，其周期为 N×T_{CLK}，即 OUT 端输出的脉冲频率为 CLK 的 1/N。所以方式 2 也称为分频器，分频系数就是计数初值 N。可以利用不同的计数初值实现对 CLK 时钟脉冲进行 1~65536 分频。

在方式 2 中，门控信号 GATE 可被用作控制信号。当 GATE 为低电平时，计数停止，强迫 OUT 输出高电平。当 GATE 变高后的下一个时钟下降沿，计数器又被置入初值从头开始重新计数，之后的过程就和软件启动相同。这个特点可用于实现计数器的硬件同步。

在计数过程中，若重新写入新的计数初值，则不影响当前的计数过程，而是在下一轮计数过程，才按新的计数值进行计数。

方式 2 中，一个计数周期应包括 OUT 端输出的负脉冲所占的那一个时钟周期。

4. 方式 3——方波发生器

方式 3 和方式 2 类似，也可以软件或硬件启动，也能够自动重复计数。只是计数到 N/2 时，OUT 端输出变为低电平，再接着计数到 0 时，OUT 又变为高，并开始新一轮计数。即 OUT 端输出的是方波信号。方式 3 的工作时序如图 7-10 所示。

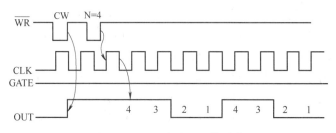

图 7-10 8253 方式 3 工作时序

由图 7-10 可以看出，在写入方式 3 的控制字 CW 后，OUT 端立刻变高电平。若此时 GATE=1，则装入计数初值 N 后开始计数。如果装入的计数值 N 为偶数，则计数到 N/2 时，OUT 变低，计完其余的 N/2 后，OUT 又回到高电平。如此这般自动重复下去，OUT 端输出周期为 N×T_{CLK} 的对称方波。

若 N 为奇数，则输出波形不对称，其中 (N+1)/2 个时钟周期，OUT 为高电平，而另外 (N-1)/2 个时钟周期，OUT 为低电平。

写入计数初值时，若 GATE 信号为低电平，则并不开始计数，OUT 端强迫输出高电平。直到 GATE 变为高电平后，才启动计数，输出对称方波。若计数过程中 GATE 变低，会立刻终止计数，且 OUT 端马上变高。当 GATE 恢复高电平后，计数器将重新装入计数初值，从头开始计数。在计数过程中，若装入新的计数值，会在当前半周期结束时启用新的计数初值。当然，如果在改变计数初值后接着又发生硬件启动，则会立即以新计数值开始计数。

5. 方式 4——软件触发选通

方式 4 为软件启动、不自动重复计数的方式。其工作时序如图 7-11 所示。

写入方式 4 控制字后，输出 OUT 立即变高电平。若 GATE=1，则装入计数初值后计数立即开始。计数结束时，由 OUT 输出一个 CLK 周期宽的负脉冲。

该方式下计数器工作的特点与方式 0 相似。如果在计数过程中装入新的计数值，则计数器从下一时钟周期开始按新的计数值重新开始计数。

请注意，方式 4 与方式 2 下 OUT 端输出波形不同。

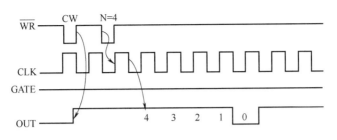

图 7-11　8253 方式 4 工作时序

6. 方式 5——硬件触发选通

方式 5 为硬件启动、不自动重复计数的计数方式。8253 方式 5 工作时序如图 7-12 所示。

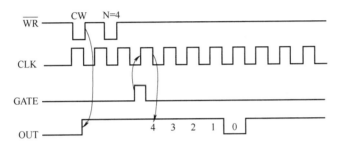

图 7-12　8253 方式 5 工作时序

写入方式 5 控制字后，输出 OUT 变高电平。当 GATE 端出现一个上升沿跳变时，启动计数。计数结束时 OUT 端送出一个宽度为 T_{CLK} 的负脉冲。之后，OUT 又变高且一直保持到下一次计数结束。可以看出，除启动方式与方式 4 不同之外，其余信号脉冲波形与方式 4 完全相同。

方式 4 和方式 5 都是在定时时间到时输出一个宽度为 T_{CLK} 的负脉冲，可用于对要求负脉冲触发启动的外部设备的定时控制。具体应用时可以根据具体情况，选择软件启动（方式 4）或硬件启动（方式 5）。

从上述六种工作方式的工作时序图，可以对 8253 计数器的工作方式给出如下总结：

① 均需要两次写脉冲，第 1 个写脉冲有效时写入控制命令字，第 2 个写脉冲有效时写入计数初值。

② 软件启动时，写入计数初值之前 GATE 端必须为高电平，且在整个计数过程中应始终保持高电平（若计数过程中 GATE 变低，则会暂停计数）。硬件启动则在写入计数初值之后需要在 GATE 端出现一个由低电平到高电平的跳变（脉冲上升沿）。

③ 不同的工作方式，其 OUT 端会输出不同的脉冲波形。

7.2.3　8253 的控制字

8253 必须先初始化才能正常工作，每个计数通道可分别初始化。CPU 通过指令将控制字写入可编程定时器 8253 的控制寄存器，从而确定 3 个计数器分别工作于何种工作方式下。8253 的控制字具有固定的格式，如图 7-13 所示。

7-4　可编程定时器/计数器 8253（三）

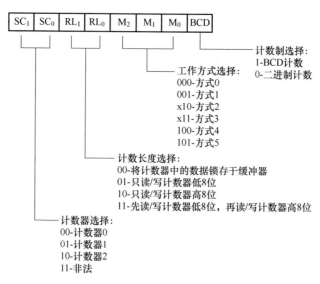

图 7-13 8253 的控制字格式

控制字的 D_0 位用来定义用户所使用的计数值是二进制数还是 BCD 数。因为每个计数器的字长都是 16 位,所以如果采用二进制计数则计数范围为 0000H ~ FFFFH;而如果用 BCD 计数,则计数范围为 0000 ~ 9999。由于计数器进行减 1 操作,故当计数初值为 0000 时,对应的是最大计数值(二进制计数时为 65536,十进制计数时为 10000)。

在 8253 计数过程中,CPU 可随时读出其当前的计数值,而且不会影响计数器的工作。实现这种操作只需写入相应的控制字,此时控制字的 RL_1、RL_0 选择 00,即控制字格式为 SC_1SC_0 0 0 ××××。控制字其他各位的功能图中标的都很清楚,这里就不再说明。

7.2.4 8253 的应用

8253 的应用涉及软硬件设计两个方面。硬件设计即指 8253 芯片与系统的硬件连接。作为一个非通道型的接口,8253 主要应用于对外部设备的定时控制或作为计数器。从芯片的工作原理可知,对定时/计数器芯片,当写入相应的工作命令字和计数初值之后、满足启动条件后,芯片即开始独立工作。因此,对 8253 的软件编程主要就指初始化程序设计。

1. 8253 与系统的连接

8253 共占用了 4 个端口地址,地址范围由高位地址信号决定,高位地址的译码输出接到片选端$\overline{CS}$,A_0 和 A_1 分别接到系统总线的 A_0、A_1 地址信号线上,用来寻址芯片内部的 3 个计数器及控制寄存器。片选信号$\overline{CS}$、A_0、A_1 与读信号$\overline{RD}$、写信号$\overline{WR}$配合,可以实现对 8253 的各种读写操作。上述各信号的功能组合见表 7-1。

表 7-1 各寻址信号组合功能

$\overline{CS}$	A_1	A_0	$\overline{RD}$	$\overline{WR}$	功 能
0	0	0	1	0	写计数器 0
0	0	1	1	0	写计数器 1

(续)

$\overline{CS}$	A_1	A_0	$\overline{RD}$	$\overline{WR}$	功　　能
0	1	0	1	0	写计数器 2
0	1	1	1	0	写控制寄存器
0	0	0	0	1	读计数器 0
0	0	1	0	1	读计数器 1
0	1	0	0	1	读计数器 2
0	1	1	0	1	无效

在 IBM PC 系统板上使用了一片 8253 定时器/计数器，图 7-14 是简化了的 IBM PC 内 8253 的连接图，表示了 8253 定时器/计数器芯片与系统的连接方式。图中没有给出具体的译码电路，但给出了其接口地址采用部分译码方式，占用的设备端口地址为 40H～5FH。芯片内部的计数通道 0（CNT_0）用于为系统的电子钟提供时间基准，工作于方式 3，产生周期的方波信号，计数初值选为最大计数值，即 16 进制的 0000H（65536）。OUT_0 输出的频率约为 18.2Hz 的连续方波信号作为系统中断源，接到 8259A 的 IR_0 端；计数通道 1（CNT_1）用于 DRAM 的定时刷新，工作于方式 2，每 15μs 动态存储器刷新一次；计数通道 2（CNT_2）主要用作机内扬声器的音频信号源，工作于方式 3，控制扬声器发出频率为 1kHz 的声音。在 PC 中，要使扬声器发声，还必须使 8255 的 PB_1 和 PB_0 输出高电平（设 8255 的 B 口地址为 61H）。

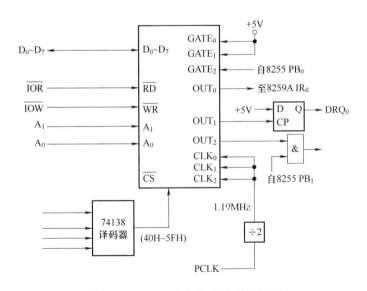

图 7-14　IBM PC 中的 8253 的连接图

可编程定时器 8253 可直接连接到系统总线上。图 7-15 就是 8253 与 8088 系统总线连接的一个例子。图中，系统地址总线信号 A_{15}～A_2 经译码电路译码产生片选信号选中 8253，8253 占用的 4 个端口地址为 FF04H～FF07H。

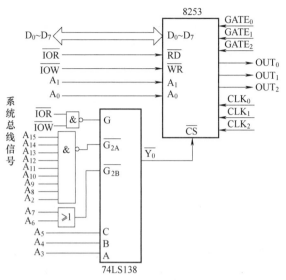

图 7-15 8253 芯片与 8088 系统总线的连接示例图

2. 8253 初始化编程

8253 的初始化编程包括两部分：一是写各计数器的方式控制字，二是设置计数初值。由于 8253 每个内部计数器都有自己的地址，控制字中又有专门两位来指定计数器，这使得对计数器的初始化可按任何顺序进行。初始化的方法可以有两种：

1）以计数器为单位逐个进行初始化。对每个需要使用的计数器，都需要先写入控制字，再写入计数初值（一个字节或两个字节）。先初始化哪一个计数器无关紧要，但对某一个计数器来说，则必须按照"方式控制字—计数值低字节—计数值高字节"的顺序进行初始化，如图 7-16a 所示（图中，CNT_i 表示计算器 i，$i = 0 \sim 2$）。

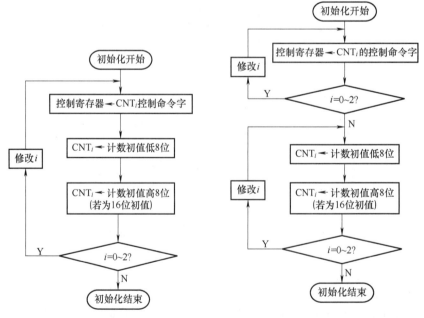

a) 按计数器初始化，分别初始化各计数器　　b) 先写入各控制字，再写入各计数初值

图 7-16　8253 定时/计数器的两种初始化方法

2) 先写所有计数器的方式字,再装入各计数器的计数值,这种方法的过程如图 7-16b 所示。从图可以看出,这种初始化方法是先分别写入各计数器的方式控制字,再分别写入计数初值,计数初值仍要按先低字节再高字节的顺序写入。

由于输入/输出指令的要求,在写入计数初值时,设定的计数值必须在累加器 AL 中。但双字节计数时,计数初值设定在 AX 中,所以要求在写高 8 位时,要将 AH 内容送 AL,然后再写入控制寄存器。这一点请在下面例子中注意。

对以上两种初始化方法,读者可根据自己的习惯采用任意一种。

针对 8253 在 IBM PC 中的应用(见图 7-14),可以编程该芯片的初始化程序。由图 7-14 知,三个内部计数器的输入时钟频率均为 1.19MHz,接口地址范围为 40H~5FH,属于部分地址译码。具体编程中可以选择 40H~43H。

根据上文对系统内 8253 芯片各内部计数器作用和工作方式要求的描述,可以得出各计数器的计数初值:

CNT_0:计数初值选为最大计数值,即 16 进制的 0000H (65536)。OUT_0 输出方波信号的频率为 $1.19MHz/65536 \approx 18.2Hz$,表示每秒会向 8259A 的 IR_0 端产生 18.2 次中断请求,该中断请求用于维护系统的日历时钟。

CNT_1:计数初值 = $15/1.19MHz/1 \approx 18$。

CNT_2:若要求控制扬声器发出频率为 1kHz 的声音,可取时间常数为 1190。

按照图 7-16a 的方案,编写 IBM PC 中 8253 的初始化程序如下:

```
;CNT0 初始化
    MOV   AL,36H         ;选择计数器 0,写双字节计数值,方式 3,二进制计数
    OUT   43H,AL         ;控制字写入控制寄存器
    MOV   AL,0           ;选最大计数值(65536)
    OUT   40H,AL         ;写低 8 位计数值
    OUT   40H,AL         ;写高 8 位计数值
;CNT1 初始化
    MOV   AL,54H         ;选择计数器 1,低 8 位单字节计数值,方式 2,二进制计数
    OUT   43H,AL
    MOV   AL,18
    OUT   41H,AL         ;计数值写入计数器 1
;CNT2 初始化
    MOV   AL,0B6H        ;选择计数器 2,双字节计数值,方式 3,二进制计数
    OUT   43H,AL
    MOV   AX,1190
    OUT   42H,AL         ;送低字节到计数器 2
    MOV   AL,AH          ;(AL)←高字节计数值
    OUT   42H,AL         ;高 8 位计数值写入计数器 2
    IN    AL,61H         ;读 8255 的 B 口
    MOV   AH,AL          ;将 B 口内容保存
    OR    AL,03          ;使 PB0=PB1=1
    OUT   61H,AL         ;使扬声器发声
    ⋮
```

```
            MOV   AL,AH              ;恢复8255B口状态
            OUT   61H,AL
```

【**例7-1**】 写出图7-15中8253的初始化程序。其中，三个CLK频率均为2MHz，计数器0在定时100μs后产生中断请求；计数器1用于产生周期为10μs的对称方波；计数器2每1ms产生一个负脉冲。编写8253的初始化程序。

题目解析：根据要求可知，该8253的三个内部计数器全部工作。其中，计数通道0应工作于方式0，计数初值=100μs/0.5μs=200（CLK的周期=0.5μs）。计数通道1应工作于方式3，计数初值=10μs/0.5μs=20。计数通道2应工作于方式2，计数初值=1ms/0.5μs=2000。

按照如图7-16a所示初始化流程，编写8253各计数器的初始化程序如下：

```
START:  MOV   DX,0FF07H
        MOV   AL,10H         ;计数器0,只写计数值低8位,方式0,二进制计数
        OUT   DX,AL
        MOV   AL,56H         ;计数器1,只写计数值低8位,方式3,二进制计数
        OUT   DX,AL
        MOV   AL,0B4H        ;计数器2,先写低8位再写高8位,方式2,二进制计数
        OUT   DX,AL
        MOV   DX,0FF04H
        MOV   AL,200         ;计数器0的计数初值
        OUT   DX,AL
        MOV   DX,0FF05H
        MOV   AL,20          ;计数器1的计数初值
        OUT   DX,AL
        MOV   DX,0FF06H
        MOV   AX,2000        ;计数器2的计数初值
        OUT   DX,AL
        MOV   AL,AH
        OUT   DX,AL
```

从以上的叙述中可以看到，8253在应用上具有很高的灵活性。通过对外部输入时钟信号的计数，可以达到计数和定时两种应用目的。门控信号GATE提供了从外部控制计数器的能力。同时，当一个计数器计数或定时长度不够时，还可以把两个、三个计数器串联起来使用，即一个计数器的输出OUT作为下一个计数器的外部时钟CLK输入。甚至可将两个8253串起来使用。这些方面的问题，只要读者熟悉了8253的基本功能，就不难举一反三，从而更巧妙地使用它。

【**例7-2**】 8253芯片各主要引脚及输出端连线如图7-17所示，CLK₀端的输入时钟频率2MHz。要求：在OUT₀端输出1kHz的连续方波，同时该方波信号还作为计数器1的时钟信号接到CLK₁端，使OUT₁产生频率为1Hz的连续方波。请根据图中所示条件，编写相应的初始化程序（8253的地址范围：260H~263H）。

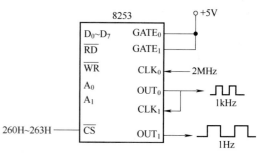

图7-17 例7-2题图

题目解析： 由题意知，计数器 0 和计数器 1 都要求输出连续对称方波，故它们都工作于方式 3。OUT_0 端输出 1kHz 方波，故计数初值为 2MHz/1kHz = 2000。同理可以得出计数器 1 的初值为 1000。

由此可以得出计数通道 0 （CNT_0）和计数通道 1 （CNT_1）的初始化程序如下：

```
;CNT₀ 初始化
    MOV  DX,263H
    MOV  AL,36H
    OUT  DX,AL
    MOV  DX,260H
    MOV  AX,2000
    OUT  DX,AL
    MOV  AL,AH
    OUT  DX,AL
;CNT₁ 初始化
    MOV  DX,263H
    MOV  AL,76H
    OUT  DX,AL
    MOV  DX,261H
    MOV  AX,1000
    OUT  DX,AL
    MOV  AL,AH
    OUT  DX,AL
```

对 8253 的读写操作及初始化需注意以下两点：

1）在向某一计数器写入计数初值时，应与控制字中 RL_1 和 RL_0 的编码相对应。当编码为 01 或 10 时，只可写入一个字节的计数初值，另一字节 8253 默认为 0；当编码为 11 时，一定要装入两个字节的计数值，且先写入低字节再写入高字节。若此时只写了一个字节就去写别的计数器的计数值，则写入的字节将被解释为计数值的高 8 位，从而产生错误。

2）8253 的计数器在计数过程中，可读出其当前计数值。读出的方法有两种：一是前面已讲到的在计数过程中读计数值的方法，即写入 RL_1 和 RL_0 为 00 的控制字，将选中的计数器的当前计数值锁存到相应锁存器中，而后利用读计数器操作——用两条输入指令即可把 16 位计数值读出；另一种方法是控制 GATE 门控信号使计数器停止计数，先写入控制字，规定好 RL_1 和 RL_0 的状态——也就是规定读一个字节还是读两个字节。若其编码为 11，则一定要读两次，先读出计数值低 8 位，再读出高 8 位。此时若读一次同样会出错。

7.3 可编程并行接口 8255

并行接口是实现并行通信的接口，其数据传送方向有两种：一是单向传送（只作为输入口或输出口），另一种是双向传送（既可作为输入口，也可作为输出口）。并行接口可以很简单，如锁存器或三态门；也可以很复杂，如可编程并行接口芯片。本节所介绍的 8255 是 Intel 公司生产的为 x86 系列 CPU 配套的可编程并行接口芯片。所谓可编程，就是可以通过软件的方式来设定芯片的工作方式。8255 的通用性较强，使用灵活，是一种典型的可编程并行接口。

7.3.1 8255 的引脚及结构

1. 外部引脚及结构

8255 的外部引脚如图 7-18 所示。共有 40 个引脚,其功能如下:

(1) $D_0 \sim D_7$ 双向数据信号线,用来传送数据和控制字。

(2) $\overline{RD}$ 读信号线,低电平有效。与其他信号线一起实现对 8255 接口的读操作。通常接系统总线的 $\overline{IOR}$ 信号。

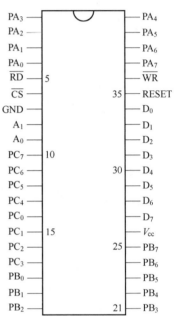

7-5 可编程并行接口 8255 (一)

(3) $\overline{WR}$ 写信号线,低电平有效。与其他信号一起实现对 8255 的写操作,通常接系统总线的 $\overline{IOW}$。

(4) $\overline{CS}$ 片选信号线,低电平有效。当系统地址信号经译码产生低电平时选中 8255 芯片,使能够对 8255 进行操作。

(5) A_0、A_1 口地址选择信号线。

8255 的内部包括 3 个独立的输入/输出端口(A 口、B 口和 C 口)以及 1 个控制寄存器。A_0、A_1 地址信号经片内译码可产生 4 个有效地址,分别对应 A、B、C 三个口和内部控制寄存器。具体规定如下:

A_1	A_0	选择
0	0	A 口
0	1	B 口
1	0	C 口
1	1	控制寄存器

在实际使用中,A_0、A_1 通常接系统总线的 A_0 和 A_1,它们与 $\overline{CS}$ 一起来决定 8255 的接口地址。

图 7-18 8255 的外部引脚图

(6) RESET 复位输入信号。通常接系统的复位 RESET 端。当它为高电平时使 8255 复位。复位后,8255 的 A 口、B 口和 C 口均被预设为输入状态。

(7) $PA_0 \sim PA_7$ A 口的 8 条输入/输出信号线。这 8 条线是工作于输入、输出还是双向(同时为输入或输出)方式可由软件编程来决定。

(8) $PB_0 \sim PB_7$ B 口的 8 条输入/输出信号线。利用软件编程可指定这 8 条线是用作输入还是输出。

(9) $PC_0 \sim PC_7$ C 口的 8 条线,根据其工作方式可作为数据的输入或输出线,也可以用作控制信号的输出或状态信号的输入线,具体使用方法将在本节后面进行介绍。

2. 内部结构

8255 的内部结构框图如图 7-19 所示。它由以下几个部分组成:

(1) 数据端口 8255 有 A、B、C 三个 8 位数据端口,可以通过编程把它们分别指定为输入口或输出口。A 口和 B 口的输入/输出都具有数据锁存能力。C 口输出有锁存能力,而输入没有锁存能力。A、B、C 三个口用作输出时,其输出锁存器的内容可以由 CPU 用输入指令读回。在使用中，A、B、C 三个口可作为三个独立的 8 位数据输入/输出口；也可只将 A、B 口作为数据输入/输出口，而使 C 口的各位作为它们与外设联络用的状态或选通控制信号的输入/输出。C 口的主要特点是可以对其按位进行操作。

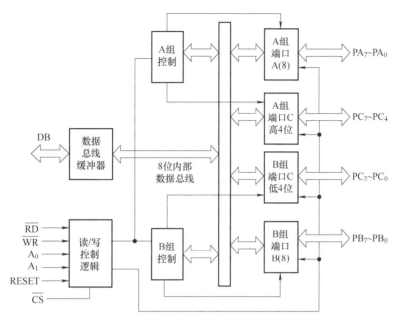

图 7-19 8255 内部结构框图

(2) A 组和 B 组控制电路 从图 7-19 中可以看到，这两组控制电路一方面接收读/写控制逻辑电路的读写命令，另一方面接收由数据总线输入的控制字，分别控制 A 组和 B 组的读/写操作和工作方式。A 组包括 A 端口的 8 位和 C 端口的高 4 位（$PC_7 \sim PC_4$），B 组包括 B 端口的 8 位和 C 端口的低 4 位（$PC_3 \sim PC_0$）。编程写入的控制字输入到内部控制寄存器，控制 A 组和 B 组的工作方式。

(3) 读/写控制逻辑 读/写控制逻辑负责管理 8255 的数据传送。它接收来自系统总线的 A_0、A_1、$\overline{CS}$、$\overline{RD}$（读）、$\overline{WR}$（写）和 RESET（复位）信号，并将这些信号进行逻辑组合，形成相应的控制命令，发送到 A 组和 B 组控制电路，以控制信息的传送。

(4) 数据总线缓冲器 这是一个三态双向 8 位数据缓冲器，8255 通过它和系统的数据总线相连，传递控制字、数据和状态信息。

8255 各引脚及端口在系统中的连接示意图如图 7-20 所示。

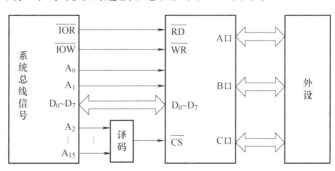

图 7-20 8255 与系统的连接示意图

7.3.2　8255 的工作方式

8255 有三种基本的工作方式：方式 0、方式 1 和方式 2。其中 A 口可以工作在方式 0、方式 1 和方式 2，B 口只能工作于方式 0 和方式 1，而 C 口在作为数据输入/输出端口时，只能工作于方式 0。当 A、B 口工作在方式 1 或 A 口工作于方式 2 时，C 口的某些位被用作连接相应的选通控制信号。三个端口工作在哪一种方式下，可通过软件编程来设定。

1. 工作方式 0

方式 0 又称为基本输入/输出方式，其端口示意图如图 7-21 所示。

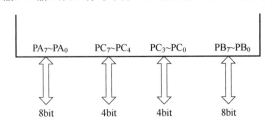

图 7-21　方式 0 下的端口示意图

在这种方式下：

1) A 口、C 口的高 4 位、B 口以及 C 口的低 4 位可分别定义为输入或输出，各端口互相独立，故共有 16 种不同的组合。例如，可定义 A 口和 C 口高 4 位为输入口，B 口和 C 口低 4 位为输出口；或 A 口为输入，B 口、C 口高 4 位、C 口低 4 位为输出等。

2) 在方式 0 下，C 口有按位进行置位和复位的能力。有关 C 口的按位操作见后续内容。

方式 0 最适合用于无条件传送方式，由于传送数据的双方互相了解对方，所以既不需要发控制信号给对方，也不需要查询对方状态，故 CPU 只需直接执行输入/输出指令便可将数据读入或写出。

方式 0 也能用于查询工作方式，由于没有规定固定的应答信号，这时常将 C 口的高 4 位（或低 4 位）定义为输入口，用来接收外设的状态信号。而将 C 口的另外 4 位定义为输出口，输出控制信息。此时的 A、B 口可用来传送数据。

2. 工作方式 1

方式 1 也称为选通输入/输出方式。在这种方式下，A 口和 B 口仍作为数据的输出口或输入口，但数据的输入/输出要在选通信号控制下来完成。这些选通信号利用 C 口的某些位来提供。A 口和 B 口可独立地由程序任意指定为数据的输入口或输出口。为方便起见，下面分别以 A 口、B 口均作为输入或均作为输出来加以说明。

7-6　可编程并行接口 8255（二）

(1) 方式 1 下 A 口、B 口均为输出　此时要利用 C 口的 6 条线作为选通控制信号线，其定义如图 7-22 所示。所用到的 C 口的信号线是固定不变的，A 口使用 PC_3、PC_6 和 PC_7，而 B 口用 PC_0、PC_1 和 PC_2。方式 1 下数据的输出过程为：

1) 系统在写允许信号 $\overline{WR}$ 有效期间将数据输入到 A 端口或 B 端口。

2) 接口输出缓冲器满信号 $\overline{OBF}$（低电平有效）通知外设，在规定的端口上已有一个有效数据，外设可以从该端口读走数据。

3) 外设从该端口取走数据后，发出响应信号 $\overline{ACK}$（低电平有效），同时使 $\overline{OBF}=1$。

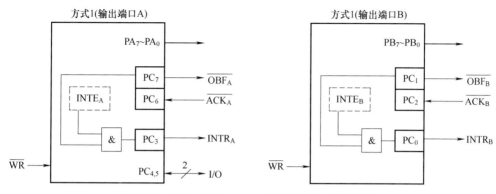

图 7-22　方式 1 下 A、B 口为输出的选通信号定义

4）外设取走一个数据后，其 $\overline{ACK}$ 信号的上升沿产生有效的 INTR 信号，该信号用于通知 CPU 可以再输出下一个数据。INTR 的有效条件为 $\overline{OBF}=1$，$\overline{ACK}=1$，INTE=1。

5）8255 内部有一个内部中断触发器（见图 7-22），当中断允许状态 INTE 为高电平，且 $\overline{OBF}$ 也变高时，产生有效的 INTR 信号。INTE 由 PC_6（端口 A）或 PC_2（端口 B）的置位/复位控制。

INTE 是否输出高电平由 $\overline{ACK}$ 信号决定。以 A 口为例，当 CPU 向接口写数据时（执行一条 OUT 指令），在 $\overline{IOW}$ 有效期间将数据锁存于芯片的数据缓冲器中，之后在 $\overline{IOW}$ 的上升沿使 $\overline{OBF}=0$（PC_7 端输出负脉冲），通知外部设备 A 口已有数据准备好。一旦外设将数据接收，就送出一个有效的 $\overline{ACK}$ 脉冲，该脉冲使 $\overline{OBF}=1$，同时使 INTE 也为高电平，从而在 PC_3 端产生一个有效的 INTR 信号。该信号可接到中断控制器 8259 的 IR 端，进而向 CPU 提出中断请求。CPU 响应中断后，向接口写入下一个数据，同样由 $\overline{IOW}$ 将数据锁存，当数据锁存并由信号线输出，8255 就去掉 INTR 信号并使 $\overline{OBF}$ 有效，重复上述过程。方式 1 下的整个输出过程也可参考如图 7-23 所示的简单时序。

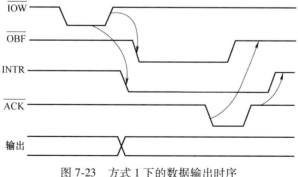

图 7-23　方式 1 下的数据输出时序

当 A 口和 B 口同时工作于方式 1 输出时，仅使用了 C 口的 6 条线，剩余的两位可以工作于方式 0，实现数据的输入或输出，其数据的传送方向可由程序指定，也可通过位操作方式对它们进行置位或复位。当 A、B 两个口中仅有一个口工作在方式 1 时，只用去 C 口 3 条

线，则剩下的 5 条线也可按照上面所说的方式工作。

（2）方式 1 下 A 口、B 口均为输入　与方式 1 下两端口均为输出类似，要实现选通输入，同样要利用 C 口的信号线。其定义如图 7-24 所示。A 口使用了 C 口的 PC_3、PC_4 和 PC_5，B 口同样用了 PC_0、PC_1 和 PC_2。方式 1 下数据的输入过程可描述为：

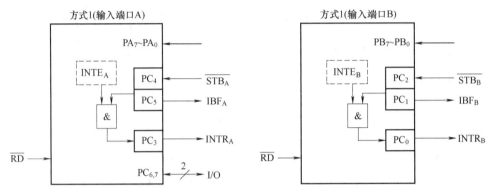

图 7-24　方式 1 下 A、B 口均为输入时的信号定义

1）外部设备发出低电平有效的 $\overline{STB}$ 信号，并在 $\overline{STB}$ 有效期间将数据锁存于 8255 的输入数据缓冲器中。

2）当输入缓冲器满后，接口发出高电平有效的 IBF 信号。它作为 $\overline{STB}$ 的应答信号，表示 8255 的缓冲器中有一个数据尚未被 CPU 读走。外设可使用此信号来决定是否能送下一个数据。

3）当 $\overline{STB}=1$ 时会使内部中断触发器 INTE 和 IBF 均为高电平，产生有效的 INTR 信号，向 CPU 提出中断请求。

4）INTR 信号可用于通过 8259 向 CPU 提出中断请求，要求 CPU 从 8255 的端口上读取数据。CPU 响应中断并读取数据后使 IBF 和 INTR 变为无效。上述过程可用图 7-25 的简单时序图进一步说明。

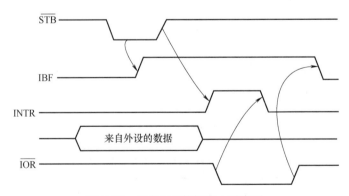

图 7-25　方式 1 下数据输入时序图

在方式 1 下输入数据时，INTR 同样受中断允许状态 INTE 的控制。INTE 的状态可利用 C 口位操作方式的置位/复位来控制。例如，用位操作方式使 $PC_4=1$，则 A 口的 $INTE_A$ 为 1，允许中断；使 $PC_4=0$ 则禁止中断。B 口的 $INTE_B$ 是由 PC_2 控制的。

在方式 1 之下，8255 的 A 口和 B 口既可以同时为输入或输出，也可以一个为输入、另一个为输出。还可以使这两个端口一个工作于方式 1，而另一个工作于方式 0。这种灵活的工作特点是由其可编程的功能决定的。

3. 工作方式 2

方式 2 又称为双向传输方式。只有 A 口可以工作在这种方式下。双向方式使外设能利用 8 位数据线与 CPU 进行双向通信，既能发送数据，也能接收数据。即此时 A 口既作为输入口又作为输出口。与方式 1 类似，方式 2 要利用 C 口的 5 条线来提供双向传输所需的控制信号。当 A 口工作于方式 2 时，B 口可以工作在方式 0 或方式 1，而 C 口剩下的 3 条线可作为输入/输出线使用或用作 B 口方式 1 之下的控制线。

A 口工作于方式 2 下时的各信号定义如图 7-26 所示。图中省略了 B 口和 C 口的其他引线。当 A 口工作于方式 2 时，其控制信号 $\overline{OBF}$、$\overline{ACK}$、$\overline{STB}$、IBF 及 INTR 的含意与方式 1 时相同。但在时序上有一些不同，主要是：

1）因为在方式 2 下，A 口既作为输出又作为输入，因此，只有当 $\overline{ACK}$ 有效时，才能打开 A 口输出数据三态门，使数据由 $PA_0 \sim PA_7$ 输出。当 $\overline{ACK}$ 无效时，A 口的输出数据三态门呈高阻状态。

2）此时 A 口输入、输出均有数据的锁存能力。

3）方式 2 下，A 口的数据输入或数据输出均可引起中断。由图 7-26 可见，输入或输出中断还受到中断允许状态 $INTE_2$ 和 $INTE_1$ 的影响。$INTE_2$ 是由 PC_4 控制的，而 $INTE_1$ 是由 PC_6 控制的。利用 C 口的按位操作，使 PC_4 或 PC_6 置位或复位，可以允许或禁止相应的中断请求。

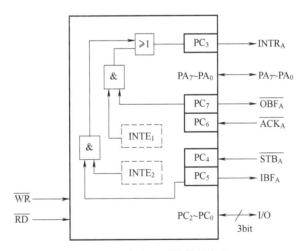

图 7-26 方式 2 下的信号定义

A 口工作于方式 2 的时序如图 7-27 所示。此时的 A 口，可以认为是前面方式 1 的输入和输出相结合而分时工作。实际传输过程中，输入和输出的顺序以及各自操作的次数是任意的，只要 $\overline{IOW}$ 在 $\overline{ACK}$ 之前发出，$\overline{STB}$ 在 $\overline{IOR}$ 之前发出就可以了。

在输出时，CPU 发出写脉冲 $\overline{IOW}$，向 A 口写入数据。$\overline{IOW}$ 信号使 INTR 变低电平，同时使 $\overline{OFB}$ 有效。外设接到 $\overline{OBF}$ 信号后发出 $\overline{ACK}$ 信号，从 A 口读出数据。$\overline{ACK}$ 信号使 $\overline{OBF}$ 无效，

并使 INTR 变高，产生中断请求，准备输出下一个数据。

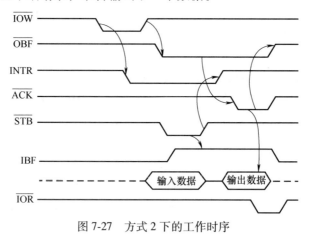

图 7-27　方式 2 下的工作时序

输入时，外设向 8255 送来数据，同时发 $\overline{STB}$ 信号给 8255，该信号将数据锁存到 8255 的 A 口，从而使 IBF 有效。$\overline{STB}$ 信号结束使 INTR 有效，向 CPU 请求中断。CPU 响应中断后，发出读信号 $\overline{IOR}$，从 A 口中将数据读走。$\overline{IOR}$ 信号会使 INTR 和 IBF 信号无效，从而开始下一个数据的读入过程。

在方式 2 下，8255 的 $PA_0 \sim PA_7$ 引线上随时可能出现输出到外设的数据，也可能出现外设送给 8255 的数据，这需要防止 CPU 和外设同时竞争 $PA_0 \sim PA_7$ 数据线的问题。

7.3.3　方式控制字及状态字

由前面的叙述已知，8255 具有三种工作方式，可以利用软件编程来指定 8255 的三个端口当前工作于何种方式。这里所谓的软件编程就是向芯片中的控制寄存器送入不同的控制字，从而确定 8255 的工作方式。这种通过软件来确定 8255 工作方式的过程称为 8255 的初始化，在实际应用

7-7　可编程并行接口 8255（三）

中，可根据不同的需要，通过初始化使 8255 的三个端口工作在不同的方式（当然，B 口只能工作于方式 0 和方式 1，而 C 口只能工作于方式 0）。

1. 控制字

8255 的控制字包括用于设定三个端口工作方式的方式控制字（见图 7-28a），以及用于将 C 口某一位初始化为某个确定状态（"0" 或 "1"）的位控制字（见图 7-28b）。两个控制字均由 8 位二进制数组成，由最高位（bit7）的状态决定当前的控制字是方式控制字还是 C 口的按位操作控制字。控制字各位的含意如图 7-28 所示。

由图可知，当 Bit7=1 时，该控制字为方式控制字，用于确定各端口的工作状态。Bit6~Bit3 用来控制 A 组，即 A 口的 8 位和 C 口的高 4 位。控制字的低 3 位 Bit2~Bit0 用来控制 B 组，包括 B 口的 8 位和 C 口的低 4 位。

当 Bit7=0 时，指定该控制字为对 C 口进行位操作控制，——按位置位或复位。在必要时，可利用该控制字使 C 口的某一位输出 0 或 1。

2. 状态字

状态字反映了 C 端口各位当前的状态。当 8255 的 A 口、B 口工作在方式 1 或 A 口工作在方式 2 时，通过读 C 口的状态，可以检测 A 口和 B 口当前的工作情况。A 口、B 口工作

在不同方式下的状态字各位的含意分别如图 7-29a、b 和 c 所示。其中低 3 位 $D_0 \sim D_2$ 由 B 口的工作方式来决定。当为方式 1 输入时,其定义如图 7-29a 所示。当工作在方式 1 输出时,与图 7-29b 所定义的 $D_0 \sim D_2$ 相同。

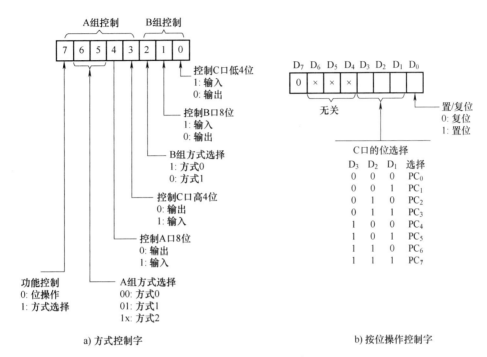

图 7-28　8255 的控制字

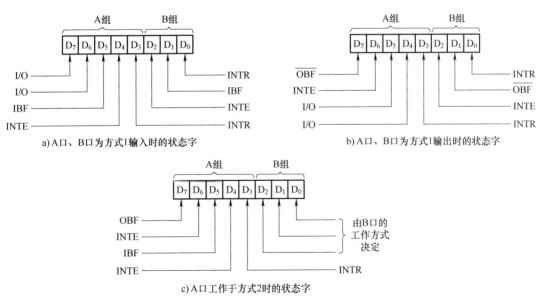

图 7-29　8255 状态字格式

需要说明的是,图 7-29a 和 b 分别表示在方式 1 之下,A 口、B 口同为输入或同为输出的情况。若在此方式下,A 口、B 口各为输入或输出时,状态字为上述两状态字的组合。

7.3.4 8255 与系统的连接与初始化编程方法

8255 芯片的应用包括硬件电路设计（芯片与系统的连接）和软件设计。

1. 8255 与系统的连接

8255 内部包括 A、B、C 三个端口和一个控制寄存器，共占四个外设地址。由高位地址通过译码产生片选信号，决定芯片在整个接口地址空间中的位置；A_1、A_0 决定片内的四个端口（例如，$A_1A_0=00$ 时指向的是 A 口），它们结合起来共同决定了芯片所占的地址范围。

对 8255 内部的每一个端口，都可以分别进行读写操作。例如，读 A 口是 CPU 将 A 口的数据读入到 AL 寄存器；写 A 口是 CPU 将 AL 中的数据写入 A 口输出。对这四个地址进行不同操作时各引脚的状态见表 7-2。根据该表，可以很方便地实现 8255 与系统总线的连接。

表 7-2 8255 芯片各引脚状态

$\overline{CS}$	A_1	A_0	$\overline{IOR}$	$\overline{IOW}$	操　作
0	0	0	0	1	读 PA 口
0	0	1	0	1	读 PB 口
0	1	0	0	1	读 PC 口
0	0	0	1	0	写 PA 口
0	0	1	1	0	写 PB 口
0	1	0	1	0	写 PC 口
0	1	1	1	0	写控制寄存器
1	×	×	1	1	$D_0 \sim D_7$ 三态

图 7-20 曾给出了 8255 芯片与系统的连接示意图。在该图中，数据信号线、读写控制信号线以及片内地址信号 A_0、A_1 都与系统相应信号线直接相连，三个端口的位数据线根据具体的应用连接到相应外部设备。因此，8255 芯片与系统连接线路的设计主要在译码电路的设计上。

根据表 7-2，可以很方便地实现 8255 与系统总线的连接。图 7-30 是利用部分地址译码方式将一片 8255 连接到系统总线上的连接示例。图中芯片所占的地址范围由 $A_{15} \sim A_2$ 决定，

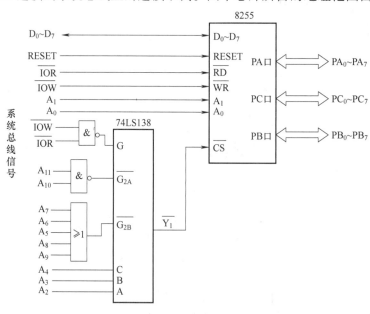

图 7-30 8255 与系统总线的连接方法

为 C04H~C07H。而 A_0 和 A_1 的状态则决定寻址芯片的哪一个端口或控制寄存器。

2. 软件设计

作为通道型可编程接口芯片，8255 的软件设计包括初始化编程和实现数据传输的控制程序设计两部分。

对 8255 的初始化就是将适当的控制字写入 8255 的控制寄存器中。8255 初始化程序设计流程如图 7-31 所示。为使各端口能够正常工作，必须向控制寄存器中写入方式控制字。而 C 端口的位控制字则需要根据具体情况决定。

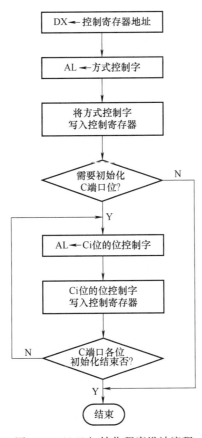

图 7-31　8255 初始化程序设计流程

请思考： 何种情况下需要写 C 口位控制字？

初始化结束后，就可以进行正常数据传送。在数据传送过程中，CPU 还要通过 8255 向外设发出控制信号并接收外设的状态信息。数据传送的方式，可根据外部设备的性质及具体的应用，采用第 6 章所介绍的各种输入/输出方法。

7.3.5　8255 应用设计实例

下面通过应用实例来进一步说明 8255 的应用。

【例 7-3】 利用 8255 作为打印机的连接接口（打印机工作时序图如图 7-32 所示），并通过该打印机接口打印字符串，字符串长度放在数据段的 COUNT 单元中，要打印的字符存放在从 DATA 开始的数据区中。要求 8255 芯片的地址范围为 FBC0H~FBC3H。

题目解析： 由图 7-32 可知，数据锁存信号 $\overline{\text{STROBE}}$ 在初始时为高电平，当系统通过 8255 接口将打印的字符送到打印机的 $D_0 \sim D_7$ 端时，应紧接着送出低电平的 $\overline{\text{STROBE}}$ 信号（宽度≥1μs），将数据锁存在打印机内部，以便处理。同时，打印机的 BUSY 端送出高电平信号，表示其正忙。仅当 BUSY 端信号变低后，CPU 才可以将下一个数据送给打印机。

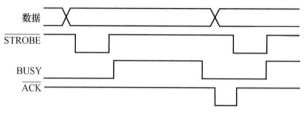

图 7-32 打印机工作时序图

实现数据的打印输出既可以采用查寻工作方式，也可以采用中断控制方式。根据上述需求，本例采用查寻工作方式，即：使 8255 工作于方式 0。在方式 0 下，数据的输出可以选择 A 端口或 B 端口，考虑到 C 端口可分为两个 4 位端口的特点，可以选用 C 端口作为控制信号 $\overline{\text{STROBE}}$ 和状态信号 BUSY 的输入/输出。本例选择 A 端口作为数据输出口，利用 C 端口高位作为输出口，C 端口低位作为输入端口。

根据题意及解析，设计硬件电路图如图 7-33 所示。选用 A 口作为数据输出，向打印机输出数据；利用 C 口的 PC_4 输出 $\overline{\text{STROBE}}$ 锁存信号，在低 4 位中选取 PC_0 作为 BUSY 信号的输入。B 端口不使用，初始化时可任意定义为输入或输出。

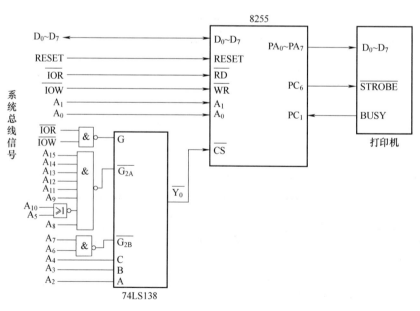

图 7-33 例 7-3 硬件电路设计

由于数据输出后要通过 PC_6 端输出一个负脉冲，故应置 PC_6 在初始时为高电平。将 8255 初始化程序设计为子过程，程序设计如下：

```
DSEG    SEGMENT
        DATA  DB  100  DUP(?)      ;定义待打印字符串
        COUNT DW ?                 ;定义待打印字符串长度
DSEG    ENDS
CSEG    SEGMENT
        ASSUME  CS:CSEG,DS:DSEG
START:  MOV AX,DSER
        MOV DS,AX
        CALL INIT_8255             ;调用 8255 初始化子程序
        MOV CX,COUNT               ;将字符串长度作为循环次数
        LEA SI,DATA                ;取字符串首地址
GOON:   MOV DX,0FBC2H              ;0FBC2H 为 C 口的地址
        IN  AL,DX                  ;从 C 口读入打印机的 BUSY 信号状态
        AND AL,02H
        JNZ GOON                   ;若 BUSY 为高电平，则循环等待
        MOV AL,[SI]                ;否则取一个字符
        MOV DX,0FBC0H              ;0FBC0H 为 A 口的地址
        OUT DX,AL                  ;输出一个字符到 A 口
        MOV DX,0FBC2H              ;准备在 $PC_6$ 上生成一个负脉冲
        MOV AL,0
        OUT DX,AL                  ;因仅 $PC_6$ 接打印机，故由 C 口输出 00H 将使 $PC_6$ 变低
        MOV AL,40H
        OUT DX,AL                  ;再使 $PC_6$ 变高，在 $PC_6$ 上生成一个 $\overline{STROBE}$ 负脉冲
        INC SI                     ;指向下一个字符
        LOOP GOON                  ;若未结束则继续
        JMP STOP
INIT_8255 PROC
        MOV DX,0FBC3H              ;8255 的控制寄存器端口地址送 DX
        MOV AL,10000001B           ;方式控制字
        OUT DX,AL                  ;方式控制字送控制寄存器
        MOV AL,00001101B           ;C 口的按位操作控制字,使 $PC_6$ 初始状态置为 1
        OUT DX,AL                  ;C 口位操作控制字送控制寄存器
        RET
INIT_8255 ENDP
STOT:   MOV H,4CH
        INT 21H
CSEG    SEGMENT
        END START
```

上面程序中，STROBE负脉冲是通过往 C 口输出数据（先将 PC_6 初始化为 1，然后输出一个 0，再输出一个 1）而形成的。当然，也可以利用控制字对 C 口的按位置位/复位操作来实现。如：

```
MOV   DX,0FBC3H
MOV   AL,00001100B        ;PC6复位(=0)
OUT   DX,AL
MOV   AL,00001101B        ;PC6置位(=1)
OUT   DX,AL
```

【例 7-4】 对例 7-3，还可以利用中断控制方式实现数据的打印输出。

题目解析： 若采用中断控制方式实现数据传送，则应使 8255 工作在方式 1 下。从图 7-32 所示的打印机工作时序可知，打印机每接收一个字符后，会送出一个低电平的响应信号 $\overline{ACK}$。利用这个信号，可使工作于方式 1 的 8255 通过中断来打印字符。

设置 8255 芯片的 A 端口为数据输出口，此时 PC_7 自动作为 $\overline{OBF}$ 信号的输出端，PC_6 自动作为 $\overline{ACK}$ 信号的输入端，而 PC_3 则自动作为 INTR 信号的输出端，将其接到 8259 的 IR_2 端，所以中断类型号为 0AH。

要使 PC_3 能够产生中断请求信号 INTR，还必须使 A 口的中断请求允许状态 INTE = 1。这里通过 8255 的置位/复位操作将 PC_6 置 1 来实现（参见方式 1 下的数据输出时序图 7-23），即在初始化 8255 时除写方式控制字外，还要写 C 口的位操作控制字。

输出时，先输出一个空字符，以引起中断过程。在中断中输出要打印的字符，利用 $\overline{OBF}$ 的下降沿触发一单稳触发器，产生打印机所需要的 $\overline{STROBE}$ 脉冲，将字符锁存到打印机中。接收到字符后，打印机发出 $\overline{ACK}$，清除 $\overline{OBF}$ 标志并产生有效的 INTR 输出，形成新的中断请求，CPU 响应中断后再输出下一个字符。

为简单起见，在初始化 8255 时，仍使 B 口工作于方式 0 输出，C 口的其余 5 条线均定义为输出，故控制字为 10100000B，即 0A0H。

设计 8255 与打印机的电路连接方法如图 7-34 所示。

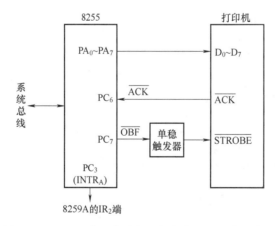

图 7-34　8255 工作于方式 1 下与打印机的连接示意图

以下是向打印机输出字符的程序，包括主程序和中断处理子程序两部分。主程序完成以下三项工作：将中断服务子程序的入口地址送中断向量表、开中断等中断的准备工作以及 8255 的初始化。而中断服务子程序则完成字符的输出。C 程序中假设 8259A 的端口地址为 0FF00H（$A_0=0$）和 0FF01H（$A_0=1$）。

```
MAIN:   PUSH DS
        LEA  DX,PRINT              ⎫
        MOV  AX,SEG PRINT          ⎪
        MOV  DS,AX                 ⎪
        MOV  AL,0AH                ⎬  ;设置中断向量
        MOV  AH,25H                ⎪
        INT  21H                   ⎪
        POP  DS                    ⎭

        MOV  DX,0FBC3H             ⎫
        MOV  AL,0A0H               ⎬  ;8255 初始化:A 口方式 1,输出,B 口方式 0,输出
        OUT  DX,AL                 ⎭  ;C 口其余的 5 条线输出

        MOV  AL,0DH                ⎫  ;使 PC₆ 置 1(INTE=1),允许 8255 产生中断
        OUT  DX,AL                 ⎭

        MOV  AL,00H                ⎫
        MOV  DX,0FBC0H             ⎬  ;从 A 口输出一个空字符,引发第一次中断
        OUT  DX,AL                 ⎭

        MOV  AX,OFFSET DATA
        MOV  STR_PTR,AX            ;设置字符串偏移地址
        MOV  AX,SEG DATA
        MOV  STR_PTR+2,AX          ;设置字符串段地址
        STI                        ;开中断
        :
```

中断服务子程序如下：

```
PRINT:  PUSH SI
        PUSH AX
        PUSH DS
        LDS  SI,DWORD PTR STR_PTR
NEXT:   LODSB                      ;取一个字符
        MOV  STR_PTR,SI            ;保存新的串指针
        MOV  DX,0FBC0H
        OUT  DX,AL                 ;输出字符到 8255 的 A 口
        MOV  AL,20H
        MOV  DX,0FF00H             ;8259 的 $OCW_2$
        OUT  DX,AL                 ;送中断结束命令给 8259
        POP  DS
        POP  AX
        POP  SI
        IRET                       ;中断返回
```

【例 7-5】 用 8255 并行接口芯片实现键盘接口，其电路如图 7-35 所示。图中，按键排列成 4 行 4 列，8255 的 C 口设置为方式 0，并将 $PC_7 \sim PC_4$ 设定为输出，与各行线相连；$PC_3 \sim PC_0$ 设定为输入，与各列线相连。

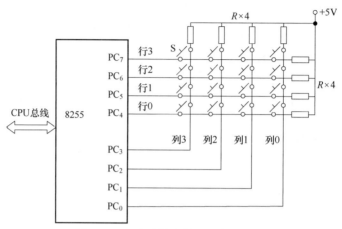

图 7-35 矩阵式键盘接口电路原理图

题目解析： 键盘输入是微机系统最常用的输入方式。键盘的结构有两种形式：线性键盘和矩阵键盘。线性键盘就是若干独立的开关（按键），每个按键将其一端直接与微机某输入端口的一位相连，另一端接地，就可完成硬件的连接。其接口程序也很简单，只要查询该输入端口各位的状态，即可判别是否有键按下了以及按下的是哪一个键。线性键盘有多少按键，就有多少根连线与微机输入端口相连，因此只适用于按键少的应用场合。

矩阵键盘的按键排成 n 行 m 列的矩阵形式，每个按键占据行列的一个交点，需要的连接线数是 $n+m$ 根，容许的最大按键数是 $n \times m$ 个。矩阵键盘所需的连线数非常少，是一般微机常用的键盘结构。矩阵键盘按键的识别主要有扫描法和反转法两种。下面以 4×4 矩阵键盘为例来说明用 8255 作为矩阵键盘接口的原理及按键识别方法。

（1）扫描法 扫描法就是逐行输出 0，然后读入列值，并检查有无为 0 的位（与某一列相对应）。若有，则当前行该列的键被按下。实际应用中往往采用一些技巧来加快扫描速度。用以下三个步骤即可检查出哪一个键被按下。具体步骤如下：

① 识别是否有键按下。$PC_7 \sim PC_4$ 输出全 0，然后从 $PC_3 \sim PC_0$ 读入，若读入的数据中有一位为 0，则表明有某个键被按下，转第 2 步，否则在本步骤中循环。

② 去抖动。延时 20ms 左右，过滤掉按键的抖动，然后按第 1 步的方法再做一次，若还有键闭合，则认为确实有一个键被按下，否则返回第 1 步。

③ 查找被按下的键。从第 0 行开始，顺序逐行扫描，即逐行输出 0。每扫描一行，读入列线数据，若数据中有一位为 0，则表示该位对应的列与当前扫描行的交点处的按键被按下。

（2）反转法 此法不需要逐行扫描，仅用两步即可找到按下的键。步骤如下：

① 将 $PC_7 \sim PC_4$ 设定为输出，$PC_3 \sim PC_0$ 设定为输入。然后向行线输出全 0（即 $PC_7 \sim PC_4$ 输出全 0），接着从 $PC_3 \sim PC_0$ 读入列线的值，若读入的数据中有一位为 0，则表明与该位对应的列线上有某个键被按下，存储此值作为"列值"，转第 2 步，否则在本步骤中循环。

② 将 $PC_7 \sim PC_4$ 设定为输入，$PC_3 \sim PC_0$ 设定为输出。把第 1 步读入的值再输出到列线上（即把"列值"从 $PC_3 \sim PC_0$ 输出），接着从 $PC_7 \sim PC_4$ 读入行线的值，其中必有一位为 0，为

0 的位所对应的行线就是被按键所在的行，存储此值作为"行值"。将行值和列值组合在一起，用查表的方法即可得到按键的键号。

例如，若第 0 行第 2 列（0，2）的键按下，则第 1 步从列线读回的列值为 1011B。第 2 步中再将 1011B 从列线输出，从行线读回的行值为 1110B，二者组合，得到该键的行列值组合为 11101011B。

因为在键盘扫描过程中要反转行线与列线的输入/输出方向，所以此法被称为反转法。

以下是与图 7-35 相对应的采用反转法的按键识别程序。设 8255 端口 A 的地址为 40H，端口 B 的地址为 41H，端口 C 的地址为 42H，控制寄存器地址为 43H。

```
START:  MOV  AL,10000001B      ;方式 0,C 口高 4 位输出,低 4 位输入
        OUT  43H,AL
        MOV  AL,0
        OUT  42H,AL             ;各行线(PC7~PC4)为 0
WAIT1:  IN   AL,42H             ;读入列线(PC3~PC0)状态
        AND  AL,0FH             ;保留低 4 位
        CMP  AL,0FH             ;检查有键按下否(是否存在为 0 的位)
        JE   WAIT1              ;全 1 表示无按键,循环继续检测
        MOV  AH,AL              ;保存列值
        MOV  AL,10001000B       ;方式 0,C 口高 4 位输入,低 4 位输出
        OUT  43H,AL             ;反转输入/输出方向
        MOV  AL,AH
        OUT  42H,AL             ;把列值反向输出到列线上
        IN   AL,42H             ;读入行线(PC7~PC4)状态
        AND  AL,0F0H            ;保留高 4 位
        OR   AL,AH              ;组合行值和列值
        <查表求出按键的键号>
        :
```

请读者自行练习编写用扫描法获取按键值的程序。

最后，来看一下 8255 芯片在 PC/XT 微机中的应用。在 PC/XT 中，系统板上的外围接口电路主要是由可编程接口芯片 8255A 以及相关电路组成，其连接示意图如图 7-36 所示。

由图 7-36 可以看出，PC/XT 微机中，8255A 的端口采用了部分地址译码，参与译码的高位地址仅为 $A_7 \sim A_2$，地址范围选择为 60H~63H。A、B、C 三个口均工作于方式 0。A 口在加电自检时工

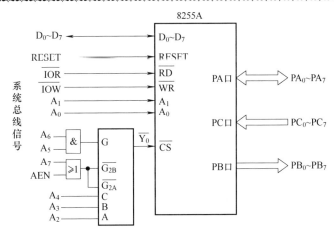

图 7-36　PC/XT 中的 8255A 连接示意图

作在输出状态，输出当前被检测部件的标识信号。此时的 B 口也工作于输出状态，而 C 口工作于输入状态，因此其方式控制字为 89H。

在正常工作时，A 口作为输入口，用来读取键盘扫描码；B 口和 C 口仍分别为输出和输入口。B 口用于输出系统内部的控制信号，控制系统板上部分电路的动作，如定时器、扬声器、键盘，允许 RAM 奇偶校验、允许 I/O 通道校验以及控制系统配置开关信号的读取。C 口用来读取系统内部的状态信号，包括系统配置开关的状态、8253 的 OUT_2、I/O 通道奇偶校验和 RAM 奇偶校验的状态等。此时的控制字为 99H。

7.4 可编程串行接口 8250

早期微机中的串行接口主要有 COM1（RS-232 接口）和 COM2（RS-422 接口）两种，现在已较少使用。现代计算机中的串行接口除了连接硬盘的 SATA（Serial Advanced Technology Attachment）串行接口之外，主要就是大家都很熟知的 USB（Universal Serial Bus）接口，它是目前微机系统中应用最广泛的接口规范。

为帮助读者能够理解串行接口电路的设计方法，与并行接口一样，本节也利用一个具体型号的可编程串行接口芯片 Intel 8250，来介绍串行接口电路设计。Intel 8250 是专用于异步串行通信的可编程串行接口芯片，具有很强的串行通信能力和灵活的可编程性能。

7.4.1 8250 的引脚及功能

可编程串行通信接口 8250 的外部引脚图如图 7-37 所示，共有 40 根引脚，单电源 +5V 供电。除电源线（V_{cc}）和地线（GND）外，其引脚信号可分为面向系统和面向通信设备两大类。

1. 面向系统的引脚信号

（1）$D_0 \sim D_7$　双向数据线。与系统数据总线相连接，用以传送数据、控制信息和状态信息。

（2）CS_0、CS_1、$\overline{CS_2}$　片选信号，输入。只有当它们同时有效，即 $CS_0 = 1$、$CS_1 = 1$、$\overline{CS_2} = 0$ 时，才能选中该 8250 芯片。

（3）CSOUT　片选输出信号。当 8250 的 CS_0、CS_1 和 $\overline{CS_2}$ 同时有效时，CSOUT 为高电平。

（4）$A_0 \sim A_2$　8250 内部寄存器的选择信号。它们的不同编码，可以选中 8250 内部不同的寄存器。详细情况在下面再做介绍。

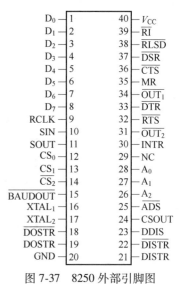

图 7-37　8250 外部引脚图

（5）$\overline{ADS}$　地址选通信号。低电平有效。有效时可将 CS_0、CS_1、$\overline{CS_2}$ 及 A_0、A_1、A_2 锁存于 8250 内部。若在工作中不需要锁存上述信号，则可将 ADS 直接接地，使其恒有效。

（6）DISTR、$\overline{DISTR}$　数据输入选通信号。当它们其中任何一个有效时（DISTR 为高或 $\overline{DISTR}$ 为低），被选中的 8250 寄存器内容可被读出。它们经常与系统总线上的 IOR 信号相连接。当它们同时无效时，8250 不能读出。

（7）DOSTR、$\overline{\text{DOSTR}}$　数据输出选通信号。当它们其中一个有效时（DOSTR 为高电平或$\overline{\text{DOSTR}}$为低电平），被选中的 8250 寄存器可写入数据或控制字。它们常与系统总线的$\overline{\text{IOW}}$相连。当它们同时无效时，8250 则不能写入。

（8）DDIS　驱动器禁止信号。该输出信号在 CPU 读 8250 时为低电平，非读时为高电平。可用此信号来控制 8250 与系统总线间的数据总线驱动器。

（9）INTR　中断请求输出信号。高电平有效。当 8250 中断允许时，接收出错、接收数据寄存器满、发送数据寄存器空以及 MODEM 的状态均能够产生有效的 INTR 信号。主复位信号（MR）可使该输出信号无效。

（10）MR　主复位输入信号，高电平有效。通常与系统复位信号 RESET 相连。主复位时，除了接收数据寄存器、发送数据寄存器和除数锁存器外，其他内部寄存器及信号均受到主复位的影响。详细情况见表 7-3。

表 7-3　MR 功能

寄存器或信号	复位控制	复位后的状态
通信控制寄存器	MR	各位均为低电平
中断允许寄存器	MR	各位均为低电平
中断标识寄存器	MR	第 0 位高电平，其余均为低
MODEM 控制寄存器	MR	各位均为低电平
通信状态寄存器	MR	除第 5、6 位外其余均为高
INTR（线路状态错）	读通信状态寄存器或 MR	低电平
INTR（发送寄存器空）	读中断标志寄存器，写发送数据寄存器或 MR	低电平
INTR（接收寄存器满）	读接收数据寄存器或 MR	低电平
INTR（MODEM 状态改变）	读 MODEM 状态寄存器或 MR	低电平
SOUT	MR	高电平
OUT_1、OUT_2、RTS、DTR	MR	高电平

2. 面向外部通信设备的引脚信号

（1）SIN　串行数据输入端。外设或其他系统传送来的串行数据由该端进入 8250。

（2）SOUT　串行数据输出端。主复位信号可使其变为高电平。

（3）$\overline{\text{CTS}}$　清除发送信号。输入，低电平有效。当它有效时表示提供 CTS 信号的设备可以接收 8250 发送的数据，它是提供 CTS 信号的设备向 8250 发出的 RTS 信号的应答信号。

（4）$\overline{\text{RTS}}$　请求发送信号。输出，低电平有效。它是 8250 向外设发出的发送数据请求信号。它与下面的信号具有同样的功能。

（5）$\overline{\text{DTR}}$　数据终端准备好信号。输出，低电平有效。它表示 8250 已准备好，可以接收数据。

（6）$\overline{\text{DSR}}$　数据装置准备好信号。输入，低电平有效，表示接收数据的外设已准备好接收数据。它是对$\overline{\text{DTR}}$信号的应答。

（7）$\overline{\text{RLSD}}$　接收线路信号检测信号。输入，低电平有效，表示 MODEM 已检测到数据载波信号。

（8）$\overline{RI}$　振铃指示信号。输入，低电平有效，表示 MODEM 已接收到一个电话振铃信号。

（9）$\overline{OUT_1}$　可由用户编程确定其状态的输出端。若用户在 MODEM 控制寄存器第二位（OUT_1）写入 1，则 $\overline{OUT_1}$ 输出端变为低电平。主复位信号（MR）可将 $\overline{OUT_1}$ 置为高电平。

（10）$\overline{OUT_2}$　与 $\overline{OUT_1}$ 一样，也可由用户编程指定。只是要将 MODEM 控制寄存器的第三位（OUT_2）写入 1，就可使 $\overline{OUT_2}$ 变为低电平。主复位信号（MR）可将其置为高电平。

（11）$\overline{BAUDOUT}$　波特率信号输出。该端输出的是主参考时钟频率除以 8250 内部除数寄存器中的除数后所得到的频率信号。这个频率信号就是 8250 的发送时钟信号，是发送数据波特率的 16 倍。若将此信号接到 RCLK 上，又可以同时作为接收时钟使用。

（12）$XTAL_1$、$XTAL_2$　外部时钟端。这两端可接晶振或直接接外部时钟信号。

（13）RCLK　接收时钟信号。该输入信号的频率为接收数据波特率的 16 倍。

7.4.2　8250 的结构及内部寄存器

8250 的内部结构框图如图 7-38 所示。

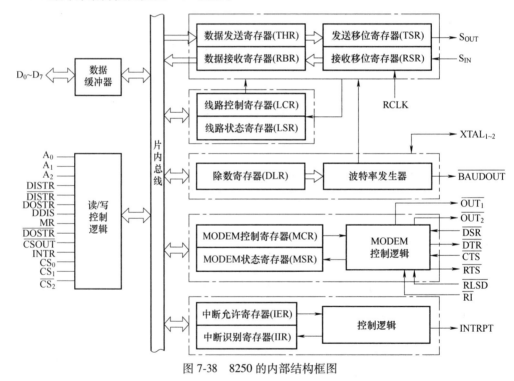

图 7-38　8250 的内部结构框图

由图可知，8250 中除与系统相连的数据缓冲器、读/写控制逻辑外，还包括 11 个寄存器。这 11 个寄存器可分为五个功能模块，它们在 8250 编程时需要经常使用，需要熟练掌握每个寄存器各位的含义和使用方法。

1. 数据发送寄存器（THR）和接收缓冲寄存器（RBR）

THR 和 RBR 都是 8 位寄存器。发送数据时，CPU 将数据写入 THR。只要发送移位寄存器（TSR）空，THR 中的数据便会由 8250 的硬件自动送入 TSR 中，以便串行移出。

当 8250 接收到一个完整的字符时，便会把该字符从接收移位寄存器（RSR）传送到 RBR。CPU 可从由 RBR 读出接收到的数据。

2. 通信线路控制寄存器（LCR）

LCR 是一个 8 位寄存器，其各位的主要功能如图 7-39 所示。

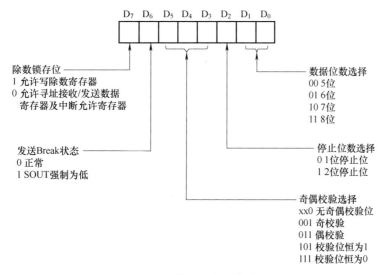

图 7-39　通信线路控制寄存器

LCR 主要用于决定在串行通信时所使用的数据格式，例如数据位数、奇偶校验及停止位的多少等。因芯片仅有 3 根地址线，最多只能寻址 8 个寄存器，为此只好使两个除数寄存器和其他寄存器共用地址。当前是寻址除数寄存器还是其他寄存器，是由 LCR 的最高位 D_7 来区分的。当需要读写除数寄存器时，必须先使 LCR 的 D_7 置 1，而在读写其他寄存器时，又必须先将其设为 0。

3. 通信线路状态寄存器（LSR）

LSR 用于存放通信过程中 8250 接收和发送数据的状态。各位功能如图 7-40 所示。

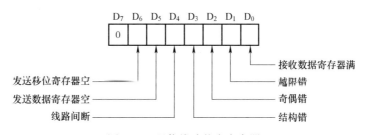

图 7-40　通信线路状态寄存器

（1）D_0　此位为 1 时，表示 8250 已接收到一个完整的字符，CPU 可以从 8250 的接收数据寄存器中读取。一旦读取后，此位即变为 0。

（2）D_1　越限状态标志。接收数据寄存器中的前一数据还未被 CPU 读走，而后一个数据已经到来并将其破坏时，此位为 1。当 CPU 读接收数据寄存器时使此位变为 0。

（3）D_2　奇偶校验错标志。在 8250 对收到的一个完整的字符编码进行奇偶校验时，若发现其值与规定的奇偶校验不同，则使此位为 1，表示数据可能有错。当 CPU 读 LCR 时此位变为 0。

(4) D_3 结构错标志。当接收到的数据停止位个数不正确时，此位置 1。当 CPU 读 LCR 时此位变为 0。

(5) D_4 线路间断标志。若在一个完整的字符编码的时间间隔中收到的均为空闲状态，则此位置 1，表示线路信号间断。当 CPU 读通信状态寄存器时使此位变为 0。

出现以上 4 种标志状态中的任何一种都会使 8250 发出线路状态错中断。

(6) D_5 此位为 1 表示数据发送保持寄存器（THR）空。CPU 将数据写入 THR 后，此位清 0。

(7) D_6 此位为 1 表示发送移位寄存器（TSR）空。当 THR 的数据送入 TSR 时，此位清 0。

(8) D_7 此位恒为 0。

4. 除数寄存器（DLR）

DLR 是一个 16 位的寄存器。外部时钟按 DLR 中的除数（分频系数）进行分频，可以获得所需的波特率。如果外部时钟频率 f 已知，而 8250 所要求的波特率 B 也已规定，那么就可以由下式求出 DLR 中除数的值：

$$除数 = f/(B \times 16)$$

通常，8250 使用 1.8432MHz 的基准时钟输入，所以上式可写为：

$$除数 = 1843200/(B \times 16)$$

例如，若要求使用 1200 波特率来传送数据，则可计算出除数应为 96。在初始化 8250 时，最开始就应将除数写到 DLR 中，以便产生所希望的波特率。为了写入除数，应首先把 LCR 的 D_7 置 1，然后将 16 位除数按先低 8 位、后高 8 位的顺序写入 DLR。写完后，还应把 LCR 的 D_7 再置为 0，以便 8250 进行正常操作。

5. MODEM 控制寄存器（MCR）

MCR 是一个 8 位的寄存器，用来对 MODEM 实施控制。其中高 3 位恒为 0，其余各位的功能如图 7-41 所示。

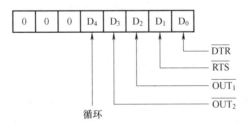

图 7-41 MODEM 控制字

(1) D_0 此位用于设置数据终端准备好信号。当它为 1 时，使 8250 的 $\overline{DTR}$ 输出为低，表示 8250 准备好接收数据。当它为 0 时，使 8250 的 $\overline{DTR}$ 输出为高，表示 8250 没有准备好。

(2) D_1 此位为 1 时，8250 的 $\overline{RTS}$ 输出低电平，表示 8250 已准备好发送数据。当它为 0 时，$\overline{RTS}$ 输出高电平，表明 8250 未准备好发送。

(3) D_2、D_3 这两位分别用以控制 8250 的输出线 $\overline{OUT_1}$ 和 $\overline{OUT_2}$。当它们为 1 时，对应

的 $\overline{OUT}$ 输出为 0；而当它们为 0 时，对应的 $\overline{OUT}$ 输出为 1。

（4）D_4 用于环回检测控制，实现 8250 的自我环回测试。当 $D_4 = 1$ 时，SOUT 为高电平状态，而 SIN 将与系统相分离。这时 TSR 的数据将由 8250 内部直接回送到 RSR 的输入端。MODEM 用以控制 8250 的 4 个信号 $\overline{CTS}$、$\overline{DSR}$、$\overline{RLSD}$ 和 $\overline{RI}$ 与系统分离。同时，8250 用来控制 MODEM 的 4 个输出信号 $\overline{RTS}$、$\overline{DTR}$、$\overline{OUT}_1$ 和 $\overline{OUT}_2$ 在 8250 芯片内部与 $\overline{CTS}$、$\overline{DSR}$、$\overline{RLSD}$ 和 $\overline{RI}$ 相连接，实现数据在 8250 芯片内部的自发自收。这样，8250 发送的串行数据在其内部被接收，从而完成 8250 的自检，并且在完成自测试过程中不需要外部连线。在自环回测试时，中断仍能产生。值得注意的是，在这种情况下，MODEM 状态中断是由 MODEM 控制寄存器提供的。

当 $D_4 = 0$ 时，8250 正常工作。从环回测试转到正常工作状态，必须对 8250 重新初始化，其中包括将 D_4 清零。

6. MODEM 状态寄存器（MSR）

MSR 用来反映 8250 与通信设备之间应答联络输入信号的当前状态以及这些信号的变化情况，其状态字的格式如图 7-42 所示。

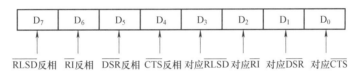

图 7-42 MODEM 状态寄存器

1）MSR 的低 4 位是应答输入信号发生变化（从高变低或从低变高）的状态标志，CPU 读 MSR 时，把这 4 位同时清零 这 4 位分别对应 $\overline{CTS}$、$\overline{DSR}$、$\overline{RI}$ 和 $\overline{RLSD}$。当某位为 1 时，表示从上次读 MSR 后，相应的应答输入信号发生了变化。当某位为 0 时，则说明相应的应答输入信号状态无改变。

2）MSR 的高 4 位反映了 $\overline{CTS}$、$\overline{DSR}$、$\overline{RI}$ 和 $\overline{RLSD}$ 这 4 个输入信号的当前状态。

① D_4 是 $\overline{CTS}$ 反相之后的状态，自测试时为 RTS 的状态。

② D_5 是 $\overline{DSR}$ 反相之后的状态，自测试时为 DTR 的状态。

③ D_6 是 $\overline{RI}$ 反相之后的状态，自测试时为 OUT_1 的状态。

④ D_7 是 $\overline{RLSD}$ 反相之后的状态，自测试时为 OUT_2 的状态。

7. 中断允许寄存器（IER）

IER 只使用 $D_0 \sim D_3$ 这 4 位，高 4 位不用。$D_0 \sim D_3$ 每位的 1 或 0 分别用于允许或禁止 8250 的 4 个中断源发出中断请求，其格式如图 7-43 所示。

如果 IER 的 $D_0 \sim D_3$ 均为 0，则禁止 8250 发出中断。在 IER 中，接收线路状态引起的中断包括越限错、

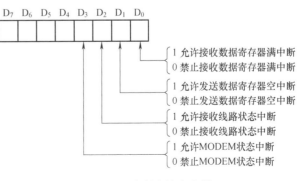

图 7-43 中断允许寄存器

奇偶错、结构错和间断。对于 MODEM 状态引起的中断见下面对 MODEM 状态寄存器的解释。

8. 中断识别寄存器（IIR）

IIR 是一个 8 位的寄存器，其高 5 位恒为 0，只使用低 3 位作为 8250 的中断识别标志。格式如图 7-44 所示。8250 有 4 个中断源，它们的中断优先级顺序为：

1）接收器线路状态中断为最高优先级，包括越限、奇偶错、结构错和间断。读通信状态寄存器可使此中断复位。

2）第二是接收数据缓冲寄存器满中断。读接收缓冲寄存器可复位此中断。

3）第三为发送数据保持寄存器空中断。写数据发送寄存器可复位此中断。

4）最低优先级为 MODEM 状态中断，包括发送结束、数据装置准备好、振铃指示等 MODEM 状态中断源。读 MODEM 状态寄存器可复位此中断。

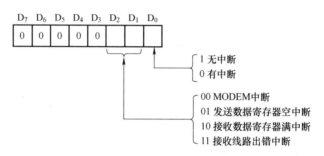

图 7-44　中断识别寄存器

7.4.3　8250 的工作过程

1. 数据发送过程

CPU 将要发送的数据以字符为单位写到 8250 的 THR 中（见图 7-38）。当 TSR 中的数据全部移出变空时，存于 THR 中待发送的数据就会自动并行送到 TSR⊖。TSR 在发送时钟的激励下，按照事先和接收方约定的字符传送格式，加上起始位、奇偶校验位和停止位，再以约定的波特率（由波特率控制部分产生）按照从低到高的顺序一位接一位地由 SOUT 端发送出去。

一旦 THR 的内容送到 TSR，就会在 LSR 中建立"数据发送保持寄存器空"的状态位；而且也可以用此状态位来触发产生中断。因此，查询该状态位或者利用该状态触发的中断即可实现数据的连续发送。

2. 数据接收

由通信对方来的数据在接收时钟 RCLK 作用下，通过 SIN 端逐位进入 RSR。RSR 根据初始化时定义的数据位数确定接收到了一个完整的数据后会立即将数据自动并行传送到 RBR。RBR 收到 RSR 的数据后，就立即在状态寄存器中建立"接收数据准备好"的状态，而且也可以用此状态位来触发中断。因此，查询该状态位或者利用该状态触发的中断即可实现数据的连续接收。

⊖　8250 初始化后，TSR 为空状态，所以初始化后传送到 THR 的第一个字符总是立即送入 TSR。

由于串行异步通信的速率较低,无论是用查询方式或中断方式来实现异步通信均不困难。

7.4.4 8250 的应用

1. 8250 的寻址和连接

一片 8250 芯片共占用 7 个端口地址。表 7-4 详细列出了各内部寄存器具体的地址安排,另外还列出了 IBM PC/XT 中异步串行通信口 COM_1 各寄存器的物理地址(COM_2 的物理地址相应为 2F8H~2FFH)。

表 7-4 8250 内部寄存器寻址

CS_0	CS_1	$\overline{CS_2}$	A_2	A_1	A_0	DLAB	COM_1 地址	寄存器
1	1	0	0	0	0	0	3F8H	发送保持寄存器(THR)(写),接收缓冲寄存器(RBR)(读)
1	1	0	0	0	0	1	3F8H	除数锁存器(低 8 位)(DLL)
1	1	0	0	0	1	1	3F9H	除数锁存器(高 8 位)(DLH)
1	1	0	0	0	1	0	3F9H	中断允许寄存器(IER)
1	1	0	0	1	0	×	3FAH	中断识别寄存器(IIR)
1	1	0	0	1	1	×	3FBH	通信线路控制寄存器(LCR)
1	1	0	1	0	0	×	3FCH	MODEM 控制寄存器(MCR)
1	1	0	1	0	1	×	3FDH	通信线路状态寄存器(LSR)
1	1	0	1	1	0	×	3FEH	MODEM 状态寄存器(MSR)
1	1	0	1	1	1	×	3FFH	(无效)

8250 内部有 10 个与编程使用有关的寄存器,可利用片选信号 CS_0、CS_1 和 $\overline{CS_2}$ 选中 8250,利用芯片上 A_0、A_1、A_2 三条地址线的 8 种不同编码选择 8 个寄存器,再利用通信控制字的最高位——除数锁定位(DLAB)来选中除数锁存器。由于有的寄存器是只写的,有的寄存器是只读的,故还可以利用读写信号来加以选择。通过上述这些办法,就可以对指定的寄存器进行寻址访问。

在 PC 中,串行通信接口由 8250 来实现,图 7-45 表示了它与总线的连接。

由图 7-45 可知,8250 的地址由 10 条地址线来决定,其地址范

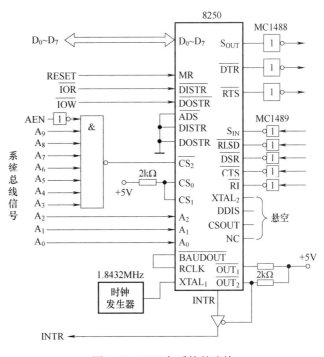

图 7-45 8250 与系统的连接

围为 3F8H~3FFH（COM$_1$）。在寻址 8250 时，AEN 信号总处于低电平。由于$\overline{ADS}$始终接地，CS$_0$ 和 CS$_1$ 接高电平，故只要地址译码输出使$\overline{CS_2}$为低电平即可选中 8250。再利用表 7-4 所示的寻址方法，就可对 8250 的 9 个内部寄存器寻址。

时钟发生器将外部时钟信号由 XTAL$_1$ 加到 8250 上，而其BAUDOUT输出又作为接收时钟加到 RCLK 上。芯片上的一些引线固定接高电平或接地，而一些不用的则悬空。这是 8250 在电路连接上为用户提供的灵活性。

2. 初始化及其应用

8250 初始化时，通常首先使通信控制字的 $D_7=1$，即使 DLAB 为 1。在此条件下，将除数低 8 位和高 8 位分别写入 8250 内部的除数寄存器，然后再以不同的地址分别写入通信控制字、MODEM 控制字及中断允许字等。其具体做法可按如图 7-46 所示的流程依次进行。现以图 7-45 为例，对 8250 进行初始化编程。

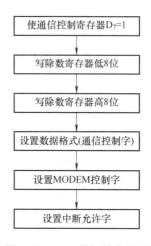

图 7-46　8250 的初始化流程

假定所需的波特率为 1200 波特，数据格式为 1 位停止位、7 位数据位、奇校验。
初始化程序如下：

```
START:MOV  DX,3FBH        ;LCR 的地址
      MOV  AL,80H         ;开 始
      OUT  DX,AL          ;使 LCR 的 D$_7$=1
      MOV  DX,3F8H        ;DLL 的地址
      MOV  AL,60H         ;除数为 0060H
      OUT  DX,AL          ;写除数低 8 位
      INC  DX             ;DLH 的地址
      MOV  AL,0
      OUT  DX,AL          ;写除数高 8 位
      MOV  DX,3FBH        ;LCR 的地址
      MOV  AL,0AH         ;1 位停止位,7 位数据位,奇校验
      OUT  DX,AL          ;初始化通信控制寄存器
```

```
            MOV   DX,3FCH              ;MCR 的地址
            MOV   AL,03H               ;使 DTR 和 RTS 有效
            OUT   DX,AL                ;初始化 MODEM 控制器
            MOV   DX,3F9H              ;IER 的地址
            MOV   AL,0                 ;禁止所有中断
            OUT   DX,AL                ;写中断允许寄存器
```

上面的初始化程序是完全按照图 7-46 所示的顺序编写的，即首先写除数寄存器，而要将除数写入，先要使通信控制寄存器的 $D_7=1$，亦即 DLAB=1，然后再写入 16 位的除数 0060H，即十进制数 96。由于加在 $XTAL_1$ 上的时钟频率为 1.8432MHz，故波特率为 1200 波特。

初始化通信控制字为 00001010B，它指定数据为 7 位、停止位为 1 位、奇校验。MODEM 控制字为 00000011B，使 $\overline{DTR}$ 和 $\overline{RTS}$ 均为低电平，即有效状态。最后，将中断允许控制字写入中断允许寄存器。由于中断允许字为 00H，故禁止 4 个中断源可能形成的中断。8250 的中断，在硬件上是通过 $\overline{OUT_2}$ 输出控制的三态门接到 8259 上去的。若允许中断，则一方面要使 $\overline{OUT_2}$ 输出为低电平，同时，再初始化中断允许寄存器。$\overline{OUT_2}$ 是由 MODEM 控制字的 D_3 来控制。只有当 MODEM 控制字的 $D_3=1$ 时，$\overline{OUT_2}$ 才为低电平。上述的 MODEM 控制字为 03H，其 $D_3=0$，故 $\overline{OUT_2}=1$，这时禁止中断请求输出。

发送数据的程序接在初始化程序之后。若采用查询方式发送数据，且假定要发送的字节数放在 BX 中，要发送的数据顺序存放在以 DATA 为首地址的内存区中，则发送数据的程序段如下：

```
SENDPRG:    MOV   DX,3FDH
            LEA   SI,DATA
WAITTHR:    IN    AL,DX
            TEST  AL,20H               ;检查 THR 是否空
            JZ    WAITSE
            PUSH  DX
            MOV   DX,3F8H
            LODSB
            OUT   DX,AL                ;发送一个字节
            POP   DX
            DEC   BX
            JNZ   WAITTHR
```

同样，在初始化后，可以利用查询方式实现数据的接收。下面是接收一个数据的程序段：

```
RECVPRG:    MOV   DX,3FDH
WAITRBR:    IN    AL,DX
```

```
        TEST    AL,1EH              ;检查是否有任何错误产生
        JNZ     ERROR
        TEST    AL,01H              ;检查数据准备好否
        JZ      WAITRBR
        MOV     DX,3F8H
        IN      AL,DX               ;接收一个字节
        AND     AL,7FH              ;只保留低 7 位
         ⋮
```

该程序首先测试状态寄存器，看接收的数据是否有错。若有错就转向错误处理 ERROR；若无错时，再看是否已收到一个完整的数据。若是这样，则从 8250 的接收数据寄存器中读出，并取事先约定的 7 位数据，将其放在 AL 中。

下面仍以图 7-45 所示的连接形式为例，说明利用中断方式，通过 8250 实现串行异步通信的过程。为了便于叙述，假设系统以查询方式发送数据，以中断方式接收数据，这时对 8250 的初始化的程序如下：

```
INISIR: MOV     DX,3FBH
        MOV     AL,80H
        OUT     DX,AL               ;置 DLAB=1
        MOV     DX,3F8H
        MOV     AL,0CH
        OUT     DX,AL
        MOV     DX,3F9H
        MOV     AL,0                ;置除数为 000CH,规定波特率为 9600 波特
        OUT     DX,AL
        MOV     DX,3FBH
        MOV     AL,0AH              ;1 位停止位,7 位数据位,奇校验
        OUT     DX,AL               ;初始化通信控制寄存器
        MOV     DX,3FCH
        MOV     AL,0BH              ;使 $OUT_2$、DTR 和 RTS 有效
        OUT     DX,AL               ;初始化 MODEM 寄存器
        MOV     DX,3F9H
        MOV     AL,01H              ;允许接收数据寄存器满产生中断
        OUT     DX,AL               ;初始化中断允许寄存器
        STI                         ;CPU 开中断
```

该程序对 8250 进行初始化，并在初始化完时（假如其他接口初始化在此之前）开中断。接收一个字符的中断服务程序（接收到一个字符时自动调用此程序）如下：

```
RECVE:  PUSH    AX
        PUSH    BX
        PUSH    DX
        PUSH    DS
        MOV     DX,3FDH
        IN      AL,DX
```

```
                MOV   AH,AL              ;保存接收状态
                MOV   DX,3F8H
                IN    AL,DX              ;读入接收到的数据
                AND   AL,7FH
                TEST  AH,1EH             ;检查有无错误产生
                JZ    SAVEDATA
                MOV   AL,'?'             ;出错的数据用问号替代
    SAVEDATA:   MOV   DX,SEG BUFFER
                MOV   DS,DX
                MOV   BX,OFFSET BUFFER
                MOV   [BX],AL
                MOV   AL,20H             ;将 EOI 命令发给中断控制器 8259
                OUT   20H,AL
                POP   DS
                POP   DX
                POP   BX
                POP   AX
                STI
                IRET
```

当 8250 的接收数据寄存器满而产生中断时，此中断请求经过中断控制器 8259A 送给 CPU。CPU 中断响应后，转向上述中断服务程序。该中断服务程序首先进行断点和现场的保护。再取回接收状态和接收到的一个字符，并检查接收有无差错。若有错则进行错误处理（本例中对有错的字符用问号替代），无错则将接收到的字符放在指定的存储单元 BUFFER 中，然后恢复断点，开中断并中断返回。这里特别说明的是，在中断服务程序结束前，必须给 8259A 一个中断结束命令 EOI（这点在第 6 章 6.5 节已讲过），使 8259A 能将中断服务寄存器的状态复位，以便系统又能处理其他低级别的中断。

习　题

一、填空题

1. 在串行通信中，有三种数据传送方式，分别是单工方式、（　　）方式和（　　）方式。
2. 根据串行通信规程规定，收发双方的（　　）必须保持相同，才能保持数据的正确传送。
3. 8253 可编程计数器有两种启动方式，在软件启动时，要使计数正常进行，GATE 端必须为（　　）电平，如果是硬件启动则 GATE 端为（　　）电平。
4. 在 8255 并行接口中，能够工作在方式 2 的端口是（　　）口。
5. 在 8250 串行接口中，将并行输入转换为串行输出或将串行输入转换为并行输出的器件是（　　）。

二、简答题

1. 一般来讲，接口芯片的读写信号应与系统的哪些信号相连？
2. 试说明 8253 的六种工作方式。其时钟信号 CLK 和门控信号 GATE 分别起什么作用？
3. 试说明串行通信的数据格式。
4. 8255 各端口可以工作在几种方式下？当端口 A 工作在方式 2 时，端口 B 和 C 工作于什么方式下？
5. 试比较并行通信与串行通信的特点。

三、设计题

1. 若 8253 芯片的接口地址为 D0D0H~D0D3H，时钟信号频率为 2MHz。现利用计数器 0、1、2 分别产生周期为 10μs 的对称方波及每 1ms 和 1s 产生一个负脉冲，试画出其与系统的电路连接图，并编写包括初始化在内的程序。

2. 某一计算机应用系统采用 8253 的计数器 0 作为频率发生器，输出频率为 500Hz；用计数器 1 产生 1000Hz 的连续方波信号，输入 8253 的时钟频率为 1.19MHz。试问：初始化时送到计数器 0 和计数器 1 的计数初值分别为多少？计数器 1 工作于什么方式下？

3. 某 8255 芯片的地址范围为 A380H~A383H，工作于方式 0，A 口、B 口为输出口，现欲将 PC_4 置"0"，PC_7 置"1"，试设计该 8255 芯片与 8088 系统的连接图，并编写初始化程序。

4. 设 8255 的接口地址范围为 03F8H~03FBH，A 组、B 组均工作于方式 0，A 口作为数据输出口，C 口低 4 位作为控制信号输入口，其他端口未使用。试画出该片 8255 与系统的电路连接图，并编写初始化程序。

5. 已知某 8088 微机系统的 I/O 接口电路框图如图 7-47 所示。试完成：

（1）根据图中接线，写出 8255、8253 各端口的地址；

（2）编写 8255 和 8253 的初始化程序。其中，8253 的 OUT_1 端输出 100Hz 方波，8255 的 A 口为输出，B 口和 C 口为输入；

（3）为 8255 编写一个 I/O 控制子程序，其功能为：每调用一次，先检测 PC_0 的状态，若 $PC_0=0$，则循环等待；若 $PC_0=1$，可从 PB 口读取当前开关 S 的位置（0~7），经转换计算从 A 口的 $PA_0 \sim PA_7$ 输出该位置的二进制编码，供 LED 显示。

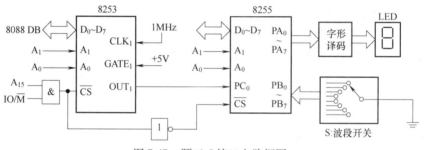

图 7-47　题三-5 接口电路框图

6. 串行通信接口芯片 8250 的给定地址为 83A0H~83A7H，试画出其与 8088 系统总线的连接图。若采用查询方式由该 8250 发送当前数据段、偏移地址为 BUFFER 的顺序 100 个字节的数据，试编写发送程序。

7. 上题中若采用中断方式接收数据，试编写将接收到的数据放在数据段 DATA 单元的中断服务子程序。

第 8 章

模拟接口电路

在工业生产中，需要测量和控制的对象往往是连续变化的物理量，如温度、压力、流量、位移等。为了利用计算机实现对工业生产过程的自动监测和控制，首先必须要能够将生产过程中监测设备输出的连续变化的模拟量转变为计算机能够识别和接受的数字量；其次还要能够将计算机发出的控制命令转换为相应的模拟信号，去驱动模拟调节执行机构。这样两个过程，就需要模拟量的输入和输出通道来完成。因此，模拟量输入/输出通道是实现工业过程控制的重要组成部分。本章将围绕模拟量的输入/输出通道，介绍数/模（D/A）转换和模/数（A/D）转换这两种模拟接口，使读者对工业闭环控制系统的整体结构有基本的了解，并能够进行数据采集系统的简单软硬件系统的设计。

8.1 模拟量的输入/输出通道

模拟量输入/输出通道是指从模拟量采集和控制点（工业现场）到微机系统之间的通道，包含多个核心部件，总体结构如图 8-1 所示。

8-1 模拟量的输入/输出

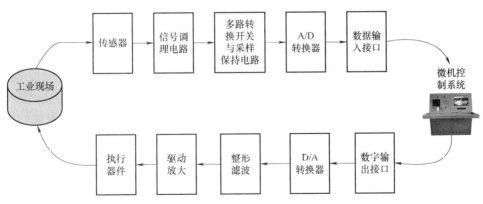

图 8-1 模拟量的输入、输出通道结构图

8.1.1 模拟量输入通道

典型的模拟量输入通道由以下几部分组成：

1. 传感器（Sensor）

传感器是一种检测装置，用于感受被测量的信息，并能将感受到的信息按一定规律变换

为电信号或其他所需形式的信息输出,是实现自动检测和自动控制的首要环节。在现代工业控制系统中,常需要利用各种传感器来监视和控制生产过程中的各个参数。许多反映工业生产现场信息的参数都是非电物理量,如压力、温度等。

传感器一般由敏感元件、转换元件、变换电路和辅助电源四部分组成,如图 8-2 所示。敏感元件直接感受被测量,并输出与被测量有确定关系的物理量信号。包括基于热、光、电、磁等物理效应的物理类、基于化学反应的化学类、基于分子识别功能的生物类等;转换元件将敏感元件输出的物理量信号(如温度、压力等)转换为电信号;变换电路负责对转换元件输出的电信号进行放大调制,形成符合工业标准的电信号输出。转换元件和变换电路一般还需要辅助电源供电。

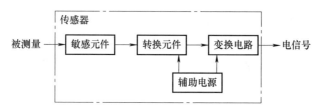

图 8-2 传感器基本组成

传感器的类型主要取决于敏感元件的类型,但无论哪种类型,传感器的主要作用都是将物理量转换为电量(电流、电压)。例如,热电偶能够将温度这个物理量转换成几毫伏或几十毫伏的电压信号,所以可用它作为温度传感器;压力传感器可以把压力的变化转换为电信号等。

不同的监测传感器,其输出信号的类型、格式等都会不同,由此也会使后续的控制方式有所不同。随着技术的发展,现代许多新型传感器的功能已越来越强大,其内部不仅集成了以下介绍的变送器,还包括信号处理系统,甚至 A/D 转换器,从而使传感器的输出直接为数字信号。

2. 信号调理电路(Signal Conditioning Circuit)

模拟量输入通道中的信号调理电路主要包括消抖、滤波、保护、电平转换、隔离等。它将传感器输出的信号进行放大或处理成与 A/D 转换器所要求的输入相适应的电压水平。另外,传感器通常都安装在现场,环境比较恶劣,其输出常叠加有高频干扰信号。因此,信号调理电路通常是低通滤波电路,如 RC 滤波器,或由运算放大器构成的有源滤波电路等。

3. 多路转换开关与采样保持电路(Multiplexer and Sample Holder)

在生产过程中,要监测或控制的模拟量往往不止一个,尤其是数据采集系统中,需要采集的模拟量一般比较多,而且不少模拟量是缓慢变化的信号。对这类模拟信号的采集,可采用多路模拟开关,使多个模拟信号共用一个 A/D 转换器进行采样和转换,以降低成本。

在数据采样期间,保持输入信号不变的电路称为采样保持电路。由于输入模拟信号是连续变化的信号,A/D 转换器完成一次转换需要一定的转换时间。不同的 A/D 变换芯片,其转换时间不同。对变化较快的模拟输入信号,如果不在转换期间保持输入信号不变,就可能引起转换误差。A/D 转换芯片的转换时间越长,对同样频率模拟信号的转换精度的影响就越大。所以,在 A/D 转换器前面要增一级采样保持电路,以保证在转换过程中输入信号保持在其采样时的值不变。

4. 模/数（Analog to Digital，A/D）转换器

模/数（A/D）转换器的作用是将输入的模拟信号转换成计算机能够识别的数字信号，以便计算机进行分析和处理。作为模拟量输入通道中的重要器件，它的输出指向计算机系统，输入则是来自工业现场的模拟信号。因此，在计算机控制系统中，A/D 转换器承担了 I/O 接口的角色。从其传输信息的类型上，它属于模拟接口；从其传输信息的方向上，它属于输入接口。针对输入接口应具有的基本要求，通常要求 A/D 转换器具有数据控制能力（目前的 A/D 芯片通常都具有三态控制功能），否则，需要通过数字接口实现 A/D 转换器与计算机系统的连接。

8.1.2 模拟量输出通道

计算机的输出信号是数字信号，而有的控制元件或执行机构要求提供模拟的输入电流或电压信号，这就需要将计算机输出的数字量转换为模拟量，这个过程的实现由模拟量的输出通道来完成。输出通道的核心部件是数/模（Digital to Analog，D/A）转换器。由于将数字量转换为模拟量同样需要一定的转换时间，也就要求在整个转换过程中待转换的数字量要保持不变。而计算机的运行速度很快，其输出的数据在数据总线上稳定的时间很短。因此，在计算机与 D/A 转换器之间必须加一级锁存器以保持数字量的稳定。D/A 转换器的输出端一般还要加上低通滤波器，以平滑输出波形。另外，为了能够驱动执行器件，还需要将输出的小功率的模拟量加以放大。

8.2 D/A 转换器

8.2.1 D/A 转换器的基本原理

1. D/A 转换器的基本思想

8-2 D/A 转换器（一）

D/A 转换器的作用是将数字量转换为相应的模拟量。数字量由二进制位组成，每个二进制位的权为 2^i，为了将数字量转换成模拟量，必须将每一位的代码按其权的大小转换成相应的模拟量，然后将这些模拟量相加，即可得与数字量成正比的模拟量，从而实现了数字—模拟的转换。

D/A 转换器的基本组成包括数据缓冲与锁存器、n 位模拟开关、数码网络、驱动放大电路以及基准电压等（见图 8-3）。n 位数字量以串行或并行方式输入数据缓冲与锁存器保存，以确保在整个转换过程中数字量的稳定（仅在一次转换过程结束后，才允许将新的数字量存入）。数据缓冲与锁存器输出接到 n 位模拟开关，使数据信号的高低电平转变成相应的开关状态。不同数位上的电子开关在数码电阻解码网络中获得的相应数字权值经求和电路得到与数字量对应的模拟量，再经过驱动放大电路，形成模拟量的输出。

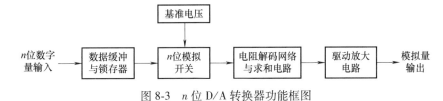

图 8-3　n 位 D/A 转换器功能框图

根据电阻解码网络结构的不同，D/A 转换器可以分为：T 型电阻网络 D/A 转换器、倒 T 型电阻网络 D/A 转换器、权电流 D/A 转换器和权电阻 D/A 转换器。以下简要介绍权电阻网络结构的 D/A 转换器的基本转换原理。

2. 权电阻网络结构 D/A 转换器

权电阻网络的核心是运算放大器。对图 8-4a 所示的基本运算放大器电路，其输出电压 V_o 与输入电压 V_i 之间有如下关系：

$$V_o = -\frac{R_f}{R_i} V_i \tag{8-1}$$

式中，R_f 为运算放大器的反馈电阻，R_i 为输入电阻。

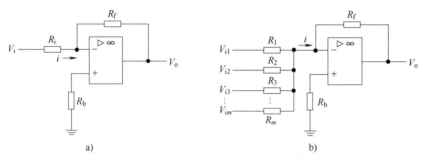

图 8-4 基本运算放大器电路

若输入端有 m 个支路，且设 $V_{i1} \sim V_{im} = V_i$（见图 8-4b），则输出与输入的关系可表示为：

$$V_o = -R_f \sum_{j=1}^{m} \frac{1}{R_j} V_i \tag{8-2}$$

若使图 8-4b 中各支路上的输入电阻 R_1，R_2，$\cdots$，R_m 分别等于 $2^1 R$，$2^2 R$，$\cdots$，$2^m R$，即每一位电阻值都具有权值 2^j（j 为该电阻所在的位数），并由对应的开关 S_j 控制（见图 8-5）。

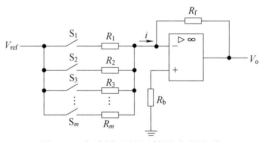

图 8-5 多路输入的运算放大器电路

设：当 S_j 闭合时 S_j 取值为 1，S_j 断开时 S_j 取值为 0，并令 $V_{ref} = \frac{R_f}{R} V_i$，则输出电压 V_o 和输入的关系为：

$$V_o = -\sum_{j=1}^{m} \frac{1}{2^j} S_j V_{ref} \tag{8-3}$$

由式（8-3）可得：

① 当所有开关 S_j 断开时，$V_o = 0$。

② 当所有开关 S_j 闭合时，输出电压 V_o 为最大，即 $V_o = -\frac{2^j - 1}{2^j} V_{ref}$。

如果用二进制数码来驱动图 8-5 中对应数位上的电子开关 S_j，当第 j 路的二进制码为 1 时，使第 j 位的 S_j 闭合；第 j 路的二进制码为 0 时，使对应的 S_j 断开。这样，数字量的变化就转换成了模拟量的变化。

D/A 转换器的转换精度与基准电压 V_{ref} 和权电阻的精度以及数字量的位数 j 有关。显然，位数越多，转换精度就越高，但同时所需的权电阻的种类就越多。由于在集成电路中制造高阻值的精密电阻比较困难，故常用 R-$2R$ 的 T 型电阻网络（或倒 T 型网络）来代替权电阻网络。图 8-6 是一个简化了的 T 型电阻网络原理图。它只由两种阻值 R 和 $2R$ 组成，使集成工艺生产较为容易，精度也容易保证，因此得到比较广泛的应用。式（8-4）为 R-$2R$ 的 T 型电阻网络的输出和输入电压的关系表达式。式中，D 为输入的数字量，m 为数字量的位数。

$$V_o = \frac{-D}{2^m} \times \frac{R_f}{R} \times V_{ref} \tag{8-4}$$

由式（8-4）可知，输出电压 V_o 正比于输入数字量 D，而幅度大小由 V_{ref} 和 R_f/R 的比值决定。若使 $R_f/R=1$，并且输入为 8 位数字量，则式（8-4）可简化为式（8-5），即 8 位 D/A 转换器的输出电压与数字量的关系式。

$$V_o = \frac{-D}{256} \times V_{ref} \tag{8-5}$$

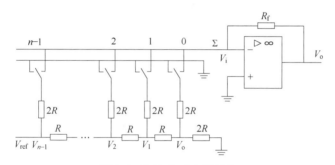

图 8-6 R-$2R$ T 型电阻网络

D/A 转换器的输出形式有电压、电流两大类。电压输出型的 D/A 转换器的输出电压一般为 0~5V 或 0~10V，它相当于一个电压源，内阻较小，可带动较大的负载。而电流输出型的则相当于一个电流源，内阻较大，与之匹配的负载电阻不能太大。

8.2.2 D/A 转换器的主要技术指标

1. 分辨率（Resolution）

分辨率是 D/A 转换器对数字输入量变化的敏感程度的度量，它表示输入每变化一个最低有效位（Least Significant Bit, LSB）使输出变化的程度。例如，对一个 n 位的 D/A 转换器，若其满度电压值为 V，其最低有效位对应的电压值就为 $V/(2^n-1)$，则该 D/A 转换器的分辨率等于 $1/(2^n-1)$。如果用百分比表示，则为 $[1/(2^n-1)] \times 100\%$。

分辨率也可以用数字量的位数来表示，如 8 位、10 位等。也可以直接用 1 个 LSB 来表示。

2. 转换精度（Conversion accuracy）

转换精度表示由于 D/A 转换器的引入而使其输出和输入之间产生的误差，可用绝对转换精度或相对转换精度来表示。

绝对转换精度是指实际的输出值与理论值之间的差距。它与 D/A 转换器参考电压的精度、权电阻的精度等有关。

相对转换精度是绝对转换精度与满量程输出之比再乘以百分之百，是常用的描述输出电压接近理想值程度的物理量，更具有实用性。例如，一个 D/A 转换器的绝对转换精度为 ±0.05V，若输出满刻度值为 5V，则其相对转换精度为 ±1%。

与 D/A 转换器转换精度有关的指标还有以下几点：

① 非线性误差：在满刻度范围内，偏移理想的转换特性的最大值。
② 温度系数误差：在允许范围内，温度每变化 1℃ 所引起的输出变化。
③ 电源波动误差：由于电源的波动引起的输出变化。
④ 运算放大器误差：与 D/A 变换器相连的运算放大器带来的误差。

需要注意的是，由于不可能用有限位数的数字量来表示连续的模拟量，所以由位数产生的转换误差是不能消除的，是系统固有的。为了尽量减小分辨率造成的转换误差，在系统设计时，应这样来选择 D/A 转换器的位数，使其最低有效位的变化所引起的误差远远小于 D/A 芯片的总误差。

3. 转换时间

转换时间是指当输入数字量满刻度变化（如全 0 到全 1）时，从数字量输入到输出模拟量达到与终值相差 ±1/2LSB（最低有效位）相当的模拟量值所需的时间。它表征了一个 D/A 转换器芯片的转换速率。

4. 线性误差

在 D/A 转换时，若数据连续转换，则输出的模拟量应该是线性的。即在理想情况下，D/A 转换器的输入/输出曲线是一条直线，但实际的输出特性曲线与理想的曲线之间存在一定的误差。把实际输出特性偏离理想转换特性的最大值称为线性误差。通常用这个最大差值折合成的数字量来表示。

例如，一个 D/A 转换器的线性误差小于 1/2LSB，表示用它进行 D/A 变换时，其输出模拟量与理想值之差最大不会超过 1/2 最低有效位的输入量产生的输出值。

5. 动态范围

D/A 转换器的动态范围是指最大和最小输出值范围，一般决定于参考电压 V_{ref} 的高低。参考电压高，动态范围就大。整个 D/A 转换电路的动态范围除与 V_{ref} 有关外，还与输出电路的运算放大器的级数及连接方法有关。适当地选择输出电路，可在一定程度上增加转换电路的动态范围。

8.2.3 DAC0832

D/A 转换器的种类繁多。从输入数字量位数上看，有 8 位、10 位、16 位等；在输出形式上，有电流输出和电压输出。从内部结构上，又可分为含数据输入寄存器和不含数据输入寄存器两类。对内部不含数据输入寄存器的芯片（不具备数据锁存能力），不能直接与系统总线连接。

对 D/A 转换器，当有数字量输入时，其输出端就会有模拟电流或电压信号建立。而当输入端数字量消失时，输出模拟量也随之消失。对部分控制对象，要求输出模拟量要能够保持一段时间，即要求输入数字量要能够保持一段时间。由于微处理器的工作速度要远高于

D/A 转换器，这种数字量的保持无法由处理器承担。所以，如果 D/A 转换器内部不具备输入寄存器，就要求在其与 CPU 之间含锁存能力的数字接口，如 74LS273。对内部已包含数据输入寄存器的 D/A 转换器芯片可直接与系统总线相连，如 DAC0832、AD7524 等。

尽管 D/A 转换器的型号很多，但它们的基本工作原理和功能都是一致的。下面以 8 位 D/A 转换器 DAC0832 为例，来说明数/模转换器与 CPU 的连接方法及其应用。

DAC0832 芯片（见图 8-7）具有价格低廉、接口简单、转换控制容易等优点，在单片机应用系统中得到广泛的应用。

DAC0832 的主要技术参数有：①分辨率：8 位；②线性误差：（0.05%~0.2%）FSR（满刻度）；③转换时间：1μs；④功耗：20mW。

1. 外部引脚功能

DAC0832 是一个 8 位的数/模转换芯片，为 20 引脚双列直插式封装（Dual In-line Package，DIP）外观如图 8-7 所示。

图 8-8 给出了 DAC0832 芯片的外部引脚图。各引脚功能如下：

图 8-7 DAC0832 芯片

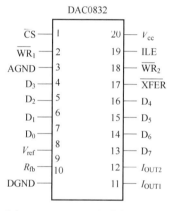

图 8-8 DAC0832 的外部引脚图

（1）$D_0 \sim D_7$ 8 位数据输入端。

（2）$\overline{CS}$ 片选信号，低电平有效。

（3）ILE 输入寄存器选通信号，它与 $\overline{CS}$、$\overline{WR_1}$ 一起将要转换的数据送入输入寄存器。

（4）$\overline{WR_1}$ 输入寄存器的写入控制，低电平有效。

（5）$\overline{WR_2}$ 数据变换（DAC）寄存器写入控制，低电平有效。

（6）$\overline{XFER}$ 传送控制信号，低电平有效，它与 $\overline{WR_2}$ 一起把输入寄存器的数据装入到数据变换寄存器。

（7）I_{OUT1} 模拟电流输出端，当 DAC 寄存器中内容为 0FFH 时，I_{OUT1} 电流最大；当 DAC 寄存器中内容为 00H 时，I_{OUT1} 电流最小。

（8）I_{OUT2} 模拟电流输出端，DAC0832 为差动电流输出，一般情况下 $I_{OUT1}+I_{OUT2}$ = 常数。

（9）R_{fb} 反馈电阻引出端，接运算放大器的输出。

（10）V_{ref} 参考电压输入端，要求其电压值要相当稳定，一般在 -10V~+10V 之间。

（11）V_{cc} 芯片的电源电压，可为 +5V 或 +15V。

(12) AGND 模拟信号地。
(13) DGND 数字信号地。

2. 内部结构

DAC0832 由 8 位输入寄存器、8 位 DAC 寄存器、8 位 D/A 转换电路及转换控制电路构成，如图 8-9 所示。电阻网络为 T 型电阻网络，差动电流输出。故若需要得到模拟电压输出，必须外接运算放大器。

8-3 D/A 转换器（二）

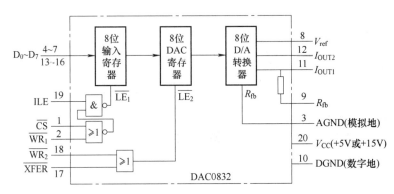

图 8-9 DAC0832 的内部结构示意图

3. DAC0832 的三种工作方式

从图 8-9 可以看出，DAC0832 的内部包括两级锁存器：第一级是 8 位的数据输入寄存器，由控制信号 ILE、$\overline{CS}$ 和 $\overline{WR_1}$ 控制；第二级是 8 位的 DAC 寄存器，由控制信号 $\overline{WR_2}$ 和 $\overline{XFER}$ 控制。根据这两个锁存器使用方法的不同，DAC0832 有三种工作模式。

（1）单缓冲工作方式　单缓冲工作方式是使输入寄存器或 DAC 寄存器中的任意一个工作在直通状态，而另一个工作在受控锁存状态。例如，要想使输入寄存器受控，DAC 寄存器直通，则可将 $\overline{WR_2}$ 和 $\overline{XFER}$ 接数字地，从而使 DAC 寄存器处于始终选通状态。如图 8-10 所示。

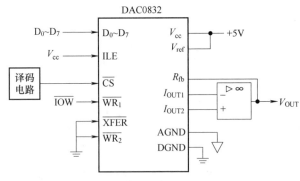

图 8-10 DAC0832 单缓冲方式下的电路连接

在图 8-10 所示的单缓冲工作方式下，当 CPU 向输入寄存器的端口地址发出写命令时（执行 1 条 OUT 指令），数据写入输入寄存器，由于此时 DAC 寄存器为直通状态，因此写入到数据寄存器的数据会直接通过 DAC 寄存器进入 8 位 D/A 转换器进行数/模转换。

在只有单路模拟量输出通道，或虽有多路模拟量输出通道但不要求同时刷新模拟输出时，可采用这种方式。

若设 DAC0832 的输入寄存器端口地址为 PORT，待转换数据在 DATA 单元中。则单缓冲工作方式下完成 1 次数/模转换的基本程序段如下：

```
MOV AL,DATA          ;要转换的数据送 AL
MOV DX,PORT          ;0832 输入寄存器端口地址送 DX
OUT DX,AL            ;将数字量送 D/A 转换器进行转换
HLT
```

(2) 双缓冲工作方式　双缓冲工作方式下，CPU 对 DAC0832 需要进行两步写操作：

① 当 ILE = 1、$\overline{CS} = \overline{WR_1} = 0$ 时，待转换的数据被写入输入寄存器。随后，$\overline{WR_1}$ 由低变高，数据出现在输入寄存器的输出端，并在整个 $\overline{WR_1} = 1$ 期间，输入寄存器的输出端将不再随其输入端的变化而变化，从而保证了在数/模转换时数据的稳定性。

② 当 $\overline{XFER} = \overline{WR_2} = 0$ 时，数据写入 DAC 寄存器，并同时启动转换。

双缓冲工作方式下的工作时序如图 8-11 所示。

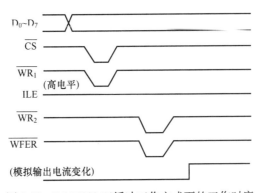

图 8-11　DAC0832 双缓冲工作方式下的工作时序

双缓冲工作方式的优点是数据接收和启动转换可以异步进行，可以在 D/A 转换的同时接收下一个数据，提高了模/数转换的速率。它还可用于多个通道同时进行 D/A 转换的场合，其电路连接如图 8-12 所示。

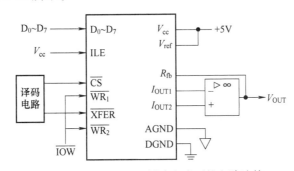

图 8-12　DAC0832 双缓冲方式下的电路连接

由于这种工作方式要求先使数据锁存到输入寄存器，再使数据进入 DAC 寄存器，故此时 DAC0832 占用两个端口地址。若设 DAC0832 的输入寄存器端口地址为 PORT1，DAC 寄存器端口地址为 PORT2，待转换数据在 DATA 单元中。则双缓冲方式下完成 1 次数/模转换的

基本程序段如下：

```
MOV  AL,DATA
MOV  DX,PORT1      ;输入寄存器端口地址送 DX
OUT  DX,AL         ;数据送输入寄存器
MOV  DX,PORT2      ;DAC 寄存器端口地址送 DX
OUT  DX,AL         ;数据送 DAC 寄存器并启动变换
HLT
```

（3）直通工作方式　直通工作方式就是使 DAC0832 的输入寄存器和 DAC 寄存器始终处于直通状态，其电路连接如图 8-13 所示。

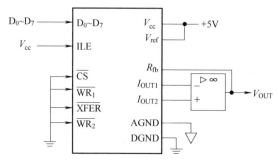

图 8-13　DAC0832 直通工作方式下的电路连接

在直通方式下，DAC0832 一直处于 D/A 转换状态，模拟输出端始终跟踪输入端 $D_0 \sim D_7$ 的变化，不再具备对数据的锁存能力，因此这种工作方式下 0832 不能直接与 8088 CPU 的数据总线相连接，必须通过数字输出接口。故在实际工程实践中很少采用。

8.2.4　D/A 转换器的应用

作为模拟量输出通道中的关键部件，D/A 转换器不仅可在微机控制系统中作为接口，而且还可利用其电路结构特征和输入、输出电量之间的关系构成数控电流源、电压源、数字式可编程增益控制电路和波形发生器等。本节将通过示例介绍 D/A 转换器在波形发生器中的应用。对其在微机控制系统中的应用，将在第 9 章中介绍。

由前面的讨论可知，DAC0832 在单缓冲方式下可以直接与系统总线相连，亦即可以将它看作一个输出端口。每向该端口送一个 8 位数据，其输出端就会有相应的输出电压。我们可以通过编写程序，利用 D/A 转换器产生各种不同的输出波形，如锯齿波、三角波、方波、正弦波等。

【例 8-1】　利用 DAC0832 产生连续正向锯齿波信号，周期任意。设该 0832 芯片工作在单缓冲方式，端口地址为 378H。设计将 DAC0832 与 8088 总线系统的连接图，并编写相应的控制程序。

题目解析： 正向锯齿波的规律是电压从最小值开始逐渐上升，上升到最大值时立刻跳变为最小值，如此往复。由于周期任意，因此只要从 0 开始向 DAC0832 输出数据，每次加 1，直到最大值 255，然后再从 0 开始下一个周期。循环执行该过程，即可在 0832 输出端得到一个正向锯齿波。

由于给定端口地址为 12 位，高 4 位没有给出，即需要采用部分地址译码。

设计连接电路如图 8-14 所示。产生正向锯齿波的程序段为：

```
       MOV  DX,378H    ;端口地址送 DX
       MOV  AL,0       ;初始值送 AL
NEXT:  OUT  DX,AL      ;输出数字量到 D/A 转换器
       DEC  AL         ;数字量减 1(对 8 位二进制,0-1=FFH)
       JMP  NEXT       ;循环
```

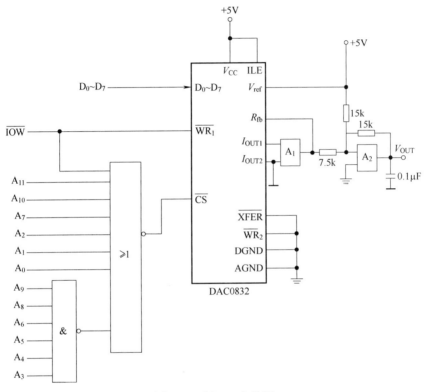

图 8-14　例 8-1 电路图

例 8-1 程序产生的锯齿波不是平滑的波形，而是有 255 个小台阶，通过加滤波电路可以得到较平滑的锯齿波输出。还可以通过软件实现对输出波形周期和幅度的调整。

【例 8-2】　已知 DAC0832 输出电压范围为 0~5V，若要求例 8-1 输出电压范围为 1~4V、周期任意的正向锯齿波，该如何修改？

题目解析：例 8-1 中没有考虑输出波形的周期、频率，也没有考虑输出波形的幅值范围。若要将输出波形电压范围控制在 1~4V，则首先需要取得最低电压值和最高电压值对应的数字量值。

由于 DAC0832 是 8 位 D/A 转换器，故对应 0~5V 的输出电压范围有：输出 5V 时，输入数字量为最大值 255；输出 0V 是对应数字量为 0。则：

$$1V \text{ 电压对应的数字量} = 1 \times 255/5 = 51$$
$$4V \text{ 电压对应的数字量} = 4 \times 255/5 = 204$$

考虑到输出波形应能够停止，程序中增加了在有任意键按下时则停止输出的功能。
程序设计如下：

```
            MOV   DX,378H              ;DAC0832的端口地址送DX
NEXT1:      MOV   AL,51                ;最低输出电压对应的数字量送AL
NEXT2:      OUT   DX,AL                ;输出数字量到0832
            INC   AL                   ;数字量加1
            CALL  DELAY                ;调用延时子程序
            CMP   AL,204               ;是否到最大值(输出4V电压)
            JNA   NEXT2                ;若没有到最大值继续输出
            MOV   AH,1                 ;达到最大输出则判断有无任意键按下
            INT   16H
            JZ    NEXT1                ;若无任意键按下则重新开始下一个周期
            HLT                        ;有键按下则退出
DELAY       PROC
            MOV   CX,100               ;延时子程序(延时常数可修改)
DELAY1:     LOOP  DELAY1
            RET
DELAY       ENDP
```

本例中，不仅实现了波形幅度的调整，通过在延时子程序中设置不同的延时常数，还可以实现输出信号周期的调整。

> 反向锯齿波与正向锯齿波的方向正好相反，先从最小值跳变为最大值，然后逐渐下降到最小值。请考虑，若要求产生反向锯齿波，程序该如何修改？

8.3 A/D转换器

A/D转换器是将连续变化的模拟信号转换为数字信号的器件，简称ADC（Analog-Digital Converter）。它与D/A转换器一样，是微型机应用系统中的一种重要接口，常用于数据采集系统。

A/D转换器的种类很多，如计数型A/D转换器、双积分型A/D转换器、逐位反馈型A/D转换器等。考虑到精度及变换速度的折中，这里以常用的逐位反馈型（或称逐位逼近型）A/D转换器为例，来说明A/D转换器的一般工作原理。

8.3.1 A/D转换器的基本原理

图8-15为逐位反馈型A/D转换器的内部结构，主要由逐次变换寄存器（SAR）、D/A转换器、电压比较器和一些时序控制逻辑电路等组成。

8-4 A/D转换器（一）

逐位反馈型A/D转换器采用逐次变换寄存器（SAR）来存放转换后的数字量结果，它的工作原理非常类似于用天平称重。在转换开始前，先将SAR寄存器各位清零，然后设其最高位为1（对8位来讲，即为10000000B）——就像天平称重时先放上一个最重的砝码一样，SAR中的数字量经D/A转换器转换为相应的模拟电压V_C，并与模拟输入电压V_x进行比较⊖，若$V_x \geq V_C$，则SAR寄存器中最高位的1保留，否则就将

⊖ 这里，V_x为每次比较后的结果。第一次比较：$V_x = V_i - V_C$。

最高位清零——若砝码比物体轻就要保留此砝码，否则去掉此砝码。然后再使次高位置1，进行相同的过程，直到 SAR 的所有位都被确定。转换过程结束后，SAR 寄存器中的二进制码就是 A/D 转换器的输出。

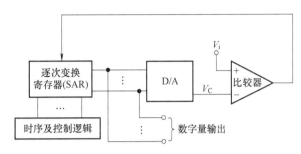

图 8-15　逐位反馈型 A/D 转换器的内部结构

例如，某一个 12 位的 A/D 转换器，如果输入的模拟电压为 0~5V，则输出的对应值就为 0~FFFH，且最低有效位所对应的输出电压为 $5/(2^{12}-1)$ V ≈ 1.22mV。现设输入模拟电压为 4.5V，其变换过程如下：

位序号　比较表达式　　　　　　　　　　　二进制值

位序号	比较表达式		二进制值
b11	$4.5000V - 2^{11} \times 1.22mV = 2V$	>0	1
b10	$2.0000V - 2^{10} \times 1.22mV = 0.75V$	>0	1
b9	$0.7500V - 2^9 \times 1.22mV = 0.125V$	>0	1
b8	$0.1250V - 2^8 \times 1.22mV$	<0	0
b7	$0.1250V - 2^7 \times 1.22mV$	<0	0
b6	$0.1250V - 2^6 \times 1.22mV = 0.046V$	>0	1
b5	$0.0460V - 2^5 \times 1.22mV = 0.0069V$	>0	1
b4	$0.0069V - 2^4 \times 1.22mV$	<0	0
b3	$0.0069V - 2^3 \times 1.22mV$	<0	0
b2	$0.0069V - 2^2 \times 1.22mV = 0.0021V$	>0	1
b1	$0.0021V - 2^1 \times 1.22mV$	<0	0
b0	$0.0021V - 2^0 \times 1.22mV$	>0	1

比较结束后，4.5V 模拟量转换成了数字量 111001100101B，并保存在逐次变换寄存器。

8.3.2　A/D 转换器的主要技术指标

1. 转换精度

影响 A/D 转换器转换精度的主要技术指标有分辨率（量化误差）和非线性误差等。

（1）分辨率　A/D 转换器的分辨率说明 A/D 转换器对输入信号的分辨能力，也称为量化误差。它决定了 A/D 转换器的转换特性。图 8-16 为一个 3 位 A/D 转换器的转换特性。当模拟量的值在 0~0.5V 范围变化时，数字量输出为 000B；在 0.5~1.5V 范围变化时，数字量输出为 001B。这样在给

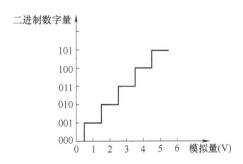

图 8-16　A/D 转换器的转换特性

定数字量情况下，实际模拟量与理论模拟量之差最大为±0.5V。这种误差是由转换特性造成的，是一种原理性误差，也是无法消除的误差。从图中可以发现，数字量的每个变化间隔为1V，就是说模拟量在1V内的变化，不会使数字量发生变化。这个间隔称为量化间隔（也称为当量），用Δ表示，其定义为：

$$\Delta = \frac{输入满度电压值}{A/D 转换器的最大数字量输出} \tag{8-6}$$

对逐位反馈型A/D转换器，逐次变换寄存器（SAR）的字长就是A/D转换器输出数字量的位数。对一个 n 位A/D转换器，其量化间隔Δ可表示为：

$$\Delta = \frac{V_{\max}}{2^n - 1} \tag{8-7}$$

若用绝对误差来表示分辨率（量化误差），可以表示为：

$$量化误差 = \frac{1}{2} \times 量化间隔 = \frac{V_{\max}}{2(2^n - 1)} \tag{8-8}$$

由式（8-8）可以看出，分辨率也可以用（1/2）LSB来表示。因此，A/D转换器输出的位数越多（逐次变换寄存器（SAR）的字长越长），则分辨率越高。一旦A/D转换器的位数确定，其量化误差也就确定了。

【例8-3】 假设最大输入模拟电压为5V，分别计算12位A/D转换器和8位A/D转换器的分辨率。

题目解析：可以依据式（8-8）计算。

根据式（8-8）：

$$12 位 A/D 转换器的分辨率 = \frac{5}{2(2^n - 1)} = \frac{5}{2 \times 4095} \approx 0.61 \text{mV}$$

$$8 位 A/D 转换器的分辨率 = \frac{5}{2(2^n - 1)} = \frac{5}{2 \times 255} \approx 9.8 \text{mV}$$

结果说明，A/D转换器的分辨率与字长相关。本例中，输入信号最大值为5V时，12位A/D转换器能区分出输入信号的最小电压为0.61mV，而8位A/D转换器能区分出输入信号的最小电压为9.8mV。

（2）非线性误差 A/D转换器的非线性误差是指在整个变换量程范围内，数字量所对应的模拟输入信号的实际值与理论值之间的最大差值。理论上A/D变换曲线应该是一条直线，即模拟输入与数字量输出之间应该是线性关系。但实际上它们二者的关系并非呈线性。所谓非线性误差就是由于二者关系的非线性而偏离理想直线的最大值，常用多少LSB来表示。

除了分辨率和非线性误差之外，影响A/D转换器转换精度的因素还有电源波动引起的误差、温度漂移误差、零点漂移误差、参考电源误差等。

2. 转换时间

转换时间是指完成一次A/D变换所需要的时间，即从发出启动转换命令信号到转换结束信号有效之间的时间间隔。转换时间的倒数称为转换速率（频率）。例如，AD574KD的转换时间为35μs，其转换速率为28.57kHz。

3. 输入动态范围

输入动态范围也称量程，指能够转换的模拟输入电压的变化范围。A/D转换器的模拟电压输入分为单极性和双极性两种：

单极性：动态范围为 0～+5V、0～+10V 或 0～+20V 等；

双极性：动态范围为-5～+5V 或-10～+10V 等。

8.3.3 ADC0809

ADC0809 是美国国家半导体公司（National Semiconductor Corporation）生产的逐位逼近型 8 位单片 A/D 转换芯片。片内含 8 路模拟开关，可允许 8 路模拟量输入。片内带有三态输出缓冲器，因此可直接与系统总线相连。它的转换精度和转换时间都不是很高，但其性能价格比有较明显的优势，在单片机应用设计中得到广泛应用。

ADC0809 的主要技术参数见表 8-1。

表 8-1 ADC0809 的主要技术参数

技 术 指 标	参 数
模拟量输入	8 通道（8 路）
输出	8 位字长，内置三态输出缓冲器
A/D 转换类型	逐位逼近型
转换时间	100μs
电源	单电源 0～+5V

1. 外部引脚功能

ADC0809 芯片有 28 条引脚，采用双列直插式封装，外观与 DAC0832 类似（见图 8-7）。图 8-17 为芯片的外部引脚图。各引脚功能如下：

① D_0～D_7：输出数据线。

② IN_0～IN_7：8 路模拟电压输入通道，可连接 8 路模拟量输入。

③ ADDA、ADDB、ADDC：通道地址选择，用于选择 8 路中的一路输入。ADDA 为最低位，ADDC 为最高位。

④ START：启动信号输入端，下降沿有效。在启动信号的下降沿，启动变换。

⑤ ALE：通道地址锁存信号，用来锁存 ADDA～ADDC 端的地址输入，上升沿有效。

⑥ EOC：变换结束状态信号。当该引脚输出低电平时表示正在变换，输出高电平则表示一次变换已结束。

⑦ OE：读允许信号，高电平有效。在其有效期间，CPU 将转换后的数字量读入。

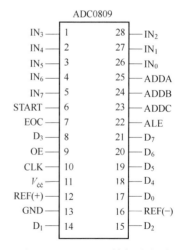

图 8-17 ADC0809 外部引脚图

⑧ CLK：时钟输入端。

⑨ REF（+）、REF（-）：参考电压输入端。

⑩ V_{cc}：5V 电源输入。

⑪ GND：地线。

ADC0809 需要外接参考电源和时钟。外接时钟频率为 10kHz～1.2MHz。

2. 内部结构

ADC0809 的内部包括了多个功能部件，如图 8-18 所示，可分为模拟输入选择、转换器和转换结果输出三个组成部分。

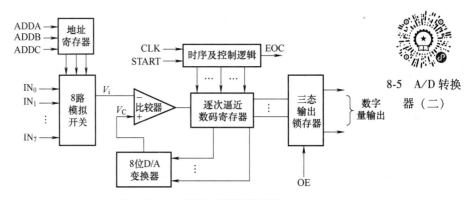

图 8-18 ADC0809 内部结构框图

① 模拟输入选择：该部分包括一个 8 路模拟开关和地址锁存与译码电路。输入的三位通道地址信号由锁存器锁存，经译码电路译码后控制模拟开关选择相应的模拟输入。地址编码与输入通道的关系见表 8-2。

② 转换器：主要包括比较器、8 位 D/A 转换器、逐位逼近寄存器以及控制逻辑电路等。

③ 转换结果输出：包括一个 8 位三态输出锁存器。

表 8-2 输入通道和地址

对应模拟通道	ADDC	ADDB	ADDA
IN_0	0	0	0
IN_1	0	0	1
IN_2	0	1	0
IN_3	0	1	1
IN_4	1	0	0
IN_5	1	0	1
IN_6	1	1	0
IN_7	1	1	1

3. ADC0809 的工作过程

ADC0809 的工作时序如图 8-19 所示。外部时钟信号通过 CLK 端进入其内部控制逻辑电路，作为转换时的时间基准。

由时序图可以看出 ADC0809 的工作过程：

① CPU 发出 3 位通道地址信号 ADDC、ADDB、ADDA，选中待转换的模拟量。

② 在通道地址信号有效期间，使 ALE 引脚上产生一个由低到高的电平变化，将输入的 3 位通道地址锁存到内部地址锁存器。

③ 在 START 引脚加上一个由高到低变化的电平，启动 A/D 变换。

④ 变换开始后，EOC 引脚呈现低电平，一旦变换结束，EOC 又重新变为高电平。

⑤ CPU 在检测到 EOC 变高后，输出一个正脉冲到 OE 端，将转换结果取走。

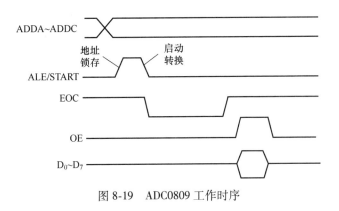

图 8-19　ADC0809 工作时序

8.3.4　A/D 转换器的应用

A/D 转换器的应用涉及硬件电路连接和数据采集程序设计。这里依然以 ADC0809 为例，介绍 A/D 转换器的应用。

1. ADC0809 与系统的电路连接

A/D 转换器（ADC0809）的功能是将来自工业现场的模拟信号转换为数字量输入 CPU 总线系统。因此，其电路设计就包含模拟量输入电路和与 CPU 的连接。电路设计需要考虑的一些基本原则如下。

（1）模拟量输入及其选通控制　ADC0809 的 $IN_0 \sim IN_7$ 可以分别连接 8 路模拟信号。但任意时刻只能有一路模拟信号被转换，要转换哪一路由 CPU 通过向 ADDC~ADDA 三路通道地址信号端输出不同编码来选择。如：若使 ADDC~ADDA 的编码为 011，则表示将要转换 IN_3 通道输入的模拟信号。

0809 内部包括地址锁存器，CPU 可通过一个输出接口（如 74LS273、74LS373、8255 等）把通道地址编码送到通道地址信号端。

（2）地址锁存与启动变换引脚的连接　由 0809 时序图（见图 8-19）可以看出，在 CPU 输出通道地址后，需要立刻输出地址锁存信号 ALE，以确保转换过程中选择的模拟通道不被改变。

ALE 和启动转换信号 START 都采用脉冲启动方式，且分别为上升沿和下降沿有效。基于此特点，电路设计时通常将 START 和 ALE 连接在一起作为一个端口看待。这样就可用一个正脉冲来完成通道地址锁存和启动转换两项工作，如图 8-20 所示。

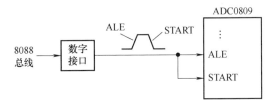

图 8-20　0809 芯片 ALE 和 START 引脚连接方式示意

初始状态下系统通过数字接口使该端口呈现低电平。当通道地址信号输出后，CPU 往该端口送出一个正脉冲，其上升沿锁存地址，下降沿启动变换。

（3）A/D 转换完成判定　ADC0809 通过 EOC 端的状态来确认一次 A/D 转换是否完成。由图 8-19 的工作时序，当 EOC 为高电平时表示本次转换结束。判断的方法有以下三种：

① 软件定时方式。转换时间是 A/D 转换器的一项已知的技术指标。根据 ADC0809 的技术参数知，完成一次 A/D 转换需要 100us。据此可以编写一个延时子程序⊖，A/D 转换启动后即调用此子程序，延时时间到，则读取转换结果。一般来说，这种方式的实时性要差一些。

② 查询方式。转换过程中，CPU 通过程序不断地读取 EOC 端的状态，在读到其状态为"1"时，则表示一次转换结束。可以即刻启动读取转换结果。

③ 中断控制方式。可将 0809 的 EOC 端接到中断控制器 8259 的中断请求输入端，当 EOC 端由低电平变为高电平时（转换结束），即产生中断请求。CPU 在收到该中断请求信号后，读取转换结果。相对于定时和查询方式，中断方式的实时性和 CPU 效率都最高。

虽然 ADC0809 内部带有三态缓冲器，即具有对数据的控制能力，可以直接连接到系统数据总线上。但考虑到驱动及隔离的因素，其与系统的连接通常需要通过数字接口。图 8-21 为 ADC0809 与系统的电路连接示意图。

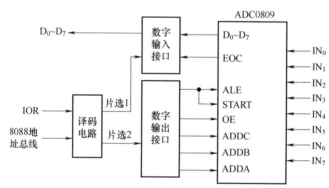

图 8-21　ADC0809 与 8088 总线的连接电路框架

2. 基于 ADC0809 的 8 通道数据采集系统设计

ADC0809 是数据采集系统中使用非常频繁的模/数转换芯片之一。以下通过示例，说明利用 ADC0809 实现 8 通道数据循环采集系统的软硬件设计方法。

【例 8-4】　利用可编程并行接口 8255 芯片作为数字接口，设计基于 ADC0809 的 8 通道数据采集系统。要求 8255 芯片的端口地址为：3F0H～3F3H，转换结果存放在内存数据段 RESULT 为首的内存单元中。

题目解析：数据采集系统包括硬件设计和软件设计。硬件电路设计包括 8255 与 ADC0809 的连接以及 8255 与 8088 总线系统的连接，后者主要是译码电路设计，前者可以参照图 8-21 所示的框架图完成。软件功能则是实现 8 路数据采集。

（1）硬件电路设计　参照图 8-21 的电路连接框架图，需要一个 8 位数据输入接口、一个读取 EOC 状态信号的输入接口以及一个发送通道地址、地址锁存、启动转换、开启三态缓冲器等信号的输出接口。可以分别选择 8255 的 A、B、C 三个端口来实现。这里，暂且选

⊖　考虑到可靠性等因素，通常延时程序的延时时间应大于技术参数中给定的转换时间。

择 A 端口作为读取转换结果的输入口，B 端口用作各种信号的输出口，C 端口中选择 1 位用来读取 EOC 的状态。

题中给出了 8255 的 12 位有效地址范围：001111110000～001111110011，因此译码电路为部分译码方式，地址高 4 位（$A_{15}\sim A_{12}$）不参加译码。

设计 8 通道数据采集系统电路连接示意图如图 8-22 所示。图中使 8255 工作在方式 0 下，A 口作为转换结果的输入口，B 口和 C 口连接各控制信号。

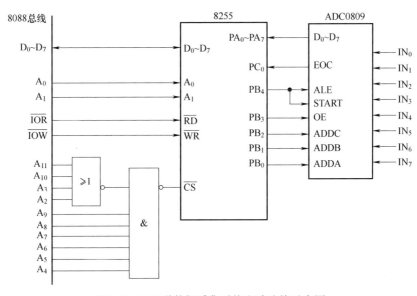

图 8-22　8 通道数据采集系统电路连接示意图

（2）8 通道数据采集程序设计　根据 ADC0809 工作时序，设计数据采集控制流程如图 8-23 所示。

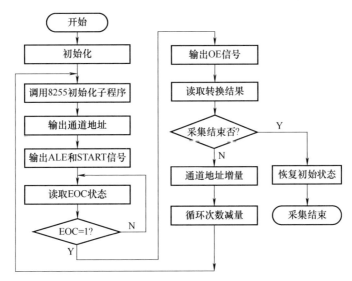

图 8-23　利用 ADC0809 实现 8 通道数据采集控制流程

设计 8 通道数据采集程序如下：

```
DSEG    SEGMENT
  RESULT  DB  10  DUP(?)
DSEG    ENDS
CSEG    SEGMENT
  ASSUME  CS:CSEG,DS:DSEG
START:    MOV  AX,DSEG
          MOV  DS,AX
          LEA  SI,RESULT
          CALL INIT_8255          ;调用8255初始化子程序
          MOV  BL,0               ;通道地址设置,初始指向IN₀
          MOV  CX,8               ;设置循环采集次数
AGAIN:    MOV  AL,BL
          MOV  DX,3F1H
          OUT  DX,AL              ;送通道地址
          OR   AL,10H
          OUT  DX,AL              ;送ALE信号(上升沿)
          AND  AL,0EFH
          OUT  DX,AL              ;输出START信号(下降沿)
          NOP                     ;空操作等待转换结果
          MOV  DX,3F2H
WAIT1:    IN   AL,DX              ;读EOC状态
          AND  AL,1
          JZ   WAIT1              ;若EOC为低电平则等待
          MOV  DX,3F1H
          MOV  AL,BL
          OR   AL,8
          OUT  DX,AL              ;输出读允许信号OE=1
          MOV  DX,3F0H
          IN   AL,DX              ;读入变换结果
          MOV  [SI],AL            ;将转换结果送存储器
          AND  AL,0F7H
          OUT  DX,AL              ;使读允许信号OE=0
          INC  SI                 ;修改指针
          INC  BL                 ;修改通道地址值
          LOOP AGAIN              ;若未采集完则再采集下一路数据
          MOV  DX,3F1H
          MOV  AL,0
          OUT  DX,AL              ;若8路数据已采集完则回到初始状态
          JMP  STOP
INIT_8255 PROC NEAR               ;8255初始化子程序
          MOV  DX,3F3H
          MOV  AL,91H             ;8255方式控制字
          OUT  DX,AL
```

```
            RET
    INIT_8255 ENDP
    STOP:   MOV   AH,4CH
            INT   21H
    CSEG  END
            END   START
```

以上就是 8 路模拟量的数据采集程序,每执行一次该程序,数据段中以 RESULT 为首地址的顺序单元中就会存放 $IN_0 \sim IN_7$ 端模拟信号所对应的 8 位数字量。

该程序对 A/D 转换是否完成的确认（EOC 状态）采用了查询工作方式。对软件定时方式和中断控制方式来判断是否转换结束的程序,留作读者自行尝试设计。

本节通过典型的 A/D 转换器芯片 ADC0809,介绍了 A/D 转换器的工作原理、与系统的连接及其应用等,希望读者能够熟练地掌握它的使用方法,并由此在碰到类似芯片时也能较容易地熟悉它们。

习　题

一、填空题

1. 在模拟量输入通道中,将非电的物理量转换为电信号的器件是（　　）。
2. 一个 8 位的 D/A 转换器,其分辨率是（　　）。
3. 某一测控系统要求计算机输出模拟控制信号的分辨率必须达到 1‰,则应选用的 DA 芯片的位数至少是（　　）。
4. 一个 10 位的 D/A 转换器,如果输出满刻度电压值为 5V,则一个最低有效位对应的电压值等于（　　）。
5. 满量程电压为 10V 的 8 位 D/A 变换器,其最低有效位对应的电压值为（　　）。
6. 设被测温度的变化范围为 0~100℃,若要求测量误差不超过 0.1℃,应选用分辨率为（　　）位的 A/D 转换器。

二、简答题

1. 试说明将一个工业现场的非电物理量转换为计算机能够识别的数字信号主要需经过哪几个过程?
2. A/D 转换器和 D/A 转换器的主要技术指标有哪些? 影响其转换误差的主要因素是什么?
3. DAC0832 在逻辑上由哪几个部分组成? 可以工作在哪几种模式下? 不同工作模式在线路连接上有什么区别?
4. 如果要求同时输出 3 路模拟量,则 3 片同时工作的 DAC0832 最好采用哪一种工作模式?
5. 某 8 位 D/A 转换器,输出电压为 0~5V。当输入的数字量为 40H、80H 时,其对应的输出电压分别是多少?

三、设计题

1. 假设 DAC0832 工作在单缓冲模式下,端口地址为 034BH,输出接运算放大器。试画出其与 8088 系统的线路连接图,并编写输出三角波的程序段。
2. 某工业现场的三个不同点的压力信号经压力传感器、变送器及信号处理环节等分别送入 ADC0809 的 IN_0、IN_1 和 IN_2 端。计算机巡回检测这三点的压力并进行控制。试编写数据采集程序。
3. 某 11 位 A/D 转换器的引脚及工作时序如图 8-24 所示,利用不小于 1μs 的后沿脉冲（START）启动转换。当 BUSY 端输出低电平时表示正在转换,BUSY 变高则转换结束。为获得变换好的二进制数据,必须使 OE 为低电平。现将该 A/D 转换器与 8255 相连,8255 的地址范围为 03F4H~03F7H。试画出线路连接图,编写包括 8255 初始化程序在内的、完成一次数据转换并将数据存放在 DATA 中的程序。

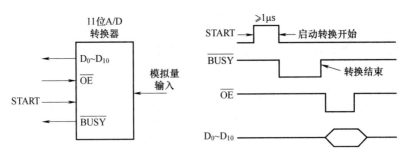

图 8-24　11 位 A/D 转换器主要引脚及工作时序

4. 图 8-25 为一个 D/A 转换接口电路，DAC0832 输出电压范围为 0~5V，8255 的地址为 300H~303H。编写实现如下功能的程序段：

（1）设置 8255A 的 B 口，使 DAC0832 按单缓冲方式工作。

（2）使 DAC0832 输出如图 8-26 所示的 1~4V 的锯齿波。

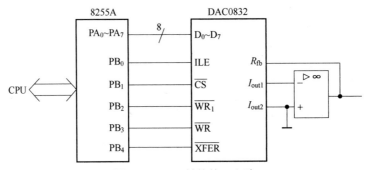

图 8-25　D/A 转换接口电路

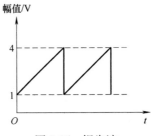

图 8-26　锯齿波

第 9 章

微型计算机在自动控制系统中的应用

本章以微机在自动控制系统中的部分应用示例，说明微型计算机在控制系统中的应用方法。事实上，随着集成电路技术的飞速发展，计算机在性能、价格以及微型化等方面都在不断提高，其应用也越来越广泛。曾经由微机系统完成的控制任务，目前也越来越多地被单片机、嵌入式系统取代。虽然单片机或以 ARM⊖ 为代表的嵌入式系统在架构上与微型计算机完全不同，但它们的核心是处理器，在基本组成上与微型计算机类似。因此，本章的应用示例依然以微机为主，其基本设计思路可以推广到任何由处理器控制的系统设计中。

9.1 计算机控制系统概述

计算机控制系统（Computer Control System，CCS），又称微机控制系统，是利用微型计算机来实现工业过程自动控制的系统。在计算机控制系统中，由于计算机的输入和输出是数字信号，而工业现场采集到的信号或送到执行机构的信号大多是模拟信号，因此与常规的按偏差控制的闭环负反馈系统相比，微机控制系统需要有 D/A 转换和 A/D 转换这两个环节。事实上，第 8 章 8.1 节中介绍的模拟量输入/输出通道，就是微机控制系统的组成形式之一。

9.1.1 关于计算机控制系统

随着信息时代的到来，自动控制技术由传统的工业控制应用已扩展到生物、医学、环境、经济管理和其他许多社会生活领域中，成为现代社会生活中不可缺少的一部分。计算机能够同时存储并快速处理大量数据，因此在智能控制领域得到广泛应用。

在生产、科研等诸多领域中，有大量物理量需要按某种变化规律进行控制。在 20 世纪 30 年代之前，工业生产多处于手工操作状态。之后，逐渐开始采用基地式仪表来控制压力、温度等，使其保持在一个恒定范围，初步有了对工业生产的机械控制实践。

计算机控制系统的出现，实现了工业生产中各种参量和过程的数字控制，也使机械、电子、计算机技术和控制技术有机结合的机电一体化技术越来越被广泛地应用到各生产领域。相对于传统仪表控制，计算机控制有着明显的优势：首先，通过软件编程可以使计算机控制不存在固定的模式和规律，具有较强的多样性；其次，计算机不仅能够实现对设备的控制，还能够利用实时信息进行优化管理，进一步提高工作效率；再次，计算机控制能够节约管

⊖ ARM 的全称是 Advanced RISC Machine，是一款 32 位精简指令集的 RISC 微处理器，广泛应用于嵌入式系统设计。

成本,并且提高经济收益;最后,计算机能根据设备现场工作状态灵活调整设备工作参数,最大程度地保证设备处于最佳的工作状态。

计算机控制过程一般分为实时数据采集、实时决策和实时控制三个基本步骤:

① 实时数据采集:对被控参数的瞬时值进行检测和输入。

② 实时决策:对采集到的被控参数的状态量进行分析,并按给定的控制规律决定进一步控制过程。

③ 实时控制:根据决策适时向控制机构发出控制信号。

计算机控制系统主要有以下几种应用类型:

① 数据采集系统(Data Acquisition System)。在这种应用中,计算机只承担数据的采集和处理工作,而不直接参与控制。它对生产过程各种工艺变量进行巡回检测、处理、记录及变量的超限报警,同时对这些变量进行累计分析和实时分析,得出各种趋势分析,为操作人员提供参考。

② 直接数字控制系统(Direct Digital Control System)。在这类系统中,计算机根据控制规律进行运算,然后将结果经输出通道作用到被控对象,从而使被控变量符合要求的性能指标。与模拟系统不同之处在于,在模拟系统中,信号的传送不需要数字化;而数字系统必须先进行 A/D 转换,输出控制信号也必须进行 D/A 转换,然后才能驱动执行机构。因为计算机有较强的计算能力,所以控制算法的改变很方便。这里,由于计算机直接承担控制任务,所以要求实时性要好、可靠性高和适应性强。

③ 监督计算机控制系统(Supervisory Computer Control System)。这类系统根据生产过程的工况和已定的数学模型,进行优化分析计算,产生最优化设定值,送给直接数字控制系统执行。监督计算机系统承担着高级控制与管理任务,要求数据处理功能强、存储容量大等,一般采用较高档的微机。

④ 分布式控制系统(Distributed Control System)。该类系统是分级分布控制的典型应用模式,近些年来发展尤其迅速。它采用分布式控制原理和集中操作、分级管理、分散控制、综合协调的设计原则,多采用分层结构或网状结构。

⑤ 现场总线控制系统(Fieldbus Control System)。该类系统简称 FCS,是分布式控制系统的更新换代产品,是 20 世纪 90 年代兴起的一种先进的工业控制技术。它将现今网络通信与管理的观念引入工业控制领域,是控制技术、仪表工业技术和计算机网络技术三者的结合,具有现场通信网络、现场设备互连、互操作性、分散的功能块、通信线供电和开放式互联网络等技术特点。这些特点不仅保证了它完全可以适应工业界对数字通信和自动控制的需求,而且使它与 Internet 互联构成不同层次的复杂网络成为可能,代表了工业控制体系结构发展的一种新方向。

9.1.2 计算机控制系统的基本组成

计算机控制系统是利用计算机(通常称为工业控制计算机)来实现工业过程自动控制的系统。在计算机控制系统中,由于工业控制机的输入和输出是数字信号,而现场采集到的信号或送到执行机构的信号大多是模拟信号,因此与传统的闭环负反馈控制系统相比,计算机控制系统需要有 D/A 转换和 A/D 转换这两个环节。图 9-1 给出了计算机控制系统的基本组成,包括微型机系统、数字接口电路、基本外部设备(显示器、键盘、外存、打印机等)以及用于连接检测传感器和控制对象的外围设备。图中右侧的 8 路通道中,上边 4 路是输入通道，下边 4 路是输出通道（与第 8 章 8.1 节所介绍的模拟量输入/输出通道类似），对应于 4 种类型的检测传感器和被控对象，即：模拟量（如电压、电流）、数字量（如数字式电压表或某些传感器所产生的数字量）、开关量（如行程开关等）、脉冲量（如脉冲发生器产生的系列脉冲）。输入通道通过 4 种类型的传感器实现对不同信息的检测，输出通道则可以产生相应的控制量。

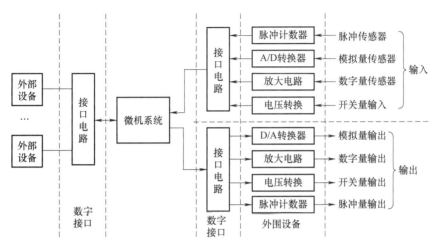

图 9-1 计算机控制系统组成

图 9-1 是将各种可能的输入/输出都集中在了一起，实际工程中，并非所有系统都包含全部这些变量类型。图 9-2 给出了一般情况下的计算机控制系统结构框架。

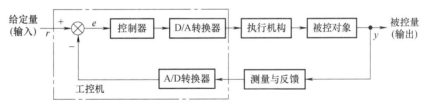

图 9-2 计算机控制系统结构框架

在实际的计算机控制系统中，A/D 转换和 D/A 转换常作为工业控制计算机（简称工控机）中的组成部件，分别实现模拟变量输入和对模拟被控对象的控制。计算机把通过测量元件和 A/D 转换器送来的数字信号直接与给定值进行比较，然后根据一定的算法（如 PID 算法）进行运算，运算结果经过 D/A 转换器送到执行机构，对被控对象进行控制，使被控变量稳定在给定值上。这种系统称为闭环控制系统。

下面将分别介绍计算机在开环控制、闭环控制和过程控制这三种非常典型的自动控制系统中的应用。

9.2 微机在开环控制系统中的应用

控制系统是指由被控对象和控制装置所构成的，能够对被控对象的工作状态进行调节、使之具有一定状态和性能的系统。

开环控制系统（Open Loop Control System）是最简单的一种控制系统，由控制器和被控对象组成，输入端通过输入信号控制被控对象输出物理量的变化。所谓"开环"，就是不将系统的输出再反馈到输入影响当前控制的系统，即没有反馈回路，不能形成一个信息闭环的系统。

9.2.1 关于开环控制系统

在开环控制系统中，控制装置发出一系列控制命令，使执行机构执行相应的操作，但执行的效果并不返回与控制命令相核对。因此，开环系统通常需要借助人工操作或定时方式完成。例如，对衣物烘干机，用户可以根据衣服的数量或湿度来设置定时时间，在时间到后，烘干机将自动停止，即使衣物仍然处于潮湿状态，也不会再继续烘干。如果用户发现衣物烘干不足，只能手动调整定时时长。

这里，衣物烘干机是一个开环系统，其烘干过程可以用图 9-3 表示。可以看出，烘干过程从输入到输出是一个串联过程，控制装置的输入仅取决于人工设定的定时时长，而不考虑（监控或测量）输出信号（衣服的干燥程度）的状态，干燥过程的准确性或衣服干燥的程度完全取决于用户（操作员）的经验。

图 9-3 开环控制的衣物烘干过程示例

开环控制系统也称为非反馈系统，是一种连续控制系统，其输出对输入信号的控制动作不产生影响。开环控制系统主要具有如下特点：

① 对输出的结果既不进行测量，也不会将其"反馈"到输入端与输入信号进行比较，输出仅遵循输入命令或设定值。如衣物烘干机，只有定时时间到，无论衣物是否已烘干，都会结束。

② 开环控制系统不清楚输出状况，因此无法对输出结果进行自动修正，即使输出结果与预设值出现较大偏差，也无法自动纠正。如对衣物烘干机，若用户定时烘干 30 分钟，系统就会烘干 30 分钟，即使 30 分钟后衣物并未完全烘干，本次烘干过程也会停止。

③ 开环控制系统装置简单，成本较低。但因缺乏信息反馈而使其不足以应付各种干扰或变化。例如，衣物烘干机在启动后，若烘干机门没有完全关闭好，会导致热量流失。但因缺乏信息反馈来维持恒定的温度，所以最后会影响烘干效果。这种较低的抗干扰能力使开环控制系统的控制作用受到很大限制。

任何一个开环控制系统都可以表示为由多个级联模块串行、从输入到输出信号路径没有反馈回路的线性路径。将图 9-3 所示的衣物烘干过程进行抽象，就可以得到开环控制系统的一般结构，如图 9-4 所示。若设输入为 W_i，输出为 W_o，每个模块表示为传递函数 $G(s)$ 系统，系统的开环增益可以简单表示为：

$$\text{Gain}(G) = \frac{W_o(s)}{W_i(s)} \tag{9-1}$$

与闭环控制系统相比，开环控制系统的结构比较简单，成本较低，非常适用于系统输入信号或扰动作用已知的情况。

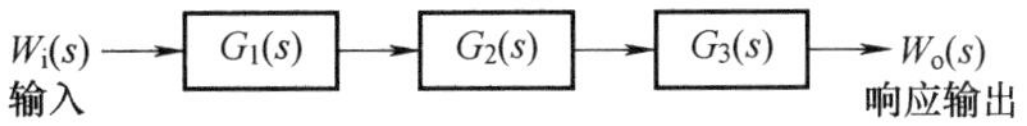

$$W_i(s) \longrightarrow \boxed{G_1(s)} \longrightarrow \boxed{G_2(s)} \longrightarrow \boxed{G_3(s)} \longrightarrow W_o(s)$$
输入　　　　　　　　　　　　　　　　　　响应输出

图 9-4　开环控制系统结构

9.2.2　开环控制系统设计示例

在开环系统中，采用微型计算机的优点是可以通过软件方便地改变控制程序。当硬件电路设计好之后，若要改变工作程序，可以重新编写控制程序。这里的"微机系统"可以广义地包括通用微型计算机、工业控制计算机（工控机）、单片计算机等。对包含各种微处理器的系统，虽然由于处理器型号不同会使控制系统的软硬件设计存在区别，但总体设计思想和系统结构框架是类似的。随着集成电路技术的飞速发展，目前自动控制领域中的"微机系统"更多采用的是单片机或嵌入式系统。对控制功能相对简单、可以无需操作系统支持的应用，会首选单片机。但考虑到本书内容的一致性，本节将以 8088 微处理器作为控制核心，利用本书所介绍的可编程并行接口电路，通过具体示例描述微机开环控制系统的软硬件设计方法，以帮助读者对微机在开环控制系统中的应用有更直观的认知。

【**例 9-1**】　设计十字路口交通灯动态控制系统。交通灯的通断通过电子开关（继电器）控制。要求：

1）正常情况下，交通灯按照以下规律发光与熄灭，直到有任意键按下时退出程序：
① 南北路口的绿灯、东西路口的红灯同时亮（90 秒）。
② 南北路口的黄灯闪烁 4 次，同时东西路口红灯继续亮。
③ 南北路口红灯、东西路口绿灯同时亮（90 秒）。
④ 南北路口的红灯继续亮、同时东西路口的黄灯闪烁 4 次。

2）利用光电式检测传感器监测车辆通行情况，当某一方向路口在绿灯的 90 秒内已过完车并在随后的 5 秒内再无车继续通过，且此时另一方向有车等待时，提前切换将绿灯切换为黄灯闪烁，再变为红灯。

3）当有紧急车辆（如救护车等）通过时，东西南北四个路口全部红灯亮，以使其他车辆暂停行驶。在紧急车辆通过后自动恢复之前的状态。

题目解析：

1）这是一个开环控制系统，光电式检测传感器输出为电平信号，可以直接通过 I/O 接口输入到处理器。设南北方向两个路口的检测器输出分别为 SN_1 和 SN_2（以下用 SN_x 表示），东西方向两个路口的检测器输出分别为 EW_1 和 EW_2（以下用 EW_x 表示），当检测到有车辆通过时，相应路口的检测器输出高电平（SN_x 或 EW_x =1），无车辆通过则 SN_x 或 EW_x =0。

2）根据题目要求，设计东西南北 4 个方向三色灯的灯色状态（$Z_1 \sim Z_4$）见表 9-1。表中分别用 G、Y、R 表示绿灯、黄灯和红灯，用下标 SN 和 EW 分别表示南北方向和东西方向，用 1 表示灯亮，0 表示不亮，X 表示闪烁。如：G_{SN} =1 表示南北方向绿灯，R_{EW} =1 表示东西方向红灯亮，Y_{SN} =X 则表示南北方向黄灯闪烁。

3）正常情况下，十字路口交通灯按照题目要求的流程，从 $Z_1 \sim Z_4$ 循环交替变换，并在通行期间（绿灯亮方向）持续检测该方向的车辆通行情况。仅当通行方向有连续 5 秒无车辆通行，且相对方向（当前红灯亮方向）有车辆等待时，则提前切换灯色状态。

表 9-1 十字路口交通灯的灯色配置表

灯色状态	G_{SN}	Y_{SN}	R_{SN}	G_{EW}	Y_{EW}	R_{EW}	说　明
Z_1	1	0	0	0	0	1	南北路口绿灯、东西路口红灯同时亮
Z_2	0	X	0	0	0	1	南北路口的黄灯闪、东西路口红灯亮
Z_3	0	0	1	1	0	0	南北路口红灯、东西路口绿灯同时亮
Z_4	0	0	1	0	X	0	南北路口的红灯亮、东西路口黄灯闪
Z_5	0	0	1	0	0	1	东西南北路口全部红灯亮

4）利用中断控制方式响应紧急车辆的特殊通行。即：当检测到有紧急车辆需要通行时（利用图像检测等方式），向系统 INTR 端发出中断请求，此时 CPU 发出控制命令，启动 Z_5 灯色状态。

设计系统电路连接图如图 9-5 所示。利用可编程并行接口 8255 作为 I/O 接口。用 C 端口输出不同的灯色状态，控制不同方向的交通灯。利用 A 端口作为车辆检测传感器的状态输入。这里，SN_1 和 SN_2 表示南北方向两个路口的车辆检测传感器输出，EW_1 和 EW_2 表示东西方向两个路口的车辆检测传感器输出，当任意一个传感器输出为 0（无车辆通过）时，"与门"输出（SN 或 EW）0。CPU 在南北方向（或东西方向）绿灯亮期间，若连续 5 秒检测到 SN（或 EW）= 0，则切换灯色状态。

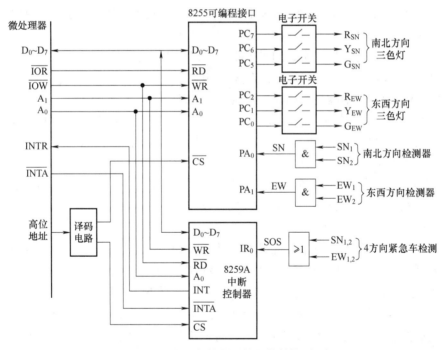

图 9-5 交通灯控制系统硬件结构图

用 $SN_{1,2}$ 和 $EW_{1,2}$ 分别表示 4 个路口的紧急车辆检测装置。假设在检测到有紧急车辆时该装置输出 1，否则输出 0。则当任意一个路口检测到有紧急车辆到来时，"或门"输出端 SOS = 1，SOS 的状态通过可编程芯片中断控制器 8259A 的 INT 端向系统发出中断请求，CPU 在收到该请求信号后，若此时 IF 标志位为 1，则在当前指令执行结束后响应该中断请求，使 8255

的 C 端口输出灯色状态 Z_5，使东西南北 4 个路口的红灯亮。中断结束后继续恢复到正常工作状态。

程序设计中，为便于控制，可将表 9-1 的交通信号灯的 5 种灯色状态预先定义在数据段中，其中，黄灯的闪烁效果可通过从相应端口不断输出"0"和"1"达到。

绿灯和红灯亮的时长，以及 5 秒定时等可以通过调用延时子程序完成。

根据上述讨论的动态交通灯变换规则要求，设计控制流程如图 9-6 所示。图中左侧虚线框内为定时检测子程序。鉴于定时程序的编写本书已在前面章节中有过介绍，这里不再单独给出定时子程序的控制流程，而是将检测有无车辆通过融合在一起。

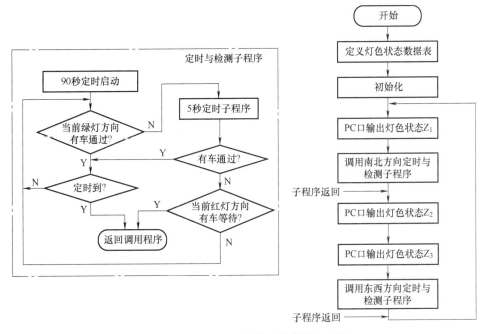

图 9-6 动态交通灯控制系统软件流程图

图 9-6 的右侧为主控程序流程。首先，将灯色状态表定义在数据段，然后是初始化，包括调用 8255 初始化程序及变量初始化等。

按照题目所要求的交通灯变换流程，首先输出灯色状态 Z_1，然后调用南北方向定时与检测子程序（南北方向与东西方向子程序的控制流程完全相同，唯一的区别是读取不同的传感器状态，即读取 PA_0 或 PA_1 的状态值）。在当前绿灯通行（如南北方向）过程中，若检测到当前方向（如南北方向）无车辆通行，并在延迟 5 秒后依然没有车辆通过，则同时检测对应方向（如东西方向）有无车辆等待通行，若有，则无论是否已达到 90 秒延迟，都立刻返回主调程序，切换灯色状态，即缩短当前方向（如南北方向）的通行时间。若对应方向也无车辆等待通行，说明当前车辆稀少，可以继续保持当前方向（如南北方向）的通行。

说明：

1）本例中的 90 秒和 5 秒定时都采用了软件定时的方法。考虑到软件定时的准确性较低，读者可以尝试利用硬件定时器（如 8253）实现。

2）限于篇幅，这里的软硬件设计都仅给出了框架结构，并非完整电路图和详细程序控制流程。

3）现代微机自动控制系统中的控制程序多用 C 语言编写。如果采用单片机控制，不同厂家单片机支持的 C 语言也略有区别。本章以设计思路介绍为主要目标，这也是本章各示例均没有给出具体源程序代码的原因之一。

4）事实上，对车辆检测也可以采用中断请求的方式。即当绿灯亮方向一定时间内无车辆通过时，检测传感器输出的信号可以作为中断请求信号，通过可编程中断控制器（Programmable Interrupt Controller，PIC）向 CPU 发出中断请求。

除了动态交通灯控制，采用开环控制的案例还有很多。以下给出一个典型开环控制案例的需求描述，请读者思考，并尝试设计。

案例：宾馆火灾自动报警系统

设计需求：利用烟感装置检测火情状况，当烟雾浓度达到一定值时，烟感装置输出高电平信号，使报警电路发出报警控制信息，启动报警。

系统框架图如图 9-7 所示。

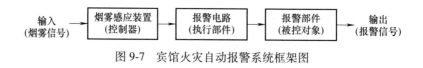

图 9-7　宾馆火灾自动报警系统框架图

9.3　微机在闭环控制系统中的应用

如果将控制系统的输出信号（执行效果）反馈到输入，使系统的控制基于实际值和期望值之间的差异，这种类型的电子控制方式称为闭环控制。

9.3.1　关于闭环控制系统

闭环控制系统是通过一定的方法和装置，将控制系统输出信号的一部分或全部反送回系统的输入端，然后将反馈信息与原输入信息进行比较，再将比较的结果施加于系统进行控制，以避免系统偏离预定目标。闭环控制系统利用的是负反馈原理⊖，即：输出反馈信号与输入信号极性相反或变化方向相反，使系统输出与系统目标的误差减小，以使系统工作状态趋于稳定。自动控制系统多数是反馈控制系统。在工程上常把在运行中使输出量和期望值保持一致的反馈控制系统称为自动调节系统。

闭环控制系统通常由控制器、受控对象和反馈通路组成。按组成系统的主要元件，可以

⊖ 除了负反馈，还有一种正反馈。其基本原理是反馈信号的极性与系统输入信号的极性相同，以增强系统的净输入信号，使系统偏差不断增大而产生振荡，放大控制作用。

包括给定元件、比较元件、执行元件、被控对象以及测量元件等。图 9-8 为一个典型闭环控制系统的基本组成。各元件的主要功能为：

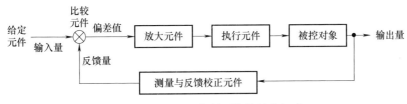

图 9-8 典型闭环控制系统的基本组成

1) 给定元件：给出与期望输出对应的输入量。
2) 比较元件：用于计算输入量与反馈量的偏差值，常采用集成运算放大器实现。
3) 放大元件：由于偏差信号一般较小，不足以驱动负载，需要放大元件进行放大，包括电压放大和功率放大。
4) 执行元件：用于驱动被控对象，使输出量发生变化。常用的有电动机、调节阀、液压马达等。
5) 测量与反馈校正元件：用于检测被控量、参数调整并转换为所需要的电信号。控制系统中常用的测量元件有：用于速度检测的测速发电机、光电编码盘等；用于位置与角度检测的旋转变压器、自整角机等；用于电流检测的互感器及用于温度检测的热电偶等。这些检测装置一般都将被检测的物理量转换为相应的连续或离散的电压或电流信号。

与开环控制系统相比，闭环控制系统通过使输出信号反馈量与输入量进行比较产生偏差信号，利用偏差信号实现对输出量的控制或者调节，从而使系统的输出量能够自动跟踪输入量，减小跟踪误差，提高控制精度，抑制扰动信号的影响。此外，负反馈构成的闭环控制系统通过引入反馈通路，使系统对前向通路中元器件的精度要求不高，整个系统对于某些非线性影响也不敏感，提高了系统的稳定性。因此，闭环控制抑制干扰能力较强。

9.3.2 闭环控制系统设计示例

第 8 章 8.1 节中描述模拟量的输入/输出通道，这实际就是利用微型计算机实现闭环控制的典型结构。本节基于图 8-1 所给出的微机闭环控制系统结构框架，通过具体示例来介绍微机闭环控制系统软硬件设计方法。

【例 9-2】 利用微机控制锅炉温度，炉温用热电偶测量，要求将炉温控制在允许的范围内（其对应的上限值和下限值分别为 MAX 和 MIN）。若低于下限或高于上限，则调用控制算法子程序 F(x) 对炉温进行调节。

题目解析：这是一个闭环控制系统，被控对象为锅炉温度。利用本书介绍的 8088 微处理器作为控制中心。根据图 8-1 所给出的微机闭环控制系统结构框架，锅炉温度通过温度传感器（热电偶）将炉温值转换为电信号，然后通过信号调理电路，输入到 A/D 转换器。CPU 对读取的 A/D 转换结果（当前炉温对应的数字信号）与设定值（设定的炉温上限和下限）进行比较，如果输入值超出 MIN～MAX 范围，则调用控制子程序 F(x)，驱动执行元件（晶闸管控制电路）对炉温进行调节。

设计炉温闭环控制系统硬件结构如图 9-9 所示。这里的 A/D 转换器和 D/A 转换器可以使用第 8 章介绍的 ADC0809 和 DAC0832。利用 8255 作为并行数字接口，8255 的 A 端口读取 A/D 转换结果，C 端口发送包括地址锁存、启动变换、状态检测、缓冲器控制等控制信号。由于有数字输出接口，故 D/A 转换器可以工作在直通方式。

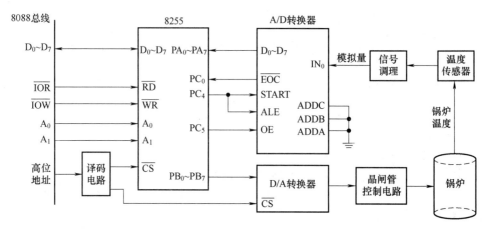

图 9-9　炉温闭环控制系统硬件结构图

结合硬件电路，设计炉温闭环控制流程如图 9-10 所示。需要说明的是：

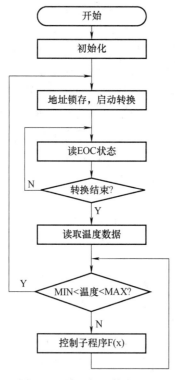

图 9-10　炉温闭环控制流程

1）该控制流程采用了不断循环读取锅炉温度值的方法，没有考虑退出机制。

2）对模/数转换结束与否的判断采用了效率不高的查询方式，更好的方法是通过中断请求方式。

对这两个方面的改进，留给读者思考。

在工业控制系统中，闭环控制的案例很多。同样，这里也给出一个典型闭环控制案例的需求描述，请读者思考，并尝试设计。

案例：水库水位自动监控系统

设计需求：水库水源来自山中溪水。利用水位传感器进行水位监测，并通过无线信号传输方式将水位数据发送到控制端。当水位到达警戒水位时，需要调用泄洪闸门调节控制子程序，通过 D/A 转换器控制泄洪闸门启动。泄洪的同时持续监测水位状态，当水位回落到正常值（水位降低到距最高点 70% 时）停止泄洪。

系统框架图如图 9-11 所示。

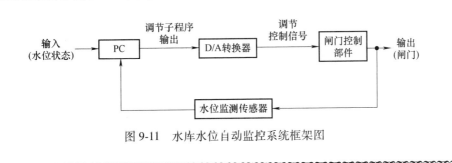

图 9-11　水库水位自动监控系统框架图

9.4　微机在过程控制系统中的应用

自动控制的基本控制方式主要有开环控制和闭环控制两大类。过程控制是针对流程工业的特点而构成的自动控制系统。在过程控制系统中，有开环控制方式，更多的则采用闭环控制方式。

9.4.1　关于过程控制系统

对工业生产中连续或按一定周期进行的生产过程的自动控制称为生产过程自动化，它是工业现代化的重要标志，广泛应用于石油、化工、冶金、电力、轻工和建材等领域。

1. 过程控制

凡是采用模拟或数字控制方式对生产过程的某个或某些物理参数进行的自动控制就称为过程控制。这里"过程"是指在生产装置或设备中进行的物质和能量的相互作用和转换过程。例如，锅炉中蒸汽的产生、分馏塔中原油的分离等。表征过程的主要参数有温度、压力、流量、液位、成分、浓度等。因此，过程控制系统（Process Control System）就是以温度、压力、流量、液位和成分等工艺参数作为被控变量使之接近给定值或保持在给定范围内的自动控制系统。这些控制对象通常具有大惯性、长纯滞后○的特点，即状态的变化和过程变量的反应都比较缓慢。

过程控制系统可以分为常规仪表过程控制系统与计算机过程控制系统两大类。早期的过程控制主要用于使生产过程中的一些参数保持不变，以保证产量和质量的稳定。之后，随着

○ 纯滞后是指因被控对象在测量、传输或其他环节出现滞后现象，从而造成系统输出滞后于输入一定时间的现象。

各种组合仪表和巡回检测装置的出现,过程控制开始过渡到对生产过程的集中监视、操作和控制。

随着工业生产规模走向大型化、复杂化、精细化、批量化,靠仪表控制系统已很难达到生产和管理要求。自 20 世纪 80 年代起,过程控制逐渐发展为以计算机为核心的控制系统。

2. PID 控制

在模拟控制系统中,控制器最常用的控制算法是 PID 控制(Proportional Integral Derivative Control)。PID 控制又称为比例、积分、微分控制,其基本输入/输出关系可用微分方程表示为:

$$u(t) = K_p\left(e(t) + \frac{1}{T_i}\int_0^t e(t)\,dt + \frac{T_d\,de(t)}{dt}\right) \quad (9\text{-}2)$$

其中,$e(t)$ 为输出和输入的误差信号,K_p 为比例系数,T_i 为积分时间常数,T_d 为微分时间常数,$u(t)$ 为控制器输出。此外,控制规律还可写成如下传递函数形式:

$$G(s) = \frac{U(s)}{E(s)} = K_p\left(1 + \frac{1}{T_i s} + T_d s\right) \quad (9\text{-}3)$$

图 9-8 曾给出了闭环控制系统的基本组成。事实上,无论控制对象为何,一个典型闭环控制系统的基本结构都包括输入、测量与反馈(采样)、控制器、被控对象和输出。图 9-12 描述了一个模拟 PID 控制系统的原理框图,由模拟 PID 控制器和被控对象组成。图中,K_p、K_i 和 K_d 分别为比例、积分和微分系数,由式(9-3)可知,$K_i = K_p/T_i$,$K_d = K_p T_d$。

图 9-12 的虚线框中即为 PID 控制器,共组合了三种基本控制环节:比例控制环节 K_p、积分控制环节 K_i/s 和微分控制环节 $K_d s$。控制器工作时,将误差信号的比例(P)、积分(I)和微分(D)通过线性组合构成控制量,对被控对象进行控制,故称 PID 控制器。

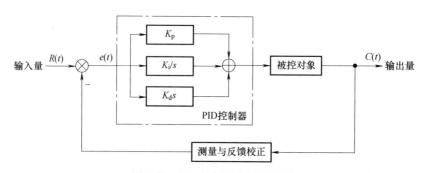

图 9-12　PID 控制系统原理框图

比例控制器成比例地反映控制系统的误差信号,在出现偏差时产生控制作用,以减小偏差。比例控制器在信号变换时,只改变信号的幅值而不改变信号的相位,采用比例控制可以提高系统的开环增益,是系统的主要控制部分。

积分控制主要用于消除静差,提高系统的无差度,但是会使系统的震荡加剧,超调增大,损害动态性能,一般不单独作用,而是与 P、D 控制相结合。积分作用的强弱取决于积分时间常数 T_i,时间常数越大,积分作用就越弱,反之则越强。

微分控制反映误差信号的变化趋势(变化速率),可在误差信号变得太大之前,在系统中引入一个有效的早期修正信号,以加快系统的运作速度,减少调节时间。微分控制可以预测系统的变化，增大系统的阻尼 ξ，提高相角裕度，起到改善系统动态性能的作用，但是微分对干扰有很大的放大作用，过大的微分会使系统震荡加剧，降低系统信噪比。

在常规的仪表过程控制系统中，常采用 PID 调节器（Proportional Integral Derivative Regulator）作为系统的控制核心。由于 PID 调节器的参数设定必须与控制对象的固有特性（时间常数及滞后时间）相适应，而不同对象的固有特性相差甚大以致调节器参数整定范围也必须很大，这给调节器的选购及整定工作造成困难。

随着计算机和各类微控制器进入控制领域，用计算机或微控制器芯片取代模拟 PID 控制电路组成控制系统，不仅可以用软件实现 PID 控制算法，而且可以利用计算机和微控制器芯片的逻辑功能，使 PID 控制更加灵活。将模拟 PID 控制规律进行适当变换后，以微控制器或计算机为运算核心，利用软件程序来实现 PID 控制和校正，就是数字（软件）PID 控制。

由于数字控制是一种采样控制，它只能根据采样时刻的偏差值来计算控制量，因此需要对连续 PID 控制算法进行离散化处理。对于实时控制系统而言，尽管对象的工作状态是连续的，但如果仅在离散的瞬间对其采样进行测量和控制，就能够将其表示成离散模型，当采样周期足够短时，离散控制形式便能很接近连续控制形式，从而达到与其相同的控制效果。

9.4.2 微机在直流调速控制系统中的应用

现代化的工业生产过程中，电力传动装置无处不在，调速系统是电力传动装置中应用非常广泛的一种控制系统。电机调速可分为直流调速和交流调速。近年来，虽然交流调速技术发展迅速，但是直流调速系统凭借调速平滑、范围宽、精度高、过载能力大、动态性能好、易于控制等诸多优点，在金属切削机床、轧钢、矿山采掘、纺织、造纸等行业获得广泛应用。

由于闭环控制系统在抗干扰性、稳定性等方面所具有的优势，调速控制系统均采用了闭环控制方式。对一般的调速控制，图 9-8 所示的单闭环调速系统（转速负反馈和 PI 调节器）就可以在保证系统稳定的条件下实现转速无静差。但如果要求系统在起动、制动或负载突变时依然要保证良好的动态性能，单闭环系统就很难满足要求。

在单闭环调速控制系统中，电流截止负反馈环节只在超过临界电流值时，靠强烈的负反馈作用限制电流的冲击，并不能很理想地控制电流的动态波形。当电流从最大值开始下降后，电机转矩也随之减小，使加速过程拖长，影响调速的实时性。

在实际工作中，通常希望用最大的加速度起动，到达稳定转速后，又让电流降下来，使转矩马上与负载相平衡，从而转入稳态运行。由于主电路电感的作用，电流不能突变，为了实现在允许条件下最快起动，需要获得一段使电流保持为最大值的恒流过程。按照反馈控制规律，采用某个物理量的负反馈就可以保持该物理量基本不变，那么采用电流负反馈就能得到近似的恒流过程。

问题是，需要在起动过程中只有电流负反馈，而到达稳态转速后，又只要转速负反馈。即电流负反馈和转速负反馈在不同时刻控制调节器的输出。这就需要采用双闭环调速系统，使转速和电流两种负反馈作用在不同的阶段。

下面通过一个具体示例来介绍微型计算机在直流调速系统中的应用。

1. 微机双闭环直流电动机调速系统组成

图 9-13 是一个微机控制的直流电动机双闭环调速系统结构图。这里，直流电动机 DM

由晶闸管可控整流装置供电，整流装置采用三相全控桥式整流电路[○]，输出电压为 U_d。转速调节器（Automatic Speed Regulator，ASR）、电流调节器（Automatic Current Regulator，ACR）、反馈信息采样、与给定值比较等，均由微机系统控制（图中虚线框）。ASR 和 ACR 采用 PI 调节算法。测速反馈传感器的输出经 A/D 转换器输入计算机，与给定值进行比较后，并调用 ASR 调节算法，算法运行结果作为电流调节环的输入给定信号（U_s）。

电流反馈信号的检测可采用交流互感器，其输出的电流信号经整流分压滤波后送入 A/D 转换器[○]。系统定时起动 A/D 转换，读取的转换结果经与 U_s 比较后调用 ACR 调节算法，运算结果经 D/A 转换器及放大后触发晶闸管。

通常情况下，A/D 转换器的输出应通过 I/O 数字接口（如可编程并行接口 8255）连接到 CPU。图 9-13 中没有明确画出 I/O 接口，主要是因为在多数工业控制计算机中，A/D 和 D/A 转换器都已成为系统的组成部件。

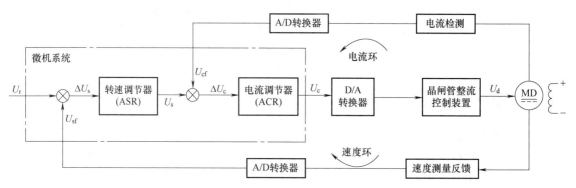

图 9-13 微机控制直流电动机双闭环调速系统结构图

作为内环调节器，电流环的主要作用是在外环转速调节过程中，使电流紧随其给定电压（外环调节器输出量）的变换，在电网电压波动时能够及时抗扰动，在电动机过载甚至堵转时，能够限制电枢电流的最大值，起到自动保护作用，并在故障消失时使系统能够立即自动恢复正常。

外环调节实现速度的调节，是调速系统的主导调节器，它使电动机的转速能快速跟随给定电压 U_r 的变换。采用 PI 调节，可以实现无静态误差，对负载变换器抗扰作用。

2. 直流调速系统控制流程

微机控制直流电动机双闭环调速的程序控制流程如图 9-14 所示。系统定时起动 A/D 转换器，采集速度和电流反馈值（定时控制可利用定时器/计数器 8253 实现）。转换结束（采样结束）后 A/D 转换器向 CPU 发出中断请求（对 ADC0809，则转换结束后 EOC 端输出高电平，用于产生 INTR 中断请求信号）。

为使控制程序能够识别是否有新的采样值，需要设置一个采样值更新标志。因此，CPU 响应中断请求后，首先读取转换结果（反馈值），并更新该标志的状态，然后返回控制程序。速度定时采样和电流定时采样中断服务子程序流程分别如图 9-14b 和图 9-14c 所示。

图 9-14a 给出了闭环控制程序流程。闭环控制程序在检测到有采样值更新时，计算相应

[○] 三相全控桥式整流电路是在工业中应用最为广泛的一种整流电路，读者可参阅相关书籍。

[○] 这里，整流滤波电路可以认为在"电流检测"模块中。

的偏差值（速度及电流给定值与反馈值的偏差），然后调用调节算法子程序，并将最后的运算结果通过 D/A 转换输出后控制主回路。此过程循环进行，以便满足工业过程实时控制的要求。

几十年来，工业过程控制取得了惊人的发展，无论是在大规模的结构复杂的工业生产过程中，还是在传统工业过程改造中，过程控制技术对于提高产品质量以及节省能源等均起着十分重要的作用。

随着技术的发展，过程控制正在朝着以智能控制理论为基础、以计算机和网络为主要手段的综合化、智能化方向发展，实现从原料进库到产品出厂的自动化、整个生产系统信息管理的最优化。

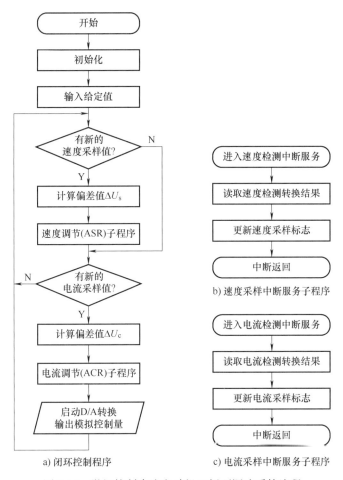

图 9-14 微机控制直流电动机双闭环调速系统流程

习 题

一、填空题

1. 计算机控制过程一般分为（ ）、（ ）和（ ）三个基本步骤。
2. 计算机控制系统的主要应用类型有数据采集、直接数字控制、（ ）、（ ）和现场总线控制等。其中，（ ）代表了工业控制体系结构发展的一种新方向。
3. 自动控制方式主要分为开环控制和（ ）。

4. 开环控制是不将系统的（　　）再反馈到输入的系统。

5. PID 控制的含义是比例（　　）控制。

二、简答题

1. 请说明计算机在自动控制系统的应用中，为什么经常需要使用 A/D 和 D/A 转换器？它们各有什么用途？

2. 尝试说明在直流电动机调速系统中，使用微机控制和不使用微机控制的区别。

3. 试说明开环控制和闭环控制的特点。

4. 试说明工业过程控制的特点。

三、设计题

1. 基于 9.2.2 节的案例描述，尝试利用本书所学知识，完成宾馆火灾自动报警系统的软硬件设计。

2. 基于 9.3.2 节的案例描述，尝试利用本书所学知识，完成水库水位自动监控系统的软硬件设计。

3. 对图 9-13 的微机直流电动机双闭环调速系统，假设利用 8088 微处理器进行控制，A/D 转换和 D/A 转换分别使用 ADC0809 和 DAC0832 转换器，并通过可编程并行接口 8255 与 8088 微处理器相连，利用 8253 定时起动反馈采样。尝试设计系统硬件电路图，并基于图 9-14 的直流电动机双闭环调速控制流程，编写相应的控制程序（假设 ASR 和 ACR 调节子程序已完成，可直接调用）。

附　　录

附录 A　可显示字符的 ASCII 码表

十进制	十六进制	二进制	字符	十进制	十六进制	二进制	字符	十进制	十六进制	二进制	字符
32	20	0010 0000	SP	64	40	0100 0000	@	96	60	0110 0000	`
33	21	0010 0001	!	65	41	0100 0001	A	97	61	0110 0001	a
34	22	0010 0010	"	66	42	0100 0010	B	98	62	0110 0010	b
35	23	0010 0011	#	67	43	0100 0011	C	99	63	0110 0011	c
36	24	0010 0100	$	68	44	0100 0100	D	100	64	0110 0100	d
37	25	0010 0101	%	69	45	0100 0101	E	101	65	0110 0101	e
38	26	0010 0110	&	70	46	0100 0110	F	102	66	0110 0110	f
39	27	0010 0111	'	71	47	0100 0111	G	103	67	0110 0111	g
40	28	0010 1000	(	72	48	0100 1000	H	104	68	0110 1000	h
41	29	0010 1001	)	73	49	0100 1001	I	105	69	0110 1001	i
42	2A	0010 1010	*	74	4A	0100 1010	J	106	6A	0110 1010	j
43	2B	0010 1011	+	75	4B	0100 1011	K	107	6B	0110 1011	k
44	2C	0010 1100	,	76	4C	0100 1100	L	108	6C	0110 1100	l
45	2D	0010 1101	-	77	4D	0100 1101	M	109	6D	0110 1101	m
46	2E	0010 1110	.	78	4E	0100 1110	N	110	6E	0110 1110	n
47	2F	0010 1111	/	79	4F	0100 1111	O	111	6F	0110 1111	o
48	30	0011 0000	0	80	50	0101 0000	P	112	70	0111 0000	p
49	31	0011 0001	1	81	51	0101 0001	Q	113	71	0111 0001	q
50	32	0011 0010	2	82	52	0101 0010	R	114	72	0111 0010	r
51	33	0011 0011	3	83	53	0101 0011	S	115	73	0111 0011	s
52	34	0011 0100	4	84	54	0101 0100	T	116	74	0111 0100	t
53	35	0011 0101	5	85	55	0101 0101	U	117	75	0111 0101	u
54	36	0011 0110	6	86	56	0101 0110	V	118	76	0111 0110	v
55	37	0011 0111	7	87	57	0101 0111	W	119	77	0111 0111	w
56	38	0011 1000	8	88	58	0101 1000	X	120	78	0111 1000	x
57	39	0011 1001	9	89	59	0101 1001	Y	121	79	0111 1001	y
58	3A	0011 1010	:	90	5A	0101 1010	Z	122	7A	0111 1010	z
59	3B	0011 1011	;	91	5B	0101 1011	[	123	7B	0111 1011	{
60	3C	0011 1100	<	92	5C	0101 1100	\	124	7C	0111 1100	|
61	3D	0011 1101	=	93	5D	0101 1101	]	125	7D	0111 1101	}
62	3E	0011 1110	>	94	5E	0101 1110	Ω	126	7E	0111 1110	~
63	3F	0011 1111	?	95	5F	0101 1111	_	127	7F	0111 1111	DEL

附录 B 8088 CPU 部分引脚信号功能

表 B.1 $\overline{SS_0}$、$IO/\overline{M}$、$DT/\overline{R}$ 的组合及对应的操作

$IO/\overline{M}$	$DT/\overline{R}$	$\overline{SS_0}$	操　作
1	0	0	发中断响应信号
1	0	1	读 I/O 端口
1	1	0	写 I/O 端口
1	1	1	暂停
0	0	0	取指令
0	0	1	读内存
0	1	0	写内存
0	1	1	无作用

表 B.2 $\overline{S_2}$、$\overline{S_1}$、$\overline{S_0}$ 的组合及对应的操作

$\overline{S_2}$	$\overline{S_1}$	$\overline{S_0}$	操　作
0	0	0	发中断响应信号
0	0	1	读 I/O 端口
0	1	0	写 I/O 端口
0	1	1	暂停
1	0	0	取指令
1	0	1	读存储器
1	1	0	写存储器
1	1	1	无作用

表 B.3 QS_1、QS_0 的组合及对应的操作

QS_1	QS_0	操　作
0	0	无操作
0	1	队列中操作码的第一个字节
1	0	队列空
1	1	队列中非第一个操作码字节

附录 C 8088/8086 指令简表

指 令 说 明	汇 编 格 式	指令的操作
数据传送指令	MOV dest, source	数据传送
	CBW	字节转换成字
	CWD	字转换成双字
	LAHF	FLAGS 低 8 位装入 AH 寄存器
	SAHF	AH 寄存器内容送到 FLAGS 低 8 位
	LDS dest, source	设定数据段指针
	LES dest, source	设定附加段指针
	LEA dest, source	装入有效地址
	PUSH source	将一个字压入栈顶
	POP dest	将一个字从栈顶弹出
	PUSHF	将标志寄存器 FLAGS 的内容压入栈顶
	POPF	将栈顶内容弹出到标志寄存器 FLAGS
	XCHG dest, source	交换
	XLAT source	表转换
算术运算指令	AAA	加法的 ASCII 调整
	AAD	除法的 ASCII 调整
	AAM	乘法的 ASCII 调整
	AAS	减法的 ASCII 调整
	DAA	加法的十进制调整
	DAS	减法的十进制调整
	MUL source	无符号乘法
	IMUL source	整数乘法
	DIV source	无符号除法
	IDIV source	整数除法
	ADD dest, source	加法
	ADC dest, source	带进位加
	SUB dest, source	减法
	SBB dest, source	带借位减
	CMP dest, source	比较
	INC dest	加 1
	DEC dest	减 1
	NEG dest	求补
逻辑运算指令	AND dest, source	逻辑"与"
	OR dest, source	逻辑"或"
	XOR dest, source	逻辑"异或"

(续)

指令说明	汇编格式	指令的操作
逻辑运算指令	NOT dest	逻辑"非"
	TEST dest, source	测试（非破坏性逻辑"与"）
移位指令	RCL dest, count	通过进位循环左移
	RCR dest, count	通过进位循环右移
	ROL dest, count	循环左移
	ROR dest, count	循环右移
	SHL/SAL dest, count	逻辑左移/算术左移
	SHR dest, count	逻辑右移
	SAR dest, count	算术右移
串操作指令	MOVS/MOVSB/MOVSW dest, source	字符串传送
	CMPS/CMPSB/CMPSW dest, source	字符串比较
	LODS/LODSB/LODSW source	装入字节串或字串到累加器
	STOS/STOSB/STOSW dest	存储字节串或字串
	SCAS/SCASB/SCASW dest	字符串扫描
程序控制指令	CALL dest	调用一个过程（子程序）
	RET [弹出字节数（必须为偶数）]	从过程（子程序）返回
	INT int_type	软件中断
	INTO	溢出中断
	IRET	从中断返回
	JMP dest	无条件转移
	JG/JNLE short_label	大于或不小于等于转移
	JGE/JNL short_label	大于等于或不小于转移
	JL/JNGE short_label	小于或不大于等于转移
	JLE/JNG short_label	小于等于或不大于转移
	JA/JNBE short_label	高于或不低于等于转移
	JAE/JNB short_label	高于等于或不低于转移
	JB/JNAE short_label	低于或不高于等于转移
	JBE/JNA short_label	低于等于或不高于转移
	JO short_label	溢出标志为1转移（溢出转移）
	JNO short_label	溢出标志为0转移（无溢出转移）
	JS short_label	符号标志为1转移（结果为负转移）
	JNS short_label	符号标志为0转移（结果为正转移）
	JC short_label	进位标志为1转移（有进位转移）
	JNC short_label	进位标志为0转移（无进位转移）
	JZ/JE short_label	零标志为1转移（等于或为0转移）
	JNZ/JNE short_label	零标志为0转移（不等于或不为0转移）
	JP/JPE short_label	奇偶标志为1转移（结果中有偶数个1转移）

（续）

指令说明	汇编格式	指令的操作
程序控制指令	JNP/JPO short_label	奇偶标志为0转移（结果中有奇数个1转移）
	JCXZ short_label	若CX=0则转移
	LOOP short_label	CX≠0时循环
	LOOPE/LOOPZ short_label	CX≠0且ZF=1时循环
	LOOPNE/LOOPNZ short_label	CX≠0且ZF=0时循环
	STC	进位标志置1
	CLC	进位标志置0
	CMC	进位标志取反
	STD	方向标志置1
	CLD	方向标志置0
	STI	中断标志置1（允许可屏蔽中断）
	CLI	中断标志置0（禁止可屏蔽中断）
	ESC	CPU交权
	HLT	停机
	LOCK	总线封锁
	NOP	无操作
	WAIT	等待至$\overline{\text{TEST}}$信号有效为止
输入/输出指令	IN acc, source	从外设接口输入字节或字
	OUT dest, acc	向外设接口输出字节或字

注：dest 目的操作数，目的串；source 源操作数，源串；acc 累加器；count 计数值；int_type 中断类型号；short_label 短距离标号。

附录 D　8088/8086 微机的中断

表 D.1　中断类型分配

类　　别	中断类型码（Hex）	功　　能
软件自陷和 NMI 中断	0	除法错
	1	单步
	2	NMI 中断
	3	断点
	4	溢出
	5	屏幕复制
	6，7	未使用
主 8259 管理的中断（可屏蔽中断）	8	系统定时器
	9	键盘
	A	未使用（从 8259A 与此中断级联）
	B	COM_2
	C	COM_1
	D	并口 2（打印机）
	E	软盘驱动器
	F	并口 1（打印机）

(续)

类别	中断类型码（Hex）	功能
ROM-BIOS 软中断	10	屏幕显示
	11	检测系统配置
	12	检测存储器容量
	13	磁盘 I/O
	14	异步通信 I/O
	15	盒式磁带机，I/O 系统扩展
	16	键盘 I/O
	17	打印机 I/O
	18	ROM-BASIC 入口
	19	系统自举（冷起动）
	1A	日时钟 I/O
供用户链接的中断	1B	键盘 Ctrl-Break 中断
	1C	定时器产生的中断（每 55ms 产生一次）
数据表指针	1D	显示器初始化参数
	1E	软盘参数
	1F	显示图形字符
DOS 软中断	20	程序正常结束
	21	系统功能调用
	22	程序结束退出
	23	Ctrl-Break 退出
	24	严重错误处理
	25	绝对磁盘读功能
	26	绝对磁盘写功能
	27	程序驻留并退出
	28-2E	DOS 保留
	2F	假脱机打印
	30-3F	DOS 保留
杂类	40	软盘 I/O 重定向
	41	硬盘参数
	42-5F	系统保留
	60-6F	保留给用户使用
从 8259 管理的中断（可屏蔽中断）	70	实时时钟
	71	IRQ_9（INT 0AH 重定向）
	72	IRQ_{10}（保留）
	73	IRQ_{11}（保留）
	74	IRQ_{12}（保留）
	75	协处理器
	76	硬盘控制器
	77	IRQ_{15}（保留）
其他	78-7F	未使用
	80-F0	BASIC 占用
	F1-FF	未使用

表 D.2 DOS 软中断

中断	功　能	入 口 参 数	出 口 参 数
INT 20H	程序正常退出		
INT 21H	系统功能调用	AH=功能号 其他参数随功能而异（见C.3）	随功能而异（见C.3）
INT 22H	程序结束		
INT 23H	Ctrl-Break 退出		
INT 24H	严重错误处理		
INT 25H	绝对磁盘读	AL=盘号 CX=读的扇区数 DX=起始逻辑扇区号 DS：BX=缓冲区首址	CF=1 出错
INT 26H	绝对磁盘写	AL=盘号 CX=写的扇区数 DX=起始逻辑扇区号 DS：BX=缓冲区首址	CF=1 出错
INT 27H	驻留退出		

表 D.3 DOS 系统功能调用

功能说明	功能号	功　能	入 口 参 数	出 口 参 数
设备管理功能	01H	键盘输入		AL=输入字符
	02H	显示器输出	DL=输出字符	
	03H	串行设备输入字符		AL=输入字符
	04H	串行设备输出字符	DL=输出字符	
	05H	打印机输出	DL=输出字符	
	06H	直接控制台 I/O	DL=FFH（输入） DL=输出字符（输出）	AL=输入字符
	07H	直接控制台输入（无回显）		AL=输入字符
	08H	键盘输入（无回显）		AL=输入字符
	09H	显示字符串	DS：DX=字符缓冲区首址	
	0AH	带缓冲的键盘输入（字符串）	DS：DX=键盘缓冲区首址	
	0BH	检查标准输入状态		AL=0　无键入 AL=FFH 有键入
	0CH	清除键盘缓冲区，然后输入	AL=功能号（1,6,7,8,A）	（与指定的功能相同）
	0DH	刷新 DOS 磁盘缓冲区		
	0EH	选择磁盘	DL=盘号	AL=系统中盘的数目
	19H	取当前盘盘号		AL=盘号
	1AH	设置磁盘传送缓冲区（DTA）	DS：DX=DTA 首址	

（续）

功能说明	功能号	功　　能	入口参数	出口参数
设备管理功能	1BH	取当前盘文件分配表（FAT）信息		DS：BX=盘类型字节地址 DX=FAT 表项数 AL=每簇扇区数 CX=每扇区字节数
	1CH	取指定盘文件分配表（FAT）信息	DL=盘号	（同上）
	2EH	置写校验状态	DL=0，AL=状态（0 关，1 开）	AL=0 成功，AL=FFH 失败
	54H	取写校验状态		AL=状态（0 关，1 开）
	36H	取盘剩余空间	DL=盘号	BX=可用簇数 DX=总簇数 AX=每簇扇区数 CX=每扇区字节数
	2FH	取磁盘传送缓冲区（DTA）首址		ES：BX=DTA 首址
文件管理功能	29H	建立文件控制块 FCB	DS：SI=文件名字符串首址 ES：DI=FCB 首址 AL=0EH 非法字符检查	ES：DI=格式化后的 FCB 首址 AL=0 标准文件 AL=1 多义文件 AL=FFH 非法盘符
	16H	建立文件（FCB 方式）	DS：DX=FCB 首址	AL=0 成功 AL=FFH 目录区满
	0FH	打开文件（FCB 方式）	DS：DX=FCB 首址	AL=0 成功 AL=FFH 未找到
	10H	关闭文件（FCB 方式）	DS：DX=FCB 首址	AL=0 成功 AL=FFH 已换盘
	13H	删除文件（FCB 方式）	DS：DX=FCB 首址	AL=0 成功 AL=FFH 未找到
	14H	顺序读一个记录	DS：DX=FCB 首址	AL=0 成功 AL=1 文件结束 AL=3 缓冲不满
	15H	顺序写一个记录	DS：DX=FCB 首址	AL=0 成功 AL=FFH 盘满
	21H	随机读一个记录	DS：DX=FCB 首址	AL=0 成功 AL=1 文件结束 AL=3 缓冲不满
	22H	随机写一个记录	DS：DX=FCB 首址	AL=0 成功 AL=FFH 盘满

(续)

功能说明	功能号	功　能	入口参数	出口参数
文件管理功能	27H	随机读多个记录	DS：DX=FCB 首址 CX=记录数	AL=0 成功 AL=1 文件结束 AL=3 缓冲不满
	28H	随机写多个记录	DS：DX=FCB 首址 CX=记录数	AL=0 成功 AL=FFH 盘满
	24H	置随机记录号	DS：DX=FCB 首址	
	3CH	建立文件（文件号方式）	DS：DX=文件名首址 CX=文件属性	若 CF=0，AX=文件号 否则失败，AX=错误代码
	3DH	打开文件（文件号方式）	DS：DX=文件名首址 AL=0 只读 AL=1 只写 AL=2 读/写	若 CF=0，AX=文件号 否则失败，AX=错误代码
	3EH	关闭文件（文件号方式）	BX=文件号	CF=0 成功，否则失败
	41H	删除文件	DS：DX=文件名首址	若 CF=0，成功 否则失败，AX=错误代码
	3FH	读文件（文件号方式）	BX=文件号 CX=读的字节数 DS：DX=缓冲区首址	AX=实际读的字节数
	40H	写文件（文件号方式）	BX=文件号 CX=写的字节数 DS：DX=缓冲区首址	AX=实际写的字节数
	42H	移动文件读写指针	BX=文件号 CX：DX=位移量 AL=0 从文件头开始移动 AL=1 从当前位置移动 AL=2 从文件尾倒移	若 CF=0，成功 DX：AX=新的指针位置否则失败 AX=1 无效的移动方法 AX=6 无效的文件号
	45H	复制文件号	BX=文件号 1	若 CF=0，AX=文件号 2 否则失败，AX=错误代码
	46H	强制复制文件号	BX=文件号 1 CX=文件号 2	若 CF=0，CX=文件号 1 否则失败，AX=错误代码
	4BH	装入一个程序	DS：DX=程序路径名首址 ES：BX=参数区首址 AL=0 装入后执行 AL=3 仅装入	若 CF=0，成功 否则失败
	44H	设备文件 I/O 控制	BX=文件号 AL=0 取状态 AL=1 置状态 DX AL=2 读数据 * AL=3 写数据 * AL=6 取输入状态 AL=7 取输出状态 （* DS：DX=缓冲区首址，CX=读写的字节数）	DX=状态

（续）

功能说明	功能号	功　　能	入　口　参　数	出　口　参　数
目录操作功能	11H	查找第一个匹配文件（FCB方式）	DS：DX=FCB首址	AL=0 成功 AL=FFH 未找到
	12H	查找下一个匹配文件（FCB方式）	DS：DX=FCB首址	AL=0 成功 AL=FFH 未找到
	23H	取文件长度（结果在FCB RR中）	DS：DX=FCB首址	AL=0 成功 AL=FFH 失败
	17H	更改文件名（FCB方式）	DS：DX=FCB首址 (DS：DX+17)=新文件名	AL=0 成功 AL=FFH 失败
	4EH	查找第一个匹配文件	DS：DX=文件路径名首址 CX=文件属性	若CF=0 成功 DTA中有该文件的信息 否则失败，AX=错误代码
	4FH	查找下一个匹配文件	DTA中有4EH得到的信息	（同4EH）
	43H	置/取文件属性	DS：DX=文件名首址 AL=0 取文件属性 AL=1 置文件属性（CX）	若CF=0 成功 CX=文件属性（读时） 否则失败，AX=错误代码
	57H	置/取文件日期和时间	BX=文件号 AL=0 取日期时间 AL=1 置日期时间（DX：CX）	若CF=0 成功 DX：CX=日期和时间 否则失败，AX=错误代码
	56H	更改文件名	DS：DX=老文件名首址 ES：DI=新文件名首址	
	39H	建立一个子目录	DS：DX=目录路径串首址	若CF=0 成功，否则失败
	3AH	删除一个子目录	DS：DX=目录路径串首址	若CF=0 成功，否则失败
	3BH	改变当前目录	DS：DX=目录路径串首址	若CF=0 成功，否则失败
	47H	取当前目录路径名	DL=盘号 DS：SI=字符串首址	若CF=0 成功 DS：SI=目录路径名首址 否则失败，AX=错误代码
其他功能	00H	程序结束，返回操作系统		
	31H	终止程序并驻留在内存	AL=退出码 DX=程序长度	
	4CH	终止当前程序，返回调用程序	AL=退出码	
	4DH	取退出码		AL=退出码
	33H	置取Ctrl-Break检查状态	AL=0 取状态 AL=1 置状态 (DL=0 关，DL=1 开)	DL=状态（AL=0时）
	25H	置中断向量	AL=中断类型号 DS：DX=中断服务程序入口	
	35H	取中断向量	AL=中断类型号	ES：BX=中断服务程序入口

(续)

功能说明	功能号	功能	入口参数	出口参数
其他功能	26H	建立一个程序段	DX=段号	
	48H	分配内存空间	BX=申请内存数量（以16字节为单位）	CF=0 成功 AX：0=分配内存首址 否则失败 BX=最大可用内存空间
	49H	释放内存空间	ES：0=释放内存块的首址	CF=0 成功 否则失败，AX=错误代码
	4AH	修改已分配的内存空间	ES=已分配的内存段地址 BX=新申请的数量	CF=0 成功 AX：0=分配内存首址 否则失败 BX=最大可用内存空间
	2AH	取日期		CX：DX=日期
	2BH	置日期	CX：DX=日期	AL=0 成功 AL=FFH 失败
	2CH	取时间		CX：DX=时间
	2DH	置时间	CX：DX=时间	AL=0 成功 AL=FFH 失败
	30H	取 DOS 版本号		AL=版本号，AH=发行号
	38H	取国家信息	DS：DX=信息存放地址 AL=0	CF=0 成功 BX=国家码（国际电话前缀码）

表 D.4 BIOS 软中断

中断	功能简介
INT 10H	屏幕显示（共17个功能） 　　0 置显示模式 　　1 设置光标大小 　　2 置光标位置 　　3 读光标位置 　　4 读光笔位置 　　5 置当前显示页 　　6 上滚当前页 　　7 下滚当前页 　　8 读当前光标位置处的字符及属性 　　9 写字符及属性到当前光标位置处 　　10 写字符到当前光标位置处 　　11 置彩色调色板 　　12 在屏幕上画一个点 　　13 读点 　　14 写字符到当前光标位置处，且光标前进一格 　　15 读当前显示状态 　　19 写字符串

（续）

中　　断	功　能　简　介
INT 13H	磁盘输入/输出（共 6 个功能） 　　0 磁盘复位 　　1 读磁盘状态 　　2 读指定扇区 　　3 写指定扇区 　　4 检查指定扇区 　　5 对指定磁道格式化
INT 14H	异步通信口输入/输出（共 4 个功能） 　　0 初始化 　　1 发送字符 　　2 接收字符 　　3 读通信口状态
INT 16H	键盘输入（共 3 个功能） 　　0 读键盘 　　1 判别有无按键 　　2 读特殊键标志
INT 17H	打印机输出（共 3 个功能） 　　0 读状态 　　1 初始化 　　2 打印字符
INT 1AH	读/写时钟参数（共 8 个功能） 　　0 读当前时钟 　　1 设置时钟 　　2 读实时钟 　　3 设置实时钟 　　4 读日期 　　5 设置日期 　　6 设置闹钟 　　7 复位闹钟

参 考 文 献

[1] BRYANT R E, O'HALLARON D R. 深入理解计算机系统 [M]. 3版. 龚奕利, 贺莲, 译. 北京: 机械工业出版社, 2016.

[2] PATTERSON D A, HENNESSV J L. 计算机组成与设计: 硬件/软件接口 [M]. 5版. 王党辉, 等译. 北京: 机械工业出版社, 2015.

[3] 吴宁, 乔亚男. 微型计算机原理与接口技术 [M]. 4版. 北京: 清华大学出版社, 2016.

[4] IRVINE K R. Intel 汇编语言程序设计 [M]. 5版. 温玉杰, 等译. 北京: 电子工业出版社, 2012.

[5] BREY B B. Intel 微处理器 [M]. 金惠华, 艾明晶, 等译. 北京: 机械工业出版社, 2010.

[6] BREY B B. Intel 微处理器全系列 [M]. 5版. 金惠华, 艾明晶, 等译. 北京: 电子工业出版社, 2001.

[7] 郑学坚, 周斌. 微型计算机原理及应用 [M]. 北京: 清华大学出版社, 2001.